高等学校信息技术
人才能力培养系列教材

微课版

嵌入式系统
原理与应用

基于 STM32F4 系列微控制器

Principle and Application of Embedded System

Based on STM32F4 Series Microcontroller

梁晶 吴银琴 ◎编著

人民邮电出版社
北京

图书在版编目（CIP）数据

嵌入式系统原理与应用：基于STM32F4系列微控制器：微课版 / 梁晶，吴银琴编著. -- 北京：人民邮电出版社，2021.12（2024.6 重印）
高等学校信息技术人才能力培养系列教材
ISBN 978-7-115-57279-0

Ⅰ. ①嵌… Ⅱ. ①梁… ②吴… Ⅲ. ①微型计算机－系统设计－高等学校－教材 Ⅳ. ①TP360.21

中国版本图书馆CIP数据核字(2021)第177843号

内 容 提 要

本书首先介绍了嵌入式系统的基本概念和背景知识，以及常见的嵌入式系统硬件和嵌入式系统开发工具；其次讲解了基于 Cortex-M3/M4 架构微控制器的内部结构和指令集，帮助读者建立对嵌入式处理器的宏观认识；然后介绍了 STM32 微控制器的开发工具链，包括 STM32CubeMX、Keil MDK 和设备驱动库等；最后以 STM32F4 系列微控制器为例，阐述了其主要功能模块的工作原理和编程方法，包括这些模块的内部结构、外围硬件电路设计方法、寄存器组织和应用案例等内容。

本书可作为高等院校计算机、电子信息、自动化、电力电气等专业的"嵌入式系统原理""嵌入式系统编程""32 位单片机原理与应用"等课程的教材和教学参考书，也可作为工程实训、电子制作与竞赛的实践教材，还可作为从事自动控制、物联网、机电一体化等应用领域开发工作的工程技术人员的参考书。

◆ 编　著　梁　晶　吴银琴
责任编辑　王　宣
责任印制　王　郁　马振武
◆ 人民邮电出版社出版发行　　　北京市丰台区成寿寺路 11 号
邮编　100164　　电子邮件　315@ptpress.com.cn
网址　https://www.ptpress.com.cn
山东华立印务有限公司印刷
◆ 开本：787×1092　1/16
印张：21　　　　　　　　　2021 年 12 月第 1 版
字数：564 千字　　　　　　　2024 年 6 月山东第 5 次印刷

定价：69.80 元
读者服务热线：(010)81055256　印装质量热线：(010)81055316
反盗版热线：(010)81055315
广告经营许可证：京东市监广登字 20170147 号

随着 5G 技术开始走向商业应用，万物互联的时代即将到来，以物联网、大数据和人工智能为代表的第四次工业革命已经拉开序幕，智能硬件、移动物联网和边缘计算成为炙手可热的研发领域。嵌入式系统原理和开发方法作为从事上述产业研发工作的基础，已经成为 5G 时代嵌入式系统开发人员必备的知识。

本书面向嵌入式系统的初学者，将基于 Arm 体系结构的 STM32F4 微控制器作为讲解嵌入式系统原理和开发方法的蓝本。Arm 体系结构是 Arm 公司推出的一系列精简指令集处理器结构的总称，习惯上将采用 Arm 体系结构的处理器称为 Arm 处理器。当前绝大多数的智能手机和平板电脑都采用了 Arm 处理器，近年来 Arm 处理器也逐渐渗入桌面计算机和服务器系统中。Arm 公司设计了多种体系结构来应对不同的应用场景，本书重点讲解基于 Cortex-M3/M4 架构的微控制器的工作原理和开发方法，这类微控制器通常用在单片机领域和低端嵌入式应用领域。

- **本书特色**

嵌入式系统的学习通常可分为以下两个阶段。

第一个阶段：以掌握嵌入式系统概念、开发工具链、芯片指令集和简单外设使用方法为主。这个阶段通常以低端嵌入式微控制器（如 8051、Cortex-M0/M3/M4 等）为核心，学习重点是掌握相关微控制器的内部结构和功能，主要学习内容偏向于微控制器内部模块和外围硬件电路的工作原理与编程方法。

第二个阶段：主要学习以实时操作系统、嵌入式 Linux 操作系统或者 Android 操作系统为核心的嵌入式系统开发方法，硬件环境通常是基于 Cortex-A9/A15/A53/A77 等高性能嵌入式处理器的平台。

读者在第一个阶段的学习过程中须避免出现"只见树木、不见森林"的问题，要能够掌握嵌入式系统开发的本质和精髓，做到举一反三。读者在第二个阶段的学习过程中要着重掌握嵌入式操作系统的工作原理与编程方法，但也不能忽略嵌入式系统来源于电子工程的本质。

本书主要面向第一个阶段的初学者，通过构建成体系的知识架构，使读者能够从嵌入式系统电子工程的本质入手，充分掌握嵌入式系统的概念、工作原理和开发工具链，配合大量的实践案例，加强初学者对嵌入式系统基本概念和底层硬件工作原理的了解，着重引导初学者将各个知识点转变为从事嵌入式系统设计的能力点。

本书针对读者学习嵌入式系统入门困难、相关内容较为抽象、学习以后动手能力差等问题，通过通俗易懂的文字描述和丰富的案例介绍，让读者掌握嵌入式系统的基本概念、工作原理和开发方法，同时尽量避免烦琐的软/硬件配置细节描述。

本书使用的硬件环境基于 STM32F4 系列微控制器，具体型号是 STM32F407xx，其中阐述的微控制器工作原理与编程方法也适用于 STM32 系列中的其他型号的微控制器。全书的案例都使用 C 语言和 HAL 库编程实现。为了照顾部分对嵌入式系统底层程序开发感兴趣的读者，本书在讲解 Cortex-M3/M4 架构的部分保留了对汇编语言的介绍。

- **本书内容**

第 1～2 章介绍嵌入式系统的基本概念和开发方法,包括嵌入式系统的软/硬件结构、开发工具链和设计方法。

第 3～5 章从体系结构的角度讲解嵌入式处理器的工作原理,主要介绍了 Arm 体系结构的发展过程和 Cortex-M3/M4 架构的内部结构和指令集,以及 STM32 系列微控制器的基础知识。

第 6～7 章从协同开发的角度阐述 STM32 系列微控制器开发的软件环境,包括 STM32CubeMX 开发工具、STM32 设备驱动库和 Keil MDK,这些工具和驱动库是从事企业级嵌入式系统开发的基础。

第 8～15 章以 STM32F4 系列微控制器中的 STM32F407xx 为例,介绍其中主要外设模块的工作原理和编程方法,包括系统时钟、通用 I/O 端口、定时器、串行通信接口、DAC 和 ADC 等,所有案例都使用 STM32CubeMX 开发工具和 HAL 库来实现。

第 16 章介绍基于 Cortex-M4 架构的微控制器执行浮点运算和处理数字信号的原理与方法,这是嵌入式系统在智能物联网和边缘计算中的拓展应用。

第 17 章通过综合应用案例展示复杂嵌入式系统的工作原理与编程方法。

- **配套资源**

本书提供配套的 PPT 课件、案例源程序文件、教学大纲、微课视频、课后习题答案等教学资源。鉴于 Cortex-M4 架构的强大功能和 STM32 系列微控制器丰富的外设,受篇幅所限,本书只介绍其中应用最广泛的部分。另外,编者细致整理了常用的 Cortex-M 指令集、常用的 Arm 汇编伪指令,以及 LQFP144 封装的 STM32F407xx 处理器芯片引脚的定义,这些文件将以电子资料的形式提供给读者下载使用。

- **致谢**

本书由梁晶和吴银琴编写而成,其中,梁晶负责第 1～7 章的编写,吴银琴负责第 8～17 章的编写。陈锟负责通读全文,陈旭辉负责审核全文。编者在编写本书的过程中得到了学校领导和同事们的关心与支持,在此一并表示感谢。

在编写本书的过程中,编者参考了众多相关资料和文献,并在参考文献中标明了所引用文献的作者、名称和出处等信息,相关文字和图片的著作权、商标权仍归属于原作者,引用这些内容是为了更好地阐述相关知识点,并无侵权意图。

鉴于编者水平有限,书中难免存在表述不妥之处,由衷希望广大读者朋友和专家学者能够拨冗提出宝贵的修改建议,修改建议可直接反馈至编者的电子邮箱 wstar@mail.scuec.edu.cn,也欢迎读者通过 QQ(6457075)与编者进行交流。

编　者

2021 年夏于武汉

目 录 CONTENTS

3

第1章 嵌入式系统概述

本章将介绍嵌入式系统的基本概念、特点、组成和应用领域。通过对本章内容的学习，读者将掌握嵌入式系统的基本概念，了解嵌入式系统的特点和广泛用途，并可以利用这些基础知识发现身边以各种形式存在的嵌入式系统，激发学习兴趣，为后续章节的学习打下基础。

本章学习目标：
（1）了解嵌入式系统的基本概念；
（2）掌握嵌入式系统的特点；
（3）掌握嵌入式系统的组成；
（4）了解嵌入式系统的应用领域。

嵌入式系统的
概念

1.1 嵌入式系统的概念

随着计算机技术的不断发展，计算机的物理形态和人们使用计算机系统的方式都在不断地发生变化。大众所接触到的计算机系统已经从台式计算机和笔记本电脑逐步过渡到平板电脑、智能手机、智能电视、智能家居等以嵌入式系统为核心的电子产品。随着5G技术逐渐走向商业应用，移动互联网、移动计算、物联网等技术将再次迎来飞跃式的发展，这些都离不开以嵌入式系统为核心的智能设备。嵌入式系统不仅能够应用于日常消费类电子产品，还被广泛应用于复杂的航天航空控制系统、国防武器设备和网络通信设备，以及大量工业生产中的自动控制系统。嵌入式系统已经成为人们生产和生活中必不可少的组成部分。

那么什么是嵌入式系统呢？国际电气和电子工程师协会（institute of electrical and electronics engineers，IEEE）对嵌入式系统的定义是："集成在某个系统中的计算机系统，用于执行该系统所需的一些功能"（a computer system that is part of a larger system and performs some of the requirements of that system）。

嵌入式系统的常见定义是：以应用为中心，以计算机技术为基础，软、硬件可裁剪，适应应用系统对功能、可靠性、成本、体积、功耗和应用环境有严格要求的专用计算机系统。这个定义指明了嵌入式系统首先是计算机系统，即必须以微处理器为核心，但与通用计算机系统不同的是，嵌入式系统通常是面向特定的应用场景而专门设计的，需要针对应用场景的特定需求对性能、体积、功耗等进行优化。通用计算机具有一般计算机的基本标准形态，通过安装不同的应用软件，以基本雷同的面目出现并应用于社会的各个方面，其典型产品为个人计算机（personal computer，PC）。嵌入式系统则是非通用计算机形态的计算机系统，以嵌入式微处理器为核心部件，隐藏在各种装置、设备、产品和系统中。

如图 1.1 所示，一辆汽车中可能有多达数百个嵌入式系统来辅助汽车正常运转，实现发动机控制、仪表盘显示、辅助驾驶等功能，这些系统隐藏在汽车内部，并不以常见的计算机系统的形式出现，这正是"嵌入"一词的含义，即嵌入式系统隐藏在机械或者电气设备当中，并不单独以计算机形式出现。常见的包含嵌入式系统的产品如图 1.2 所示。

图 1.1　隐藏在汽车中的各种嵌入式系统

从广义上讲，凡是基于微处理器的专用计算机系统都可以称为嵌入式系统。史蒂夫·希斯（Steve Heath）在 *Embedded Systems Design*（《嵌入式系统设计》）一书中提出：An embedded system is a microprocessor-based system that is built to control a function or range of functions and is not designed to be programmed by the end user in the same way that a PC is。翻译过来就是：所有基于微处理器的、实现特定功能且不可被最终用户编程的计算机系统都可称为嵌入式系统，如家庭中常见的无线路由器、空气净化器、智能门锁等都包含嵌入式系统。

图 1.2　常见的包含嵌入式系统的产品

1.2　嵌入式系统的特点

嵌入式系统是被应用于特定环境且针对特定用途设计的系统，所以不同于通用计算机系统，嵌入式系统是针对具体应用设计的专用系统，它的硬件和软件都必须进行高效率的设计，量体裁衣、去除冗余，力争在较少的资源上实现更高的性能。嵌入式系统与通用计算机系统相比具有以下显著特点。

1. 嵌入式系统常用于特定的任务

嵌入式系统通常面向特定任务并根据应用的需求进行软、硬件的个性化定制，硬件需要按照任务需求进行针对性设计，软件则根据硬件环境进行移植和优化。例如工业生产中常用的计数器、家庭中使用的智能健康秤、公司里考勤用的人脸识别机等。针对不同的任务，嵌入式系统的硬件形态和软件功能千差万别，很难像 PC 那样使用通用的软、硬件平台来适应不同需求。

2. 嵌入式系统的运行资源有限

受成本、体积和功耗等多种因素的限制，嵌入式系统的软、硬件资源通常相对有限。一般而言，PC 的 CPU 速度往往高达 3 GHz 以上，内存通常为 8 GB～16 GB，外部存储容量可达 8 TB。嵌入式系统与 PC 不同，嵌入式系统往往不会一味追求高性能，而是追求资源刚好够用——用最低的代价来满足应用需求。例如，嵌入式微控制器 STM32F101T4 内部集成的随机访问存储器（random access memory，RAM）为 4 KB，Flash 存储器为 16 KB，CPU 主频只有 36 MHz。这类嵌入式处理器适合于计数器或者温度采集之类的低端应用，程序员在这类嵌入式系统上编程时要极其注意节约系统资源。

嵌入式系统上运行的操作系统内核对资源的需求较传统的操作系统也要小得多。比如 Micrium 公司的 μC/OS-II 的最低存储器需求只有 6 KB，家用无线宽带路由器上运行的 OpenWrt 只需要 16 MB 的 RAM 和 8 MB 的闪存即可运行，这与 PC 上 Windows 操作系统通常需要 4 GB 内存和 1 TB 硬盘的配置有天壤之别。

3. 嵌入式系统往往极其关注成本

对大多数嵌入式系统而言，控制成本是设计嵌入式系统时需要考虑的重要因素。这是因为以嵌入式系统为核心的消费类电子产品往往有很大的出货量，对成本极其敏感。中国信通院披露的数据显示，2019 年全年国内智能手机出货量为 3.72 亿部。对于手机生产厂家来说，如果每部手机节约 1 元人民币，就意味着全年节约数亿元人民币的成本。因此，嵌入式系统在设计时对于硬件资源通常做到够用即可，尽量节约硬件成本，避免资源浪费。

4. 嵌入式系统有功耗限制

嵌入式系统往往采用电池供电，它比通用计算机系统更加关注功耗，有的产品甚至将低功耗作为核心竞争指标。随着移动互联设备的普及和嵌入式处理器性能的不断提升，许多以前只能在 PC 上才能完成的复杂任务都被迁移到了采用电池供电的手持智能设备上，如智能手机和 iPad 等。消费者在购买这些设备时，往往会将产品的待机时间作为重要参考因素。

在物联网设备中，通常要求设备在电池的驱动下连续工作数月甚至数年，这类嵌入式系统在设计时往往会根据功耗限制对硬件和软件进行特别的优化。

5. 嵌入式系统对实时性有要求

许多嵌入式系统需要在规定的时间内对外部事件做出反应，即有实时性要求。例如汽车上的行车电脑控制着汽车的发动机、刹车系统、安全气囊等部件，一旦发生紧急状况，就必须在规定的时间内做出响应，否则会产生严重的后果。

嵌入式系统采用中断机制来响应紧急事件，中断处理是设计嵌入式系统时需要重点考虑的内容，包括中断响应的硬件机制和对应的中断处理程序。嵌入式系统中使用的操作系统一般是实时操作系统（real time operating system，RTOS），RTOS 除了实现操作系统的基本功能（诸如进程管理、内存管理）之外，还需要满足实时任务的调度需求，能够在规定的时间内对高优先级任务进行处理。

6. 各种嵌入式系统的运行环境差异较大

嵌入式系统是面向应用需求而设计的，不同嵌入式系统的运行环境差异很大，有的运行在冰天雪地的南北极，有的运行在温度很高的锅炉里，有的运行在数千米深的大海中。这就要求嵌入式系统在设计硬件时要能够满足其运行环境提出的各种苛刻条件。用于嵌入式系统的芯片通常是工业级芯片，能够适应较大温度范围和压力范围。

7. 嵌入式系统对可靠性要求高

嵌入式系统往往要长期在无人值守的情况下运行，对于一些特殊的应用场合与领域，如核电站、航空航天、工业控制、汽车电脑等，系统死机或者运行错误都会导致严重的后果。这就需要嵌入式系统在进行软、硬件设计时进行严格的可靠性测试，并引入出错后的恢复机制。

8. 嵌入式产品具有较长的生命周期

与 PC 频繁更新换代不同，嵌入式系统是面向具体应用的，升级换代也是和具体应用同步进行的。例如冰箱、洗衣机中的控制系统应该在冰箱和洗衣机的使用寿命内稳定地工作而不需要进行维护或者升级。同时，相关的嵌入式系统硬件和软件的升级也要具备稳定性和连续性，确保产业链上的各种嵌入式产品在使用寿命内能够得到稳定的硬件和软件支持。

9. 嵌入式系统的目标代码通常固化在非易失性存储器芯片中

PC 通常使用硬盘作为外存，通过安装不同的软件来实现不同的功能；而嵌入式系统的功能相对固定，其目标代码通常固化在非易失性存储器芯片中，通常不允许用户随意更改内部核心软件。即便是运行 Android 的嵌入式系统，虽然它允许用户安装和卸载应用程序，但普通用户仍然无法修改其核心系统程序。这极大地提高了嵌入式系统的可靠性。

10. 嵌入式系统需要专用工具和方法来进行软、硬件设计

嵌入式系统开发需要专门的开发工具，程序的编译和调试方法也不同于 PC。在硬件开发阶段，需要借助示波器、逻辑分析仪等设备进行硬件调试。在软件开发阶段，由于大多数嵌入式系统本身不具备软件开发能力，因此需要在 PC 上建立一套开发环境进行代码的编辑和编译。编译好的目标代码需要借助仿真器、调试器这类硬件工具下载到嵌入式系统中进行测试和烧录。

1.3 嵌入式系统的组成

与通用计算机类似，嵌入式系统也由硬件和软件两大部分组成，如图 1.3 所示。

1. 嵌入式硬件平台

嵌入式硬件平台是以嵌入式处理器为核心的，通常包括处理器、存储器、输入/输出接口、网络通信接口和其他外围设备接口，如图 1.4 所示。与通用计算机相比，嵌入式硬件平台通常比较紧凑，并尽量减少不必要的电路和接口以节约成本和减少体积。

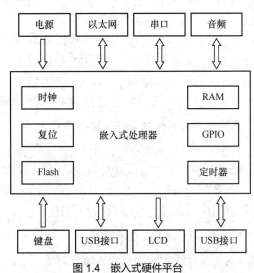

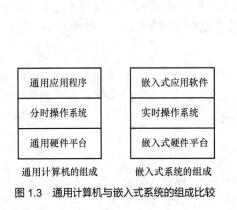

图 1.3 通用计算机与嵌入式系统的组成比较　　　图 1.4 嵌入式硬件平台

2. 硬件抽象层

由于不同嵌入式系统应用中的硬件环境差异较大，为了保持嵌入式系统软件的稳定性，减少开发人员在不同硬件平台之间编程和移植程序的工作量，嵌入式系统在硬件和软件之间引入了一个中间层，叫作硬件抽象层（hardware abstraction layer，HAL），这样原先嵌入式系统的三层结构便逐步演化成一种 4 层结构，如图 1.5 所示。HAL 位于实时操作系统和嵌入式硬件平台之间，其中包含了嵌入式操作系统中与硬件相关的大部分功能。HAL 向操作系统提供底层的硬件信息，并根据操作系统的要求完成对硬件的操作。由于 HAL 屏蔽了底层硬件的细节，因此嵌入式操作系统不再直接面对具体的硬件环境，而是面向 HAL 代表的、逻辑上的硬件环境。HAL 的引入大大减少了嵌入式操作系统和嵌入式应用软件在不同嵌入式硬件环境中的移植和开发工作量。

图 1.5　引入 HAL 后的嵌入式系统的组成

HAL 使得嵌入式应用软件不再受制于底层硬件的变化，嵌入式应用软件能够专注于有效地运行在硬件无关的环境中。HAL 将硬件操作和控制的共性抽象出来，为嵌入式应用软件访问硬件设备提供了应用程序编程接口（application programming interface，API）。这些 API 屏蔽了具体的硬件细节，实现了嵌入式应用软件与底层硬件的隔离，从而大大提高了系统的可移植性。HAL 具有以下主要特点。

（1）硬件相关性。

HAL 中包含了直接操作硬件的代码，通常叫作板级支持包（board support package，BSP）。BSP 负责初始化硬件（如配置处理器总线时钟频率和引脚功能），并向嵌入式应用软件提供设备驱动接口。通常产业链上游的嵌入式处理器芯片供应商或者嵌入式系统软件集成商会提供与芯片配套的 BSP 代码，从而方便开发人员进行修改和移植。

不同的嵌入式操作系统对 BSP 的编写有不同的规范。例如，运行在同一嵌入式硬件平台上的 VxWorks 操作系统和 Linux 操作系统中的 BSP 尽管实现的功能相同，但它们各自代码的实现方法和 API 却完全不同。

（2）操作系统相关性。

不同的嵌入式操作系统具有各自的软件层次结构，其中 HAL 的实现方法和功能各不相同。例如，Windows 操作系统下的 HAL 位于操作系统最底层，直接操作硬件设备；而 Linux 操作系统下的 HAL 位于操作系统核心层和驱动程序之上，是运行在用户空间中的服务程序，HAL 不直接操作硬件，系统对硬件的控制仍然由对应的驱动程序完成；Android 操作系统中的 HAL 将控制硬件的代码都放到了用户空间中，因而只需要操作系统的内核设备驱动提供最简单的寄存器读写操作。

3. 嵌入式系统软件

从广义上讲，嵌入式系统软件包含运行在嵌入式系统上的软件和运行在 PC 上进行嵌入式系统开发的工具软件。通常所说的嵌入式软件是指前者，包括嵌入式操作系统、嵌入式文件系统、嵌入式系统中间件、嵌入式图形系统、嵌入式应用程序等，如图 1.6 所示。

（1）嵌入式操作系统。

嵌入式操作系统负责嵌入式系统的全部软、硬件资源的分配和调度工作，并控制和协调并发活动，其主要特点是具备一定的实时性、系统内核较为精简、占用资源少、有较强的可靠性和可移植性。常见的嵌入式操作系统有嵌入式 Linux、VxWorks、QNX、Nuclear、μC/OS 等。与 PC 上的 Windows 操作系统居统治地位不同，嵌入式操作系统有更多的选择，不同嵌入式操作系统的特点和性能差异较大，设计人员需要根据应用场景选择合适的嵌入式操作系统。

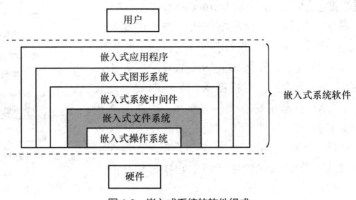

图 1.6　嵌入式系统的软件组成

（2）嵌入式文件系统。

嵌入式文件系统负责管理存储在嵌入式系统中的各种数据、程序和运行支撑库等。嵌入式文件系统通常是特定嵌入式操作系统的一个子模块，也可以独立出来作为一个模块运行在不同的嵌入式系统之上。嵌入式系统的存储介质一般是 Flash，其容量、寿命、速度与通用计算机系统相比有较大差异，嵌入式文件系统需要针对这些差异设计不同的存储格式和访问策略。

（3）嵌入式系统中间件。

随着移动互联网、物联网等技术的不断进步，人们往往需要在不同软、硬件配置的终端运行相同的应用程序。嵌入式系统中引入了中间件（middleware component）来满足上层软件对运行环境的需求。嵌入式系统中间件能够增加软件的复用程度，减少软件二次开发和移植的工作量。嵌入式系统中间件一般包括嵌入式数据库、嵌入式 Java 虚拟机和轻量级的通信协议栈等，其目的是向上层软件提供必要的运行支撑环境。

（4）嵌入式图形系统。

与 PC 不同，图形用户界面（graphical user interface，GUI）并不是嵌入式系统所必需的部分，实际上很多应用场景中的嵌入式系统根本就没有显示设备，因此也不需要图形用户界面。但随着手持终端、智能手机、智能仪表等与用户交互频繁的嵌入式系统得到广泛应用，嵌入式系统对 GUI 的要求也越来越高，从简单的交互界面发展到以手机 App 为代表的移动平台应用软件。嵌入式图形系统要求简单、直观、可靠、占用资源小且反应快速，以适应嵌入式系统有限的硬件资源环境。另外，由于嵌入式系统硬件本身的特殊性，嵌入式图形系统应具备高度可移植性与可裁剪性，以适应不同的硬件平台和使用需求。

（5）嵌入式应用软件。

嵌入式应用软件是针对特定应用领域、基于某一特定硬件平台的用来实现用户预期目标的计算机软件。由于用户任务可能有实时性和执行精度上的要求，因此嵌入式应用软件往往需要嵌入式实时操作系统的支持。嵌入式应用软件与普通应用软件相比有一定的区别，前者不仅要求在准确性、安全性和稳定性等方面能够满足实际应用的需要，而且必须尽可能地进行优化，以减少对系统资源的消耗。在实际应用中，嵌入式应用软件开发多使用 C 语言，原因是 C 语言有较高的执行效率。

1.4　嵌入式系统的应用领域

嵌入式系统在过去相当长的一段时间里主要运用在军事和工业控制领域，很少被人们关注和了解。随着时代的发展，现代生活中嵌入式系统的应用越来越多，嵌入式系统已经渗透到人们生产、生活的各个方面，无时无刻不在我们身边并且深深地影响着我们的生活方式。例如，打电话使用的智能手机，玩游戏使用的平板电脑，看电视使用的数字机顶盒和智能电视，上网使用的路由器或者光纤 Modem，出门时驾驶或乘坐的交通工具，烹饪时使用的电磁炉和微波炉，生活中使用的洗衣机、空调、冰箱，还有工厂里实现了自动化生产的机器设备以及医院里的医疗仪等都离不开嵌入式系统。嵌入式系统具有非常广阔的应用前景，其典型应用领域如下。

1. 工业控制领域

在工业控制系统中，嵌入式系统处于核心地位，它通过各个传感器收集设备工作信息，并且在将这些信息处理和加工后发出控制指令，控制工业设备的正常运转。目前有大量的基于 8 位、16 位和 32 位嵌入式微控制器的嵌入式系统应用在工业控制中，提高了生产效率和产品质量、降低了人力成本。嵌入式系统的典型工业应用包括工业过程控制、数字机床、电力系统、电网设备监测、石油化工系统等。

2. 网络通信设备领域

随着高速宽带网络的普及，无线路由器、交换机等网络通信设备已经进入千家万户，这类网络通信设备是搭载了网络通信协议栈的嵌入式系统。随着移动通信技术的不断发展，市场需要大量的网络基础设施、接入设备和移动终端设备，这些设备也都使用了嵌入式系统。

3. 消费类电子产品领域

消费类电子产品包括手持智能终端、信息家电、汽车电子等人们日常生活中使用的电子产品。国际数据公司（international data corporation，IDC）公布的智能手机出货量报告显示，预计到 2023 年全世界智能手机出货量将比 2019 年增长 7.7%，达到 14 亿 8900 万部，这是目前嵌入式系统较大的应用领域。随着 5G 逐步商业化，物联网应用将迎来爆发式增长，越来越多的智能设备将引领人们的生活进入物联网时代。另外，在汽车电子产品领域，随着车联网与自动驾驶技术的逐步成熟，车载嵌入式计算机系统将和射频识别、全球卫星定位、移动通信、无线网络等技术相结合，实现人、车、路、环境之间的智能协同，实现汽车自动驾驶。

4. 航空航天领域

嵌入式系统在航空航天领域也有着广泛的应用，如飞机、火箭和卫星中的飞行控制系统等。航空航天中使用的嵌入式系统还要适应恶劣环境，对安全性、可靠性以及容错方面有苛刻的要求。有些飞行器上的嵌入式系统需要稳定工作几十年，例如，旅行者 1 号无人空间探测器于 1977 年 9 月 5 日发射，截至 2020 年 6 月仍在正常运作。在近年来飞速发展的无人机技术中，嵌入式飞控系统发挥了核心作用。

5. 军事国防领域

军事国防历来是嵌入式系统的一个重要应用领域，早在 20 世纪 60 年代，武器控制系统中就已开始采用嵌入式系统，后来扩展到军事指挥和通信系统。在各种武器控制系统（如火炮控制、导弹控制、智能炸弹控制）以及坦克、舰艇、轰炸机等武器平台的电子装备、通信装备、指挥装备中，我们都可以看到嵌入式系统的身影。

1.5　思考与练习

1. 嵌入式系统的定义是什么？有哪些特点？
2. 嵌入式系统有别于通用计算机系统的主要特征有哪些？
3. 简述嵌入式系统由哪些主要部分构成。嵌入式系统的硬件和软件分别包括哪些内容？
4. 嵌入式系统中的硬件抽象层的特点是什么？
5. 嵌入式系统的应用领域有哪些？列举自己身边的几个嵌入式应用案例。

第 2 章　嵌入式系统基础知识

2

第 1 章介绍了嵌入式系统的基本概念、特点和应用领域，在此基础上，本章将进一步介绍嵌入式系统的软、硬件知识，以及嵌入式系统的设计和调试方法。在嵌入式系统的发展过程中，产生了多种面向不同应用领域的嵌入式系统硬件和软件，本章将对它们进行梳理，让读者了解它们各自的特点和应用范围。本章还将讲解嵌入式系统的开发流程和开发模式，让读者了解嵌入式系统的软件开发与 PC 上软件开发的差异。

本章学习目标：

（1）了解常用的嵌入式处理器；

（2）了解嵌入式系统中常用的存储器；

（3）理解不同嵌入式处理器之间的差异，能根据应用需求选择合适的嵌入式处理器；

（4）了解常见的嵌入式操作系统；

（5）了解常用的嵌入式图形系统；

（6）掌握嵌入式系统的开发流程和开发模式。

2.1　嵌入式硬件系统

嵌入式硬件系统是以嵌入式处理器为核心的，主要由嵌入式处理器、存储器、输入/输出接口和其他外部设备组成。嵌入式处理器内部通常会集成大量的外部设备模块，处理器只需要较少的外围电路就能工作。因此，嵌入式硬件系统的组成通常以嵌入式处理器为中心，并通过添加电源电路、时钟电路和存储器电路等构成嵌入式核心模块，然后根据应用需求对外围端口进行扩充。

2.1.1　嵌入式处理器

各式各样的嵌入式处理器是嵌入式硬件系统中最核心的部分。目前世界上具有嵌入式功能特征的处理器已经有上千种，流行的体系结构也有几十个系列。鉴于嵌入式系统广阔的发展前景，很多半导体制造商都大规模生产嵌入式处理器，包括单片机、数字信号处理器（digital signal processor，DSP）、片上系统（system on chip，SoC）等各种类型的嵌入式处理器，以及基于现场可编程逻辑门阵列（field programmable gate array，FPGA）的硬核或者软核嵌入式处理器。随着技术的不断发展，嵌入式处理器的运行速度越来越快，性能越来越强，价格也越来越低。嵌入式处理器一般具备以下特点。

嵌入式处理器

（1）体积小，集成度高，有较高的性价比。

（2）支持实时多任务调度：能够运行多任务操作系统并且有较短的中断响应时间，从而能将实时任务的响应时间减少到最低限度。

（3）具有存储区域保护功能：为了避免在软件模块之间出现错误的越界访问，嵌入式处理器中通常会提供存储区域保护这种硬件机制。

（4）可扩展的处理器结构：能够根据处理器内核扩展出各种满足应用需求的高性能嵌入式处理器。

（5）较低的功耗，尤其是移动计算和通信设备中靠电池供电的嵌入式处理器。

为了掌握嵌入式处理器的内部结构和编程方法，我们首先需要了解处理器的指令集和存储结构。

1. 处理器指令集

根据 CPU 的指令集类型，计算机可以分为两个阵营：复杂指令集计算机（complex instruction set computer，CISC）和精简指令集计算机（reduced instruction set computer，RISC）。

（1）复杂指令集。

采用复杂指令集的处理器提供了多种复杂功能的指令和多种灵活的编址方式，并通过微程序来实现大量功能各异的指令。为提高处理器执行速度而采用的优化方法可以通过设置一些功能复杂的指令，把一些原来由软件实现的常用功能改用硬件指令实现。因此，一般采用复杂指令集的处理器所含的指令数至少 300 条，有的甚至超过 500 条。复杂指令集包含的指令多，指令功能较强，容易和高级语言衔接，可以对存储器直接操作，实现从存储器到存储器的数据移动，甚至可以加入数字信号处理指令。

但复杂指令集也有很多缺点：指令系统庞大、指令功能复杂、指令格式和寻址方式较多、指令执行速度慢、难以优化编译、编译程序复杂等。整个复杂指令集中只有约 20%的指令经常会被用到，约占整个程序运行时间的 80%，剩余 80%的指令很少使用。

（2）精简指令集。

1979 年，美国加州大学伯克利分校的大卫·帕特森（David Patterson）教授提出了精简指令集的想法，主张硬件应该专注于加速常用指令的运行，较为复杂的指令则通过常用指令的组合来实现。采用精简指令集的处理器选取使用频次较高的一些简单指令以及一些很有用但又不复杂的指令，使复杂指令的功能用简单指令的组合就能实现。精简指令集的指令长度固定，指令格式种类少，寻址方式种类也少，这样便于采用流水线技术减少指令的平均执行时间。精简指令集中只有 LOAD/STORE 指令访问存储器，其余指令的操作都在寄存器内完成。采用精简指令集的处理器中包含较多的通用寄存器，以减少存储器访问和操作系统任务切换带来的开销。同时，精简指令集处理器采用硬布线来实现控制和逻辑运算，不再使用微程序。表 2.1 对采用复杂指令集的处理器和采用精简指令集的处理器的常见指标做了对比。

表 2.1　　　对比采用复杂指令集的处理器和采用精简指令集的处理器的常见指标

常见指标	采用复杂指令集的处理器	采用精简指令集的处理器
价格	硬件完成部分软件功能，硬件复杂性增加，芯片成本高	软件完成部分硬件功能，软件复杂性增加，芯片成本低
性能	减小代码尺寸，增加指令的执行周期数	使用流水线降低指令的执行周期数，增大代码尺寸
指令集	大量的混杂型指令集，既有简单快速的指令，也有复杂的多周期指令	简单的单周期指令为主，少量多周期指令
高级语言支持	硬件完成	软件完成

续表

常见指标	采用复杂指令集的处理器	采用精简指令集的处理器
寻址模式	复杂的寻址模式，支持内存到内存的寻址	简单的寻址模式，仅允许 LOAD 和 STORE 指令存取内存，其他所有指令都基于寄存器到寄存器的寻址
控制单元	微程序	直接执行
寄存器数目	寄存器较少	寄存器较多

下面以两个 8 位数相加的案例来说明这两种指令集的差异。

采用复杂指令集的处理器：使用一条指令（如 ADD）完成运算，这条指令将完成从内存取数据、相加以及将结果写回内存的操作。

采用精简指令集的处理器：首先使用 LOAD 指令将数据从内存加载到 CPU 内部寄存器，然后执行加操作，最后使用 STORE 指令将寄存器内的结果写回内存。

采用复杂指令集的处理器采用专门的电路来实现 ADD 运算，采用精简指令集的处理器则采用简单指令的组合来完成这个操作，这虽然导致采用精简指令集的处理器上的程序需要执行更多的指令条数和占用更多的存储单元，但却节约了晶体管和其他电路元件。

英特尔（Intel）x86 系列处理器是复杂指令集处理器的代表，优点是拥有较高的性能和较好的软件兼容性，缺点是功耗较大。精简指令集处理器的代表性产品包括康柏（Compaq）公司的 Alpha、惠普（HP）公司的 PA-RISC、IBM 公司的 Power PC、MIPS 公司的 MIPS、Sun 公司的 Sparc 以及 Arm 公司的 Arm 处理器等，这些采用精简指令集的处理器的优点是在获得较好性能的同时兼顾了成本和功耗。

随着技术的发展，CISC 和 RISC 也在相互借鉴对方的优点。CISC 与 RISC 在指令集架构层面的差异已经越来越小，由微架构和物理设计、工艺实现带来的性能提升已经足以掩盖 CISC 和 RISC 在指令集层面的差异。

2. 处理器存储结构

1945 年，冯·诺依曼首先提出了"存储程序"的概念和二进制原理。后来，人们把利用这种概念和原理设计的计算机统称为冯·诺依曼结构计算机。采用冯·诺依曼结构的计算机将指令和数据存放在同一存储空间中，统一编址，指令和数据则通过同一总线访问。由于取指令和取操作数都在同一总线上，并通过分时复用的方式进行，因此程序在高速运行时不能同时取指令和取操作数，从而形成了总线传输瓶颈。

哈佛结构（Harvard architecture）则是一种并行计算机体系结构，其主要特点是程序和数据存储在不同的存储空间中，也就是将程序存储器和数据存储器分为两个相互独立的存储器，各个存储器独立编址、独立访问。与之对应的是计算机系统中采用了两条总线：程序总线和数据总线，从而使总线的吞吐率提高了一倍。哈佛结构提供了较大的存储器带宽，使数据的移动和交换更加方便，尤其是提供了较高的数字信号处理性能。图 2.1 对冯·诺依曼结构和哈佛结构做了对比。

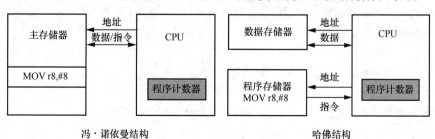

图 2.1　冯·诺依曼结构和哈佛结构的对比

通用计算机系统大多采用了冯·诺依曼结构，一方面是因为冯·诺依曼结构的硬件实现相对容易，具有成本优势；另一方面是因为通用计算机系统上运行的应用软件较多，这使得处理器需要频繁地对程序和数据占用的存储器进行重新分配。在这种情况下，采用统一编址可以最大限度地利用存储器资源。采用哈佛结构的计算机系统硬件结构更为复杂，并且程序存储器和数据存储器之间无法共享存储资源，但对于嵌入式系统来说，程序存储器和数据存储器的分离可以避免运行程序被修改，从而极大提高了程序运行的可靠性。同时，对资源紧张的嵌入式系统而言，更大的存储带宽可以提高系统运行的效率。

在不同类型的处理器中，上述两种存储结构都被广泛使用。使用冯·诺依曼结构的处理器包括 Intel 公司的 x86 系列处理器、德州仪器（TI）公司的 MSP430 处理器、Arm 公司的 Arm7 以及 MIPS 公司的 MIPS 处理器等。使用哈佛结构的微处理器和微控制器也有很多，如微芯科技（Microchip）公司的 PIC 系列处理器、摩托罗拉公司的 MC68 系列处理器、Zilog 公司的 Z8 系列处理器、爱特梅尔（ATMEL）公司的 AVR 系列处理器和 Arm 公司的 Arm9、Arm10 和 Arm11 处理器等。

对于采用哈佛结构的嵌入式处理器，将程序存储器和数据存储器完全分离会使外部存储器的扩展变得相对复杂，成本也会更高。因此，这类嵌入式处理器大多采用了改进的哈佛结构。改进的哈佛结构放宽了程序存储器和数据存储器互相分离的限制，并且 CPU 仍然可以并行访问多条存储总线。最常见的改进方式是将 CPU 内部的指令缓存和数据缓存分开，CPU 外部的存储器则统一编址。当 CPU 访问内部缓存时，其行为与哈佛结构一致；当 CPU 访问外部存储器时，其行为更像是采用冯·诺依曼结构的嵌入式处理器。

3. 常见嵌入式处理器

近 10 年来，嵌入式处理器的发展非常迅速，处理器字长从 8 位、16 位逐步过渡到了 32 位和 64 位。同时，高端嵌入式处理器逐步向异构多核处理器方向发展，处理器核心由单核变为多核，并加入了 DSP 协处理器、图形处理器（graphics processing unit，GPU）等。异构处理器在性能方面要比同构处理器好很多，原因是异构处理器能同时发挥多种处理器各自的优势以满足不同类型应用对性能和功耗的需求。目前智能手机中采用的处理器大多是异构多核架构，如华为手机中搭载的麒麟 980 处理器，它在 1 个处理器内部包含了 2 个基于 Cortex-A76 的超大核（主频 2.6 GHz）、2 个基于 Cortex-A76 的大核（主频 1.92 GHz）和 4 个基于 Cortex-A55 的小核。通过对 3 种不同性能档次的处理器核心进行搭配，麒麟 980 处理器能够灵活适配重载、中载、轻载等多种场景，让用户在获得更高性能体验的同时拥有更长续航体验。

图 2.2（a）显示了用于 PC 桌面环境的 Intel 6 核酷睿处理器在硅片上的结构，图 2.2（b）显示了用于移动计算的高通骁龙 820 移动处理器在硅片上的结构。从中可以看出，x86 处理器将绝大部分资源分配给了处理器内核和高速缓存，目的是追求更高的性能，所需外部设备另由计算机主板提供；而嵌入式处理器硅片上的 CPU 核心只占其中一小部分，更多的资源留给了 GPU、DSP、片内存储、显示单元、调制解调器等，将这些外部设备集成到处理器内部可获得更快的速度、更低的功耗，同时也节约了外围电路板的面积。这也是习惯上低端嵌入式处理器被称为"单片机"时"单片"一词的含义，低端嵌入式处理器相对于其他处理器来说，只需要较少的外围电路就可以实现特定的功能。

根据不同的处理器结构和应用领域，嵌入式处理器可以分成如下几类。

（1）嵌入式微处理器。

嵌入式微处理器（microprocessor unit，MPU）通常是 32 位或者 64 位的处理器，具有较高的性能，提供了支持多任务调度和虚拟存储地址映射的硬件机制，能够运行嵌入式 Linux、Vxworks 或者 Android 这类相对复杂的嵌入式操作系统。与桌面计算机处理器不同的是，MPU 一般基于 RISC 架构，通常只保留了和嵌入式应用紧密相关的功能模块，能以较低的功耗和成本满足嵌入式应用的特殊要求，同时又具备和 PC 类似的多任务能力。与 PC 中常用的 x86 处理器相比，MPU 具有体积小、重量轻、成本低、可靠性高的优点。嵌入式微处理器的代表性产品包括基于 Arm 架构的 i.MX 系列、基于 MIPS 架构的国产龙芯系列，以及基于 PowerPC 架构的 MPC8xx 系列等，如图 2.3 所示。

（a）Intel 6 核酷睿处理器　　　　　　　　（b）高通骁龙 820 移动处理器

图 2.2　不同处理器在硅片上的结构对比

① Arm 处理器。

Arm（advanced RISC machine）既是 Arm 公司的名字，也是 Arm 处理器的通称。Arm 公司于 1991 年成立于英国剑桥，主要出售芯片设计技术的授权。各大半导体厂家购买 Arm 公司提供的处理器授权（IP core）后，根据自己的需要进行外围功能扩充并生产出符合特定市场

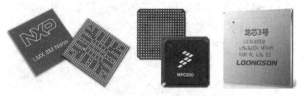

图 2.3　嵌入式微处理器的代表性产品

需求的处理器，即通常所说的 Arm 处理器。Arm 处理器的应用已遍及工业控制、消费类电子产品、通信系统、网络系统、无线系统等各类产品市场，目前全球超过 90%的智能手机在使用 Arm 处理器。近年来，Arm 处理器在移动 PC 市场上也大展拳脚，甚至开始渗透到高性能服务器领域。2012 年 11 月，Arm 发布了基于 64 位 Arm v8 体系结构的 Cortex-A50 系列处理器，面向低功耗服务器市场与英特尔展开竞争。2019 年，华为公司发布了基于 64 位 Arm 体系结构的鲲鹏处理器，开始生产基于鲲鹏处理器的台式机和服务器产品。

② MIPS 处理器。

MIPS 处理器是早期出现的商用 RISC 架构处理器之一。MIPS 的意思是"无内部互锁流水级的微处理器"（microprocessor without interlocked piped stages），其机制是尽量利用软件办法避免流水线中的数据相关问题。MIPS 技术公司是美国著名的芯片设计公司，该公司采用 RISC 架构来设计、制造高性能的 32 位和 64 位嵌入式处理器。MIPS 的体系结构和设计理念都比较先进，其嵌入式指令体系从 MIPS16、MIPS32 发展到 MIPS64，目前已经十分成熟。在嵌入式领域，MIPS 系列 MPU 是目前仅次于 Arm 的用得最多的嵌入式处理器之一，其应用领域覆盖游戏机、路由器、激光打印机、掌上电脑等。2009 年，国产龙芯处理器所属的中科院计算技术研究所获得 MIPS32 和 MIPS64 的架构授权，

国产龙芯处理器借鉴了 MIPS 指令集的特点，在 MIPS64 架构的 500 多条指令的基础上增加了近 1400 条新指令，形成了龙芯指令系统 LoongISA。

2021 年，MIPS 技术公司宣布未来将不再推出基于 MIPS 架构的处理器，而将开发基于 RISC-V 架构的处理器。龙芯中科也宣布推出具有完全自主知识产权的新指令集架构 LoongArch，并表示从 2020 年起新研发的 CPU 均支持 LoongArch 架构。

③ PowerPC 处理器。

PowerPC 体系结构规范（PowerPC architecture specification）是在 20 世纪 90 年代，由 IBM、Apple 和 Motorola 公司组成的联盟推出的。PowerPC 处理器采用了 64 位架构（也包含 32 位子集），特点是可伸缩性好、方便灵活。PowerPC 处理器有非常强的嵌入式表现，这缘于 PowerPC 具有优异的性能、较低的功耗以及较低的发热量，早期的 Mac 电脑和任天堂游戏机都使用了 PowerPC 处理器。凭借 IBM 在高端服务器领域和摩托罗拉在通信领域的地位，PowerPC 处理器在通信、机顶盒和汽车电子产品市场上得到了广泛应用。

（2）嵌入式微控制器。

嵌入式微控制器（microcontroller unit，MCU）通常是 8 位、16 位或 32 位处理器，其设计目标是追求低成本、低功耗和高可靠性。MCU 通常不需要运行复杂的嵌入式多任务操作系统，对多任务和存储映射的支持有限，适合于完成控制任务。与 MPU 相比，MCU 的最大特点是所需外围电路较少，从而使功耗和成本下降、可靠性提高。MCU 的典型代表是单片机，单片机从 20 世纪 70 年代末出现到今天已有数十年的历史，尽管如此，单片机在嵌入式设备中仍然有着极其广泛的应用。

MCU 由于价格低廉、稳定性好，且拥有的品种和数量众多，因此在嵌入式控制系统中的应用十分广泛。比较有代表性的 MCU 包括 8051 系列、MCS 系列、68K 系列以及 Arm 公司推出的采用 Cortex-M0/M3/M4 架构的 32 位微控制器。图 2.4 展示了采用 Cortex-M4 架构的 STM32F4xx 微控制器的内部结构，这类微控制器芯片内部封装的片内外设模块很多，有很强的扩展能力。MCU 主要面向控制类型的任务，如工业数据采集和物联网控制等。

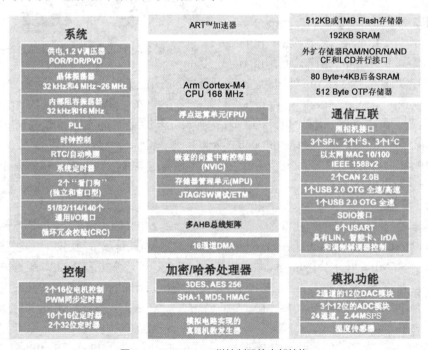

图 2.4　STM32F4xx 微控制器的内部结构

（3）数字信号处理器。

数字信号处理算法包括矩阵运算、FFT、FIR 和 IIR 等，这些算法可用于音频处理、视频处理和工业控制的各个方面。针对这些数字信号处理算法进行优化设计的处理器称为 DSP。在不同的上下文中，DSP 的含义有时是指数字信号处理算法，有时代指数字信号处理器，需要根据语境加以区分。

DSP 是专门用于运行数字信号处理算法的处理器，其体系结构和指令针对数字信号处理算法进行了特殊设计，具有很高的编译效率和指令执行速度。在数字滤波、FFT、谱分析等各种仪器上，DSP 获得了大规模应用。

DSP 的理论和算法在 20 世纪 60 年代和 70 年代就已经出现，由于当时还没有专门的 DSP 处理器，因此这些算法只能通过 MPU 来实现，但 MPU 的处理速度无法满足 DSP 对性能的要求。随着大规模集成电路技术的发展，1982 年诞生了首枚 DSP 芯片。DSP 在特定算法处理方面的运算速度比 MPU 快了几十倍，在语音合成、图像编解码、图像识别等领域得到了广泛应用。德州仪器（Texas Instruments，TI）是业内著名的 DSP 处理器设计和制造商，它的 TMS320C2000、TMS320C5000、TMS320C6000 系列 DSP 在市场上占有较大的份额。随着应用需求的不断扩展，DSP 也向多核 DSP 方向发展。图 2.5 展示了多核 DSP 的内部结构。

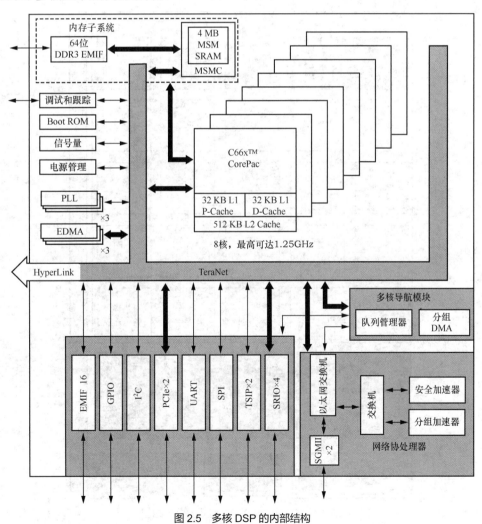

图 2.5　多核 DSP 的内部结构

（4）SoC 与 FPGA。

SoC 设计技术始于 20 世纪 90 年代中期，随着半导体工艺技术的发展，IC 设计者能够将越来越复杂的功能集成到单硅片上，也就是在一个芯片上集成 CPU、DSP、逻辑电路、模拟电路、射频电路、存储器和其他电路模块以及嵌入式软件等，并相互连接以构成完整的系统，其最大特点是实现了软、硬件的无缝结合。例如，华为推出的麒麟 990 处理器是全球首款基于 7 nm 工艺的 5G SoC，首次将 5G Modem 集成到了 SoC 上，缩减了所需电路板的面积，极大提高了能效比。

FPGA 是作为专用集成电路（application specific integrated circuit，ASIC）领域中的一种半定制电路而出现的，它既解决了定制电路的不足，又克服了原有可编程器件门电路数量有限的缺点。开发人员不需要再像传统的系统设计那样绘制复杂的电路板，也不需要焊接芯片，只需要使用硬件描述语言、综合时序设计工具等来设计 FPGA 器件的功能。上至高性能 CPU，下至简单的 74 电路，都可以用 FPGA 来实现。Xilinx 和 Altera 公司均推出了多种型号的 FPGA 芯片。

SoC FPGA 是 SoC 和 FPGA 相结合的产物，如 Altera 公司于 2013 年发布了 Cyclone V 系列芯片，这是一种在单一芯片上集成了双核的 Arm Cortex-A9 处理器和 FPGA 的新型 SoC 芯片。相较于传统的仅包含 Arm 处理器或 FPGA 的嵌入式芯片，Cyclone V SoC FPGA 既拥有 Arm 处理器灵活高效的数据运算和事务处理能力，又拥有 FPGA 的高速并行数据处理优势，其内部结构如图 2.6 所示。

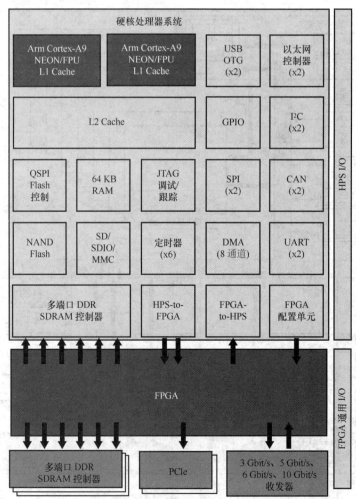

图 2.6 Cyclone V SoC FPGA 的内部结构

（5）开源处理器 RISC-V。

2010 年，加州大学伯克利分校在为一个新项目选择指令集时，发现 Arm、MIPS、x86、SPARC 等多种指令集均存在知识产权风险，研究团队决定从零开始设计一套全新的指令集。该团队用了 3 个月时间就完成了 RISC-V 的设计，并基于 BSD 许可协议免费开放了指令集架构，其原型芯片也于 2013 年 1 月成功流片。加州大学伯克利分校在 2015 年成立非营利组织 RISC-V 基金会，该基金会旨在聚合全球创新力量共同构建开放、合作的软/硬件社区，共同打造 RISC-V 生态系统。谷歌、高通、IBM、英伟达、NXP、西部数据、Microsemi、中科院计算所、麻省理工学院、华盛顿大学、英国宇航系统公司等 100 多家企业、大学和研究机构先后加入了 RISC-V 基金会。

RISC-V 具有性能优越和开源两大特征。RSIC-V 的设计目标是满足从微控制器到超级计算机等各种复杂程度的处理器需求，支持 FPGA、ASIC 乃至未来器件等多种实现方式。同时，RISC-V 能够高效地实现各种微结构，支持大量定制与加速功能，并与现有软件及编程语言良好适配。2019 年 7 月，阿里巴巴旗下半导体公司"平头哥"发布了基于 RISC-V 的处理器 IP 核——玄铁 910，并号称目前业界性能最强的 RISC-V 架构芯片，未来可以应用于 5G、人工智能、物联网、自动驾驶等领域。RISC-V 处理器在短时间内还无法撼动 x86 和 Arm 处理器的地位，但是随着越来越多的公司和项目采用 RSIC-V 架构的处理器，RSIC-V 的生态系统会逐渐壮大起来。

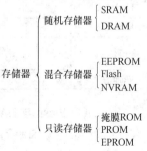

存储器

2.1.2　存储器

存储器是用来存储程序和数据的记忆部件，可分成内存储器和外存储器。内存储器简称内存，是处理器通过地址和数据总线能直接访问的存储器，用来存放程序与临时数据。嵌入式系统的内存可位于嵌入式处理器芯片内，也可以在片外扩展。通常片内存储器存储容量小、速度快；片外存储器容量大，但会增加额外的成本。外存储器简称外存，用来存放不经常使用或者需要永久保存的程序和数据，特点是容量大，但速度较内存慢。

在嵌入式系统设计过程中，存储器的选择是非常重要的，因为存储器的速度和容量对整个嵌入式系统的成本和性能有很大的影响。根据应用需求，嵌入式系统在设计时要考虑存储器的类型（易失性或非易失性）和使用目的（存储代码还是数据，抑或两者都存储）。另外，在选择过程中，存储器的容量和成本也是需要考虑的因素。对于功能比较单一的嵌入式系统，微控制器自带的片内存储器往往就能满足系统要求，而功能复杂的嵌入式系统可能需要增加外部存储器。为嵌入式系统选择存储器类型时，需要考虑的因素包括微控制器的性能、电压范围、读写速度、存储器容量、存储器的封装形式、擦除/写入的耐久性以及成本等。

1. 常用的存储器类型

按照存储器的访问方式，嵌入式系统中的存储器可以分为 3 类：随机存储器（read access memory，RAM）、只读存储器（read-only memory，ROM）以及介于上述两者之间的混合存储器。嵌入式系统中常用的存储器如图 2.7 所示。

（1）随机存储器。

在随机存储器中，存储单元的内容可按需随意取出或存入，存取的速度与存储单元的位置无关，而且速度很快。这种存储器在断电时存储的内容会立即丢失，故主要用于存储临时使用的程序和数据，通常为操作系统或其他正在运行的程序提供临时数据存储媒介。

按照存储单元的工作原理，随机存储器又分为静态随机存储器（static RAM，SRAM）和动态随

```
          ┌ 随机存储器 ┌ SRAM
          │           └ DRAM
          │           ┌ EEPROM
存储器 ───┤ 混合存储器 ┤ Flash
          │           └ NVRAM
          │           ┌ 掩膜ROM
          └ 只读存储器 ┤ PROM
                      └ EPROM
```

图 2.7　嵌入式系统中常用的存储器

机存储器（dynamic RAM，DRAM）。SRAM 的静态存储单元是在静态触发器的基础上附加门控管而构成的，靠触发器的自保功能存储数据。DRAM 的存储矩阵由动态 MOS 存储单元组成，内部有刷新控制电路，操作也比 SRAM 复杂。尽管如此，DRAM 由于存储单元的结构能够做的非常简单，所用元器件少，功耗低，因此已成为大容量 RAM 的主流产品。

（2）只读存储器。

只读存储器是一种只能读出但不能修改已存数据的固态半导体存储器，其特性是一旦数据写入后，普通用户就无法修改或删除其内容。在嵌入式系统中，只读存储器通常用来存放系统软件和其他系统运行时不需要修改的代码和数据。

只读存储器按照发展历程可以分为掩膜 ROM、可编程 ROM（PROM）和可擦写可编程 ROM（EPROM）等。掩膜 ROM 中的程序与数据只能由制造厂家用掩膜工艺固化，用户不能修改掩膜 ROM 中的程序与数据；PROM 内部采用行列式的熔丝，需要写入时，利用电流将其烧断并写入所需的程序与数据，但仅能记录一次；EPROM 利用高电压将程序与数据编程写入，擦除时将线路曝光于紫外线下，片上存储的程序与数据可被清空，并且可重复使用。

（3）混合型存储器。

混合型存储器既可以读出、写入数据，又可以在断电后保持存储的内容不变。混合型存储器可以分为可擦除可编程只读存储器（electrically erasable programmable read only memory，EEPROM）、非易失性随机访问存储器（non-volatile random access memory，NVRAM）和 Flash 存储器。

EEPROM 通过编程电压来实现擦除和重写，不像 EPROM 那样需要紫外线照射才能清空数据。NVRAM 通常就是带有后备电池的 SRAM，系统电源接通时，NVRAM 就像 SRAM 那样工作，系统断电后，NVRAM 从后备电池中获取电力以确保存储的内容不会丢失。NVRAM 在嵌入式系统中使用十分普遍，但其最大的缺点是价格昂贵。Flash 存储器也称为闪存，这种存储器结合了 ROM 和 RAM 的优点，不仅具备 EEPROM 的性能，还可以快速读取数据，同时数据不会因为断电而丢失。

表 2.2 对各种类型存储器的特性做了比较。

表 2.2 比较各种类型存储器的特性

存储器类型	是否是易失性存储器	是否可编程	优点	缺点
DRAM	是	是	成本低	需要 DRAM 动态刷新控制器
SRAM	是	是	速度快	集成度较低，成本较 DRAM 高
ROM/OTP	否	是	成本低	工厂写入程序
PROM	否	否	成本低	只允编程一次
EPROM	否	是	成本低	擦除时需要使用紫外线照射一定的时间
EEPROM	否	是	成本低	可直接用电信号擦除，重编程时间比较长，同时有效重编程次数也比较少
Flash 存储器	否	是	成本低	必须按块（block）擦除

2. NOR Flash 与 NAND Flash

NOR Flash 和 NAND Flash 是现在市面上两种主要的非易失性闪存。Intel 于 1988 年首先开发出 NOR Flash 技术，彻底改变了原先由 EPROM 和 EEPROM 一统天下的局面。接着，东芝公司于 1989 年发明了 NAND Flash，在强调降低每比特成本的同时获得了更高的性能。

（1）NOR Flash。

NOR Flash 是在 EEPROM 的基础上发展起来的，特点是容量小、写入速度慢，但支持随机读取，读取速度快。NOR Flash 支持芯片内执行（execute in place，XIP），存储在 NOR Flash 里的代码可以直接运行而无须复制到 RAM 中，这样可以减少 RAM 的使用量，从而节约了成本。但 NOR Flash 的制造成本比 NAND Flash 高，容量一般在 4 MB～64 MB 左右，一般可擦写 10 万次。在嵌入式系统中，通常把系统的硬件初始化程序或操作系统引导代码存放在 NOR Flash 中。

（2）NAND Flash。

NAND Flash 没有采用随机读取技术，读取时以数据块为单位，内部采用非线性宏单元模式，为固态大容量闪存的实现提供了廉价有效的解决方案。NAND Flash 具有容量较大、改写速度快等优点，一般可擦写 100 万次，适用于大容量的数据存储，如手机存储卡、数码相机记忆卡、体积小巧的 U 盘等。NAND Flash 的缺点是用户不能直接运行 NAND Flash 中的代码，程序对 NAND Flash 的读写需要通过驱动程序来实现，因此大部分嵌入式系统将 NAND Flash 作为大容量外部数据存储器使用。目前 PC 中使用越来越广泛的 SSD 在 NAND Flash 的基础上增加了主控芯片和 DRAM 缓存，从而较好地实现了存储容量与读写速度的均衡。

在上述存储器中，能用于内存的存储器有 NOR Flash、EPROM、EEPROM、PROM 等 ROM，以及 SRAM、DRAM、SDRAM 等 RAM。

3. 常用外部存储器

嵌入式系统普遍采用非易失性存储器作为外存，包括 DOC、CF 卡、SD 卡和 Micro SD 卡等。已被广泛用在 PC 机上的硬盘则受制于体积、功耗和可靠性，很少用在嵌入式系统中。

（1）电子盘。

电子盘（disk on chip，DOC）是采用 NAND Flash 芯片作为基本存储单元，外加一些控制芯片，通过特殊的软/硬件来实现的一种模块化、系列化的电子存储装置，如图 2.8 所示。DOC 一般采用 TrueFFS（true flash file system）硬盘仿真技术对 Flash 进行管理，可以把 Flash 模拟成硬盘，使用方便且容量可从数兆字节扩展到数吉字节。也正是因为采用了 TrueFFS 技术对 Flash 中的数据读写操作进行管理，所以极大提高了 DOC 写操作的次数，使其寿命远远超过普通的 Flash 存储器，提高了可靠性。

（2）CF 卡。

CF 卡（compact flash card）是一种用于便携式设备的数据存储器，于 1994 年首次由 SanDisk 公司生产并制定了相关规范。CF 卡的重量只有 14 克，仅火柴盒般大小，如图 2.9 所示。CF 卡是一种可靠的存储解决方案，不需要电池来维持其中存储的数据。相对于传统的磁盘驱动器，CF 卡有更高的安全性和可靠性，而且 CF 卡的能耗仅为小型磁盘驱动器能耗的 5%。这些优异的性能使得很多数码相机选择 CF 卡作为存储介质。

（3）SD 卡。

SD 卡（secure digital card）由日本的松下、东芝及美国的 SanDisk 公司于 1999 年 8 月共同开发和研制。大小犹如一张邮票的 SD 卡，重量只有 2 克，但却拥有高容量、高数据传输率、极好的便携性以及很好的安全性。目前 SD 卡的容量可由 8 MB 扩展到 128 GB，读写速度已经超过 100 Mbit/s，如图 2.10 所示。大部分的数码相机生产商都提供了对 SD 卡的支持，包括佳能、尼康、柯达、松下等。近些年，专业相机市场也被 SD 卡占领，SD 卡正逐步取代 CF 卡。

（4）Micro SD 卡。

Micro SD 卡又名 TF 卡（trans flash card），由 SanDisk 公司发明。Micro SD 卡是一种极小的 Flash 存储卡，体积为 15 mm × 11 mm × 1 mm，差不多手指甲大小，是目前最细小的记忆卡，如图 2.11 所示。Micro SD 卡主要应用于智能手机，同时也可应用于 GPS 和便携式音乐播放器。

图2.8　DOC　　　　　图2.9　CF卡　　　　图2.10　SD卡　　图2.11　Micro SD 卡

2.1.3　外围接口

嵌入式系统硬件除了嵌入式处理器和嵌入式存储器之外，通常还会根据应用需求扩充多种外围接口，这些接口包括通信接口、输入/输出接口、设备扩展接口等。一般情况下，嵌入式处理器内部会集成很多常用的外部设备控制器，设计硬件时只需要引出对应的端口，这大大减轻了设计难度，节约了成本和电路板面积。我们把这类集成在处理器内部的外部设备称为片内外设。如果需要使用独立的外设芯片来扩充外部端口，则称之为外部外设。嵌入式系统使用的外围接口种类繁多，功能、速度各异，常用的接口包括 USB 接口、以太网接口、蓝牙接口、Wi-Fi 接口、LCD 接口、RS-232、RS-485、CAN、SPI、I^2C、I^2S 等。下面介绍一些常见的外设接口，另有部分接口将在后续章节中陆续介绍。

1.　USB 接口

通用串行总线（universal serial bus，USB）是一种快速、双向、可同步传输、廉价并可以进行热拔插的串行总线标准。作为一种常用的输入/输出接口技术规范，USB 已被广泛应用于个人计算机和移动设备等通信产品中，并被扩展应用于摄影器材、机顶盒、游戏机等设备，大多数高端嵌入式处理器都内置了 USB 控制器。

USB 1.1 标准的 USB 接口最高传输率可达 12 Mbit/s，比 RS-232 快了大约 100 倍；而 USB 2.0 标准的 USB 接口最高传输率更是达到了 480 Mbit/s；最新一代的 USB 3.1 标准的 USB 接口，传输速率高达 10 Gbit/s。

标准的 USB 协议使用主/从（host/slave）架构，这就意味着任何 USB 事务都由主机发起。USB 主机处于主模式，从设备处于从模式，从设备不能启动数据传输，只能回应主机发出的指令。

USB OTG（on-the-go）技术允许在没有主机的情况下，实现设备间的数据传送。例如，数码相机可以直接连接到打印机，将拍摄的相片立即打印出来；也可以将数码相机中的数据通过 USB OTG 发送到含有 USB 接口的移动硬盘，这样就没有必要借助计算机来复制数据了。

2.　以太网接口

以太网是当前应用最普遍的局域网技术，它在很大程度上取代了其他局域网标准。历经百兆以太网在 20 世纪末的飞速发展后，千兆以太网甚至万兆以太网正在不断拓展应用范围。

大部分的嵌入式系统都具备以太网接口。在嵌入式系统中实现以太网接口通常有两种方法：一种方法是采用内部带有以太网控制器的嵌入式处理器，这类嵌入式处理器通常就是面向网络应用而设计的，它们通过内部总线实现处理器和以太网控制器的数据交换，有较高的通信速率；另一种方法是在嵌入式处理器的外部扩展以太网通信芯片，这种方法是把以太网芯片连接到嵌入式处理器的总线，通用性强，但嵌入式处理器和网络芯片的通信速率受制于外部总线的带宽。

3.　蓝牙接口

蓝牙（bluetooth）是一种支持设备短距离通信（一般 10 m 内）的无线传输技术，能在移动电话、掌上电脑、无线耳机、笔记本电脑以及可穿戴设备之间进行无线信息交换。蓝牙技术能够有效地简化移动通信终端设备之间的数据传输流程，使数据传输变得更加迅速、高效。

蓝牙采用分散式网络结构以及快跳频和短包技术，支持点对点及点对多点通信。早期的蓝牙 1.2 标准工作在 2.4 GHz 开放频段，数据传输速率约为 1 Mbit/s，采用时分双工传输方案实现全双工传输。2012 年提出的蓝牙 4.0 标准集成了高速传输技术和低功耗技术，功耗较以往降低了 90%，使蓝牙技术得以延伸到采用纽扣电池供电的一些新兴应用领域，为智能手表、远程控制、医疗保健及运动感应器等应用奠定了基础。2016 年提出的蓝牙 5.0 标准的通信距离可达 300 m，传输速率最高可达 24 Mbit/s，还加入了室内辅助定位功能，结合 Wi-Fi 可以实现精度小于 1 m 的室内定位。

4. Wi-Fi 接口

无线保真（wireless fidelity，Wi-Fi）技术与蓝牙技术一样，是在办公室和家庭中使用的短距离无线技术。IEEE 定义了一系列的 Wi-Fi 标准，包括 802.11a、802.11b、802.11g 和 802.11n 等。Wi-Fi 技术最大的优点是传输速度较高，采用 802.11n 标准的 Wi-Fi 接口理论速率最高可达 600 Mbit/s。最新的 IEEE 802.11ac 标准通过 5 GHz 频带进行通信，理论上能够提供超过 1 Gbit/s 的传输速率。

Wi-Fi 技术在移动设备上的应用非常广泛，包括智能手机、掌上电脑等。与蓝牙技术相比，Wi-Fi 技术具有更大的覆盖范围和更高的传输速率。Wi-Fi 技术使用的频段是免费的，它提供了一个在全世界范围内可以使用的、费用极其低廉且数据带宽极高的无线空中接口。用户可以在 Wi-Fi 接口覆盖区域内快速浏览网页，随时随地接听/拨打电话。其他一些基于 Wi-Fi 技术的宽带数据应用，如流媒体、网络游戏等更是受到用户欢迎。越来越多的嵌入式系统使用 Wi-Fi 接口作为无线控制和数据传输的主要接口。

5. LCD 接口

液晶显示屏（liquid crystal display，LCD）是平板显示器件中的一种，具有低工作电压、微功耗、无辐射、体积小等特点，被广泛应用于各种各样的嵌入式产品中，如手机、掌上电脑、数码相机等。

LCD 按显示原理可分为扭曲向列型（twist nematic，TN）、超扭曲向列型（super twist nematic，STN）、薄膜晶体管型（thin film transistor，TFT）等，按照显示颜色的多少可分为单色屏、16 级灰度屏、256 级灰度屏、16 色屏、256 色伪彩色屏、TFT 真彩色屏等。

TFT LCD 是目前应用较多的 LCD 屏，刷新速度快，拥有很高的色彩对比度和颜色饱和度。有机发光二极管（OLED）是一种新型的屏幕技术，它采用非常薄的有机材料涂层和玻璃基板，当有电流通过时，这些有机材料就会发光，非常省电且无需背光灯，具有自发光特性。AMOLED 屏是主动矩阵与 OLED 技术的融合，相比传统的液晶面板，AMOLED 屏具有反应速度较快、对比度更高、视角较广等特点。

嵌入式系统处理器通过内置的 LCD 控制器来驱动 LCD。通过程序配置 LCD 控制器内的一系列寄存器，可将来自内存储器的显示帧缓冲区（frame buffer）中的图像数据输出到 LCD。

2.2　嵌入式软件系统

嵌入式软件系统包括嵌入式操作系统、嵌入式系统中间件、嵌入式图形系统、嵌入式应用软件等，其中核心是嵌入式操作系统。近 10 年来，嵌入式软件得到飞速发展——支持的处理器从 8 位、16 位、32 位发展到 64 位，从支持单一类型的处理器发展到支持多种不同体系结构的嵌入式处理器，从简单的任务控制扩展发展到支持复杂功能模块（如文件系统、TCP/IP 网络协议栈、图形系统等），已经形成了包括嵌入式操作系统、中间平台软件、嵌入式应用软件在内的嵌入式软件生态链。随着硬件技术的进步，嵌入式软件向着运行速度更快、支持功能更强、应用开发更便捷的方向不断发展。

2.2.1　嵌入式操作系统

嵌入式操作系统是嵌入式系统中重要的系统软件，负责嵌入式系统的全部软/硬件资源的分配、任务调度以及控制和协调并发活动，通常包括与硬件相关的底层驱动、系统内核、设备驱动接口、通信协议、图形用户界面等，主要特点是具备一定的实时性、内核较为精简、占用资源少、有较强的可靠性和可移植性。

根据嵌入式操作系统的实时特性，可以将其分为硬实时系统和软实时系统。硬实时系统可以严格地按时序执行程序，其最大的特征是程序的执行具有确定性，硬实时系统能在指定的时间内完成特定的任务。对于软实时系统，虽然响应时间同样重要，但是任务执行时间超时通常不会导致致命错误。Windows 10 Mobile 是软实时操作系统，而 μC/OS-II 则是典型的硬实时操作系统。下面介绍一些常用的嵌入式操作系统。

1. VxWorks

VxWorks 操作系统是美国风河（WindRiver）系统公司于 1983 年开发的一种嵌入式实时操作系统，它凭借良好的持续发展能力、高性能的内核以及友好的用户开发界面，在嵌入式实时操作系统领域占据一席之地。VxWorks 具有良好的可靠性和卓越的实时性，被广泛应用于通信、军事、航空航天等对高精尖技术及实时性要求极高的领域，如卫星通信、武器制导、飞机导航等。全球有超过15 亿套设备使用了 VxWorks 操作系统。

VxWorks 具有硬实时性、确定性与低延时性等特点，此外也具备良好的可伸缩性与安全性。VxWorks 能够运行在各种主流处理器之上，包括 Arm、PowerPC 和 Intel 处理器。VxWorks 支持各种业界领先的标准和协议，如 USB、CAN、Bluetooth、FireWire 以及高性能组网等，可广泛支撑各种物联网设备。

2. μC/OS

μC/OS 最早出现在 1992 年，由美国嵌入式系统专家 Jean J. Labrosse 在《嵌入式系统编程》杂志1992 年的 5 月和 6 月刊上刊登文章连载阐述，他还把 μC/OS 的源码发布在了该杂志的 BBS 上。μC/OS是一种开源、结构小巧、具有可抢占实时内核的实时操作系统，其内核提供任务调度与管理、时间管理、任务间同步与通信、内存管理和中断服务等功能。

μC/OS-II 是 μC/OS 的升级版本，它从最大限度上使用 ANSI C 语言进行开发，与硬件相关的代码被压缩到最低限度，只有约 200 行的汇编代码。这样做是为了便于将 μC/OS-II 移植到不同的处理器上。目前 μC/OS-II 已被移植到 40 多种处理器体系架构中，涵盖了从 8 位到 64 位的各类 CPU（包括 DSP）。μC/OS-II 可以视为一个多任务调度器，可在这个多任务调度器之上完善并添加与多任务操作系统相关的系统服务，如信号量、邮箱等。μC/OS-II 的主要特点是开源，代码结构清晰明了，注释详尽，组织有条理，可移植性好，可裁剪以及可固化。μC/OS-II 最多可以管理 64 个可抢占式任务。由于可靠性高、移植性和安全性较好，μC/OS-II 已被广泛用在从照相机到航空电子产品的各种应用中。

μC/OS-III 是目前最新的版本，它删除了 μC/OS-II 中很少使用的功能，添加了更高效的功能和服务，对任务的个数无限制。μC/OS-III 支持现代的实时内核所期待的大部分功能，如资源管理、同步、任务间的通信等。μC/OS-III 还提供了一些其他实时内核不具备的特色功能，如完备的运行时间测量功能、可直接发送信号或消息到任务、任务可以同时等待多个内核对象等。

3. QNX

QNX 是由加拿大 QSSL 公司开发的分布式实时操作系统，既能运行于基于 x86 架构的桌面硬件环境，也能运行于以 PowerPC、MIPS 等嵌入式处理器为核心的嵌入式硬件环境。QNX 是业界公认的 x86 平台上最好的嵌入式实时操作系统之一，它建立在微内核和完全地址空间保护基础之上，实时、稳定、可靠。QNX 是遵从 POSIX 规范的类 UNIX 实时操作系统，使得多数传统 UNIX 程序在稍微修改后（甚至不需要修改）即可在 QNX 中编译与运行。

QNX 的应用范围很广，包括车载音乐和媒体播放器、核电站和坦克的控制系统以及平板电脑等。众多汽车制造厂商，包括奥迪、宝马、保时捷、路虎、本田等，都在车载多媒体设备中使用了 QNX 系统，保守估计全球搭载 QNX 的汽车多达数千万辆。QNX 是车载多媒体设备最主要的软件提供商。

4. 嵌入式 Linux

Linux 是一套使用免费且可自由传播的类操作系统，是基于 POSIX 和 UNIX 且支持多线程和多 CPU 的多用户、多任务操作系统。Linux 能运行主要的 UNIX 工具软件、应用软件和网络协议，支持 32 位和 64 位处理器。同时，Linux 继承了 UNIX 以网络为中心的设计思想，是性能稳定的多用户网络操作系统。

嵌入式 Linux 对 Linux 操作系统做了裁剪和修改，使之能在嵌入式系统中运行。嵌入式 Linux 既继承了 Linux 开源、稳定的优点，又具有嵌入式操作系统的特性，特点是免费开源、性能优异、可移植性强并且得到了许多应用软件的支持。嵌入式 Linux 支持多种嵌入式处理器，包括嵌入式 x86、Alpha、Sparc、MIPS、PowerPC、Arm 等。在智能手机中，嵌入式 Linux 为 Android 提供了底层支撑。

2.2.2　嵌入式图形系统

嵌入式图形系统通常指在嵌入式系统硬件上构建图形用户界面所需的软件，包括与图形显示相关的驱动、窗口管理器、图形控件库、桌面管理器、用户接口等。图形用户界面是计算机与其使用者之间的对话接口，它为使用者提供了友好便利的界面，并极大方便了用户控制计算机系统，使人们从烦琐的命令中解脱出来，可以通过窗口、菜单方便地进行操作。

随着移动智能设备的不断发展，嵌入式系统中图形系统的地位也越来越重要，但与 PC 上图形用户界面不同的是，嵌入式图形系统要求简单、直观、可靠、占用资源小且反应快速，以适应嵌入式系统硬件资源有限的条件。另外，由于嵌入式系统硬件本身的特殊性，嵌入式图形系统应具备高度的可移植性与可裁剪性，以适应不同的硬件条件和使用需求。总体来讲，嵌入式图形系统具备以下特点。

（1）体积小。

（2）运行时占用系统资源少。

（3）上层接口与硬件无关，高度可移植。

（4）高可靠性。

（5）在某些应用场合下应具备实时性。

目前嵌入式图形系统可以大致分为两类：一类是针对特定嵌入式操作系统的图形库和用户接口，如 Microsoft 的 Windows 10 Mobile、Google 的 Android 以及 GNU 的 GTK 等；另一类是跨操作系统的嵌入式图形系统，此类系统支持不同的硬件环境和嵌入式操作系统，提供了灵活可伸缩的图形用户界面软件架构。跨操作系统的嵌入式图形系统有 Qt、MiniGUI、μC/GUI 等。下面介绍一些常见的嵌入式图形系统。

1. Qt

Qt 是一个跨平台的 GUI 应用程序开发框架，既可用于开发 GUI 程序，也可用于开发非 GUI 程序，比如控制台工具和服务器程序。UNIX/Linux 上流行的桌面环境 KDE 就是用 Qt 编写的。Qt 是完全面向对象的，所以很容易扩展。Qt 采用组件编程，并可在 Windows、Linux、UNIX、macOS 和嵌入式 Linux 等不同平台上进行本地化编译和运行。基于 Qt 系统的应用程序运行界面如图 2.12 所示。

图 2.12　基于 Qt 系统的应用程序运行界面

Qt/Embeded 是用于嵌入式 Linux 系统的 Qt 版本，是一套界面库，简称 Qte 或 Qt/E。Qte 去掉了对 XLib 的依赖而直接工作在 framebuffer 上，另外 Qte 还在此基础上实现了自己的窗口管理系统（Qt window system，QWS）。因此，在嵌入式 Linux 系统中，Qte 可以在没有 X11 库的环境下构建独立的图形用户界面，而且不会占用太多的嵌入式系统资源。

Qtopia 是一个基于 Qte 的类似桌面系统的应用环境，同时又为开发者编写嵌入式系统应用程序提供了一套面向对象的 API 函数，分为 PDA 版本和 Phone 版本。

2. MiniGUI

MiniGUI 是由北京飞漫软件技术有限公司开发的图形系统，该公司的目标是构建快速、稳定、跨操作系统的图形系统。MiniGUI 遵循 GNU 通用性公开许可证（GNU general public license，GPL）发布，同时也可提供商业授权，最新的版本为 MiniGUI V5.x。经过十余年的发展，MiniGUI 已经发展为成熟可靠、性能优良、功能丰富、跨操作系统的嵌入式图形系统。MiniGUI 已广泛应用于通信、医疗、工控、电子、机顶盒、多媒体等领域，其运行界面如图 2.13 所示。

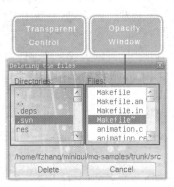

图 2.13　MiniGUI 的运行界面

3. μC/GUI

μC/GUI 是 Micrium 公司研发的通用嵌入式图形系统，其设计目标是为使用 LCD 图形显示的应用程序提供高效且独立于处理器及 LCD 控制器的 GUI。μC/GUI 适用于单任务或多任务系统环境，此处还适用于任意尺寸的真实显示屏或虚拟显示屏。μC/GUI 的架构是模块化的，由标准 C 代码编写而成，具有很强的可移植性。μC/GUI 能够适应大多数的黑白或彩色 LCD，提供了非常好的颜色管理。μC/GUI 还提供了可扩展的 2D 图形库及占用 RAM 极少的窗口管理体系，其运行界面如图 2.14 所示。μC/GUI 具有如下特点。

（1）适用于 8 位、16 位和 32 位 CPU。

（2）适用于单色、灰度或彩色 LCD。

（3）可支持任意显示尺寸。

（4）可在 LCD 上显示字符和位图。

（5）支持虚拟显示。

图 2.14　μC/GUI 的运行界面

2.3　嵌入式系统的开发流程与开发模式

2.3.1　嵌入式系统的开发流程

与桌面系统相比，嵌入式系统的开发过程更加烦琐，因为嵌入式系统在满足应用功能要求的同时，还必须满足成本、性能、功耗、开发周期等其他要求。大多数嵌入式系统开发需要一个开发团队中的各成员相互协作来完成，要求开发人员必须遵循一定的设计原则，明确分工并积极沟通。由于在开发过程中容易受到各种各样的内部和外部因素的影响，因此良好的设计方法在嵌入式系统开发过程中是必不可少的。嵌入式系统的开发流程和软件系统的设计流程非常相似，通常包括以下几个部分：系统需求分析、体系结构设计、软/硬件协同设计、系统集成和系统测试，如图 2.15 所示。

系统需求分析的目的是确定设计任务和设计目标，并提炼出设计规格说明书。该说明书将作为正式设计的指导和验收的标准，并提供严格、规范的技术要求说明。系统的需求一般分功能性需求和非功能性需求两方面。功能性需求是系统的基本功能，如输入/输出信号类型、操作方式等；非功能需求包括性能要求、成本、功耗、体积、重量等。

图 2.15　嵌入式系统的开发流程

体系结构设计描述系统如何实现所述的功能性需求和非功能性需求，包括对硬件、软件和执行装置的功能划分，以及系统的软、硬件选型等。好的体系结构是设计成功的关键，在这一步往往需要选定主要的芯片、确定 RTOS、确定编程语言、选择开发环境、确定测试工具和其他辅助设备。

软/硬件协同设计是指基于体系结构，对系统的硬件、软件进行详细设计。为了缩短产品开发周期，软件与硬件的设计往往是并行的。协同设计的工作大部分都集中在软件设计上，采用面向对象技术、软件组件技术和模块化设计方法是现代软件工程经常采用的手段。

系统集成是指把系统的软件、硬件和执行装置集成在一起进行调试，在调试过程中发现并改进单元设计中的错误。

系统测试是指对设计完成的系统进行测试，检查其是否满足设计规格说明书中确定的功能要求。嵌入式系统开发流程最大的特点是软、硬件联合开发，这是因为嵌入式产品是软、硬件的结合体，软件是针对硬件来设计和优化的。因此，嵌入式系统的测试往往是软、硬件联合测试。

2.3.2 嵌入式系统的开发模式

嵌入式系统的
开发模式

嵌入式系统在开发过程中一般都采用"宿主机/目标机"的开发模式，即利用宿主机（通常是 PC）上丰富的软、硬件资源以及相对完备的开发环境，再配合调试工具来开发目标板（目标机）上的软件。开发人员在宿主机上编写的程序由交叉编译环境生成目标代码或可执行文件，再通过串行通信接口（以下简称串口）、USB或者以太网等将目标代码下载到目标板上。开发人员利用交叉调试器监控程序在目标板上的运行情况，实时分析运行结果。程序调试完成后，通过交叉调试器将程序固化到目标板上，从而完成整个开发过程。嵌入式系统的开发模式如图 2.16 所示。

图 2.16 嵌入式系统的开发模式

1. 交叉编译和交叉编译环境

交叉编译（cross compiling）是指在一个平台上生成另一个平台上的可执行代码。比如，在基于 x86处理器的 PC 上开发和编译一个程序，而这个程序最终要运行在以 Arm 处理器为核心的平台上。需要交叉编译的原因有两个：一是在项目的起始阶段，要设计的目标平台尚未建立，因此需要通过交叉编译来生成所需的 bootloader（启动引导代码）以及嵌入式操作系统核心映像；二是由于目标平台上资源有限，无法运行编译程序，甚至有可能缺乏基本的输入或输出接口，这时仍然要用交叉编译器来进行编译。

交叉编译环境是集成了从事嵌入式软件开发所需各种功能的集成环境，这些功能包括源代码编辑、程序编译、软件仿真、程序下载、软件与硬件联合测试与调试、程序下载固化等。交叉编译环境是嵌入式系统开发的利器，可以有效地缩短开发周期。开发人员在从事嵌入式软件开发之前，首先需要在宿主机上建立交叉编译环境。下面介绍几种在嵌入式系统开发过程中经常用到的交叉编译环境。

（1）Linux 下的 GNU 交叉编译环境。

在 Linux 系统中，GNU 提供的交叉编译工具链主要由 binutils、gcc、glibc 和 gdb 组成。binutils包括连接器、汇编器和其他用于目标文件和档案的工具，它是二进制代码的处理和维护工具；gcc 是大多数类 UNIX 操作系统的标准编译器，它支持的编程语言包括 C、C++、Objective-C、Fortran、Java、Ada 和 Go 以及各类处理器架构上的汇编语言等，还包括这些语言的库（如 libstdc++、libgcj 等）。glibc是 GNU 发布的 libc 库，即 C 运行库。glibc 封装了 Linux 中最底层的 API 函数，几乎其他任何运行库都会依赖于 glibc。除了封装 Linux 操作系统提供的系统服务之外，glibc 还提供了许多 C 程序中必要函数功能的实现。gdb 是 GNU 提供的一个强大的程序调试工具，可以用来调试 C、C++程序等，其功能不亚于 Windows 下的许多基于图形用户界面的调试工具。

（2）MDK 集成开发环境。

Keil 公司提供的 MDK 集成开发环境用于开发基于 Arm 架构的嵌入式程序，适合不同层次的开发者使用，包括专业的应用程序开发工程师和嵌入式软件开发的入门者。MDK 包含了工业标准的Keil C 编译器、宏汇编器、调试器、实时内核等组件，支持多种型号的 Arm 处理器。MDK 集成了业内领先的技术，包括 μVision 集成开发环境与 RealView 编译器 RVCT。MDK 支持基于 Arm7、Arm9和 Cortex-M0/M1/M3/M4 架构的嵌入式处理器，可以自动配置启动代码，集成了 Flash 烧写模块，具备强大的 Simulation 设备模拟、性能分析等功能。MDK 的运行界面如图 2.17 所示。

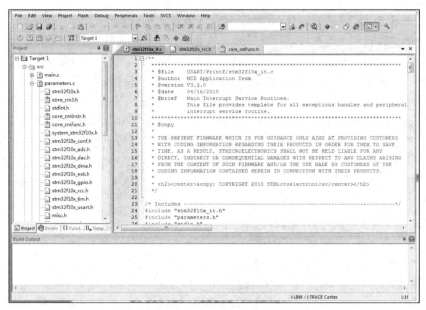

图 2.17　MDK 的运行界面

（3）DS-5 开发工具套件。

DS-5（Arm development studio 5）是一款针对 Arm 处理器、支持 Linux 和 Android 平台的端到端软件开发工具套件。DS-5 提供了程序跟踪功能以及系统性能分析器、实时系统模拟器和编译器、内核空间调试器等工具，这些调试工具包含在功能强大、用户友好、基于 Eclipse 的 IDE 中。借助于 DS-5 开发工具套件，用户可以较好地对基于 Arm 处理器的 Linux 和 Android 程序进行开发和优化，从而缩短开发和测试周期。DS-5 的运行界面如图 2.18 所示。

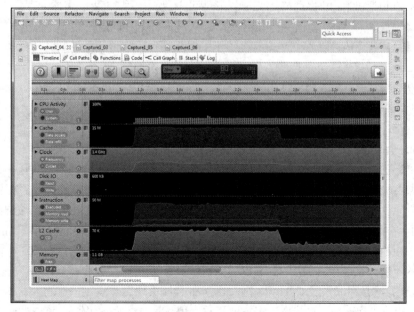

图 2.18　DS-5 的运行界面

2. 嵌入式系统调试

调试是嵌入式系统开发过程中必不可少的环节，嵌入式系统调试包括硬件调试和软件调试。硬件系统运行正常是进行软件开发的基本保障，如果不能确定硬件运行的正确性和稳定性，调试过程中就不知道故障源是软件还是硬件。针对目标平台上的各个硬件模块，开发人员可以采用逐一测试的方法进行验证，借助于常见的测试仪器，如万用表、示波器、逻辑分析仪等进行电气参数的测试与调试。但是，随着嵌入式处理器的内部结构越来越复杂，大部分嵌入式处理器的硬件模块需要通过软件配置后才能正常工作，因此嵌入式系统调试实际上是对软、硬件进行联合调试的过程。

PC 与嵌入式系统在调试环境上存在明显的差别。在 PC 上，调试器与被调试的程序往往是运行在同一台计算机上的相同操作系统中的两个进程，调试器进程通过操作系统提供的接口控制和访问被调试进程。嵌入式系统由于采用了"宿主机/目标机"开发模式，通常采用的是"远程调试"——调试器仍是运行在 PC 上的应用程序，而被调试的程序则运行在目标平台上。这就带来以下问题。

① 调试器与被调试程序如何通信？

② 被调试程序产生异常时如何及时通知调试器？

③ 调试器如何控制、访问被调试程序？

④ 调试器如何识别有关被调试程序的多任务信息并控制某一特定任务？

⑤ 调试器如何处理某些与目标硬件平台相关的信息（如目标平台的寄存器信息、反汇编代码等）？

为了解决上述问题，嵌入式系统使用了多种不同的调试方法，下面介绍几种常用的调试方法。

（1）模拟调试。

模拟调试是指在宿主机上通过软件模拟目标运行环境，用户不需要任何硬件支持就可以模拟出各种嵌入式处理器内核、外设甚至中断等测试环境。这种方法主要进行语法和逻辑上的调试，优点是简单方便、不需要硬件平台支持、成本低，缺点是无法完全反映嵌入式系统运行过程中的实时状态。著名的模拟调试工具有 QEMU 和 ModelSim 等。

（2）程序插桩。

程序插桩（stub）是远程调试的一种，调试程序运行在宿主机上，并通过指定的通信端口（串口、USB、网络等）与运行在目标机上的程序通信，双方遵循远程调试协议。程序插桩的基本原理是在不破坏被调试程序原有逻辑完整性的前提下，在程序的相应位置插入一些探针（用于捕捉程序运行信息的功能模块），通过探针的执行来获得程序的控制流和数据流信息，以此达到调试程序的目的。这些探针本质上是进行信息采集的代码段，可以是赋值语句或者函数调用。在调试过程中执行探针并捕捉程序运行的特征数据，再对这些特征数据进行分析，就可以揭示程序的内部行为。常用的基于程序插桩技术的调试工具是 gdb。

（3）在线调试。

在线调试（in circuit debugging，ICD）也称片上调试（on chip debugging，OCD），它也是远程调试技术的一种，而且是在线仿真（in circuit emulator，ICE）基础上发展而来的。

在早期的嵌入式系统开发中，尤其是以 8 位和 16 位处理器为主流处理器的时代，ICE 是最为常用的调试手段。ICE 使用仿真器完全替代物理上的嵌入式 CPU，通过仿真器捕获目标系统上的各种状态信息，输送到宿主机。随着芯片制造技术的飞速发展，ICE 逐渐显露出一些无法回避的缺陷。首先，ICE 必须比被调试的 CPU 更快，这样才能在模拟对象 CPU 的同时向外输送调试信息，而 CPU 主频的不断提高使得实现这一点越来越困难；其次，日渐复杂的封装技术导致 ICE 在物理上替换模拟对象 CPU 的难度越来越大；最后，ICE 的先天特性决定了 ICE 总是落后于 CPU 发布。

ICD 的实现方法是在嵌入式 CPU 内部加入额外的控制模块，当满足一定的触发条件时，嵌入式 CPU 进入某种特殊状态。在这种状态下，被调试程序停止运行，宿主机通过 ICD 调试器可以访问嵌入式 CPU 内部的各种资源（如寄存器、存储器等）并执行指令。与程序插桩方式相比，ICD 不占用目标平台的通信端口，无须修改目标操作系统，大大方便了系统开发人员，同时又避免了 ICE 的各种缺点，因而得到了广泛应用。

不管是 ICE 还是 ICD，它们都需要在宿主机上运行集成开发环境来实现调试功能，如前面所述的 MDK、DS-5 等软件。通过集成开发环境，开发人员能够实现查看 CPU 寄存器状态和存储器内容、分析地址映射、设置断点、实现反汇编等功能。功能复杂的集成开发环境甚至能实现操作系统进程/线程运行情况分析、内存消耗分析、功耗分析等功能。

由于使用习惯上的原因，开发人员对仿真器或调试器的称谓一般没有严格区分，通常指的都是 ICD。不同公司生产的嵌入式处理器遵循的调试协议可能不同，因此调试器都是针对特定体系结构或者特定型号的处理器。常用的调试器有针对 PowerPC 系列处理器的 BDM 调试器和针对 Arm 处理器的 JTAG（Joint Test Action Group）调试器，也有很多调试器同时支持 BDM 和 JTAG 调试协议。这里介绍一些在嵌入式系统开发中常用的调试器。

① J-Link 仿真器。

J-Link 是 SEGGER 公司为支持调试 Arm 处理器推出的 JTAG 仿真器。J-Link 仿真器可配合 IAR EWARM、Keil、RealView 等集成开发环境使用，支持基于 Arm7、Arm9、Arm11、Cortex-M0/M1/M3/M4、Cortex-A5/A8/A9 等架构的处理器，特点是操作方便、连接方便、简单易学，是目前 Arm 处理器开发过程中最常用的调试工具，如图 2.19 所示。

② ST-Link 仿真器。

ST-Link 是由意法半导体公司推出的在线调试编程器，主要用于调试意法半导体公司生产的 STM32 和 STM8 系列微控制器。ST-Link 采用 USB 接口进行供电与数据传输，可以方便地对内部固件进行升级。ST-Link 支持以 JTAG 或 SWD 模式连接至 STM32 系列微控制器，也可以通过 SWIM 模式连接至 STM8 系列微控制器。ST-Link 的销售价格相对其他厂家的仿真器要便宜许多，是国内嵌入式工程师常用的调试工具，如图 2.20 所示。

图 2.19　J-Link 仿真器

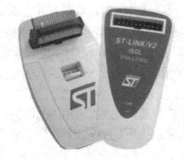

图 2.20　ST-Link 仿真器

③ ULINK 系列仿真器。

ULINK 系列仿真器包括 ULINK2、ULINKpro、ULINKpro-D 等，它们是 Arm 公司推出的针对 Arm 处理器的 JTAG 协议仿真器。ULINK 系列仿真器支持基于 Arm7、Arm9、Cortex-M0/M1/M3/M4 等架构的处理器，能够与 MDK 等软件配合提供持续在线调试功能，让用户能够控制处理器，实现诸如设置断点、读写内存内容、全速运行所有外设、进行高速数据传输和指令跟踪等功能。图 2.21 展示了 ULINKpro-D 仿真器。

④ TRACE32 系列仿真器。

TRACE32 系列仿真器是由德国 Lauterbach 公司为片上系统设计提供的高性能开发工具，包括 PowerDebug 和 PowerTrace，可支持 JTAG 和 BDM 协议以及多种嵌入式 CPU，能够提供软件分析、端口分析、波形分析以及软件测试等强大功能。TRACE32 系列仿真器采用了双端口存储技术、实时多任务处理机制、以太网和光纤通信技术、多 CPU 调试技术、软件代码覆盖分析技术、基于断点系统的存储技术、多级触发单元技术、时钟处理单元技术、动态存储技术等，具备强大的调试功能。TRACE32 系列仿真器的软件接口丰富，支持 60 余种编译器、20 多种实时多任务操作系统以及十几种集成开发环境，具有很强的通用性，是目前企业级嵌入式系统开发中常用的调试工具。PowerDebug 仿真器如图 2.22 所示。

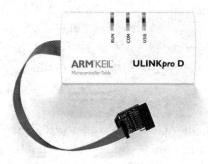 

图 2.21　ULINKpro-D 仿真器　　　　　　　图 2.22　PowerDebug 仿真器

2.4　思考与练习

1. CISC 处理器和 RISC 处理器的区别有哪些？
2. 冯·诺依曼结构处理器和哈佛结构处理器各有什么特点？
3. 嵌入式处理器一般具备哪些特点？
4. 比较随机存储器、只读存储器和混合存储器，说出它们各自的特点。
5. NOR Flash 和 NAND Flash 有什么不同？
6. 嵌入式系统中常用的外围设备有哪些？何为片内外设？何为外部外设？
7. 硬实时和软实时操作系统的主要区别是什么？
8. 与通用计算机相比，嵌入式系统中的图形系统有哪些主要特点？
9. 什么是交叉编译？为什么需要用到交叉编译？
10. 嵌入式系统开发过程中使用的调试方法主要有哪些？最常用的是哪种？
11. 嵌入式系统开发过程分为哪几个阶段？每个阶段的特点是什么？

3 第 3 章　Arm 处理器介绍

第 2 章介绍了嵌入式系统的软、硬件知识以及嵌入式系统的开发方法。本章将介绍 Arm 体系结构，包括 Arm 体系结构的发展过程以及 Arm 体系结构的特点。本章还将列举一些常见的 Arm 处理器，并阐述这些 Arm 处理器对应的体系结构和它们所针对的应用场景。通过本章的学习，读者能够掌握主要的 Arm 体系结构，了解各种 Arm 体系结构的特点和应用场景，并从体系结构的角度理解如何针对应用场景选择合适的嵌入式处理器，为后续学习 Cortex-M3/M4 的内部结构和编程模型打下基础。

本章学习目标：
（1）了解 Arm 体系结构的发展过程；
（2）掌握目前主流的 Arm 体系结构版本；
（3）了解 Arm 体系结构的扩展；
（4）了解常见的 Arm 处理器的体系结构和特点。

3.1　概述

如前所述，Arm 既是 Arm 公司的名字，也是 Arm 处理器的通称。1978 年，物理学家 Hermann Hauser 和工程师 Chris Curry 在英国剑桥创办了 CPU（cambridge processing unit）公司，主要业务是为当地市场供应电子设备。1979 年，CPU 公司通过旗下控股的 Acorn Computer 公司发布了微型计算机产品 Acorn System 75。1985 年，Acorn Computer 公司研发出了自己的第一代 RISC 处理器，简称 Arm（Acorn RISC Machine），这就是 Arm 这个名字的由来。1990 年，Acorn Computer、苹果和 VLSI 共同出资创建了 Arm 公司。

Arm 公司专门从事芯片 IP（intellectual property）设计与授权业务，其产品有 Arm 内核以及各类外围接口。Arm 处理器是一种 RISC 处理器，具有功耗低、性价比高、代码密度高等特点。Arm 处理器不仅具有极高的性价比和代码密度，还拥有出色的实时中断响应和极低的功耗，并且占用的硅片面积极少，因而成为嵌入式系统的理想选择。Arm 公司自己并不生产或销售芯片，而是采用技术授权模式，即通过出售芯片技术授权收取授权费和技术转让费。全球各大半导体生产商从 Arm 公司购买 Arm 处理器 IP 核，再根据不同的应用领域和产品定位加入适当的外围电路，形成各半导体生产商自己的 Arm 处理器芯片，从而进入市场。许多一流的芯片厂商都是 Arm 的授权用户，如 Intel、Samsung（三星）、TI、Motorola、ST、小米、华为等公司。

1997 年，Nokia 6110 手机首次使用了 Arm 处理器，到了 2010 年，超过 95%的智能手机、10% 的移动 PDA 和 35%的数字电视机顶盒使用了 Arm 处理器。2012 年，微软生产的 Surface 平板电脑使用了 Arm 处理器和 Windows 8 操作系统，标志着 Arm 处理器进入移动 PC 领域。2014 年，AMD 开始生产基于 Arm 核心的 64 位服务器芯片，标志着 Arm 处理器开始进入服务器领域。2020 年，苹果公司推出的 MacBook 笔记本电脑使用了基于 Arm 架构的 M1 处理器。

基于 Arm 体系结构的处理器已经深入各个应用领域。在工业控制领域，基于 Arm 核心的微控制器芯片占据了高端微控制器市场的大部分市场份额，也逐渐向低端微控制器应用领域扩展。Arm 微控制器以其低功耗、高性价比的优势，向传统的 8 位和 16 位微控制器提出了挑战。在智能手机领域，Arm 处理器以其高性能和低成本优势，在该领域基本上居于统治地位。在网络应用领域，随着宽带技术的推广，采用 Arm 处理器的无线通信芯片正逐步获得竞争优势。此外，Arm 处理器在语音及视频处理上做了优化，并获得广泛的软件支持，对传统的 DSP 处理器也提出了挑战。在消费类电子产品领域，Arm 处理器占领了手持平板、数字音频播放器、数字机顶盒和游戏机消费类产品的大部分市场份额。在一些新兴领域，如头戴显示器、自动驾驶汽车、智能手表及无人机应用中，Arm 处理器也处于领先地位。

下面从体系结构的角度阐述 Arm 处理器的优势，读者由此可以了解 Arm 处理器应用如此广泛的原因。

3.2 Arm 体系结构

对 Arm 处理器而言，体系结构（architecture）一词主要是指 Arm 处理器的功能规范。体系结构定义了处理器支持的指令集、异常模式和存储器模型等，用于表示抽象的 Arm 处理器。通过对 Arm 体系结构的学习，读者能够了解到 Arm 处理器可以为操作系统和应用软件提供哪些功能支撑。Arm 体系结构包含的内容如表 3.1 所示。

表 3.1 Arm 体系结构包含的内容

体系结构内容	描述
指令集	（1）每条指令的功能 （2）指令的编码格式
寄存器组	（1）有多少寄存器 （2）寄存器的位宽 （3）寄存器的功能 （4）寄存器的初始状态
异常模式	（1）特权模式的等级 （2）异常的类型 （3）异常产生和返回的机制
存储器模型	（1）存储器的访问组织 （2）缓存的机制
调试、跟踪和数据收集	（1）断点如何触发 （2）调试器能够捕获的信息以及信息的格式

Arm 体系结构采用了 RISC 架构，具有典型的 RISC 架构特征，并采用了统一的寄存器加载/存储结构和简单寻址模式。Arm 体系结构具有以下一些特点：支持 Thumb（16 位）和 Arm（32 位）双指

令集，能很好地兼容 8 位和 16 位器件；大量使用寄存器，指令执行速度快；大多数数据操作都在寄存器中完成；寻址方式灵活简单，执行效率高；指令长度固定，简化了指令的译码，可获得效率较高的流水线等。

3.2.1　Arm 体系结构的版本

为了满足实际应用中不断增长的功能和性能需求，Arm 体系结构的版本一直在不断升级，从最初的 Arm v1 发展到现在的 Arm v9，并且仍在持续完善和发展。除了 Arm v1 系列的 CPU 主要作为研究使用之外，后面几种 Arm 体系结构在工业领域都得到了较为广泛的应用。Arm v4 是目前 Arm 软件所支持的最老的体系结构版本，Arm v4 之前的版本已经不再使用，因此本书不再涉及。Arm 公司还对处理器体系结构进行了扩展，为 Java 加速（Jazelle）、安全区（TrustZone）、单指令多数据流（single instruction multiple datastream，SIMD）指令和高级 SIMD（NEON）技术提供了支持。Arm 体系结构的发展路径如图 3.1 所示，其中 Arm v7 和 Arm v8 是目前主流的 Arm 体系结构版本。

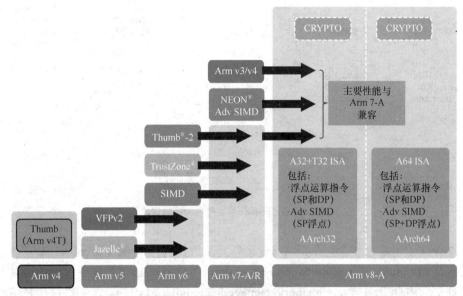

图 3.1　Arm 体系结构的发展路径

1. Arm v4

Arm v4 于 1996 年发布，Arm7TDMI、Arm920T 和 StrongARM 等处理器都基于 Arm v4 体系结构。Arm v4 不再强制要求与 26 位地址空间兼容，指令可以在 32 位地址空间中执行 32 位 Arm 指令，而且明确了哪些指令会引起未定义指令异常。Arm v4 增加了 T 变种，即增加了 16 位的 Thumb 指令集，处理器可以工作在 Thumb 状态。Thumb 指令与 32 位 Arm 指令相比节约了 35% 的存储空间，同时依旧保持了 32 位 Arm 指令的执行效率。

2. Arm v5

Arm v5 于 1999 年发布，与 Arm v4 相比，Arm v5 提升了 Arm 和 Thumb 两种指令的交互工作能力。Arm v5TE 增加了 DSP 指令集，Arm v5TEJ 除了具备 Arm v5TE 的功能之外，还可以执行 Java 字节代码，使得 Arm 处理器执行 Java 指令的效率提高了 5～10 倍并且减少了约 80% 的功耗。Arm926、Arm946 和 XScale 处理器均采用了 Arm v5 体系结构。

3. Arm v6

Arm v6 于 2001 年发布，其目标是在有限的芯片面积上为嵌入式系统提供更高的性能。Arm11 系列处理器采用了 Arm v6 体系结构。Arm v6 在降低功耗的同时，还强化了图形处理性能。通过追加执行多媒体处理的 SIMD 指令，Arm v6 将语音和图像处理能力提高了约 4 倍。Arm v6 中引入的 Thumb-2 指令集是对 Arm 体系结构非常重要的扩展，Thumb-2 指令集改善了 Thumb 指令集的性能，提供了几乎与 32 位 Arm 指令集完全相同的功能，兼有 16 位和 32 位指令。Arm v6 还包含了 TrustZone 技术，该技术将安全功能集成到了 Arm 处理器的硬件和软件中。Arm v6K 首次引入了对多达 4 个 CPU 及关联硬件的多核处理器支持。

4. Arm v7

2004 年发布的 Arm v7 体系结构由单一体系结构变成 3 种面向不同应用领域的体系结构，分为 A、R 和 M 三个系列，旨在为不同应用市场提供差异化的产品。Arm v7 版本的处理器采用 Cortex 命名，如图 3.2 所示。

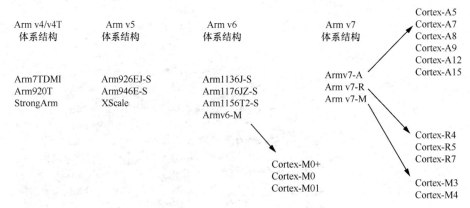

图 3.2　基于不同体系结构的 Arm 处理器

Arm v7-A 注重运算性能，主要面向需要运行复杂应用程序的领域。Arm v7-A 支持大型嵌入式操作系统，如 Linux、Windows Mobile 和 Android 等。这些操作系统要求处理器具备较强的性能，并且包含内存管理单元（memory management unit，MMU），以实现操作系统的虚拟内存机制。Arm v7-A 体系结构采用了增强型的 SIMD 指令——NEON 技术，该技术将 DSP 和媒体处理能力提高了近 4 倍。Arm v7-A 体系结构支持改良的浮点运算，满足了 3D 图形、游戏应用以及传统嵌入式控制应用的需求。基于 Arm v7-A 体系结构的处理器架构主要有 Cortex-A8、Cortex-A9 等。

Arm v7-R 面向实时高性能的应用领域。该体系结构不包含 MMU，而是通过内存保护单元（memory protection unit，MPU）来保护特定内存区域。Arm v7-R 体系结构具备较低的功耗、快速的中断响应时间、卓越的性能以及较好的兼容性。基于 Arm v7-R 体系结构的处理器架构主要有 Cortex-R5、Cortex-R7 等。

Arm v7-M 主要用于微控制器领域，旨在为低成本应用提供解决方案。该体系结构仅支持 Thumb-2 指令集，这既降低了处理器成本，又能够执行快速、可靠的中断管理，同时也能将功耗控制在最低。基于 Arm v7-M 体系结构的处理器架构主要有 Cortex-M0、Cortex-M3、Cortex-M4 等。

上述几种 Arm 体系结构之间的对比如图 3.3 所示。

Arm v4T	Arm v5	Arm v6	Arm v7
·支持无符号半字数据和带符号半字/字节数据运算 ·支持系统模式 ·支持Thumb指令集	·同时支持Arm和Thumb指令集 ·杂项算术指令 ·饱和运算指令 ·DSP多数据累加指令 ·Java加速(v5TEJ)	·单指令多数据流指令 ·v6存储器结构 ·支持非对齐格式数据 ·Thumb-2指令集(v6T2) ·Thumb指令集(v6-M) ·支持多处理器(v6K) ·引入TrustZone技术(v6Z)	·Thumb-2指令集 ·引入NEON技术 ·v7-A系列为应用处理器 ·v7-R系列为实时处理器 ·v7-M系列为微控制器处理器

图 3.3　不同 Arm 体系结构之间的对比

5. Arm v8

2011 年发布的 Arm v8 体系结构对 32 位的 Arm 架构进行了扩展，引入了对 64 位指令与数据的支持。Arm v8 用于需要扩展虚拟地址或者 64 位数据处理的领域，如企业级应用、高端消费电子产品等。

Arm v8 体系结构包含两个执行状态：AArch64 和 AArch32。AArch64 执行状态针对 64 位处理技术，引入了全新指令集 A64。AArch32 执行状态则支持原有的 Arm 指令集。Arm v8 完全向下兼容现有的 32 位 Arm v7 软件，而且运行于 Arm v8 上的 64 位操作系统也可以简单、高效地支持现有的 32 位软件。Arm v7 体系结构的主要特性都在 Arm v8 体系结构中得以保留或进一步拓展，如 TrustZone 技术、虚拟化技术及 NEON 技术等。基于 Arm v8 体系结构的处理器架构主要有 Cortex-A53、Cortex-A57、Cortex-A72 等。

6. Arm v9

2021 年 3 月，Arm 公司宣布推出 Arm v9 以满足全球市场对不断增长的安全、人工智能和专用处理的需求。Arm v9 架构被 Arm 称为近 10 年来最重要的创新，其全新的架构设计可让移动处理器性能提升超过 30%。Arm v9 引入了 Arm 安全计算架构，通过打造基于硬件的安全运行环境来执行计算，可以更好地保障数据信息安全。为满足设备对人工智能计算性能的需求，Arm v9 采用了 SVE2 技术，增强了对 5G 系统、虚拟和增强现实以及机器学习等工作负荷的处理能力，可满足诸如图像处理和智能家居等应用的使用需求。

在将上述各种体系结构落实到具体的处理器时，Arm 使用微体系结构（microarchitecture）来确定如何实现体系结构中定义的规范。微体系结构的内容包括流水线设计、片内缓存大小、是否使用乱序执行、可选功能的实现等。因此，同一种体系结构的处理器可以由不同的微体系结构实现，比如 Cortex-A53 和 Cortex-A72 都属于 Arm v8-A 体系结构，但是它们属于不同的微体系结构。微体系结构也称微架构，我们习惯上也使用"架构"一词来表示体系结构或者微体系结构，但具体含义应该参考上下文环境。Cortex-M3/M4 是基于 Arm v7-M 的微体系结构，本书后续章节将它们统称为 Cortex-M3/M4 架构。由于微体系结构定义了同一系列处理器的规范，因此使用微体系结构的名称来统称某一系列处理器，如基于 Cortex-A53 微体系结构的处理器统称为 Cortex-A53 处理器。

图 3.4 对比了 Cortex-A53 和 Cortex-A72 的内部结构。Cortex-A53 面向功耗做了优化，采用了 8 级顺序发射流水线，L1 指令和数据 Cache 为 8 KB～64 KB。Cortex-A72 面向性能做了优化，采用了 15 级可乱序执行流水线，L1 指令和数据 Cache 固定为 48 KB。从软件编程的角度看，运行在 Cortex-A53 和 Cortex-A72 处理器上的应用软件完全兼容，因为这两种处理器同属于 Arm v8 体系结构。

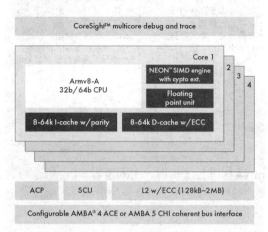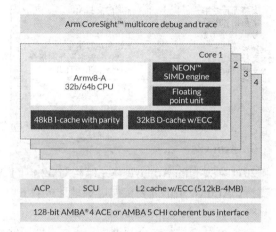

图 3.4　对比 Cortex-A53 和 Cortex-A72 的内部结构

3.2.2　Arm 体系结构的扩展

从 Arm 体系结构的发展过程可以看出，每次 Arm 体系结构的提升都会加入新的扩展功能，下面介绍一些主要的 Arm 扩展功能。

1．Thumb 指令集

Thumb 指令集是 Arm 处理器的一种 16 位指令模式，可以把它看作 Arm 指令压缩形式的子集。引入 Thumb 指令集的主要目的是提供更高的代码密度，这样就可以把更多的代码放到片内存储器中，同时有助于降低处理器的功耗。

Thumb-2 指令集的代码密度与 Thumb 指令集的类似，前者增加的 32 位指令能够在程序中与 16 位指令任意混合使用，可实现 Arm 指令集的全部功能。Thumb-2 指令集比纯 32 位 Arm 指令集减少约 31% 的内存开销，同时能够提供比 Thumb 指令集高出约 38% 的性能。

2．Jazelle

Android 应用程序大都使用 Java 语言编写，这些程序运行在 Java 虚拟机之上。对于嵌入式处理器来说，运行 Java 虚拟机本身就是很重的负荷。Jazelle 扩展技术在 Arm 体系结构中引入了新的指令集，从硬件上对 Java 虚拟机提供支持，使得 Arm 处理器能够直接执行 Java 虚拟机指令，从而解决了嵌入式应用中 Java 虚拟机占用存储空间过多、运行速度慢的问题。

3．TrustZone

TrustZone 技术是 Arm 处理器为了实现嵌入式系统安全计算而提供的一套安全框架，使嵌入式设备能够抵御遇到的众多安全威胁。TrustZone 技术提供了大量实现特定安全功能的组件，开发人员可以从这些组件中进行选择。采用了 TrustZone 技术的 Arm 处理器适用于数字版权管理、电子支付等对安全性要求较高的应用。

4．NEON

NEON 技术是 Arm Cortex-A 系列处理器的 128 位 SIMD 架构扩展，旨在为消费类多媒体应用程序提供灵活、强大的加速功能，从而显著改善用户体验。NEON 指令集结合了 64 位和 128 位的 SIMD

指令，可以加速多媒体和信号处理算法，适用于视频编解码、2D/3D 图形、游戏、音频和图像处理等领域。NEON 指令集的性能至少为 Arm v5 SIMD 指令集性能的 3 倍，为 Arm v6 SIMD 指令集性能的 2 倍。

5. VFP

早期的 Arm 处理器没有提供浮点运算协处理器，浮点运算是通过软件模拟完成的，因此浮点运算的执行速度特别缓慢。VFP 是 Arm 处理器的浮点运算架构，为半精度、单精度和双精度浮点运算中的浮点操作提供了硬件支持。Arm VFP 完全符合 IEEE 754 标准，具备较大的动态范围和高精确度，并且提供了相应软件库支持。Arm VFP 的浮点功能为在手持智能设备、汽车控制应用和图像应用（如缩放、转换、字体生成、FFT 和过滤等）中使用浮点运算提供了性能保证。

3.3　常见的 Arm 处理器

常见的 Arm 处理器

如前所述，Arm 公司并不制造或出售处理器芯片，而是将 Arm 体系结构授权给其他芯片设计和生产厂家。许多著名的半导体公司都持有 Arm 公司的授权，如爱特梅尔、博通、飞思卡尔、高通、IBM、英飞凌科技、任天堂、恩智浦、三星、夏普、德州仪器、意法半导体（ST）等。各厂家购买 Arm 体系结构的授权后，根据自身产品的定位和特点，整合不同的外设控制器、接口、多媒体编解码器等，生产出各自基于 Arm 体系结构的处理器芯片。所以市面上基于 Arm 体系结构的处理器种类繁多，应用场景也各不相同，不同公司生产的基于同一种 Arm 体系结构的处理器在性能和接口方面也有所差异。例如，TI 公司的 OMAP 处理器将 Arm 处理器核心和 DSP 处理器核心整合在一起，形成了 Arm+DSP 的架构；而爱特梅尔公司将 Arm 处理器核心和 FPGA 整合到一起，形成了 Arm+FPGA 的架构。目前，中国多家公司也获得了 Arm 体系结构的授权，包括海思（Hisilicon）、中天联科（Availink）、小米等，这些授权用于为手机、机顶盒、数字电视、物联网等通信和智能应用设计处理器芯片。例如，国产的飞腾 FT-2000/4 是 2019 年发布的桌面处理器，它兼容 64 位 Arm v8 指令集，主频最高 3.0 GHz，最大功耗仅有 10 W。

Arm v7 体系结构之前的 Arm 处理器采用了数字加字母的命名方式，如 Arm7TDMI、Arm9、Arm920T、Arm11 等，Arm11 以后的产品则改用 Cortex 命名，新的设计中已经很少使用 Cortex 之前的 Arm 处理器。下面介绍一些常见的 Cortex 处理器，各类 Cortex 处理器的应用领域如图 3.5 所示。

图 3.5　各类 Cortex 处理器的应用领域

1. Cortex-A 系列

Cortex-A 系列为应用处理器（application processor），是面向移动计算、智能手机、服务器等市场的高端处理器，适用于性能要求较高、运行全功能操作系统以及提供交互式多媒体和图形体验的应用领域。这类处理器通常运行在很高的时钟频率（超过 1 GHz）之下，处理器内包含 MMU，支持 Linux、Android、Windows Mobile 和移动操作系统。Cortex-A 系列被广泛应用于移动通信设备、汽车信息娱乐系统、数字电视系统以及便携式设备。

Cortex-A8 是首个基于 Arm v7-A 的微体系结构，也是 Arm 公司的第一款超标量处理器体系结构。Cortex-A8 处理器的最高时钟频率在 1 GHz 以上，具有较高的代码密度和性能，集成了 NEON 技术以及支持预编译和即时编译的 JazelleRCT 技术。Cortex-A8 处理器的典型应用包括苹果 iPhone 4（苹果 A4 处理器）、三星 I9000（三星 S5PC110 处理器）等。

Cortex-A9 也是基于 Arm v7-A 的微体系结构，此外还是高效、长度动态可变、可多指令执行的超标量体系结构，既可用于多核处理器，也可用于单核处理器。Cortex-A9 处理器采用了可乱序执行的 8 级流水线，在提供较高性能的同时还能保持较高的能效比。Cortex-A9 处理器的典型应用包括苹果 iPhone 5（苹果 A6 双核处理器）、三星 I9200（三星 Exynos 4412 四核处理器）等。

Cortex-A53 是基于 Arm v8-A 的微体系结构，能够支持 32 位的 AArch32 和 64 位的 AArch64 两种执行状态。Cortex-A53 处理器的特点是功耗低、能效比高，在相同的时钟频率下，Cortex-A53 能够提供比 Cortex-A9 更高的效能，主要应用于中高端平板电脑、机顶盒、数字电视等。

Cortex-A72 也是基于 Arm v8-A 的微体系结构，它在指令拾取、仲裁机构、分支预测以及缓存等方面做了优化，展现出优异的性能和功耗效率。Cortex-A72 处理器的主要应用领域包括高端智能手机、大屏移动设备、企业级网络设备、服务器、无线基站、数字电视等。单个处理器芯片中可以同时集成 Cortex-A72 核和 Cortex-A53 核，从而形成高低搭配，Cortex-A72 核负责运行重负荷任务，而 Cortex-A53 核则在空闲和负荷较低的情况下工作。

嵌入式开发入门学习中广泛使用的树莓派（Raspberry Pi），其第一代产品使用的 Broadcom BCM2835 处理器基于 Arm11 体系结构，第二代产品 Raspberry Pi 2 搭载了基于 Cortex-A7 的 BCM2836 处理器，第三代产品 Raspberry Pi 3 采用了基于 Cortex-A53 的 4 核 64 位 BCM2837 处理器，2019 年发布的 Raspberry Pi 4 则升级到了基于 Cortex-A72 的 4 核 64 位 BCM2711 处理器。树莓派的外观如图 3.6 所示。

图 3.6 树莓派的外观

2. Cortex-R 系列

Cortex-R 系列为实时处理器（real-time processor），是面向实时应用的高性能处理器，适用于硬盘控制器、汽车传动系统和无线基带等对实时性要求较高的场合。Cortex-R 处理器内通常包含 MPU、Cache 和内部存储器，可以运行在比较高的时钟频率（200 MHz～1 GHz）之下，响应延迟非常低。Cortex-R 虽然不能运行完整版本的 Linux 或 Android 操作系统，但却支持大量的实时操作系统。Cortex-R 支持 Arm、Thumb 和 Thumb-2 指令集，为要求高可靠性和实时响应的嵌入式系统提供了高性能解决方案。

Cortex-R4 是第一个基于 Armv7-R 的微体系结构，Cortex-R4 处理器的主频可达 600 MHz，配有 8 级流水线，具有双发送、预取和分支预测功能以及低延迟的中断系统，适用于消费类电子产品、智能手机以及汽车的电子控制单元等场合。

Cortex-R5 扩展了 Cortex-R4 的功能集，提高了效率和可靠性，并加强了错误管理。Cortex-R5 处理器为移动基带、汽车、大容量存储、工业和医疗市场等提供了高性能解决方案。

Cortex-R7 处理器极大扩展了 Cortex-R 系列内核的性能范围，时钟频率可超过 1 GHz。Cortex-R7 处理器采用了 11 级流水线，改进了分支预测功能和超标量执行功能，提供了比其他 Cortex-R 处理器高得多的性能。

3. Cortex-M 系列

Cortex-M 系列为微控制器处理器（microcontroller processor），它针对成本敏感的嵌入式应用进行了深层次的优化。Cortex-M 系列微控制器的芯片面积很小且能效比很高，流水线很短，时钟频率较低，仅支持 Thumb-2 指令集。

Cortex-M0 是基于 Arm v6-M 的微体系结构，逻辑门数非常低，但能效却非常高。Cortex-M0 微控制器的芯片面积非常小，能耗极低，程序编译后有较高的代码密度。使用 Cortex-M0 微控制器的开发人员可以直接跳过 16 位系统，以接近 8 位系统的成本获取 32 位系统的性能。Cortex-M0+是 Cortex-M0 的升级型号，功耗可降低到 9.4 uA/MHz，性能可提升至 2.46 CoreMark/MHz，中断等待时间比 Cortex-M0 更短，I/O 访问速度更快。

Cortex-M3 是基于 Arm v7-M 的微体系结构，特点是功耗低、逻辑门数低、中断延迟短且调试成本低。Cortex-M3 微控制器具有出色的计算性能以及优异的事件响应能力，而且配置十分灵活，适用于要求快速中断响应的嵌入式应用，包括物联网、汽车和工业控制系统。Cortex-M3 内核与 Cortex-M0+ 内核的对比情况如图 3.7 所示。

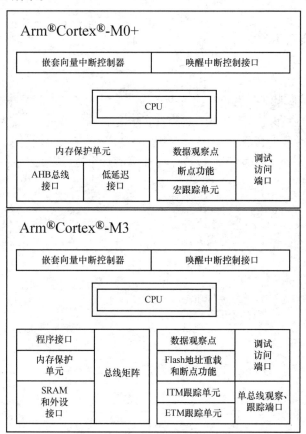

图 3.7 对比 Cortex-M3 内核和 Cortex-M0+内核

　　Cortex-M4 是在 Cortex-M3 的基础上发展起来的，性能比 Cortex-M3 提高了约 20%，增加了浮点运算、DSP、并行计算等功能。Cortex-M4 微控制器将高效的信号处理功能与低功耗、低成本和易于使用的优点相结合，旨在满足电机控制、汽车控制、电源管理、嵌入式音频和工业自动化等应用领域的需求。Cortex-M4 微控制器中包含了浮点运算单元（float point unit，FPU），同时增加了 DSP 指令集支持，其内部结构如图 3.8 所示。

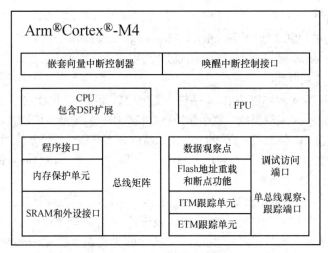

图 3.8　Cortex-M4 微控制器的内部结构

3.4　思考与练习

1. Arm 的含义是什么？
2. Arm 体系结构有哪些主要特点？
3. Arm 体系结构的扩展主要有哪些？各有什么用途？
4. 简述 Thumb 指令集的特点。
5. 简述 Arm Cortex 处理器都有哪些系列，它们各有什么特点？

4 第4章 Cortex-M3/M4架构

通过前几章的学习，读者对嵌入式系统和 Arm 体系结构应该有了一定的了解，接下来本书将带领读者逐步了解 Arm 处理器的内部结构和编程方法。

本章将阐述 Cortex-M3/M4 的特点和编程模型，包括其内部结构、存储器地址映射和寄存器组等，还将介绍 Cortex-M3/M4 的异常处理机制和中断向量表，以及 Thumb 指令集和汇编语言基础知识。通过本章的学习，读者能够掌握 Cortex-M3/M4 的编程模型，理解异常处理过程以及中断向量表的作用，熟悉常用的 Thumb 指令和指令寻址方式，为后续学习 STM32 微控制器的原理和开发做好准备。

本章学习目标：
（1）了解 Cortex-M3/M4 的内部结构；
（2）掌握 Cortex-M3/M4 的存储器地址映射；
（3）掌握 Cortex-M3/M4 的编程模型；
（4）理解异常的概念，了解异常的处理过程；
（5）了解 Thumb 指令集和汇编语言编程。

4.1 概述

Cortex-M3/M4 是基于 Arm v7-M 的微体系结构，它们是针对那些对成本和功耗敏感，同时对性能要求又相当高的实时嵌入式应用而设计的。基于 Cortex-M3/M4 架构的嵌入式微控制器的典型应用领域包括工业控制、楼宇自动化、机器人和物联网控制等。

在嵌入式系统的设计过程中，往往需要综合考虑系统性能、功耗、成本和开发难度。基于 Cortex-M3/M4 架构的微控制器很好地平衡了上述几个因素之间的关系，在获得高性能的同时维持低功耗和低成本，因此在产品设计中得到广泛应用。Cortex-M3/M4 微控制器得到广泛应用的另一个原因在于其完善的开发环境支持，例如，Arm 公司的 Keil MDK 集成开发环境就集成了多款 Cortex-M3/M4 微控制器所需的外设驱动和实时内核等支撑软件。完善的开发环境使得工程师开发软件时不再受制于芯片生产厂家的技术支援能力，能够用较低的成本迅速获得整个软、硬件生态系统的支持，大大降低了软件开发和移植的工作量。这让工程师在开发过程中能更专注于需要处理的对象，而不是开发环境本身。图 4.1 对比了 Cortex-M0 至 Cortex-M4 架构包含的指令集，从中可以看出，Cortex-M0 至 Cortex-M4 架构的功能是递进扩充并且向下兼容的。因此，读者只要掌握任意一款 Cortex-M3 或者 Cortex-M4 微控制器的原理和编程方法，就可以迅速将这些原理和编程方法迁移到其他 Cortex-M 微控制器。

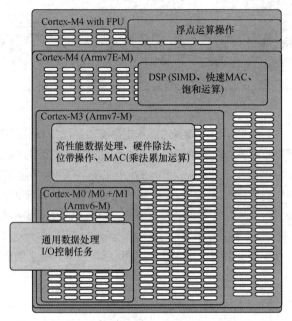

图 4.1　对比 Cortex-M0 至 Cortex-M4 架构包含的指令集

Cortex-M4 具备 Cortex-M3 的所有功能，并且扩展了 DSP 指令集。此外，Cortex-M4 还有一个可选的、符合 IEEE 754 浮点标准的单精度浮点运算单元。本章讲解 Cortex-M3 和 Cortex-M4 共通的部分，与 Cortex-M4 中的 DSP 和浮点运算相关的内容将在后续章节中阐述。

4.2　Cortex-M3/M4 的内部结构

Cortex-M3/M4 的内部结构如图 4.2 所示，由于描述的侧重点不同，不同资料中列举的结构框图可能会稍有差异。受篇幅所限，本章只涉及框图中的主要功能模块，读者如果需要了解各功能模块的技术细节，可以阅读芯片制造商提供的技术文档。

Cortex-M3/M4 的
内部结构

1. Cortex-M3/M4 Core

Cortex-M3/M4 Core 是 Cortex-M3/M4 架构中的处理器核心，具备以下特点：采用 3 级流水线结构；支持 Thumb-2 指令集，能以 16 位的代码密度提供 32 位的性能；内部集成了单周期乘法指令、硬件除法指令；内置了快速中断控制器，具有较好的实时特性。

2. 嵌套向量中断控制器

嵌套向量中断控制器（nested vectored interrupt controller，NVIC）是内建在 Cortex-M3/M4 Core 中的中断控制器，支持的中断数量可由芯片制造商自行定义。NVIC 支持中断嵌套，使得 Cortex-M3/M4 具有较强的中断嵌套功能。NVIC 采用了向量中断机制，当中断产生时，中断控制器会自动取出对应的中断服务程序入口地址，并调用中断服务程序，无须软件判定中断源，从而缩短了中断响应时间。

3. 系统定时器

系统定时器（system tick timer，SysTick）是 NVIC 内部的 24 位倒计时定时器，它每隔一定的周期产生一次时钟中断，对操作系统来说这类似于心跳信号。SysTick 使得处理器在睡眠模式下也能间歇性工作，从而大大降低了功耗。

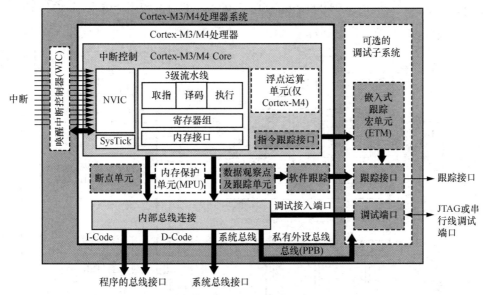

图 4.2　Cortex-M3/M4 的内部结构

4. 内存保护单元

除了 Cortex-M0，其他的 Cortex-M 架构都有可选的内存保护单元（memory protection unit，MPU）来实现存储空间访问权限和存储空间属性的定义。MPU 可以把存储器划分成一些区域，并分别设定访问规则，从而实现存储区域保护。例如，MPU 可以让某些存储区域在用户态变成只读，从而阻止程序对存储区域内关键数据的破坏。MPU 还为多任务之间的隔离提供了硬件支持，这对于实时操作系统来说是非常重要的。实时操作系统通过 MPU 为每个任务配置存储空间，并定义存储空间的访问权限，从而保证每个任务都不会越界破坏其他任务的地址空间。

5. 内部总线连接

内部总线连接（internal bus interconnect）包括总线矩阵、高速总线、外设总线以及总线之间的桥接，是处理器核心与外设以及外设之间的数据传输通道。微控制器芯片内部会集成不同速度的外设控制器，这些外设中既有高速设备（如 SRAM），也有低速设备（如 USART），内部总线需要协调不同速度设备间的数据传输需求。

Cortex-M3/M4 采用了高级高性能系统总线（advanced high performance bus，AHB）和高级外设总线（advanced peripheral bus，APB）来应对嵌入式系统对不同传输速度的需求，AHB 用于高性能、高时钟速率模块之间的通信，APB 则用于处理器核心与低速外设之间的数据传输。Cortex-M3 的内部总线如图 4.3 所示。

总线矩阵（bus matrix）可以让数据在不同的总线之间并行传输且不发生干扰。总线矩阵使得多个主设备可以并行访问不同的从设备，增强了数据传输能力，提高了访问效率，同时也改善了功耗。

AHB 到 APB 桥（AHB to APB bridge）是高级高性能系统总线和高级外设总线之间的一个总线桥，它用于实现 AHB 和 APB 之间的数据传输。

私有外设总线（private peripheral bus，PPB）包括内部私有外设总线和外部私有外设总线。内部私有外设总线挂在 AHB 上，用于连接高速外设，如 NVIC 和调试组件。外部私有外设总线挂在 APB 上，用于连接低速外设。Cortex-M3/M4 允许芯片生产厂家把附加的外部设备挂在外部私有外设总线上，处理器核心通过 APB 来访问这些外部设备。由于 APB 地址空间的一部分已经被 TPIU、ETM 以及 ROM 表用掉，因此系统仅预留了 0xE004 2000～0xE00F F000 这个地址区间用于访问附加的外部设备。

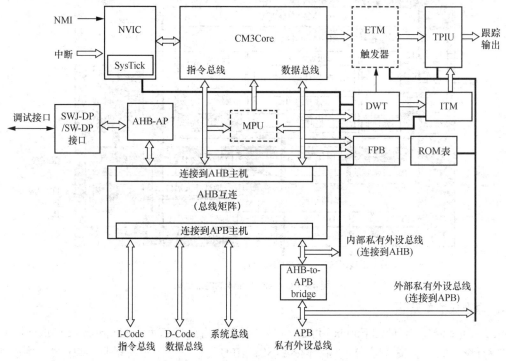

图 4.3　Cortex-M3 的内部总线

6. AHB-Lite 总线协议

AHB-Lite 总线协议是 AHB 协议的子集，仅支持一个总线主设备，不需要总线仲裁器及相应的总线请求/授权机制。由于 Cortex-M3/M4 采用了哈佛结构，其指令总线和数据总线是分开的，因此 Cortex-M3/M4 中包含了三条基于 AHB-Lite 协议的总线，分别是 I-Code 总线（指令总线）、D-Code 总线（数据总线）和系统总线（system bus），这三条总线都是 32 位总线。

（1）I-Code 总线。

I-Code 总线负责地址区间 0x0000 0000～0x1FFF FFFF 内的取指操作。I-Code 总线的取指操作总是以 32 位的字长执行，即使对于 16 位指令也是如此，因此处理器核心可以一次取出两条 16 位的 Thumb 指令。

（2）D-Code 总线。

D-Code 总线负责地址区间 0x0000 0000～0x1FFF FFFF 内的数据访问操作。尽管 Cortex-M3/M4 支持非对齐访问，但 D-Code 总线会把非对齐的数据传送都转换成对齐的数据传送。因此，连接到 D-Code 数据总线的任何设备都只需要支持 AHB-Lite 协议的对齐访问，不需要支持非对齐访问。

（3）系统总线。

系统总线负责地址区间 0x2000 0000～0xDFFF FFFF 和 0xE010 0000～0xFFFF FFFF 内的所有数据传输，包括取指、外设访问以及 SRAM 中的数据访问。与 D-Code 总线相同，所有的数据传输都采用对齐访问方式。

7. Flash 地址重载及断点单元

Flash 地址重载及断点单元（flash patch and breakpoint，FPB）提供了两种功能：一是可以产生硬件断点；二是可以为 Flash 中的代码提供补丁功能。FPB 包含了 8 个比较器用于地址比较，当预设的断点地址与正在执行的指令地址匹配时，FPB 将触发断点调试事件，从而停止程序的正常执行。FPB 还可以将针对不可写区域（比如存储介质是掩膜 ROM 或 PROM）的访问重映射到 SRAM 区域，开发人员可以利用此功能为已经烧录的代码提供补丁。

8. ROM 表

ROM 表是一个简单的查找表，用于保存处理器中包含的调试和跟踪组件的地址。调试工具通过 ROM 表可以确定处理器中有哪些调试组件可用。

9. 系统控制空间

系统控制空间（system control space，SCS）是一块 4 KB 的地址空间，其中提供了若干 32 位寄存器用于配置或者报告处理器状态。

10. 各种调试功能

第 2 章介绍了有关嵌入式系统调试的基础知识，这些调试功能的实现离不开处理器中调试组件的支持。Cortex-M3/M4 提供了强大的调试功能，以便设计人员了解处理器核心和各个外设的工作状态。这些调试功能由以下调试组件构成。

（1）调试接口。

调试接口（debug interface）包括串行线调试端口（serial wire debug port，SW-DP）和串口线 JTAG 调试端口（serial wire and JTAG debug port，SWJ-DP）。SWJ-DP 支持串行线协议和 JTAG 协议，而 SW-DP 只支持串行线协议。调试接口与 AHB 协同工作，使得调试器可以通过调试接口发起 AHB 上的数据传输，从而控制处理器进行调试活动。

（2）嵌入式跟踪宏单元。

嵌入式跟踪宏单元（embedded trace macrocell，ETM）可以实现实时指令跟踪，用于查看指令的执行过程。在调试复杂程序时，ETM 非常有用，它能提供指令执行的历史序列，用于软件评测和代码覆盖分析。ETM 是选配组件，并不是所有的 Cortex-M 产品都具有实时指令跟踪能力。

（3）数据观察点及跟踪单元。

数据观察点及跟踪单元（data watchpoint and trace unit，DWT）是执行数据观察和跟踪功能的模块，既能够产生数据观察点事件，也能够产生数据跟踪包。DWT 让开发人员能够访问被跟踪的存储区域，以及查看程序计数器、事件计数器和中断执行信息等。

（4）软件跟踪接口。

软件跟踪接口（trace interface）通过 DWT 来设置数据观察点。当数据的地址或值匹配观察点时，就会产生一次匹配命中事件。匹配命中事件能够触发观察点事件，观察点事件用于激活调试器以产生数据跟踪信息或使 ETM 发生联动。

（5）跟踪端口的接口单元。

跟踪端口的接口单元（trace port interface unit，TPIU）用于和外部的跟踪装置（如调试器）进行数据交互。在 Cortex-M3/ M4 架构中，跟踪信息都被封装成"高级跟踪总线包"，TPIU 会重新封装这些数据，从而让调试器能够捕捉到它们。

（6）仪器化跟踪宏单元。

仪器化跟踪宏单元（instrumentation trace macrocell，ITM）是由程序驱动的跟踪宏单元，开发人员可以通过 ITM 将下位机上任意类型的数据封装成软件测量跟踪（software instrumentation，SWIT）

事件并传输到上位机。ITM 用来跟踪操作系统和应用程序产生的事件，不仅支持 printf 风格的调试，而且提供粗略的时间戳功能。

4.3 Cortex-M3/M4 的系统地址映射

Cortex-M3/M4 的
系统地址映射

嵌入式处理器会为总线上每一个可访问的区域分配一段连续的物理地址，并且会对多个这样的区域按某种方式进行排列，从而形成整个可访问的地址空间，这种地址空间的排布方式称为系统地址映射（system address map），习惯上也称为地址映射或者存储器地址映射。system address map 与 memory mapping 比较容易混淆，memory mapping 是指虚拟地址和物理地址之间的映射，它需要借助 MMU 来完成虚实地址的转换。

Arm v7-M 体系结构采用固定的地址映射，所有的程序存储器、数据存储器、寄存器和输入/输出端口都被安排在同一个 32 位、最大容量为 4 GB 的线性地址空间中，如图 4.4 所示。这个 4 GB 的存储空间映射是统一的，虽然微控制器内部可以有多个总线接口，但代码、数据、外设和调试组件的访问地址都在这个 4 GB 的线性空间范围内。之前提到的各种总线的地址分配在图 4.4 中均有详细说明。需要指出的是，图 4.4 中的地址段仍然比较粗略，但各个厂家生产的微控制器都会照此分配地址，微控制器内的各功能模块都将对号入座以拥有一致的起始地址。但不排除有些组件是可选的，还有些组件是制造商另行添加的，不同制造商生产的 Cortex-M 微控制器如果细化到各个功能模块的具体物理地址，也将会稍有不同。

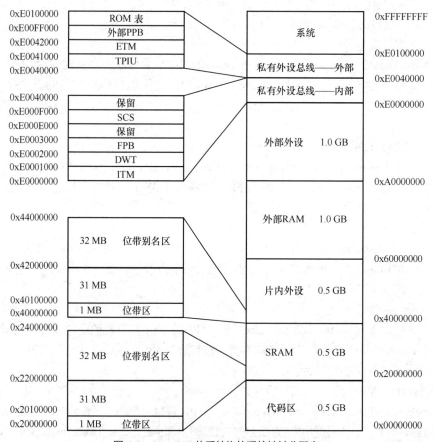

图 4.4　Armv7-M 体系结构的系统地址分配表

Cortex-M3/M4 架构的地址映射具有如下特点。

（1）内核的地址映射是预定义好的，相对比较固定。

不同厂家生产的基于 Cortex-M3/M4 架构的微控制器地址映射基本相同，这使得开发人员在掌握了一种 Cortex-M 微控制器的使用方法后，便能够很快上手另一款 Cortex-M 微控制器。面对不同厂家生产的 Cortex-M 微控制器时，开发人员可以使用同一套编译和仿真环境，从而极大减轻了开发和移植程序的工作量。

（2）支持位带操作。

当使用布尔型数值或者执行 I/O 操作时，我们经常要对单个位（bit）进行操作，而编程中最小的数据读写单位是字节（byte）。在程序设计中，需要使用移位或者位操作来实现对单个位的访问。为了简化对单个位的操作，Cortex-M3/M4 架构提供了可选的位带（bit-band）功能。位带是将一段地址空间中的每一位映射到另一段别名地址空间中的 32 位字，以允许处理器核心以访问别名地址空间中 32 位字的形式来访问这段地址空间的位数据。

Cortex-M3/M4 提供了两个 1 MB 地址区间用作别名地址空间，一段是从地址 0x2000 0000 开始的 SRAM 地址空间，另一段是从地址 0x4000 0000 开始的外设地址空间。这两个地址空间除了可以像普通 RAM 一样使用之外，还都有各自的"位带别名区"。位带别名区能把每个比特位膨胀成 32 位的字，用户只要访问位带别名区的这些字，就可以达到访问原始比特位的目的。

位带别名区节约了布尔型变量所需的存储空间，用户可以在位带别名区像访问普通变量一样访问布尔型变量。同时，位带操作把针对单个位的读取和翻转操作变成了硬件支持的原子操作，从而加快了 I/O 控制以及跳转判断的执行速度。位带编程的相关内容将在 9.4 节中详细阐述。

（3）支持存储器的非对齐访问。

Cortex-M3/M4 架构的字长为 32 位，其内部存储器也都是按 32 位编址的。如果处理器只支持对齐访问，那么当程序中的常量和变量是字节（8 bit）或半字（16 bit）类型时，这些字节或半字类型的数据也必须占用 32 位的存储单元，这显然会浪费部分存储空间。非对齐访问使得处理器可以访问存储在 32 位存储单元中的字节或半字类型数据，这样 4 字节类型（或两个半字类型）的数据就可以被分配在 32 位的存储单元中，从而提高存储器的利用率，节约存储空间。

（4）支持存储器的互斥访问。

互斥访问是对存储器中一定区域里的内容进行保护的一种机制。Cortex-M3/M4 架构提供了三对用于互斥访问的存储器访问指令，分别是 LDREX/STREX、LDREXH/STREXH、LDREXB/STREXB。这三对指令分别对应于字、半字、字节数据的读出和写入。

（5）数据存储格式。

数据在存储器中的存储可以配置成小端格式或者大端格式，相关内容将在 4.4.2 小节中详细阐述。

4.4　Cortex-M3/M4 的编程模型

编程模型包括了处理器支持的数据类型、存储格式、工作模式、寄存器组和异常处理等内容。有关 Cortex-M3/M4 的编程模型的内容都来自 Arm 公司提供的 Arm v7-M 体系结构参考手册 *The Armv7-M Architecture Reference Manual*，这个文档的内容超过 1000 页，它提供了非常详细的 Arm v7-M 体系结构说明，包括指令集、存储系统和调试支持等。在常规的 Cortex-M 微控制器应用开发中，开发人员只需要从编程的角度了解处理器的异常处理、存储器地址映射、外设使用以及设

Cortex-M3/M4 的
编程模型

备驱动库等核心内容即可，其他琐碎的技术细节可以暂且忽略。本节将介绍 Cortex-M3/M4 架构的工作模式、存储格式和寄存器组。

4.4.1 工作模式和运行级别

1. 工作模式

基于 Cortex-M3/M4 架构的微控制器支持两种工作模式：线程模式（thread mode）和异常处理模式（handler mode）。线程模式是处理器正常运行时的模式，系统复位时进入线程模式，从异常处理模式返回时也会进入线程模式。当发生异常时，处理器进入异常处理模式，执行中断处理相关代码，异常处理完成后，处理器重新回到线程模式。

2. 运行级别

Cortex-M3/M4 提供了软件运行的两种特权级别，分别是特权模式（privileged mode）和非特权模式（unprivileged mode），非特权模式也称为用户模式。

特权模式具有完全的访问权限，可以执行所有指令和访问所有硬件资源，用于执行嵌入式操作系统内核代码；非特权模式仅有有限的访问权限，用于运行用户态的代码。

非特权模式下的限制包括：对指令用法的限制（如 MSR 和 MRS 指令中可以使用哪些字段）、对协处理器寄存器访问的限制、对存储器和外围设备访问的限制、对系统时钟和嵌套向量中断控制器的访问限制等。

当处理器进入异常处理模式时，软件运行始终处于特权模式；当处理器进入线程模式时，软件运行可以处于特权模式或者非特权模式。

当处理器工作在线程模式时，软件可以将处于特权线程模式的处理器切换到非特权线程模式。然而，软件无法将自己从无特权状态切换回有特权状态。如果需要，处理器必须使用异常机制来完成非特权模式向特权模式的切换。

特权模式和非特权模式为实现存储器映射中关键区域的保护提供了一种机制，这是嵌入式操作系统中实现内核态程序和用户态程序隔离的硬件支撑。

3. 堆栈

堆栈是存储器使用的一种机制，它将一部分内存用作"后进先出"的数据缓冲区。Cortex-M3/M4 提供了两个堆栈指针，分别是主堆栈指针（main stack pointer，MSP）和进程堆栈指针（process stack pointer，PSP）。在某个时刻只有一个堆栈指针起作用，这样可以将用户程序的堆栈和操作系统的堆栈相分离，避免它们相互影响。Cortex-M3/M4 使用的堆栈是满递减堆栈，即堆栈向下生长且堆栈指针总是指向最后入栈的内容。表 4.1 梳理了处理器工作模式、执行对象、特权级别和堆栈使用之间的关系。

表 4.1　　　　　　处理器工作模式、执行对象、特权级别和堆栈使用之间的关系

处理器工作模式	执行对象	特权级别	堆栈使用
线程模式	应用程序	特权或非特权模式	主堆栈或进程堆栈
异常处理模式	中断服务程序	仅特权模式	主堆栈

4.4.2 存储格式

Cortex-M3/M4 将存储器看成从 0 开始向上编址的字节的线性集合，由于 Cortex-M3/M4 是 32 位字长，因此对存储器的访问是字（4 字节）对齐的。例如，第 0～3 个字节存放在第 1 个字中，同理，第 4～7 个字节存放在第 2 个字中。

Cortex-M3/M4 的存储器系统支持小端格式（little endian format）和大端格式（big endian format），也就是支持以小端格式或大端格式访问存储器中的数据，但访问代码时始终使用小端格式。Cortex-M3/M4 默认的存储器格式是小端格式。

何为小端格式和大端格式？如前所述，存储器中的一个字由 4 个字节组成，大端和小端用于描述一个字中的 4 个字节在存储器中是如何排列的。小端格式是指低位字节存放于低位地址，高位字节存放于高位地址；大端格式则正好相反，低位字节存放于高位地址，高位字节存放于低位地址。下面通过一个例子来描述大端格式和小端格式的区别。假设在存储地址 0x0100 存放了一个 32 位数 0x0102 0304，其中 0x04 是低位字节，0x01 是高位字节，这个 32 位数分别采用大端格式和小端格式存储在存储器中的内容如图 4.5 所示。

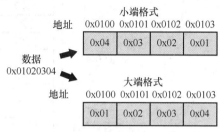

图 4.5 大端格式和小端格式的比较

采用大端格式进行数据存放更符合程序员的思维习惯，而采用小端格式进行指令存放则便于顺序取指。不管采用大端格式还是小端格式存储数据，对程序的执行结果都没有影响，但程序员在编程时要注意不同的存储格式可能带来的潜在风险。比如，从通信端口接收一段数据存放到存储器中进行处理，有可能出现发送方传输过来的数据是大端格式，而当前存储器采用的却是小端格式进行存储的情景，这时就需要对数据进行转换。

4.4.3 寄存器组

Cortex-M3/M4 架构提供了大量的通用寄存器用来进行数据处理和控制，这些寄存器被统称为寄存器组。第 2 章提到过，Arm 处理器在对数据进行处理时，会首先使用 LOAD 指令将数据从 RAM 加载到处理器内部的寄存器组中，然后对数据进行操作，并在处理完毕后使用 STORE 指令将寄存器组内的结果写回 RAM，这个过程被称为 Arm 处理器的 load-store architecture。这种设计很容易实现，并且使用 C 编译器能够生成高效的代码。基于 Cortex-M3/M4 架构的处理器核心拥有 13 个 32 位的通用寄存器（如果算上 R13、R14 和 R15，那么共有 16 个）和数个特殊功能寄存器，具体如图 4.6 所示。

Cortex-M3/M4 的
寄存器组

1. 寄存器 R0～R12

R0～R12 是通用寄存器，用于数据操作。其中，R0～R7 被称为低组寄存器，R8～R12 被称为高组寄存器。绝大多数的 16 位 Thumb 指令只能访问寄存器 R0～R7，而 32 位的 Thumb-2 指令则可以访问所有寄存器。通用寄存器的字长都是 32 位，处理器复位后这些寄存器的初始值是不确定的。

2. 寄存器 R13

R13 为堆栈指针（stack pointer，SP）。当执行进栈（PUSH）和出栈（POP）操作时，处理器通过 SP 指向的地址来访问存储器中的堆栈。Cortex-M3/M4 架构中存在 MSP 和 PSP 两个堆栈指针，虽然在编程时 MSP 和 PSP 都可被写成 R13 或 SP，但在某一时刻只有一个堆栈起作用。编程中为了区分这两个堆栈，一般将 MSP 写成 SP_main。MSP 是复位后默认使用的堆栈指针，用于操作系统内核以及异常处理例程。PSP 则被写成 SP_process，用于应用程序代码。在 Cortex-M3/M4 架构中，堆栈指针的最低两位永远是 0，也就是说，堆栈地址总是 4 字节对齐的。

当嵌入式系统运行简单的控制任务时，无须使用嵌入式操作系统，此时程序使用 MSP 就足够了，不需要使用 PSP。基于嵌入式操作系统的任务会使用 PSP，因为嵌入式操作系统中的内核堆栈和应用程序堆栈是分开的。当处理器复位时，PSP 的初始值没有定义，MSP 的初始值取自存储器中的第一个 32 位字。

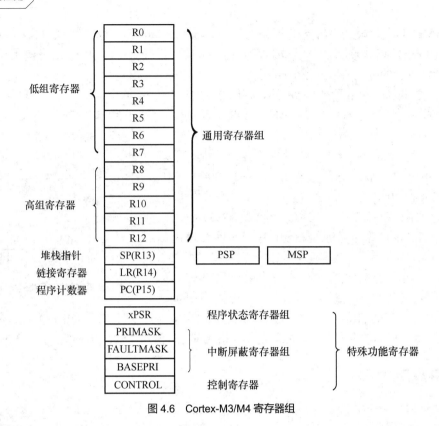

图 4.6　Cortex-M3/M4 寄存器组

3. 寄存器 R14

R14 为链接寄存器（link register，LR），用于在调用函数或子程序时保存返回地址。当程序中使用了跳转指令 BL、BLX 或者产生异常时，处理器会自动将程序的返回地址填充到 LR 中。当函数调用或子程序运行结束时，函数或子程序会在程序的末尾将 LR 的值填入程序计数器，此时执行流将返回到主程序并继续执行。有了 LR 以后，很多只有一级子程序调用的代码无须使用堆栈，从而提高了子程序调用的效率。多于一级的子程序调用，在调用子程序之前需要将前一级的 R14 值保存到堆栈中，并在子程序调用结束时依次弹出。R14 也可作为通用寄存器使用。

4. 寄存器 R15

R15 为程序计数器（program counter，PC），用于指向当前正在取址的指令的地址。Cortex-M3/M4 架构使用了 3 级流水线，如果将当前正在执行的指令约定为第一条指令，那么读取 PC 时返回的值将指向第三条指令。也就是说，读取 PC 时返回的值等于当前正在执行的指令的地址加 4。修改 PC 的值可以改变程序的执行顺序。PC 的最低一位永远是 0，也就是说，PC 总是 2 字节对齐或 4 字节对齐的。

5. 特殊功能寄存器

特殊功能寄存器用来设定和读取处理器的工作状态，包括屏蔽和允许中断。应用程序一般不需要访问这些寄存器，通常仅在嵌入式操作系统中或者产生嵌套中断时才需要访问这些寄存器。特殊功能寄存器不在存储器映射的地址范围，只能通过特殊寄存器访问指令 MSR 和 MRS 来访问它们，下面列举一些常用的特殊功能寄存器。

（1）程序状态寄存器组。

程序状态寄存器组（PSR 或 xPSR）由三个子状态寄存器构成：应用程序状态寄存器（APSR）、中断/异常状态寄存器（IPSR）和执行状态寄存器（EPSR），它们的定义如图 4.7 所示。

	31	30	29	28	27	26:25	24	23:20	19:16	15:10	9	8	7	6	5	4:0
APSR	N	Z	C	V	Q				GE*							
IPSR											异常编号					
EPSR						ICI/IT	T		ICI/IT							

图 4.7 程序状态寄存器的三个子状态寄存器

使用 MRS/MSR 指令可以单独访问这三个子状态寄存器，示例如下。

```
MRS  r0, APSR    ; 读取程序状态寄存器到 R0 中
MRS  r0, IPSR    ; 读取中断/异常状态寄存器到 R0 中
MSR  APSR, r0    ; 将 R0 中的内容写入 APSR
```

IPSR 是只读寄存器，用来存放与当前正在运行的中断服务程序相对应的异常编号。当没有产生异常时，IPSR 的值为 0。

EPSR 的 T 位用来标识当前处理器执行的是何种指令集。在 Cortex-M3/M4 架构中，T 位必须是 1，这表示始终执行 Thumb 指令。EPSR 仅在调试状态下使用，处理器正常运行时，EPSR 的值始终为 0，这表示写入将被忽略。

APSR 用来记录应用程序的运行状态，APSR 的各个位的功能描述如表 4.2 所示。

表 4.2   APSR 的各个位的功能描述

标志位	功能	功能说明
N（Negative）	负数标志	当指令的执行结果为负数时，N 为 1；当指令的执行结果为 0 或正数时，N 为 0
Z（Zero）	零结果标志	当数据操作指令的执行结果为 0 时，Z 为 1；反之，Z 为 0 当比较指令的执行结果为相等时，Z 为 0；反之，Z 为 1
C（Carry）	进位/借位标志	用于无符号数的处理，当加法有进位或减法有借位时，C 位被置 1。另外，C 位还可参与移位指令运算
V（Overflow）	溢出标志	用于有符号数的处理，如果两个数相加后产生了溢出，V 位将被置 1
Q（Saturation）	饱和条件码	用于在 DSP 扩展指令中表示乘法溢出，但不作为条件转移的依据
GE（Greater Than or Equal）	大于或等于标志位	仅用于 Cortex-M4 架构的 DSP 扩展，对于 Cortex-M3 架构而言，GE 位是保留位

APSR 共有 5 个标志位，但只有 N、Z、C、V 这 4 个标志位可作为条件跳转及条件执行的判断依据，它们既可单独使用，又可组合使用，由此一共可以产生 15 种条件跳转，如表 4.3 所示。

表 4.3   跳转及条件执行的判断依据

符号	条件	相关标志位
EQ	相等（EQual）	Z==1
NE	不等（NotEqual）	Z==0
CS/HS	进位（CarrySet）	C==1
CC/LO	无进位（CarryClear）	C==0
MI	负数（MInus）	N==1
PL	非负数	N==0
VS	溢出	V==1
VC	未溢出	V==0
HI	无符号数大于	C==1 && Z==0
LS	无符号数小于或等于	C==0 || Z==1

符号	条件	相关标志位
GE	有符号数大于或等于	N==V
LT	有符号数小于	N!=V
GT	有符号数大于	Z==0 && N==V
LE	有符号数小于或等于	Z==1 || N!=V
AL	总是	

（2）中断屏蔽寄存器组。

Cortex-M3/M4 架构中的中断屏蔽寄存器组用于控制中断的使能和屏蔽，包括 PRIMASK、FAULTMASK 和 BASEPRI 寄存器。处理器的每个异常或中断都有优先级，其中，异常或中断编号越小的优先级越高。这些特殊功能寄存器用于根据优先级来屏蔽异常，它们只能在特权模式下访问。中断屏蔽寄存器组如图 4.8 所示。

图 4.8 中断屏蔽寄存器组

① PRIMASK 默认为 0，表示没有屏蔽任何中断。一旦 PM 位被置 1 后，就会关掉所有可屏蔽的中断，只剩下不可屏蔽中断（non-maskable interrupt，NMI）和 Hard Fault 可以响应。

② FAULTMASK 默认为 0，表示没有屏蔽任何中断。当 FM 位被置 1 时，只有不可屏蔽中断才能响应，其他所有中断（包括 Hard Fault）都被屏蔽。

③ BASEPRI 用于设置屏蔽优先级的阈值，BASEPRI 默认为 0。当 BASEPRI 被设置为某个值之后，所有优先级数值大于或等于该值的中断将都被屏蔽。BASEPRI 若被设置成 0，则表示不屏蔽任何中断。

（3）控制寄存器。

控制（CONTROL）寄存器在特权和非特权模式下都可以进行读取，但只能在特权模式下进行修改。CONTROL 寄存器只使用了 32 位中的最低两位，分别用于定义特权级别和选择当前使用的堆栈指针，如图 4.9 所示。

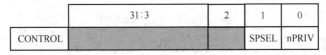

图 4.9 CONTROL 寄存器

CONTROL 寄存器的第 0 位表示当前的特权级别，当值为 0 时，表示当前处于特权模式；当值为 1 时，表示当前处于非特权模式。只有在特权模式下才允许对第 0 位进行写操作。处理器一旦进入非特权模式，返回特权模式的唯一途径就是触发中断，然后在中断服务程序中改写第 0 位，这是因为中断服务程序始终运行在特权模式下。

CONTROL 寄存器的第 1 位用于选择当前的堆栈指针，当值为 0 时，选择 MSP；当值为 1 时，选择 PSP。当处理器复位时，CONTROL 寄存器的第 1 位默认为 0，表示处理器当前处于特权模式，此时使用 MSP 作为堆栈指针。

APSR、IPSR 和 EPSR 也可以组合成一个寄存器，称为 xPSR 或 PSR 寄存器，如图 4.10 所示。

	31	30	29	28	27	26:25	24	23:20	19:16	15:10	9	8	7	6	5	4:0
xPSR	N	Z	C	V	Q	ICI/IT	T		GE*	ICI/IT				异常编号		

图 4.10　PSR 寄存器

使用 MRS/MSR 指令可以访问组合后的 PSR 寄存器，示例如下。

```
MRS  r0, PSR    ; 读取组合后的 PSR 寄存器到 R0 中
MSR  PSR, r0    ; 将 R0 中的内容写入 PSR 寄存器
```

Cortex-M3/M4 的
异常

4.5　Cortex-M3/M4 的异常

异常是指打断程序正常执行的事件。当异常发生时，处理器挂起当前正在执行的任务，转向执行异常处理程序，当异常处理程序执行完之后，处理器回到正常的程序并继续运行。在 Arm 体系结构中，中断是异常的一种。中断通常由外设或者外部输入产生，在某些情况下也可由软件触发。

Cortex-M3/M4 的异常由 NVIC 统一进行管理。NVIC 可以处理多种中断请求（interrupt request，IRQ）和 NMI 请求。通常 IRQ 由外设或 I/O 端口产生，NMI 则由"看门狗"定时器或电源管理模块触发。处理器核心本身也是异常事件的来源，例如处理器执行错误或者产生了软件中断。Cortex-M3/M4 的 NVIC 支持的内部异常入口有 16 个，编号为 0～15；编号 16 以上的均为外部中断，共有 240 个中断源。通过 IPSR 可以了解到是哪一个中断源产生了中断信号，中断编号越小的中断源，响应优先级越高。需要注意的是，为了节约使用芯片面积和节省功耗，这 256 个异常和中断源不一定都会用到，不同型号处理器具体使用了多少个异常和中断源是由芯片生产厂商决定的。

NVIC 支持中断嵌套、向量中断、动态优先级调整、中断屏蔽等。除了个别异常的优先级已经固定之外，其他异常的优先级都是可编程的。当一个中断产生时，如果它的优先级高于正在处理的中断，并且中断屏蔽寄存器没有屏蔽它，那么处理器会优先响应这个高优先级的中断。表 4.4 描述了 Cortex-M3/M4 的异常类型和优先级。

表 4.4　　　　　　　　　　　　　　Cortex-M3/M4 的异常类型和优先级

编号	类型	优先级	描述
0	N/A	N/A	没有异常在运行
1	复位	-3（最高）	复位
2	NMI	-2	不可屏蔽中断（来自外部 NMI 输入引脚）
3	Hard Fault	-1	所有其他异常处理机制都无法响应的 Fault,包括那些被禁用或被屏蔽的 Fault，用于不可恢复的系统故障。该异常不可屏蔽，优先级始终为-1
4	MemManage Fault	可调整	存储管理单元 Fault，由 MPU 触发的违反访问规则以及访问无效的 Fault
5	Bus Fault	可调整	总线因收到错误响应而产生的异常，原因可能是指令预取终止或数据访问错误
6	Usage Fault	可调整	程序错误导致的异常，通常由无效指令或非法的状态转换触发
7～10	保留	N/A	N/A
11	SVC	可调整	执行系统服务调用指令（SVC）引发的异常，该异常不可屏蔽，但优先级可调
12	Debug Monitor	可调整	调试监视器触发的异常，包括断点、数据观察点或外部调试请求
13	保留	N/A	N/A
14	PendSV	可调整	可挂起的系统请求，用于软件触发的中断
15	SysTick	可调整	系统定时器中断
16	IRQ #0	可调整	外部中断#0

编号	类型	优先级	描述
17	IRQ #1	可调整	外部中断#1
…	…	…	…
255	IRQ #239	可调整	外部中断#239

表 4.4 中的每个异常或中断源都需要对应的处理程序，称为中断服务程序（interrupt service routines，ISR），也可称为中断处理程序（interrupt handler）。中断服务程序的入口地址称为中断向量，每个中断向量占据 4 字节存储空间。所有中断服务程序的入口地址构成一个表，称为中断向量表，图 4.11 展示了 Cortex-M3/M4 的中断向量表。对比表 4.4 和图 4.11，可以看出每个中断向量的地址偏移量等于其异常编号乘以 4。在中断响应过程中，处理器先根据异常编号从中断向量表中读取对应的中断向量，再根据中断向量将 PC 跳转到中断服务程序的入口地址，从而打断程序的正常执行，转向执行中断服务程序。

Cortex-M3/M4 架构规定复位时总是从 0x0000 0000 地址开始读取中断向量表。由图 4.11 可知，保存于中断向量表偏移量为 0x0000 0000 的地址的内容为 MSP 的初始值，当处理器复位时，这个值将会自动装载到 MSP 中。处理器复位异常的入口地址的偏移量为 0x0000 0004，当处理器复位时，将从这个地址取出执行程序的开始地址并装载到 PC 中。通常位于 0x0000 0000 地址的都是 Flash 或 ROM 存储器，这类存储器不便于在程序执行过程中修改中断向量表中的内容。为了方便修改中断向量表，Cortex-M3/M4 架构提供了中断向量表重定位功能，通过配置中断向量表偏移寄存器（vector table offset register，VTOR），处理器复位完之后，便可以在存储器映射的 Code 区或 SRAM 区重新定义中断向量表。关于中断响应的具体细节，我们将会在本书的第 10 章中阐述。

0x0000 0048~0x0000 03FF	IRQ #2-#239
0x0000 0044	IRQ #1
0x0000 0040	IRQ #0
0x0000 003C	SysTick
0x0000 0038	PendSV
0x0000 0034	保留
0x0000 0030	Debug Monitor
0x0000 002C	SVC
0x0000 0028	保留
0x0000 0024	保留
0x0000 0020	保留
0x0000 001C	保留
0x0000 0018	Usage Fault
0x0000 0014	Bus Fault
0x0000 0010	MemManage Fault
0x0000 000C	Hard Fault
0x0000 0008	NMI
0x0000 0004	复位
0x0000 0000	MSP的初始值

图 4.11 Cortex-M3/M4 的中断向量表

4.6 指令集和汇编语言

4.6.1 Thumb 指令集概述

早期基于 Arm7TDM 和 Arm9 架构的 Arm 处理器支持两种相对独立的指令集：32 位的 Arm 指令集和 16 位的 Thumb 指令集。它们分别对应于 Arm 处理器的两种工作状态：Arm 状态和 Thumb 状态。Arm 状态执行字对齐的 32 位 Arm 指令，Thumb 状态执行半字对齐的 16 位 Thumb 指令。

Thumb 指令集在功能上是 Arm 指令集的一个子集，相比 Arm 指令集拥有更高的代码密度。Thumb 指令集的指令长度为 16 位，它舍弃了 Arm 指令集的一些特性，从而获得了更高的代码密度。一般情况下，Thumb 代码所需的存储空间约为 Arm 代码的 60%～70%。同时，使用 Thumb 代码相比使用 Arm 代码能降低约 30% 的存储器功耗。Thumb 指令集主要针对基本的算术和逻辑操作，它只包含有限的功能，比如：在 Thumb 状态下只能访问有限的寄存器；无法完成中断处理、长跳转、协处理器操作等任务；由于 Thumb 指令只用 Arm 指令一半的位数来实现同样的功能，因此实现特定功能所需的 Thumb 指令条数可能较 Arm 指令多。

基于以上原因，我们在编程过程中通常取长补短，很多程序会同时使用 Arm 和 Thumb 代码段。只要遵循一定的调用规则，Thumb 子程序和 Arm 子程序就可以互相调用。但是 Thumb 代码和 Arm 代码不能混杂使用，当 Thumb 子程序和 Arm 子程序互相调用时，处理器必须在两种工作状态之间来回切换，由此会产生额外的时间和空间开销。另外，Arm 代码和 Thumb 代码需要以不同的方式编译，这也增加了软件开发和维护的难度。

Cortex-M3/M4 架构不再支持 Arm 指令集，而只支持 Thumb-2 指令集。Thumb-2 指令集是 Thumb 指令集和 Arm 指令集的超集，它将 16 位和 32 位指令相结合，在代码密度和性能之间取得了平衡，并且在降低功耗的同时提高了性能。

Thumb-2 指令集在 Thumb 指令集的基础上做了一些扩充，例如：增加了一些新的 16 位 Thumb 指令来改进程序的执行流程，增加了一些新的 32 位 Thumb 指令来实现一些 Arm 指令的专有功能，解决了之前 Thumb 指令集不能访问协处理器、没有特权指令和特殊功能指令的问题。由于 Cortex-M3/M4 只支持 Thumb-2 指令集，因此处理器在执行 16 位和 32 位混合指令时不需要切换工作状态，从而在获得较高代码密度的同时节省了执行时间。

另外，在软件开发过程中，开发人员也不再需要把源代码文件分成按 Arm 编译的代码和按 Thumb 编译的代码，从而降低了软件开发的复杂度，缩短了软件开发时间。需要注意的是，Thumb-2 指令集包含了很多指令，不同的 Cortex-M3/M4 架构处理器只支持这些指令的不同子集，读者可以回顾一下图 4.1 中的内容。

Cortex-M3/M4 架构支持的指令包括存储器访问指令、通用数据处理指令、乘法和除法指令、饱和指令、位字段指令、分支和控制指令、浮点运算指令、协处理器指令等。本书配套的电子资料列出了基于 Cortex-M3/M4 架构处理器的一些常见的汇编指令。

由于嵌入式开发工具链（如 Keil C 编译器）已经能够生成高效的代码，并且软件集成开发环境提供的程序库和中间件也集成了高效的函数和算法，因此嵌入式应用程序开发人员一般无须深究每个指令的具体用法。但在底层程序的开发过程中，如操作系统进程调度、操作系统引导、中断响应等，仍涉及少量指令和汇编代码。为了照顾部分对嵌入式系统底层程序开发感兴趣的读者，本章后续部分将简要介绍 Cortex-M3/M4 架构下的汇编语言基础知识，以帮助这些读者更好地理解 Arm 汇编程序。

4.6.2 汇编语言基础

汇编语言依赖于体系结构，它能够直接操作寄存器和存储器地址，不同体系结构处理器的汇编语言差别很大。开发人员在编写汇编语言程序时，需要时刻关注当前处理器状态、寄存器使用情况和存储器分配状况，这也是汇编语言程序编写相对困难的原因所在。

嵌入式应用程序通常使用 C 或其他高级语言编写，应用程序开发人员无须了解指令集和汇编语言编程的细节。但在特殊情况下，能够阅读和修改汇编语言代码仍然是底层开发人员需要掌握的技能。例如：在嵌入式操作系统中，切换进程时为了保存和恢复现场，需要使用汇编语言代码；在实时系统中，通过汇编指令的条数可以判断出中断处理的响应时间和进程切换的开销；在运行高强度算法（如视频编解码）的嵌入式系统中，为了提高效率，也会采用汇编语言来直接操作寄存器和缓存，尤其是在处理速度有限而功耗要求又很苛刻的场合。本节将介绍 Cortex-M3/M4 微控制器程序开发过程中一些常用的汇编语言知识。

汇编语言程序一般由汇编指令、宏指令和伪指令组成。

1. 汇编指令

（1）汇编指令的格式。

汇编指令由操作码和操作数两部分组成。操作码用于说明处理器要执行哪种操作，它是汇编指令中不可缺少的组成部分；操作数是汇编指令执行的参与者，也就是操作的对象。

汇编指令的书写格式如下。

```
{标号}    <opcode>{<cond>}{S}    <Rd> , <Rn> , <operand2>    ;{注释}
```

① <>表示其中的内容是必需的，{ }表示其中的内容是可选的。

② 标号用来表示这一行指令对应的地址，是可选的，如果有的话，必须顶格写。编译器在编译过程中会将标号翻译成对应的指令地址。

③ opcode 为指令助记符，也称为操作码，对应一条 Thumb 指令。opcode 说明了指令将要进行的操作，如 LDR、STR 等。操作码的后面往往跟随若干操作数，多个操作数之间用逗号隔开。

④ cond 表示可选的条件码，也就是指令执行的条件，包括 EQ（相等）、NE（不相等）、LT（小于）、GT（大于）等，详见前面的表4.3。例如，将下面的 C 语句翻译成对应的汇编语句，ADD 指令的末尾多了 EQ，这表示当 CMP 的结果为相等时，执行 ADD 操作。

C 语句如下：

```
if(i == j)
        i++;
```

对应的汇编语句如下：

```
CMP  r0, r1
ADDEQ  r0, r0, #1
```

⑤ S 是可选后缀，用于表示这条指令的执行是否影响标志位（即 APSR 寄存器的值）。下面通过对比两条汇编指令来说明 S 后缀的用途。

```
ADD   r2, r2, #1
ADDS  r2, r2, #1
```

这两条指令都表示将寄存器 r2 的值加 1。由于第二条指令加了后缀 S，因此相加过程中产生的进位、溢出、结果为零或为负等状态将由 APSR 寄存器中的标志位记录下来，这个标志位将对后续指令的执行产生影响。

⑥ Rd 表示目标寄存器，用于指出这条指令的执行结果存放于何处。有些指令对 Rd 有特殊要求，例如要求 Rd 的范围必须为 R0～R7 或 R0～R14，有些指令则没有。

⑦ Rn 表示存放第一个操作数的寄存器。同样，有些指令对 Rn 也有特殊要求。

⑧ operand2 表示第二个操作数，可以是立即数、寄存器的值或寄存器移位值，下面的 3 行代码分别对应于上述 3 种情况。

```
ADD r0, r1, #0xFF00    ; 将立即数 0xFF00 与寄存器 r1 的值相加，结果存入 r0 中
ADD r0, r0, r1         ; 将寄存器 r1 的值与 r0 的值相加，结果存入 r0 中
MOV r0, r2, LSL #2     ; 将寄存器 r2 的值左移两位，左移后的结果存入 r0 中
```

⑨ 注释部分以;开头。

下面分别列举了一段功能相同的 C 语言代码段和汇编语言代码段，它们都用来求解从 1 累加到 100 的结果，读者可通过这两段代码来分析 C 语言代码和汇编语言代码的对应关系。C 语言代码段如下：

```
int i,sum=0;
for(i=1;i<=100;i++)
    sum = sum +i;
```

表 4.5 显示了与上述 C 语言代码段对应的汇编语言代码段并做了功能解释。

表 4.5　　　　　　　　　　　　　　　**汇编语言代码段及功能解释**

行号	存储地址	汇编指令	功能解释
1	0x0800 03B4	MOVS r2,#0x00	寄存器 r2 存放 sum 的值，初始值为 0
2	0x0800 03B6	MOVS r1,#0x01	寄存器 r1 存放 i 的值，初始值为 1

行号	存储地址	汇编指令	功能解释
3	0x0800 03B8	B　　0x080003BE	跳转到第 6 行，判断循环条件
4	0x0800 03BA	ADD　　r2, r2, r1	r2 = r2 + r1
5	0x0800 03BC	ADDS　　r1, r1, #1	r1 = r1 + 1
6	0x0800 03BE	CMP　　r1, #0x64	比较 r1 和十六进制数 0x64
7	0x0800 03C0	BLE　　0x080003BA	如果 r1 小于 0x64，跳转到第 4 行，执行循环体

（2）汇编指令与数据类型。

汇编指令访问的数据类型可能是 8 位、16 位、32 位或多个 32 位。针对不同数据类型的汇编指令，助记符通常用不同的后缀加以区分，再配合不同的寻址方式，这些指令便可以组合出各种灵活的数据访问形式。表 4.6 列出了针对不同数据类型的常用存储器访问汇编指令，这些指令用于实现寄存器与存储器之间的数据传输，其中的读操作表示从存储器读取数据到寄存器中，写操作表示将寄存器中的内容写入存储器。

表 4.6　　　　　　　　　　　常用存储器访问汇编指令

数据类型	读操作指令	写操作指令
无符号 8 位	LDRB	STRB
有符号 8 位	LDRSB	STRSB
无符号 16 位	LDRH	STRH
有符号 16 位	LDRSH	STRSH
32 位	LDR	STR
多个 32 位	LDM	STM
64 位	LDRD	STRD
堆栈	POP	PUSH

2. 宏指令

宏指令也称为宏调用，它是一段独立的代码，功能类似于高级语言中的函数模块。如果在汇编语言程序中需要多次使用同一个程序段，那么可以将这个程序段定义为宏指令，之后每次调用时用宏指令名代替这个程序段即可。

3. 伪指令

伪指令是一些特殊的指令助记符，它们在源程序中的作用是为编译器做好各种准备工作，仅在编译过程中起作用，一旦程序编译完，伪指令的使命也就完成了。与指令系统的助记符不同，伪指令没有对应的操作码，由它们完成的操作称为伪操作。本书配套的电子资料给出了常用的 Arm 汇编伪指令，包括符号定义伪指令、数据定义伪指令、汇编控制伪指令、信息报告伪指令以及其他伪指令等。

除了上述内容，为了编写完整的汇编语言程序，开发人员还需要掌握各个指令的功能、寄存器的使用方法、操作数的寻址方式以及处理器中各个功能寄存器的定义，只有通过一定的积累，才能写出正确、高效的汇编语言程序。

4.6.3　寻址方式

寻址方式是指处理器根据指令中给出的地址信息来寻找操作数的物理地址的方式。灵活的寻址方式能够带来高效的数据访问，因此处理器通常会支持多种寻址方式。下面介绍 Cortex-M3/M4 微控制器中常用的寻址方式。

1. 立即寻址（前索引）

立即寻址通过将寄存器中的内容与某个立即数相加来得到访问的地址，这种寻址方式可理解为在基地址的基础上加上某个偏移量。由于先执行寄存器内容与偏移量相加的操作，再执行数据访问，因此被称为前索引。立即数的前面必须加"#"前缀。

```
LDR  r0, [r1, #4]  ;将寄存器r1的值加上偏移量4，形成操作数的有效地址，取出有效地址中的数据并存
                     入寄存器r0
```

当使用LDR和STR指令时，如果需要在指令执行完之后更新基地址，那么可以在语句的末尾加上"!"。

```
LDR  r0, [r1, #8]!  ;将寄存器r1的值加上偏移量8，形成操作数的有效地址，取出有效地址中的数据并存
                      入寄存器r0，执行完之后，将寄存器r1的值加8，其中的"!"表示更新寄存器的值
```

2. 寄存器寻址（前索引）

寄存器寻址是一种间接寻址，指令中的地址码是通用寄存器的编号，所需操作数的物理地址保存在寄存器中，即寄存器中的内容为指向操作数的指针。用于寄存器寻址的寄存器需要加上"[ ]"。

```
LDR  r1, [r2]        ;从寄存器r2指向的地址中取出数据，将数据送到寄存器r1中
ADD  r0, r1, [r2]    ;首先从寄存器r2指向的地址中取出数据，然后将其与寄存器r1的值相加，最后
                       将结果存入寄存器r0
LDR  r0, [r1, r2]    ;将寄存器r1的值与寄存器r2的值相加并把结果作为操作数的有效地址，从有效地址
                       中取出数据并存入寄存器r0
```

3. 寄存器寻址（后索引）

如果指令在执行过程中先执行数据访问，再将寄存器中的内容与偏移量相加，则称为后索引。当使用后索引时，无须在指令的末尾加上"!"。

```
LDR  r0, [r1], #4  ;从寄存器r1指向的地址中取出数据并将数据送到寄存器r0中，执行完之后，将寄存器
                     r1的值加上偏移量4
```

后索引在访问数组时非常有用，访问指令在每一次执行完之后，地址寄存器就自动指向下一个数组元素。后索引只适用于32位指令，偏移量可以为正数或负数。

4. 寄存器移位寻址

寄存器移位寻址是寄存器前索引寻址方式中的一种。当指令的第 2 个操作数采用寄存器移位方式时，先进行移位操作，再根据移位后的结果访问数据。

```
LDR  r0, [r1, r2, LSL #4]  ;在将寄存器r2的值左移4位后，再与寄存器r1的值相加，将结果
                             作为操作数的有效地址，从有效地址中取出数据并存入寄存器r0。
```

常用的移位操作有以下几种。

① 逻辑左移（logical shift left，LSL），空出的位填0。

② 逻辑右移（logical shift right，LSR），空出的位填0。

③ 算术右移（arithmetic shift right，ASR），移位过程中符号位不变，高端空出的位用原来的最高位填充。

④ 循环右移（rotate right，ROR），高端空出的位用低端移出的位填充。

⑤ 带扩展的循环右移（rotate right extended，RRX），操作数右移一位，高端空出的位用进位标志 C（详见前面的表4.2）的值填充，低端移出的位则填入进位标志位。

5. 相对寻址

相对寻址是指由程序计数器提供基地址，指令中的地址码字段则作为偏移量，将它们两者相加

后得到的地址即为操作数的有效地址。相对寻址常用于子程序调用和跳转语句。

```
BL     SUBR1        ;调用 SUBR1 子程序
BEQ    LOOP         ;条件跳转到 LOOP 标号处
       ...
LOOP   MOV r6, #1
       ...
SUBR1  ...
```

6. 多寄存器寻址

多寄存器寻址是指用一条指令实现多个寄存器与一段连续存储单元之间的数据传输。这种寻址方式允许一条指令访问 16 个通用寄存器的任何子集或所有寄存器。

使用 LDM 指令可以一次性读取多个连续 32 位存储单元的值到指定寄存器，使用 STM 指令则可以将多个指定寄存器的值写入连续的存储单元。由于存储地址可以往高地址或低地址方向增长，因此可在 LDM 和 STM 指令后添加后缀 IA 和 DB，以表示存储地址增长的方向。

① IA：表示每次传送后，存储地址加 4。

② DB：表示每次传送前，存储地址减 4。

因为 LDM 和 STM 指令仅支持 32 位访问，所以存储地址的增量总是以 4 为单位。

```
LDR    r1, =0x40000000   ;设定寄存器 r1 的值为 0x40000000
LDMIA  r1!, {r2-r4, r6}  ;将寄存器 r1 指向的存储单元中的数据依次读出并写入寄存器 r2、r3、r4 和 r6，
                          每读出一个数据，寄存器 r1
                          就自动加 4
```

当使用多寄存器寻址指令时，如果寄存器的子集按由小到大的顺序排列，那么可以使用 "-" 进行连接，否则使用 "," 进行分隔。图 4.12 展示了上述代码中寄存器和存储单元的对应关系，指令执行完之后，寄存器 R1 的值为 0x4000 0010。

寄存器	内容
R6	0x04
R4	0x03
R3	0x02
R2	0x01
R1	0x40000000

内容	存储单元
0x04	0x4000000C
0x03	0x40000008
0x02	0x40000004
0x01	0x40000000

LDMIA r1!, {r2-r4, r6}

图 4.12　多寄存器寻址中寄存器和存储单元的对应关系

7. 堆栈寻址

堆栈是存储器中按特定顺序进行存取的存储区，操作顺序为 "后进先出"。根据堆栈指针指向的位置，堆栈有满堆栈（full stack）和空堆栈（empty stack）之分。当堆栈指针（SP）总是指向最后压入堆栈的数据时，称为满堆栈；当 SP 总是指向下一个将要放入数据的空位置时，称为空堆栈。满堆栈和空堆栈如图 4.13 所示。

堆栈根据地址的增长方向，又有递增堆栈（ascending stack）和递减堆栈（descending stack）之分。当堆栈使用的存储地址由低地址向高地址增长时，称为递增堆栈；当堆栈使用的存储地址由高地址向低地址增长时，称为递减堆栈。递增堆栈和递减堆栈如图 4.14 所示。

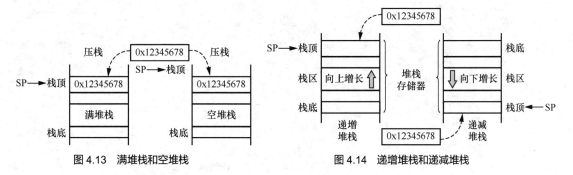

图 4.13　满堆栈和空堆栈　　　　图 4.14　递增堆栈和递减堆栈

上述几种堆栈经过组合后，便产生了 4 种类型的堆栈工作方式。

① 满递增堆栈：堆栈指针指向最后压入的数据，堆栈由存储器的低地址向高地址方向增长。指令后缀为 FA，如 LDMFA、STMFA 等。

② 满递减堆栈：堆栈指针指向最后压入的数据，堆栈由存储器的高地址向低地址方向增长。指令后缀为 FD，如 LDMFD、STMFD 等。

③ 空递增堆栈：堆栈指针指向下一个将要放入数据的空位置，堆栈由存储器的低地址向高地址方向增长。指令后缀为 EA，如 LDMEA、STMEA 等。

④ 空递减堆栈：堆栈指针指向下一个将要放入数据的空位置，堆栈由存储器的高地址向低地址方向增长。指令后缀为 ED，如 LDMED、STMED 等。

需要注意的是，Cortex-M3/M4 仅支持满递减堆栈。因此，当初始化 SP 时，SP 总是指向栈顶地址加 4 的位置。假设堆栈的地址范围为 0x2000 7C00 ～ 0x2000 7FFF，则 SP 的初始值应为 0x2000 8000。

4.6.4　统一汇编语言

如前所述，不同体系结构的 Arm 处理器支持的汇编指令集并不完全相同，这些指令集包括 32 位的 Arm 指令集、16 位的 Thumb 指令集以及兼容 16 位和 32 位的 Thumb-2 指令集。这些指令除了功能上有差异以外，指令的语法格式也稍有差异。为了减轻开发人员的编程负担，Arm 编译器引入了统一汇编语言（unified assembler language，UAL）语法机制。UAL 允许开发人员使用统一的 32 位 Thumb-2 指令语法格式书写代码，由编译器决定是使用 16 位指令还是使用 32 位指令。当然，开发人员也可以手动指定使用 16 位指令还是 32 位指令。如果没有指定，编译器会先试着用 16 位指令加以编译，不行再使用 32 位指令。Thumb-2 指令的语法和 Arm 指令的语法虽有不同，但引入了 UAL 之后两者的书写格式就统一了。在引入 UAL 之前使用的大部分 16 位 Thumb 指令都内置了修改 APSR 的功能，因此指令不需要 S 后缀；但在 UAL 语法中，S 后缀必须明确给出，如图 4.15 所示。

汇编语言的语法还跟软件集成开发环境有关，不同开发环境中的汇编语法可能会稍有不同，读者需要阅读开发环境提供的汇编语言语法规范。另外，大多数情况下的应用程序是使用 C 语言

| ADD r0, r1 | ADDS r0, r1 |

图 4.15　UAL 语法使用前后的指令对比

编写的，C 编译器更倾向于使用 16 位的 Thumb-2 指令，因为这种指令拥有更高的代码密度。当需要处理的数据超过一定范围，或者使用 32 位的 Thumb-2 指令能更好地完成操作时，才会使用 32 位指令。当编译环境设定为针对执行速度进行优化时，C 编译器通常会选择 32 位指令，由于分支程序的目标地址总是 32 位对齐的，因此 32 位指令能够获得更好的性能。

对之前求解 1 到 100 累加和的汇编代码进行补充，可得到如下相对较为完整的汇编语言程序。

```
AREA    ARMex, CODE, READONLY   ;伪指令，表示只读代码段
ENTRY                           ;伪指令，表示程序入口
MOVS   r2, #0x00
MOVS   r1, #0x01
B   LOOP1
LOOP2
    ADD   r2, r2, r1
    ADDS  r1, r1, #1
LOOP1
    CMP   r1, #0x64
    BLE   LOOP2
STOP
    B   STOP                    ;程序结束，进入死循环
    END                         ;伪指令，表示代码段结束
```

需要注意的是，上述汇编程序虽然在语法和功能上都没有错误，但却不能独立编译执行，这是因为 Arm 处理器对存储地址的分配和使用有一定的规则。例如，代码段的开始地址存放的是中断向量表，而不是第一条可执行指令，因此需要在代码中预留中断向量表的存储空间。另外，处理器在执行代码前，还需要正确地配置处理器参数，例如处理器时钟、外设时钟、片内和外部外设参数等。当硬件配置和存储空间的分配都正确以后，代码才能在处理器上正确运行起来，本书将在后续章节中进一步阐述相关知识。

4.7　思考与练习

1. Cortex-M3/M4 架构的内部总线都有哪些？它们各自担负的主要任务是什么？
2. Cortex-M3/M4 架构的主要特点有哪些？
3. 简述 NVIC 的特点。
4. SysTick 的作用是什么？
5. 简述 Arm 指令与 Thumb 指令的关系。Cortex-M3/M4 架构支持的是哪种指令集？
6. Cortex-M3/M4 架构支持的寻址方式有哪些？
7. Cortex-M3/M4 架构有哪两种工作模式？如何进行工作模式的切换？
8. 数据在存储器中的存放格式有哪两种？说明一下它们的特点。
9. Arm 汇编语言程序一般由哪几部分组成？
10. 在 Context-M3/M4 架构中，寄存器 R14 和 R15 的作用分别是什么？

5 第5章 STM32系列微控制器

第4章介绍了Cortex-M3/M4架构的内部结构和编程模型，从本章开始，本书将在以STM32F4系列微控制器（也可简称STM32F4微控制器）为核心的硬件平台基础上，系统地介绍基于Cortex-M3/M4架构的嵌入式系统开发。

本章首先介绍STM32系列微控制器的产品线，然后以STM32F407xx为例，讲解STM32系列微控制器的内部结构、地址映射以及启动方式的配置，最后介绍STM32系列微控制器的命名规则、引脚功能以及STM32最小系统的组成。通过本章的学习，读者将能够掌握STM32系列微控制器的基本工作原理，熟悉STM32存储器地址映射的具体细节，了解STM32系列微控制器的引脚功能以及如何构建基于STM32微控制器的最小系统。

本章学习目标：

（1）了解各个类别的STM32微控制器的特点；

（2）理解STM32F407xx的内部结构；

（3）掌握STM32F407xx的地址映射；

（4）掌握STM32F407xx的启动配置和地址重映射；

（5）了解STM32系列微控制器的命名规则；

（6）了解STM32系列微控制器的引脚功能和STM32最小系统的组成。

STM32系列
微控制器概述

5.1 概述

STM32系列微控制器是由意法半导体（ST microelectronics，ST）公司生产的一系列32位微控制器的总称，其中涵盖了Cortex-M0/M1/M3/M4等各种类型的嵌入式处理器，各种细分型号加起来有上千种。意法半导体公司成立于1987年，由意大利SGS半导体公司和法国汤姆逊半导体公司合并而成，是全球最大的半导体公司之一。在Arm公司于2006年推出Cortex-M3架构之前，全球主流的16位和32位MCU厂商大多采用自家的CPU架构，包括飞思卡尔、Microchip、Atmel、TI以及日立、东芝等，这些公司一开始对使用Cortex-M3架构的积极性不高。ST选择与Arm合作，成为第一家与Arm合作生产基于Cortex-M3架构的MCU的公司，由此奠定了ST公司在Cortex-M系列微控制器生产领域的领导地位。自2007年第一颗STM32微控制器问世以来，截至2016年已经累计生产16亿颗。STM32目前提供16大产品线（F0、G0、F1、F2、F3、G4、F4、F7、H7、MP1、L0、L1、L4、L4+、L5、WB），型号超过1000个，STM32系列微控制器已被广泛应用于工业控制、消费电子、物联网、通信设备、医疗服务、安防监控等领域。图5.1描述了ST公司现有的部分产品线。

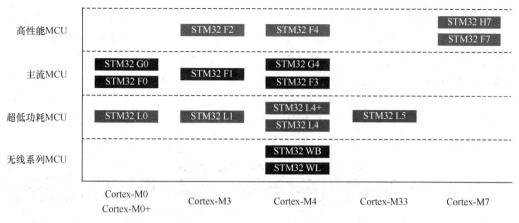

图 5.1 ST 公司的产品线

根据 STM32 系列微控制器的性能，可以把它们划分成以下几个类别。

（1）超低功耗类别：支持超低功耗的产品应用。

STM32L0 系列基于 Cortex-M0+架构，Flash 容量从 16 KB 到 192 KB。STM32L1 系列基于 Cortex-M3 架构，Flash 容量从 32 KB 到 512 KB。STM32L4 系列基于 Cortex-M4 架构，Flash 容量从 128 KB 到 1 MB。

（2）主流型类别：灵活、可扩展的 MCU，支持极为宽泛的产品应用。

STM32F0 系列是入门级别的 MCU，用于替换 8 位和 16 位微控制器，基于 Cortex-M0 架构，Flash 容量从 16 KB 到 256 KB。STM32F1 系列是基础级别的 MCU，基于 Cortex-M3 架构，Flash 容量从 16 KB 到 1 MB。STM32F3 系列对 STM32F1 系列做了升级，前者基于 Cortex-M4 架构，Flash 容量从 16 KB 到 512 KB。

（3）高性能类别：拥有较高的集成度和丰富的连接。

STM32F2 系列是性价比极高的中档 MCU，基于 Cortex-M3 架构，Flash 容量从 128 KB 到 1 MB。STM32F4 系列支持高性能 DSP 和 FPU 指令，基于 Cortex-M4 架构，Flash 容量从 128 KB 到 2 MB。STM32F7 系列是极高性能的高档 MCU，基于 Cortex-M7 架构，Flash 容量从 512 KB 到 1 MB。

（4）无线系列 MCU。

STM32WB 系列是支持无线功能的双核 MCU，内嵌工作频率为 64 MHz 的 Cortex-M4 微控制器（应用处理器）和工作频率为 32 MHz 的 Cortex-M0+微控制器（网络处理器），不仅支持蓝牙 5.0 和 ZigBee 的协议栈，而且集成了开放的 2.4 GHz 射频多协议模块。

ST 公司在提供 STM32 系列微控制器的同时，还提供大量的评估开发板和配套的软件开发工具，从而形成了完整的嵌入式系统设计生态链。STM32 系列微控制器在国内高等院校、科研机构和企业中得到了广泛应用，不仅有大量可供参考的书籍和例程，而且很容易找到各种廉价的开发板作为学习平台，是目前学习嵌入式系统较为理想的平台。其中 STM32F1 系列和 STM32F4 系列具有较高的性价比，在实际应用中使用范围较广，很多开发平台都使用了这两个系列的微控制器。本书选择 STM32F407xx 微控制器作为讲解基于 Cortex-M3/M4 架构的微控制器开发的硬件环境。

STM32F407xx
微控制器介绍

5.2 STM32F407xx 微控制器介绍

STM32F407xx 是基于 Cortex-M4 架构的微控制器系列，其中包含了多种不同配置的微控制器型号，这些微控制器可通过不同的后缀加以区分。微控制器产品资料中常用 x 替代某个表示具体型号的后缀符号，这表示文档中描述的内容对这一系列微控制型号均适用。STM32F407xx 微控制器的最快主频为 168 MHz，内部 Flash 容量从 512 KB 到 1 MB，芯片封装的引脚数量从 100 到 176 不等。不同后缀的微控制器的区别在于 Flash 和 SRAM 的容量、I/O 端口的数量和外设功能模块的多少，但它们在硬件功能相同的部分尽量做到了芯片之间引脚功能完全兼容，软件部分也完全兼容。读者在学习过程中掌握其中一款即可，以后在实际项目开发中可根据应用需求和成本按需选择。表 5.1 列举了几款不同配置的 STM32F407xx 微控制器。

表 5.1　　　　　　　　　　STM32F407xx 微控制器的功能和外设配置

内部模块		STM32F407Vx		STM32F407Zx		STM32F407lx	
内核		Cortex-M4（包含浮点运算单元 FPU、DSP 指令集和 MPU）					
Flash 容量（KB）		512	1024	512	1024	512	1024
SRAM 容量（KB）		系统 192 KB，备份 4 KB					
FSMC（静态存储器控制器）		有		有		有	
Ethernet（以太网控制器）		有		有		有	
随机数发生器		有		有		有	
定时器	通用	10 个（TIM2～TIM5、TIM9～TIM14）					
	高级控制	2 个（TIM1、TIM8）					
	基本	2 个（TIM6、TIM7）					
通信接口	SPI	3 个(SPI1、SPI2、SPI3)，其中 SPI2 和 SPI3 可作为 I^2S					
	I^2C	3 个(I^2C1、I^2C2、I^2C3)					
	USART/UART	4 个(USART1～USART3、USART6) / 2 个（UART4、UART5)					
	USB OTG	支持					
	CAN	2 个(兼容 2.0A 和 2.0B 规范)					
	SDIO	支持					
GPIO		82		114		140	
12 位 ADC 模块（通道数）		16		24		24	
12 位 DAC 模块（通道数）		2		2		2	
DCMI（数字摄像头接口）		有		有		有	
CPU 频率		168 MHz					
工作电压		1.8～3.6 V					
工作温度		−40℃～+85℃/−40℃～+105℃					
封装形式		LQFP100		LQFP144		LQFP176/BGA176	

从表 5.1 可以看出，STM32F407xx 微控制器中包含了 FPU 和 MPU 模块，并且拥有丰富的外设和 I/O 端口，因此 STM32F407xx 微控制器具有很强的扩展能力。简化后的 STM32F407xx 微控制器的内部结构如图 5.2 所示。

STM32F407xx 微控制器的主要功能和特点如下。

（1）处理器性能。

处理器内核采用了 3 级流水线，最高工作频率为 168 MHz，最高处理能力可达 210 DMIPS/MHz。

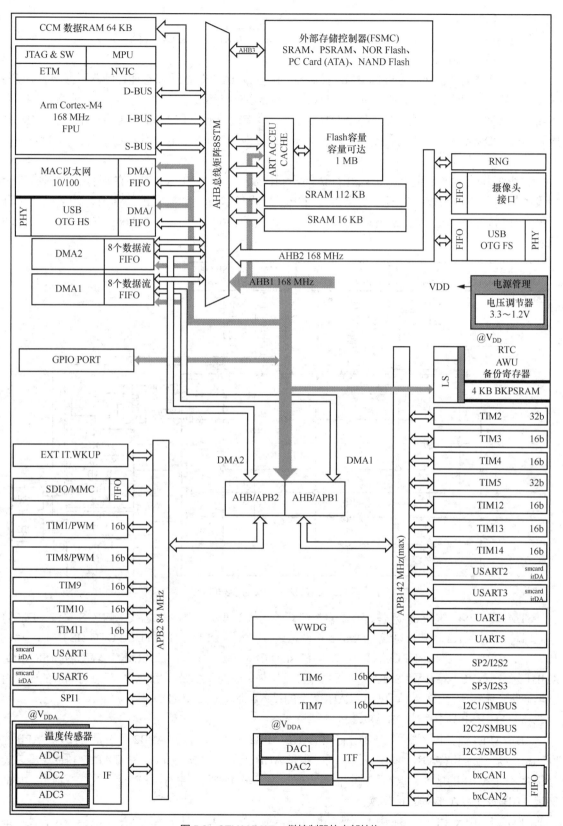

图 5.2　STM32F407xx 微控制器的内部结构

（2）存储容量。

微控制器内部最多可集成 1 MB 的 Flash 存储器和 196 KB 的 SRAM 存储器。

（3）灵活的 DMA。

微控制器内包含两个 8 通道的 DMA 控制器，这些 DMA 控制器可以管理存储器到存储器、设备到存储器以及存储器到设备的数据传输。DMA 控制器还支持环形缓冲区的管理，从而避免了控制器传输到达缓冲区结尾时产生中断。每个 DMA 通道都有专门的硬件 DMA 请求逻辑，并且可以由软件触发。每个 DMA 通道的传输长度、传输源地址和目标地址都可以通过软件单独设置。

（4）总线矩阵。

总线矩阵使得多个主设备可以并行访问不同的从设备，但在每个特定的时间内，只有一个主设备拥有总线控制权。当多个主设备同时出现总线请求时，就需要进行仲裁，仲裁机制保证了每个时刻只有一个主设备通过总线矩阵对从设备进行访问。STM32F407xx 的总线矩阵如图 5.3 所示。

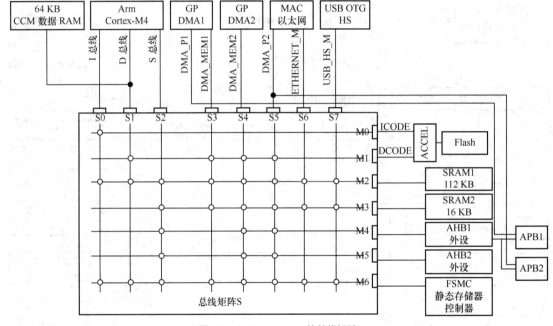

图 5.3　STM32F407xx 的总线矩阵

STM32F407xx 的总线矩阵包含 8 条主控总线（内核 I 总线、内核 D 总线、内核 S 总线、DMA1 存储器总线、DMA2 存储器总线、DMA2 外设总线、以太网 DMA 总线和 USB OTG HS DMA 总线）和 7 条被控总线（内部 Flash I Code 总线、内部 Flash D Code 总线、主要内部 SRAM1、辅助内部 SRAM2、AHB1 外设、AHB2 外设及 FSMC）。8 条主控总线与 7 条被控总线保持互联，交汇点有圆圈的表示有数据通路，比如通过 DMA2 可以访问 AHB2 上的设备，而通过 DMA1 却不行。

（5）AHB/APB1 桥和 AHB/APB2 桥。

AHB/APB1 桥（以下简称 APB1 桥）和 AHB/APB2 桥（以下简称 APB2 桥）是 AHB 和 APB 之间的总线桥。它们是 APB 上的主模块，同时也是 AHB 上的从模块。APB1 桥和 APB2 桥的主要功能是锁存来自 AHB 的地址、数据和控制信号，并提供二级译码以产生对 APB 设备的选择信号，从而实现 AHB 协议到 APB 协议的转换。

STM32F407xx 中的 APB1 用于低速外设，速度最高可达 42 MHz；APB2 用于高速外设，速度最高可达 84 MHz。

（6）内核耦合存储器。

内核耦合存储器（core coupled memory，CCM）是 64 KB 的 RAM，直接挂在 D-Code 总线上且没有经过总线矩阵。CCM 只能被 Cortex-M4 处理器核心访问，不能被 DMA 控制器等其他组件访问。处理器核心能以最大的系统时钟和最小的等待时间从 CCM 中读取数据或代码，因此，将频繁读取的数据或中断处理程序放到 CCM 中能够加快程序的执行速度。

（7）静态存储器控制器。

静态存储器控制器（flexible static memory controller，FSMC）的一端通过内部高速总线 AHB3 连接到 Cortex-M4 处理器核心，另一端可以连接同步、异步存储器或 16 位的 PC 存储卡，用于扩展片外存储器。处理器核心对外部存储器的访问信号发送到 AHB3 后，经 FSMC 转换为符合外部存储器通信规范的信号，从而实现处理器核心与外部存储器之间的数据交互。

（8）电源部分。

STM32F407xx 微控制器芯片的工作电压为 1.8～3.6 V。当主电源引脚 VDD 掉电后，可通过 VBAT 引脚接入备份电池为实时时钟（real time clock，RTC）和备份寄存器提供电源。此外，STM32 内部包含完整的上电复位（POR）和掉电复位（PDR）电路，当 VDD 低于指定的限位电压时，处理器保持为复位状态，无需外部复位电路。

（9）时钟部分。

STM32F407xx 有三种不同的时钟源可用于驱动系统时钟（system clock，SYSCLK），分别是 HSI、HSE 和主 PLL 时钟。HSI 为微控制器内嵌的 16 MHz RC 振荡器，当微控制器复位时会默认选择 HSI 作为时钟源。HSE 则使用 4 MHz～26 MHz 的 RC 外部振荡器作为时钟源。HSI 和 HSE 产生的时钟信号可送入内部锁相环（phase locked loop，PLL）电路，从而将时钟频率加速到最快 168 MHz。在时钟配置中可以选择 HSI、HSE 或 PLL 的输出作为 SYSCLK，相关内容将在第 8 章详细描述。

另外，STM32F407xx 还有两个次级时钟源：一个 32 kHz 的内部 RC 振荡器用于驱动“看门狗”电路，可提供给 RTC 用于待机模式下唤醒；另一个 32.768 kHz 的外部晶振可用于驱动 RTC。

5.3　STM32F407xx 的地址映射

STM32F407xx 的地址映射是 Cortex-M4 架构地址映射的具体实现。前者在 Cortex-M4 架构规定的地址映射的基础上，细化了各个可访问模块的具体物理地址和访问规则。STM32F407xx 将 4 GB 的线性存储空间划分成 8 个区域，每个区域的容量都是 512 MB，我们称之为一个 Block，每个 Block 对应于微控制器中不同的功能模块，如图 5.4 所示。下面重点讲解代码（Code）区、片内 SRAM 区和片内外设（Peripheral）区的地址分配情况，基于 STM32F407xx 的程序设计主要集中于这几个区域的相关操作。

STM32F407xx 的
地址映射

512 MB Block 7 Coretx-M4 片内 Peripheral	0xFFFF FFFF 0xE000 0000
512 MB Block 6 未使用	0xDFFF FFFF 0xC000 0000
512 MB Block 5 FSMC 寄存器	0xBFFF FFFF 0xA000 0000
512 MB Block 4 FSMC bank3&4	0x9FFF FFFF 0x8000 0000
512 MB Block 3 FSMC bank1&2	0x7FFF FFFF 0x6000 0000
512 MB Block 2 Peripheral	0x5FFF FFFF 0x4000 0000
512 MB Block 1 SRAM	0x3FFF FFFF 0x2000 0000
512 MB Block 0 Code	0x1FFF F000 0x0000 0000

图 5.4　STM32F407xx 的地址映射

1．代码区

代码区包括 Flash、CCM、系统存储器和选项字节几部分，如图 5.5 所示。

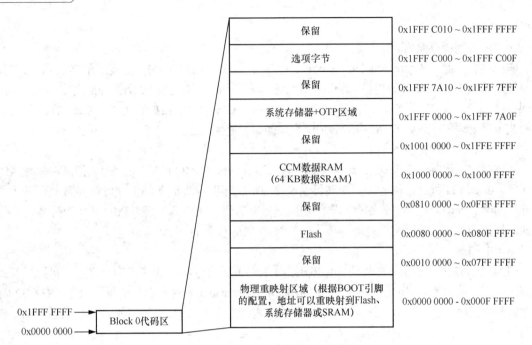

图 5.5 STM32F407xx 的代码区结构图

STM32F407xx 内集成了 512 KB～1 MB 的 Flash 存储器作为存放程序和只读数据的区域。这个区域由主存储区和信息块两部分构成，其地址分配如表 5.2 所示。主存储区用于存储代码和数据，由 4 个 16 KB 扇区、1 个 64 KB 扇区和若干 128 KB 扇区构成。在不同容量的产品中，扇区的数量是不同的。

表 5.2   STM32F407xx 的 Flash 结构

存储区	名称	地址	容量
主存储区	扇区 0	0x0800 0000 ~ 0x0800 3FFF	16 KB
	扇区 1	0x0800 4000 ~ 0x0800 7FFF	16 KB
	扇区 2	0x0800 8000 ~ 0x0800 BFFF	16 KB
	扇区 3	0x0800 C000 ~ 0x0800 FFFF	16 KB
	扇区 4	0x0801 0000 ~ 0x0801 FFFF	64 KB
	扇区 5	0x0802 0000 ~ 0x0803 FFFF	128 KB
	扇区 6	0x0804 0000 ~ 0x0805 FFFF	128 KB
	…	…	…
	扇区 11	0x080E 0000 ~ 0x080F FFFF	128 KB
信息块	系统存储器	0x1FFF 0000 ~ 0x1FFF 77FF	30 KB
	OTP 区域	0x1FFF 7800 ~ 0x1FFF 7A0F	528 B
	选项字节	0x1FFF C000 ~ 0x1FFF C00F	16 B

信息块用来存放引导代码（BootLoader）和用户配置。存放引导代码的区域称为系统存储区（system memory），系统存储区为只读区，大小为 30 KB，里面存放了自举模式下系统的启动程序。512 字节的一次性可编程（OTP）区域用于存储用户数据，OTP 区域还有额外的 16 字节用于锁定对应的 OTP 数据块。存放用户配置的区域大小为 16 字节，称为选项字节（option byte）区域，里面存放了 Flash 存储器的配置信息及主存储区的保护信息。

在图 5.5 所示的代码区中，0x0000 0000～0x000F FFFF 总共 1 MB 的区域比较特殊，这块物理重映射区域也称为零地址区。微控制器在上电复位时，可以配置成从 Flash、系统存储器、SRAM 或 FSMC Block 1 中获取 BootLoader。各种启动配置下对应介质的物理地址将被映射到零地址。

另外，图 5.5 中映射到地址 0x1000 0000～0x1000 FFFF 总共 64 KB 的 CCM 区域，只能通过数据总线来访问。

2. 片内 SRAM 区

这是用于存放临时数据的 SRAM 存储器，STM32F407xx 内包含 4 KB 的备份 SRAM 和 192 KB 的系统 SRAM（包括 64 KB CCM）。片内 SRAM 区的地址分配如图 5.6 所示。

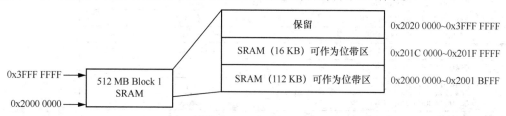

图 5.6　STM32F407xx 的片内 SRAM 区结构图

系统 SRAM 可按字节、半字（16 位）或全字（32 位）访问，读写操作以 CPU 运行速度执行，且等待周期为 0。映射到起始地址为 0x2000 0000 的 112 KB 区域和起始地址为 0x201C 0000 的 16 KB 区域可通过 AHB 来访问，它们既可作为 SRAM 存储区，也可作为位带区（bit-band region）。位带操作将在第 9 章中详细描述。

总共 192 KB 的片内 SRAM 存储空间对于大多数应用场景来说是足够的，在内部 SRAM 空间不足的情况下，需要通过在片外扩展 RAM 来存储临时数据。

3. 片内外设（Peripheral）区

STM32F407xx 的片内外设非常丰富，处理器核心通过总线矩阵与这些外设交换数据。内部总线根据各种外设的传输速度，将这些外设分布在 AHB 和 APB 上。片内外设的控制器寄存器被统一安排在从 0x4000 0000 开始的 512 MB 区域中，对该区域内地址的读写就是对相应的外设进行操作。片内外设的地址分配如图 5.7 所示。

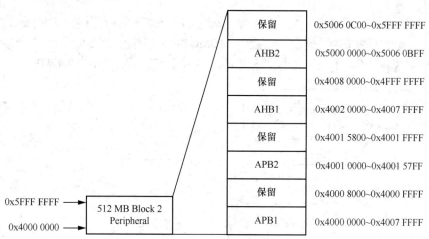

图 5.7　STM32F407xx 的片内外设地址分配图

AHB 和 APB 上挂载的各外设的访问地址可进一步细化，表 5.3 列出了 STM32F407xx 中的 AHB1

和 AHB2 上各外设寄存器组的访问地址。从前面的图 5.2 可以看出，APB1 和 APB2 上的外设较多，后续章节在讲解各外设时会列出对应的访问地址，对于本书没有涉及的外设，读者可以查阅微控制器配套的编程手册。

表 5.3   AHB 上各外设寄存器组的访问地址

访问地址	外设	总线
0xA000 0000 - 0xA000 03FF	FSMC	AHB3
0x5006 0800 - 0x5006 0BFF	RNG	AHB2
0x5006 0400 - 0x5006 07FF	HASH	
0x5006 0000 - 0x5006 03FF	CRYP	
0x5005 0000 - 0x5005 03FF	DCMI	
0x5000 0000 - 0x5003 FFFF	USB OTG FS	
0x4004 0000 - 0x4007 FFFF	USB OTG HS	
0x4002 8000 - 0x4002 93FF	以太网	AHB1
0x4002 6400 - 0x4002 67FF	DMA2	
0x4002 6000 - 0x4002 63FF	DMA1	
0x4002 4000 - 0x4002 4FFF	BKPSRAM	
0x4002 3C00 - 0x4002 3FFF	Flash 接口寄存器	
0x4002 3800 - 0x4002 3BFF	RCC	
0x4002 3000 - 0x4002 33FF	CRC	
0x4002 2000 - 0x4002 23FF	GPIO 端口 I	
0x4002 1C00 - 0x4002 1FFF	GPIO 端口 H	
0x4002 1800 - 0x4002 1BFF	GPIO 端口 G	
0x4002 1400 - 0x4002 17FF	GPIO 端口 F	
0x4002 1000 - 0x4002 13FF	GPIO 端口 E	
0x4002 0C00 - 0x4002 0FFF	GPIO 端口 D	
0x4002 0800 - 0x4002 0BFF	GPIO 端口 C	
0x4002 0400 - 0x4002 07FF	GPIO 端口 B	
0x4002 0000 - 0x4002 03FF	GPIO 端口 A	

4. FSMC 区

FSMC 区包含 4 个主要功能模块：AHB 接口（包括 FSMC 配置寄存器）、NOR Flash/PSRAM 控制器、NAND Flash/PC 卡控制器和外部器件接口，FSMC 的地址分配如图 5.8 所示。在 FSMC 区中，与外设相关的区域被划分为 4 个固定大小的存储区域，每个存储区域的大小为 256 MB，如图 5.9 所示。

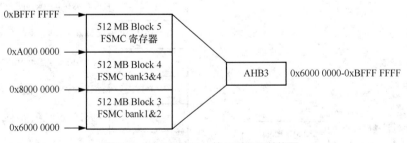

图 5.8   STM32F407xx 的 FSMC 区结构图

5. Cortex-M4 核内外设区

Cortex-M4 核内外设是指 Cortex-M4 架构在处理器核心内包含的外设，包括 NVIC、ROM 表、

DWT、ITM、TPIU 等，地址范围为 0xE000 0000～0xE00F FFFF。

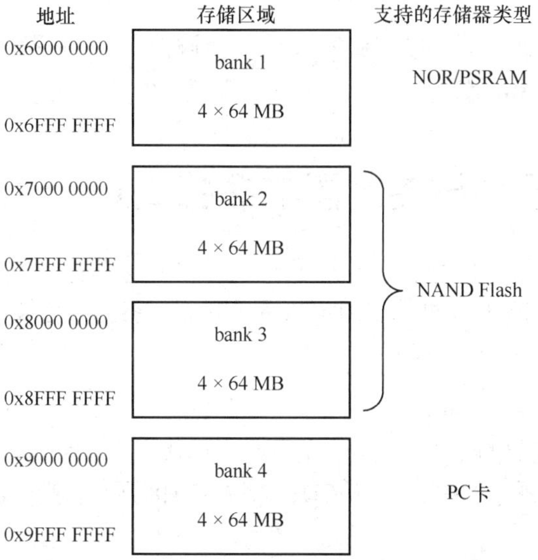

图 5.9　FSMC 区的划分

5.4　启动方式的配置

STM32F407xx 内嵌了自举程序，当微控制器复位时，芯片引脚 BOOT0 和 BOOT1 的电平状态决定了复位后从哪个区域开始执行程序，共有三种启动模式可选，如表 5.4 所示，其中的 0 和 1 分别对应于低电平和高电平，X 表示引脚上的电平可以忽略。

表 5.4　　　　　　　　　　　　　　　可选的三种启动模式

启动模式选择引脚		启动模式	说明
BOOT1	BOOT0		
X	0	从 Flash 主存储区启动	正常工作模式
0	1	从 Flash 系统存储区启动	启动代码由厂家提供
1	1	从内置 SRAM 启动	主要用于调试

其中，BOOT0 为专用引脚，而 BOOT1 可与通用输入输出引脚复用。当微控制器复位时，一旦完成对 BOOT1 输入电平的采样，相应的引脚就立即进入空闲状态，可用于其他用途。

微控制器复位后，所选启动模式下对应介质的物理地址将被映射到零地址，但仍可通过原先的地址来访问。例如，如果选择从 Flash 主存储区启动，那么 Flash 主存储区的起始地址将被映射到零地址（0x0000 0000），但仍能够通过原有的起始地址（0x0800 0000）来访问。换言之，Flash 主存储区的内容在 0x0000 0000 和 0x0800 0000 这两个起始地址上均可以访问。

根据表 5.4 所示的启动模式，下面分情况讨论。

（1）从 Flash 主存储区启动。

存储器地址 0x0800 0000 将被重映射到零地址，此时将执行烧写到 Flash 中的代码，默认的中断向量表位于 Flash 存储器中。

（2）从 Flash 系统存储区启动。

存储器地址 0x1FFF F000 将被重映射到零地址，此时将执行厂家提供的启动代码，默认的中断向量表位于内置的 BootLoader 区。

（3）从内置 SRAM 启动。

存储器地址 0x2000 0000 将被重映射到零地址，此时将执行通过调试器下载到 SRAM 中的代码，默认的中断向量表位于 SRAM 区。

5.5 STM32 系列微控制器的命名规则

STM32 系列微控制器有上千个特定型号，了解这些 STM32 微控制器的命名规则有助于开发人员根据项目需求快速确定所需的具体型号。STM32 系列微控制器的名称最多由 17 个字母和数字组成，其中提供了下列各类信息。

1. 器件系列

在 STM32 系列微控制器的名称中，开头的几个字母代表器件系列。例如，若以 STM32 开头，则表示器件是基于 Arm 体系结构的 32 位 MCU；若以 STM8 开头，则表示器件是 8 位 MCU。

2. 产品类型

STM32 系列微控制器常在名称中用一位字母表示产品类型，比如 F 表示产品为基础型微控制器，常用的产品类型详见表 5.5。

表 5.5 产品类别

代码	产品类型
A	汽车级
F	基础型
L	超低功耗
S	标准型
WB	无线型
H	高性能
G	主流型

3. 器件子系列

STM32 系列微控制器在名称中用 3 位数字表示器件子系列，每种器件子系列的芯片都具有一些特定的功能，如 407 表示芯片是带 DSP 和 FPU 的高性能微控制器，常用的器件子系列详见表 5.6。更多的器件子系列可通过查阅各器件系列的技术文档来获得。

表 5.6 器件子系列

代码	器件子系列
051	入门型
103	STM32 基础型
303	103 升级版，带 DSP 和模拟外设
407	高性能，带 DSP 和 FPU
152	超低功耗

4. 引脚数目

STM32 系列微控制器在名称中用一位字母表示引脚数目，比如 T 表示微控制器芯片共有 36 个引脚，图 5.10 中标出了常用来表示引脚数目的字母。

5. Flash 存储器容量

STM32 系列微控制器在名称中用一位数字或字母表示片内 Flash 存储器容量的大小，比如 4 表示微控制器芯片内有 16 KB 的 Flash 存储器，图 5.10 中标出了常用来表示 Flash 存储器容量大小的数字或字母。

6. 封装信息

STM32 系列微控制器在名称中用一位字母表示芯片的封装信息，比如 H 表示微控制器芯片采用的是 BGA 封装，图 5.10 中标出了常用来表示封装信息的字母。

7. 温度范围

STM32 系列微控制器在名称中用一位数字或字母表示微控制器芯片正常工作时允许的温度范围，比如 6 表示微控制器芯片可在-40℃～85℃温度环境下正常工作，图 5.10 中标出了常用来表示工作温度范围的数字或字母。

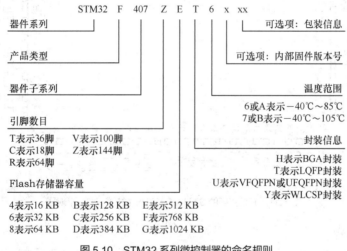

图 5.10　STM32 系列微控制器的命名规则

8. 其他可选项

在 STM32 系列微控制器的名称中，这部分内容是可选的，常用于标注内部固件版本号和包装信息。

根据 STM32 系列微控制器的命名规则，读者可以识别出型号为 STM32F407ZET6 的微控制器是带 DSP 的 STM32 高性能产品的增强型产品，该微控制器内有 512 KB 的 Flash 存储器，芯片采用的是 LQFP 封装，共有 144 个引脚，可在-40℃～85℃温度环境下正常工作。

5.6　STM32 系列微控制器的引脚功能

对于属于同一器件子系列的 STM32 微控制器来说，通常外部引脚数量越多的微控制器芯片，内置的 Flash 存储器和 SRAM 容量越大，包含的外设种类越多，功能也更强，当然价格也更贵。读者在实际应用中可根据应用需求和成本等因素综合考虑选取何种型号的微控制器。

下面以包含 100 个引脚的 STM32F407VE 微控制器芯片为例，简要说明 STM32 系列微控制器的引脚功能和电气特性，读者在遇到其他不同型号的微控制器时可以举一反三。STM32F407VE 微控制器芯片的引脚定义如图 5.11 所示。根据图 5.11，可以将 STM32F4 微控制器芯片的引脚分为以下几大类。

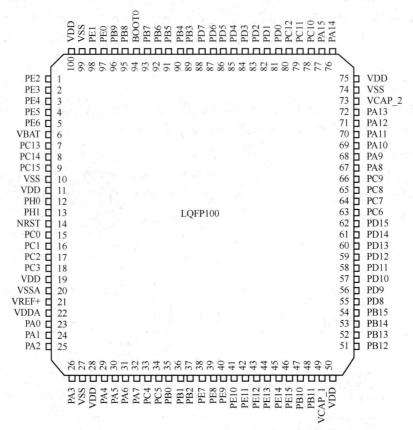

图 5.11　100 引脚的 STM32F407VE 微控制器的引脚图

1. 电源和地引脚

电源和地引脚一般成对使用，如 VDD 引脚和 VSS 引脚，VDD 表示接正电压，VSS 表示接地。VDD 用于向处理器核心和数字电路部分供电，STM32F4 微控制器规定的供电电压为 1.8～3.6 V。

VDDA 引脚用于向模拟部分供电（如 ADC 和 DAC），它需要与 VSSA 引脚配对使用。STM32 系列微控制器规定 VDDA 必须和 VDD 相连，VSSA 必须和 VSS 相连。在内置 ADC 的微控制器中，V_{REF+}引脚作为 ADC 采样的参考电压输入。

VBAT 引脚能够接入后备电池，用于在 VDD 掉电时向实时时钟和备份寄存器供电。

2. NRST 引脚

NRST 引脚在微控制器内部被上拉到高电平，当 NRST 引脚上产生低电平时，微控制器将会复位。NRST 引脚通常和复位按键相连，用来产生复位信号。

3. BOOT0 和 BOOT1 引脚

BOOT0 和 BOOT1 引脚用于选择复位时的启动方式，详见前面的表 5.4。需要注意的是，BOOT1 引脚与 PB2 引脚复用，换言之，PB2 引脚在微控制器复位时用作 BOOT1 引脚，而在微控制器复位完之后用作通用输入输出引脚。

4. VCAP_1 和 VCAP_2 引脚

STM32F407VE 微控制器在内部嵌入了线性调压器，用于为备份域和待机电路以外的所有数字电路供电。为了保证线性调压器的电压稳定，需要将 VCAP_1 和 VCAP_2 引脚分别通过一个电容接地。

5. 通用输入输出引脚

STM32 系列微控制器内部集成的外设非常丰富，片外扩展能力也很强。如果每个外设都有对应的专用引脚，那么必然导致芯片的引脚数量快速增长，芯片面积和电路布线复杂度也会随之增加，然而实际应用中很少同时用到微控制器中所有的外设。因此，将芯片上的引脚设计成可用于输入输出或其他可复用的特殊功能，并通过软件来配置引脚在某个时刻的功能状态，就能有效地减少微控制器芯片的引脚数量，同时又能满足微控制器在各种情况下的功能需求。通常将具备这种能力的引脚称为通用输入输出（general purpose input output，GPIO）引脚。不同型号的 STM32 微控制器的 GPIO 引脚数量从几十个到上百个不等，习惯上将微控制器中的 GPIO 引脚统称为 GPIO 端口。

STM32 微控制器将 GPIO 分为不同的组，每组最多 16 个引脚。不同的组用 GPIOA、GPIOB、GPIOC 等来命名，组内每个引脚则用 PA0、PA1、PA2 等依次编号，例如 GPIOA 对应 PA0～PA15 一共 16 个引脚。由图 5.11 可知，GPIO 占用的微控制器芯片的引脚数量是最多的。这些引脚中的大部分既可以用作输入或输出引脚，也可以用作外设的信号引脚。通过设置 GPIO 控制寄存器和重映射控制寄存器，可从每个引脚预设的功能中挑选某个功能来使用。比如 PA9 和 PA10 引脚，它们既可以作为 I/O 引脚使用，也可以分别作为串行通信端口 USART1 的发送（TX）和接收（RX）引脚使用。GPIO 的配置和使用将在第 9 章中详细阐述。

5.7　STM32 最小系统的组成

最小系统又称为最小应用系统，是指由最少元器件组成且可以正常工作的嵌入式系统。从理论上讲，STM32 系列微控制器在没有其他外围电路支持的情况下，只需要接上电源，通过软件配置好时钟就能正常工作。当然，实际应用中还要考虑系统调试、应用需求和电路抗干扰等多种因素，因此需要增加相应的外围电路。

基于 STM32 系列微控制器的最小系统包括了 STM32 微控制器、晶振电路、复位电路、电源、下载电路、启动模式设置等。图 5.12 显示了基于 STM32F407 的最小系统的电路原理图，其设计原理适用于所有 STM32F4 微控制器。下面就 STM32 最小系统设计过程中的注意事项做简要说明。

（1）引脚 OSC32_IN（复用 PC14）和 OSC32_OUT（复用 PC15）外接频率为 32.768 kHz 的石英振荡器，为 RTC 时钟提供脉冲信号。

（2）引脚 OSC_IN（复用 PH0）和 OSC_OUT（复用 PH1）外接频率为 8 MHz 的石英振荡器，该石英振荡器产生的信号在经微控制器内部的 PLL 分频或倍频后，提供了系统时钟 SYSCLK。

（3）VBAT 引脚通常外接 3V 纽扣电池和 3.3V 电源，采用混合供电的方式。当外部电源断开时，纽扣电池可以为 RTC 和后备寄存器提供电源。

（4）BOOT0 和 BOOT1 引脚用于设置 STM32 微控制器的启动方式，通过开关或跳线可切换微控制器复位时 BOOT0 和 BOOT1 引脚的电平。

（5）JTAG 接口电路。JTAG 是一种国际标准测试协议，主要用于芯片内部测试以及对系统进行仿真。外部仿真器通过 JTAG 接口可以访问微控制器的内部寄存器以及挂在内部总线上的设备，从而实现程序下载、Flash 烧写和程序调试等功能。

（6）电容的合理使用。设计系统电路时，需要根据电路板上的布线情况添加电容，它们为微控制器及其他外围电路提供了必要的储能、滤波和退耦功能，削弱了电源中的纹波干扰，有效保证了整个系统的稳定运行。

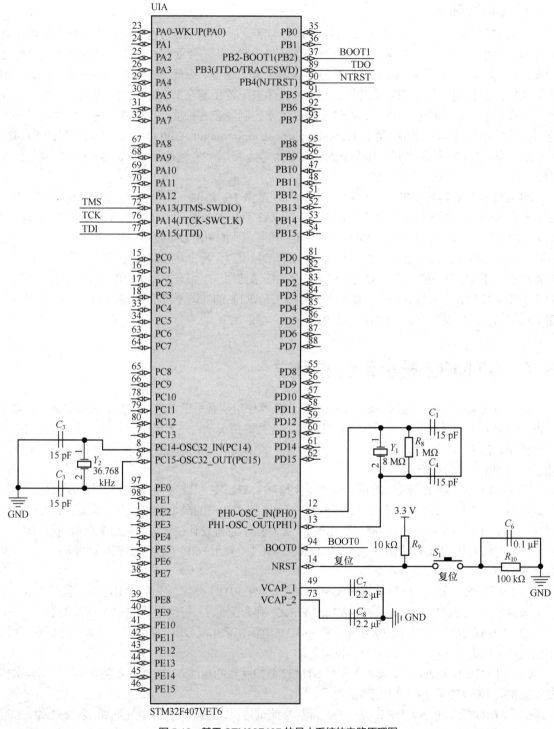

图 5.12　基于 STM32F407 的最小系统的电路原理图

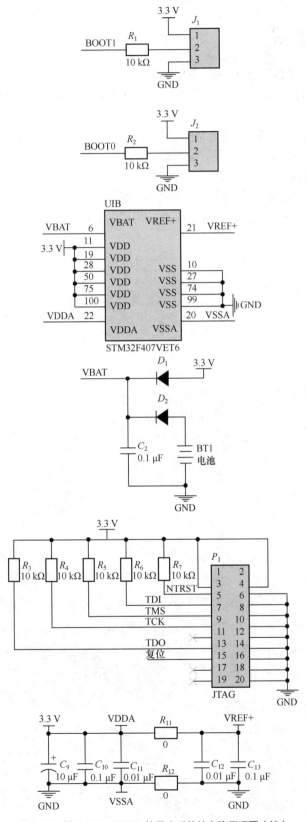

图 5.12　基于 STM32F407 的最小系统的电路原理图（续）

5.8 思考与练习

1. 简述 STM32F4 微控制器具有哪些内部资源。

2. 查询 STM32F407VGT6 微控制器的资料，列出该微控制器在 AHB/APB1 和 AHB/APB2 上分别连接了哪些外设。

3. Cortex-M4 架构微控制器的存储空间分为哪几个主要部分，每一部分的地址范围是怎样的？

4. STM32F4 微控制器片内的代码区由哪些部分组成？

5. STM32F4 微控制器支持的启动模式有哪些？

6. 根据 STM32 系列微控制器产品的命名规则，描述一下 STM32F407ZET6 的基本特点。

7. 简述基于 STM32F4 微控制器的最小系统的组成以及其中各部分的作用。

第6章　STM32设备驱动库和STM32CubeMX

嵌入式处理器中的各个功能模块都需要在驱动程序的支持下才能正常工作，有了软件集成开发环境、设备驱动库和辅助开发工具的支持，开发人员才能快速完成嵌入式系统的硬件调试和软件开发。

本章将首先介绍 CMSIS 的作用及其主要功能组件，然后介绍 ST 公司提供的 4 种固件库以及 STM32CubeMX 辅助设计工具。通过本章的学习，读者能够理解嵌入式系统中硬件抽象层的作用，掌握 CMSIS 和 HAL 库的构成和用法，并学会使用 STM32CubeMX 辅助开发工具，为后续章节学习 STM32 微控制器的编程做好准备。

本章学习目标：

（1）了解 CMSIS 的作用及其主要功能组件；

（2）理解固件库的含义；

（3）掌握 ST 公司提供的 4 种固件库以及它们各自的特点；

（4）理解 HAL 库中数据类型和结构体的定义规则；

（5）了解 HAL 库的源文件构成以及函数和宏定义的使用规则；

（6）掌握 STM32CubeMX 辅助开发工具的使用方法。

CMSIS 介绍

6.1　CMSIS 介绍

综合前几章学习的知识，读者可以发现，基于 Cortex 架构的微控制器芯片、操作系统、应用软件和开发工具链形成了一个庞大的生态系统，这个生态系统包含了多种型号的微控制器和功能各异的软件。为了减轻开发人员移植软件的负担，需要使用标准的软件框架来保证大家在不同开发环境中编写的软件之间的兼容性，同时也要考虑不同厂家生产的 Cortex 微控制器之间的软件兼容性。为了解决这个问题，Arm 公司针对使用 Cortex 架构的微控制器开发了独立于特定微控制器芯片的硬件抽象层，称为 Cortex 微控制器软件接口标准（cortex microcontroller software interface standard，CMSIS）。CMSIS 的目标是为使用 Cortex 架构的微控制器提供简单的、标准化的软件接口，从而降低软件移植的难度，简化软件编程的工作量，同时减少开发人员的学习难度并缩短新设备的上市时间。

CMSIS 提供了一套 API 函数接口标准，Arm 公司、芯片生产商和其他第三方软件供应商提供的设备驱动、实时操作系统和协议栈都需要按照此标准来编写。CMSIS 提供的 API 函数包括系统引导、微控制器内部寄存器访问和外设访问等所有嵌入式系统共性的部分，基于这些 API 函数开发的软件对具体型号的微控制器依赖程度较低。因此，在某个 Cortex 微控制器上开发的代码很容易移植到另一个同类型的微控制器上。CMSIS 使得芯片生产商在定制微控制器时，不再受制于互不兼容的软件标准，从而达到软件复用和降低开发成本的目的。图 6.1 描述了 CMSIS 的主要功能及其在嵌入式系统中所处的位置。

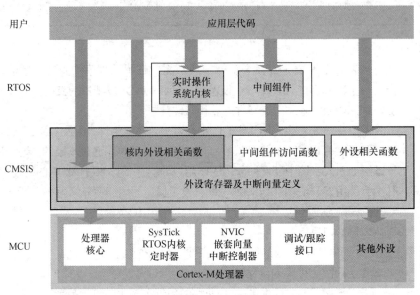

图 6.1　CMSIS 的主要功能和地位

CMSIS 主要实现了以下功能。

（1）定义了访问外设寄存器和中断向量的通用方法。

（2）定义了外设寄存器和中断向量的名称。

（3）针对 RTOS 定义了与设备独立的接口。

CMSIS 包含众多的组件，其内部组件如图 6.2 所示。

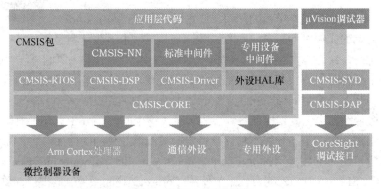

图 6.2　CMSIS 的内部组件

（1）CMSIS-CORE 组件。

CMSIS-CORE 包含了一套与工具链无关的用于访问 Cortex 处理器内核的 API 函数，有 Cortex-M 和 Cortex-A 两个版本（本书只涉及 Cortex-M），涵盖了处理器引导代码、处理器内核接口和外设访问接口函数等。

表 6.1 列出了 CMSIS-CORE 中的主要源文件，它们之间的关系如图 6.3 所示。在软件集成开发环境中新建项目时，需要包含这些源文件，这是使用其他 CMSIS 组件的前提。

表 6.1　　　　　　　　　　　　　　　　CMSIS–CORE 中的主要源文件

文件名	描述
core_cm4.h	CMSIS-CORE 核心功能的定义，比如 NVIC 相关寄存器的结构体和 SYSTICK 配置
core_cmFunc.h	CMSIS-CORE 核心功能接口头文件
core_cmInstr.h	CMSIS-CORE 指令接口头文件
core_cmSimd.h	编译器相关的头文件
startup_*<device>*.s	启动文件
system_*<device>*.c	初始化配置程序
<device>.h	设备相关的头文件

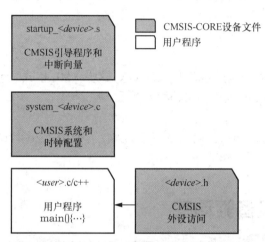

图 6.3　CMSIS-CORE 中的主要源文件之间的关系

① startup_*<device>*.s 文件。

startup_*<device>*.s 文件中定义了中断向量表，当微控制器复位时，可根据该文件配置堆栈和中断向量，然后调用 SystemInit 函数以初始化 FPU、外部 RAM 和 VTOR，并最终跳转到用户自定义的 main 函数中。

② system_*<device>*.c 文件。

system_*<device>*.c 文件提供了 SystemInit、SystemCoreClock 和 SystemCoreClockUpdate 三个函数。这三个函数可在用户程序中调用，负责配置处理器时钟、存储器和必要的 I/O 引脚，从而使处理器核心处于正常的工作状态。

③ *<device>*.h 文件。

<device>.h 文件提供了众多的函数声明，包括访问外设寄存器的函数、处理异常和中断的函数、执行 CPU 特殊指令的函数、DSP 相关的函数、系统时钟相关的函数和调试访问相关的函数等。

上述文件名中的 *device* 表示特定的微控制器型号。如果当前使用的微控制器型号是 STM32F407ZET6，那么 startup_*<device>*.s 文件对应的文件名为 startup_stm32f407xx.s，system_*<device>*.c 文件对应的文件名为 system_stm32f4xx.c，*<device>*.h 文件对应的文件名为 stm32f407xx.h。这些文件名中的 xx（或 xxx）表示文件兼容 STM32F407 器件子系列中不同引脚数量和 Flash 容量的芯片。

（2）CMSIS-Driver 组件。

CMSIS-Driver 为中间件和用户程序提供了一套与操作系统无关的、可重用的设备驱动接口。通过这些接口，中间件和用户程序可以将微控制器硬件与通信协议栈、文件系统和图形系统等关联起来。

（3）CMSIS-DSP 组件。

CMSIS-DSP 包含了许多常用的数字信号处理函数，如 FFT 和各种滤波器。这些函数针对 Cortex 架构做了优化，使软件开发人员在 Cortex 微控制器上创建 DSP 应用程序变得更加简单。

（4）CMSIS-RTOS 组件。

CMSIS-RTOS 为运行在 Cortex 架构上的 RTOS 定义了一套 API 标准，从而为不同的 RTOS 提供了通用的编程接口，基于通用的编程接口开发的中间件和应用程序具有很好的重用性和可移植性。

（5）CMSIS-SVD 组件。

CMSIS-SVD 组件用于处理设备描述文件，这些 XML 格式的设备描述文件描述了处理器内核和外设的系统视图。设备描述文件通常由芯片生产商提供，调试工具利用这些文件来匹配处理器内部寄存器并产生各个外设控制器的视图。

（6）CMSIS-Pack 组件。

CMSIS-Pack 组件用于处理包描述文件（PDSC），这些 XML 格式的包描述文件用来描述软件的内容，包括源代码、头文件、库文件、文档和示例项目等。

（7）CMSIS-DAP 组件。

CMSIS-DAP 是为调试接口提供的组件，用于为连接到 JTAG 或串行调试接口的调试工具链提供标准化固件。

6.2　STM32 设备驱动库

STM32 设备驱动库

CMSIS 提供的 API 函数面向 Cortex 架构，函数功能比较底层，支持的外设种类也有限。不同厂商生产的微控制器通常会在 Cortex 架构的基础上做一些定制，开发人员如果在嵌入式项目开发中仅使用 CMSIS 提供的 API 函数，那么仍然需要做大量的二次开发工作，影响开发效率。为了方便开发人员，各个微控制器芯片生产厂家会在 CMSIS 的基础上做进一步封装，以提供针对自身产品的软件开发工具和设备驱动函数库。

我们习惯上将厂家为某特定型号处理器提供的设备驱动函数库称为固件库。固件库为处理器的每个外设定义了一套 API 函数，通常这些 API 函数的名称和参数都是标准化的，在同一厂商的同系列产品中兼容。固件库中既包括驱动程序、数据结构的定义和宏定义等，也包括一些示例程序。开发人员无须深入了解固件库的实现细节，只要学会调用这些 API 函数就可以轻松地配置每一个外设。固件库的引入降低了软件编程难度，缩短了软件开发时间，同时减小了软件移植难度。站在系统设计的角度，硬件抽象程度较高的固件库能将处理器迭代升级或相互替换时对应用软件产生的影响降到最小。

6.2.1　STM32 设备驱动库简介

ST 公司为 STM32 系列微控制器芯片提供了配套的固件库。由于 STM32 系列覆盖十余种微控制器产品线，而这些微控制器之间的性能差异可能很大，因此很难兼顾固件库的运行效率和可移植性：直接操作硬件寄存器的代码运行效率高，但通用性较低；反之，硬件抽象程度高的代码可移植性好，但运行效率会降低。为了应对上述矛盾，同时兼顾固件库的发展历史，ST 公司提供了 4 种固件库供开发人员选择，分别是 STM32Snippets、SPL（standard peripheral libraries）库、HAL（hardware abstraction layer）库和 LL（low layer）库。

　　STM32Snippets 是直接操作 STM32 微控制器外设寄存器的示例代码的集合，这些示例代码只适合特定型号的微控制器，不具备可移植性，也不支持复杂的外部设备（如 USB）。STM32Snippets 适合于使用汇编或 C 语言的底层开发人员，尤其是那些有 8 位 MCU 开发经历的工程师。目前 STM32Snippets 仅支持 STM32 L0 和 F0 系列，本书不涉及上述两个系列的微控制器，需要使用 STM32Snippets 的读者请查阅相关文档。

　　SPL 库、HAL 库和 LL 库都是项目开发中常用的固件库，它们之间并不兼容，但原理相通。通常开发人员只要掌握了其中一种库的使用方法，就可以很容易地上手另外两种。其中，SPL 库需要单独下载，HAL 库和 LL 库则包含在 ST 公司提供的 STM32Cube 嵌入式软件开发包中。表 6.2 比较了上述 4 种固件库的特性，其中，+符号越多，表示支持程度越好。表 6.3 总结了这 4 种固件库支持的 STM32 微控制器，符号√表示支持。

表 6.2　　　　　　　　　　　　　　　对比 ST 公司提供的 4 种固件库

固件库	可移植性	优化	使用难易度	技术就绪度	硬件覆盖
STM32Snippets		+++			+
SPL	++	++	+	++	+++
STM32Cube HAL	+++	+	++	+++	+++
STM32Cube LL	+	+++	+	++	++

表 6.3　　　　　　　　　　　　　　　这 4 种固件库支持的微控制器

固件库	支持的 STM32 产品类别								
	F0	F1	F3	F2	F4	F7	L0	L1	L4
STM32Snippets	√						√		
SPL	√	√	√	√	√			√	
STM32Cube HAL	√	√	√	√	√	√	√	√	√
STM32Cube LL	√	√	√	√	√	√	√	√	√

1. SPL 库

　　SPL 库与 CMSIS 标准兼容，其中包含的所有设备驱动的源代码都符合 Strict ANSI-C 标准。SPL 库较好地实现了效率优化，其中包含了几十种常用外设的驱动，实现了 USB、TCP/IP 等协议栈的扩展，并且为几种常用的集成开发环境提供了工程模板。SPL 库也存在一定的不足，由于 SPL 库中的设备驱动都针对特定系列的微控制器，这就导致 SPL 在不同 STM32 系列之间的可移植性并不好，ST 公司已经不再为 L0、L4、F7 等较新的 STM32 器件子系列提供 SPL 库。

　　下面以 STM32F4 微控制器的 SPL 库为例，简单介绍一下 SPL 库的结构。读者可以登录 ST 公司的官方网站，搜索并下载 STM32F4 系列的 SPL 库 STM32F4 DSP and standard peripherals library。下载后，将文件压缩包解开，SPL 库的主要源代码就放在解压后的 Libraries 目录中，这个目录中包含了 CMSIS 和 STM32F4xx_StdPeriph_Driver 两个子目录。其中 CMSIS 子目录中是为 STM32F4 微控制器定制的 CMSIS 源代码，STM32F4xx_StdPeriph_Driver 子目录中是 STM32F4 微控制器内部各设备驱动的源代码。

　　回顾 6.1 节对 CMSIS 所做的描述，Libraries\CMSIS\Device\ST\STM32F4xx\Source 目录中包含了 system_stm32f4xx.c 和 startup_stm32f40_41xxx.s 两个文件。

　　（1）startup_stm32f40_41xxx.s 文件。

　　startup_stm32f40_41xxx.s 文件是 STM32F4 微控制器复位时执行的引导代码，主要提供如下三方面的功能。

① 配置并初始化堆栈。

② 定义中断向量表及复位中断处理程序。

③ 完成处理器时钟、存储器和必要的 I/O 引脚配置，并最终跳转到 main 函数。

（2）system_ stm32f4xx.c 文件。

system_stm32f4xx.c 文件中定义了系统初始化函数 SystemInit、系统时钟寄存器函数 SystemCoreClockUpdate 和系统时钟全局变量 SystemCoreClock，它们将在 STM32F4 微控制器的复位过程中被调用。

STM32F4 微控制器的外设驱动被放在了 Libraries\STM32F4xx_StdPeriph_Driver\src 路径下，表 6.4 列出了常用设备驱动的源程序文件。

表 6.4　　　　　　　　　　　　　　SPL 库常用的设备驱动的源程序文件

文件名称	功能
misc.c	辅助功能驱动
stm32f4xx_adc.c	ADC 模块驱动
stm32f4xx _can.c	CAN 模块驱动
stm32f4xx _cec.c	CEC 模块驱动
stm32f4xx _crc.c	CRC 模块驱动
stm32f4xx _dac.c	DAC 模块驱动
stm32f4xx _dbgmcu.c	调试模块驱动
stm32f4xx _dma.c	DMA 模块驱动
stm32f4xx _exti.c	外部中断模块驱动
stm32f4xx _flash.c	Flash 驱动
stm32f4xx _fsmc.c	FSMC 接口驱动
stm32f4xx _gpio.c	GPIO 模块驱动
stm32f4xx _i2c.c	I^2C 模块驱动
stm32f4xx _iwdg.c	独立"看门狗"驱动
stm32f4xx _pwr.c	电源/功耗控制模块驱动
stm32f4xx _rcc.c	复位和时钟控制器驱动
stm32f4xx _rtc.c	RTC 驱动
stm32f4xx _sdio.c	SDIO 接口驱动
stm32f4xx _spi.c	SPI 接口驱动
stm32f4xx _tim.c	定时器驱动
stm32f4xx _usart.c	USART 驱动
stm32f4xx _wwdg.c	窗口"看门狗"驱动

2. HAL 库

HAL 库是 ST 公司为 STM32 系列微控制器提供的嵌入式中间件，用来取代之前的 SPL 库。HAL 库包含的 API 函数更关注各个外设的共性功能，其中定义了一套通用的、用户友好的 API 函数接口，从而使开发人员可以轻松地将代码从一个 STM32 系列移植到另一个 STM32 系列。HAL 库具备以下特点。

（1）通用的 API 函数覆盖了常用的外设，扩展的 API 函数可应用于特殊的外设，这些 API 函数实现了跨微控制器型号兼容。

（2）设备驱动支持三种编程模式：轮询、中断和 DMA。

（3）API 函数与 RTOS 兼容。

（4）支持多个进程同时访问外设。

（5）所有 API 函数都实现了用户程序回调功能。

（6）提供了对象锁定功能，以避免共享设备出现访问冲突。

（7）为阻塞式进程访问设备提供了超时功能。

（8）提供了 USB、TCP/IP、Graphics 等中间件。

　　HAL 库较好地实现了硬件抽象化，具有很好的 RTOS 兼容性，确保了上层应用软件在 STM32 系列微控制器之间可移植，能够节约软件开发时间。同时，HAL 库基于 BSD 许可协议开放了源代码。基于以上优势，HAL 库是 STM32 项目开发中主推的固件库，本书后面的示例代码都将基于 HAL 库。

　　HAL 库也有不足之处，相同功能的 HAL 库程序与 SPL 库程序相比，HAL 库代码在编译后会占用更多的存储空间，执行效率也不如后者，所以 HAL 库不适合应用于 Cortex-M0/L0 这类低端微控制器。

3. LL 库

　　LL 库更接近硬件层，提供了寄存器级别的访问，代码更为精炼，并且提高了编译后的执行效率。LL 库为上层应用软件对外设进行访问提供了一些硬件服务，这些硬件服务反映了各个外设的硬件功能，并且依据微控制器的编程模型为必要的外设访问提供了原子操作。LL 库中的服务在运行时不是独立的进程，不需要任何额外的存储器资源来保存处理器状态、计数器和数据指针，因此具有较高的执行效率。

　　LL 库是为特定的 STM32 微控制器型号定制的，不同系列之间无法直接共享代码，同时也不支持功能复杂的外设（如 USB、FSMC、SDMMC 等）。由于缺乏硬件抽象，开发人员在使用 LL 库时需要理解外设在寄存器级别执行的操作。在 STM32 项目开发中，既可以单独使用 LL 库，也可以将 LL 库和 HAL 库配合使用。

　　我们在 STM32 项目开发中通常选用 HAL 库。如果追求更高的代码执行效率，并且不考虑可移植性，那么可以选用 LL 库。下面通过一个简单的案例来对比 HAL 库、SPL 库和 LL 库中函数之间的差异。假设要在 STM32F4 微控制器的 PF9 引脚上输出低电平，而在 PF10 引脚上输出高电平，这 3 种库的实现代码如下。

（1）HAL 库代码。

```
HAL_GPIO_WritePin(GPIOF, GPIO_PIN_9, GPIO_PIN_RESET);      //PF9 输出低电平
HAL_GPIO_WritePin(GPIOF, GPIO_PIN_10, GPIO_PIN_SET);       //PF10 输出高电平
```

（2）SPL 库代码。

```
GPIO_ResetBits(GPIOF,GPIO_PIN_9);                          //PF9 输出低电平
GPIO_SetBits(GPIOF,GPIO_PIN_10);                           //PF10 输出高电平
```

（3）LL 库代码。

```
LL_GPIO_ResetOutputPin(GPIOF, GPIO_PIN_9);                 //PF9 输出低电平
LL_GPIO_SetOutputPin(GPIOF, GPIO_PIN_10);                  //PF10 输出高电平
```

　　从上述代码可以看出，HAL 库代码的抽象程度较好，只使用了一个函数，GPIO 引脚的输出电平是通过函数参数来控制的。SPL 库和 LL 库用到了两个不同的函数，LL 库采用了与 SPL 库相似的 API

函数名称和参数类型。

6.2.2 预定义数据类型和结构体

CMSIS 和 HAL 库提供了大量预定义数据类型和结构体的声明。其中，预定义的数据类型包括变量类型、布尔类型、标志状态类型、功能类型以及错误类型等。结构体的声明则根据各个外设的控制寄存器来定义，用作外设相关函数调用的参数。开发人员在使用 CMSIS 和 HAL 库提供的 API 函数之前，需要了解其中主要的数据类型和结构体。

预定义数据类型和结构体的声明与具体的微控制器型号有一定关联。以 STM32F407xx 微控制器为例，CMSIS 中常用的数据类型在头文件 stdint.h 和 core_cm4.h 中声明，HAL 库中常用的数据类型和结构体在 stm32f4xx.h、stm32f4xx_hal_conf.h 以及芯片相关头文件（如 stm32f407xx.h）中声明。在分析这些预定义的数据类型和结构体时，开发人员不必拘泥于某个特定型号的微控制器，核心在于理解这些数据类型和结构体的构建规律。

1. 变量类型的定义

stdint.h 中定义了一些常用数据类型，包括有符号和无符号数据类型。例如，int8_t 表示有符号的 8 位整数，uint16_t 表示无符号的 16 位整数。

```
/* exact-width signed integer types */
typedef   signed char      int8_t;          /*有符号 8 位整数*/
typedef   signed short int   int16_t;        /*有符号 16 位整数*/
typedef   signed int       int32_t;          /*有符号 32 位整数*/
typedef   signed __INT64  int64_t;           /*有符号 64 位整数*/

/* exact-width unsigned integer types */
typedef unsigned char      uint8_t;          /*无符号 8 位整数*/
typedef unsigned short int    uint16_t;       /*无符号 16 位整数*/
typedef unsigned int       uint32_t;          /*无符号 32 位整数*/
typedef unsigned __INT64   uint64_t;          /*无符号 64 位整数*/
```

core_cm4.h 中定义了 I/O 类型限定符，用于对变量的访问权限进行限制，如表 6.5 所示。在对外设的控制寄存器进行访问时，使用这些限定符能够避免误操作。

表 6.5 类型限定符

类型限定符	定义	描述
__I	volatile const	只允许读访问
__O	volatile	只允许写访问
__IO	volatile	允许读写访问

例如，语句__IOuint8_t temp = 0x00 表示 temp 是允许进行读写操作的无符号 8 位整型变量。

stm32f4xx.h 中定义了一些常用的状态类型，包括布尔类型、标志位状态类型、功能状态类型和错误状态类型。

```
typedef enum {FALSE = 0U, TRUE = !FALSE} bool;                  /*定义布尔类型*/
typedef enum {RESET = 0U, SET = !RESET} FlagStatus, ITStatus;   /*定义标志位状态类型*/
typedef enum {DISABLE = 0U, ENABLE = !DISABLE} FunctionalState; /*定义功能状态类型*/
typedef enum {SUCCESS = 0U, ERROR = !SUCCESS} ErrorStatus;      /*定义错误状态类型*/
```

2. 结构体的定义

结构体定义的大部分都和具体的外设有关。HAL 库中为每个外设都定义了访问外设所需的结构体,结构体中的内容与外设的控制寄存器相对应,编程时通过指向结构体的指针就可访问对应外设的各个控制寄存器。下面举一个定义 GPIO 结构体的例子,代码如下。

```
typedef struct
{
    __IO uint32_t MODER;      /* GPIO端口模式寄存器,偏移地址: 0x00*/
    __IO uint32_t OTYPER;     /* GPIO输出类型寄存器,偏移地址: 0x04*/
    __IO uint32_t OSPEEDR;    /* GPIO端口输出速度寄存器,偏移地址: 0x08*/
    __IO uint32_t PUPDR;      /* GPIO端口上拉/下拉寄存器,偏移地址: 0x0C*/
    __IO uint32_t IDR;        /* GPIO端口输入数据寄存器,偏移地址: 0x10*/
    __IO uint32_t ODR;        /* GPIO端口输出数据寄存器,偏移地址: 0x14*/
    __IO uint32_t BSRR;       /* GPIO端口置位/复位寄存器,偏移地址: 0x18*/
    __IO uint32_t LCKR        /* GPIO端口配置锁定寄存器,偏移地址: 0x1C*/
    __IO uint32_t AFR[2];     /* GPIO复用功能寄存器,偏移地址: 0x20-0x24*/
} GPIO_TypeDef;
```

由于存在多个 GPIO 分组(STM32F407xx 中包含 GPIOA~GPIOI),因此每个 GPIO 分组的控制寄存器访问地址都不同。根据 STM32F407xx 的内部结构和存储器地址映射,GPIO 控制器挂在 AHB1 总线上,AHB1 在存储器映射中的起始地址为 0x4000 0000,由此不难理解 stm32f407xx.h 中各个 GPIO 分组访问地址的定义。

```
#define PERIPH_BASE         0x40000000U        /*外设区基地址, U 表示unsigned long */
...
#define APB1PERIPH_BASE     PERIPH_BASE        /*高速外设基地址*/
...
#define AHB1PERIPH_BASE     (PERIPH_BASE + 0x00020000U)    /*AHB1 高速外设基地址*/
...
#define GPIOA_BASE          (AHB1PERIPH_BASE + 0x0000U)    /*GPIOA 端口地址*/
#define GPIOB_BASE          (AHB1PERIPH_BASE + 0x0400U)
#define GPIOC_BASE          (AHB1PERIPH_BASE + 0x0800U)
#define GPIOD_BASE          (AHB1PERIPH_BASE + 0x0C00U)
#define GPIOE_BASE          (AHB1PERIPH_BASE + 0x1000U)
#define GPIOF_BASE          (AHB1PERIPH_BASE + 0x1400U)
#define GPIOG_BASE          (AHB1PERIPH_BASE + 0x1800U)
#define GPIOH_BASE          (AHB1PERIPH_BASE + 0x1C00U)
#define GPIOI_BASE          (AHB1PERIPH_BASE + 0x2000U)
...
```

假设要访问 GPIOB 的输入数据寄存器,该寄存器的物理地址是怎样计算出来的呢? 梳理一下上述内容,可以发现:

(1)外设区在存储器地址映射中的基地址是 0x4000 0000。

(2)在外设区,AHB1 高速总线访问地址的偏移量是 0x20000。

(3)GPIOB 在 AHB1 总线上访问地址的偏移量是 0x0400。

(4)输入数据寄存器 IDR 在 GPIO_TypeDef 结构体中定义的偏移量为 0x10。

将上述基地址与偏移量依次相加,得到 GPIOB 输入数据寄存器的物理地址为 0x4002 0410。

通过 GPIO 结构体和访问地址的定义,GPIO 中各个控制寄存器的物理地址便能够自动完成计算。

stm32f407xx.h 中定义了访问这些 GPIO 分组的指针。

```
#define GPIOA        ((GPIO_TypeDef *) GPIOA_BASE)    /*指向 GPIOA 物理地址的指针*/
#define GPIOB        ((GPIO_TypeDef *) GPIOB_BASE)
#define GPIOC        ((GPIO_TypeDef *) GPIOC_BASE)
#define GPIOD        ((GPIO_TypeDef *) GPIOD_BASE)
#define GPIOE        ((GPIO_TypeDef *) GPIOE_BASE)
#define GPIOF        ((GPIO_TypeDef *) GPIOF_BASE)
#define GPIOG        ((GPIO_TypeDef *) GPIOG_BASE)
#define GPIOH        ((GPIO_TypeDef *) GPIOH_BASE)
#define GPIOI        ((GPIO_TypeDef *) GPIOI_BASE)
…
```

有了这些指针，访问 GPIO 中的各个寄存器就会变得非常方便。例如，要将 GPIOA 中的 MODER 寄存器清零，可以使用以下语句。

```
GPIOA->MODER = 0;
```

6.2.3 解析 HAL 库

在调用 HAL 库之前，读者需要了解 HAL 库的源文件构成以及函数和宏定义的使用规则，掌握这些知识是灵活运用 HAL 库的前提。

1. HAL 库的源文件构成

HAL 库中的常规源文件都以"微控制器系列"＋hal＋"外设名称"来命名。例如，STM32F4 微控制器对应的设备驱动文件名为 stm32f4xx_hal_ppp.c 和 stm32f4xx_hal_ppp.h，其中 ppp 为外设或功能模块的缩写，ppp 的缩写规则如表 6.6 所示。以 STM32F4 微控制器的 GPIO 端口为例，对应 HAL 库中设备驱动的源文件名为 stm32f4xx_hal_gpio.c。

表 6.6　　　　　　　　　　　　　　　外设/功能模块的缩写规则

缩写	外设/功能模块	缩写	外设/功能模块
ADC	模数转换器	IWDG	独立"看门狗"
CAN	CAN 总线模块	LTDC	LCD 控制器
CRC	CRC 校验模块	PWR	电源/功耗控制
CRYP	加密处理模块	RCC	复位与时钟控制器
DAC	数模转换模块	RNG	随机数发生器
DBGMCU	调试接口模块	RTC	实时时钟
DCMI	数字摄像头接口	SAI	串行音频接口
DMA	DMA 模块	SDIO	安全数字输入输出接口
EXTI	外部中断事件控制器	SPI	串行外设接口
FLASH	闪存控制器	SYSCFG	系统配置控制器
FSMC	静态存储控制器	TIM	高级、通用或基本定时器
GPIO	通用输入输出端口	USART	通用同步异步接收发射端
I2C	I²C 总线接口	WWDG	窗口"看门狗"

完整的嵌入式开发项目中包括了 CMSIS 层、HAL 层和用户层代码，图 6.4 描述了嵌入式项目中各个源程序文件之间的层次关系。

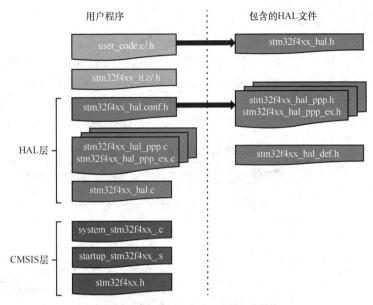

图 6.4　嵌入式项目中的源文件层次结构

表 6.7 列出了 CMSIS 层、HAL 层和用户层中主要的源文件及其功能描述。

表 6.7 源文件及其功能描述

层次	文件名称	功能描述
用户层	user_code.c	用户程序
HAL 层	stm32f4xx_hal.c	包含 HAL 库中通用的 API 函数，如 HAL_Init、HAL_DeInit、HAL_Delay 等
	stm32f4xx_hal.h	HAL 库的头文件，可在 user_code.c 中引用
	stm32f4xx_hal_conf.h	HAL 库的配置文件，用于选择使能哪些外设，配置时钟相关参数等，未使用的外设可通过注释符注释掉，该文件可在 stm32f4xx_hal.h 中引用
	stm32f4xx_hal_def.h	包含 HAL 库中的自定义（typedef）和宏定义（macro）类型
	stm32f4xx_hal_ppp.c stm32f4xx_hal_ppp.h	ppp 代表 STM32 微控制器中的各种外设，提供了操作 STM32 微控制器中通用外设的各种 API 函数
	stm32f4xx_hal_ppp_ex.c stm32f4xx_hal_ppp_ex.h	在 stm32f4xx_hal_ppp.c 和 stm32f4xx_hal_ppp.h 文件基础上提供的拓展 API 函数，可应用于特殊的外设或微控制器型号
	stm32f4xx_hal_msp.c	存放与外设相关的各种外设回调函数，其中定义的 HAL_ MspInit 和 HAL_MspDeInit 函数分别用于各个外设模块的初始化和复位，这两个函数可分别被 stm32f4xx_hal.c 中的 HAL_Init 和 HAL_DeInit 调用
CMSIS 层	stm32f4xx_it.c stm32f4xx_it.h	包含所有异常和中断处理程序
	stm32f4xx.h	适合于 STM32F4 微控制器的顶层头文件
	system_stm32f4xx.c system_stm32f4xx.h	定义了系统初始化函数 SystemInit、系统时钟全局变量 SystemCoreClock 和系统时钟更新函数 SystemCoreClockUpdate
	startup_stm32f407xx.s	微控制器启动时执行的引导代码，每个微控制器系列都有对应的.s 文件

2. API 函数和宏定义

HAL 库提供了大量的 API 函数和宏定义，并且规定了这些 API 函数和宏定义的使用方法。在此通过示例来对这些 API 函数和宏定义的使用方法做简要介绍，如果读者想了解 HAL 库的实现细节，可以参考 ST 公司提供的 HAL 库描述文档。

（1）外设 API 函数。

通用外设的 API 函数一般由 4 种类型的函数构成：初始化和注销函数、I/O 操作函数、控制函数以及状态和错误处理函数。具体到每个外设时，对应的函数名称和参数则各不相同。因此，在使用 HAL 库对某个外设进行操作时，需要查阅 HAL 库的文档来了解这些函数的功能。表 6.8 列出了 HAL 库针对 ADC 模块提供的 API 函数，读者可以从中体会一下 HAL 库函数的功能。

表 6.8　　　　　　　　　　　　　　HAL 库针对 ADC 模块提供的 API 函数

类型	函数名称	功能描述
初始化和注销函数	HAL_ADC_Init	外设初始化，包括涉及的时钟、GPIO 等
	HAL_ADC_DeInit	注销设备，将外设恢复到复位状态，释放相关软件和硬件资源
I/O 操作函数	HAL_ADC_Start	以轮询方式启动 ADC 采样
	HAL_ADC_Stop	停止轮询方式下的 ADC 采样
	HAL_ADC_PollForConversion	当 ADC 处于轮询状态时，等待 ADC 采样结束，并且可以配置等待的超时时间
	HAL_ADC_Start_IT	以中断方式启动 ADC 采样
	HAL_ADC_Stop_IT	停止中断方式下的 ADC 采样
	HAL_ADC_IRQHandler	ADC 的中断处理函数
	…	…
控制函数	HAL_ADC_ConfigChannel	配置 ADC 采样时使用的通道
	HAL_ADC_AnalogWDGConfig	配置 ADC 采样时使用的模拟"看门狗"
状态和错误处理函数	HAL_ADC_GetState	读取 ADC 的工作状态
	HAL_ADC_GetError	读取中断处理过程中 ADC 发生的错误

除了外设的初始化和注销函数以外，HAL 库还提供了两个用于 HAL 核心的初始化和注销函数，它们分别是 HAL_Init 和 HAL_DeInit 函数。这两个函数定义在 stm32f4xx_hal.c 中，其中：HAL_Init 函数需要在用户程序的开始位置调用，负责初始化数据和指令缓存、配置中断优先级组、设置 SysTick 并通过回调函数初始化底层硬件（如 Clock、GPIO、DMA 和中断）；HAL_DeInit 函数则用于将所有外设恢复到复位状态。

HAL 库提供的 API 函数通常在用户程序中调用，特殊情况下也可以在中断处理程序（如 DMA 中断）中调用。

（2）中断相关的函数和宏定义。

HAL 库的中断处理函数定义在 stm32f4xx_it.c 中，函数名为 HAL_PPP_IRQHandler，其中的 PPP 代表产生中断的外设名称，详见表 6.6。HAL 库中有关处理中断和时钟控制的宏定义在 stm32f4xx_hal_ppp.h 中定义，表 6.9 列出了常用中断和时钟控制的宏定义。

表 6.9　　　　　　　　　　　　　　常用中断和时钟控制的宏定义

宏定义	功能
__HAL_PPP_ENABLE_IT	开启指定外设的中断
__HAL_PPP_DISABLE_IT	禁止指定外设的中断
__HAL_PPP_GET_IT	获取指定外设的中断状态

续表

宏定义	功能
__HAL_PPP_CLEAR_IT	清除指定外设的中断状态
__HAL_PPP_GET_FLAG	获取指定外设的标志状态
__HAL_PPP_CLEAR_FLAG	清除指定外设的标志状态
__HAL_PPP_ENABLE	使能指定外设
__HAL_PPP_DISABLE	禁用指定外设
__HAL_PPP_XXXX	特殊外设的宏定义
__HAL_PPP_GET_IT_SOURCE	检查特定外设的中断源

本书后续章节在讲解外设编程时，将提供 HAL 库中针对相应外设的数据结构和函数功能说明。

6.3 STM32CubeMX 辅助开发工具

STM32CubeMX 是 ST 公司提供的一款辅助开发工具，不仅支持全系列的 STM32 微控制器，而且能够自动生成微控制器中各功能模块的初始化和配置代码，这些代码中还包含了开发示例、中间件和硬件抽象层。STM32CubeMX 将开发人员从烦琐的参数配置过程中解放出来，提高了软件开发效率。开发人员既可以选择跳过 STM32CubeMX，直接使用 SPL、HAL 或 LL 库来编写程序；也可以使用 STM32CubeMX 辅助生成部分代码，并在此基础上进行添加和修改。

STM32CubeMX
辅助开发工具

STM32CubeMX 使用图形化的方式来配置各个模块的参数，包括设置芯片引脚功能、处理引脚冲突、设置时钟树、配置外设参数和选择中间件等。STM32CubeMX 导出的项目文件支持常见的集成开发环境（如 IAR、Keil、GCC 等），非常适合初学者使用。

STM32CubeMX 包含两个关键部分：图形化配置界面和 STM32 软件包。其中，STM32 软件包内含完整的 HAL 库、LL 库、中间件（包括 TCP/IP、USB、GUI、文件系统和 RTOS）以及各种外设的例程等。STM32CubeMX 的组成如图 6.5 所示。

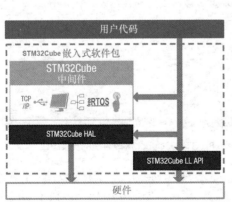
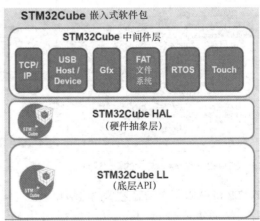

图 6.5 STM32CubeMX 的组成

STM32CubeMX 的安装包可从 ST 公司的官网下载，但在安装之前，需要预先安装 Java 运行环境。下面简要介绍一下 STM32CubeMX 的使用方法。

1. 开始界面

启动 STM32CubeMX 后的开始界面如图 6.6 所示。开始界面右侧的区域是 STM32CubeMX 软件包的管理界面，这个区域用来管理 STM32CubeMX 软件包的更新、安装和移除，如图 6.7 所示。在图 6.7 所示的界面中，单击 install or remove embedded software packages 下方的 INSTALL/REMOVE 按钮，随后会弹出 STM32CubeMX 软件包的安装窗口，如图 6.8 所示。在图 6.8 所示的界面中，首先选择 STM32 微控制器的产品类型，如 STM32F4，然后选择具体需要安装的软件包版本，选择完之后单击 Install Now 按钮，STM32CubeMX 就会自动联网下载并安装选中的软件包。

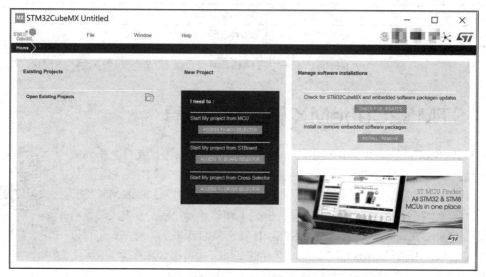

图 6.6　STM32CubeMX 的开始界面

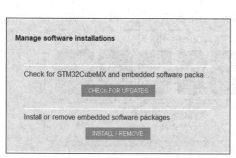

图 6.7　STM32CubeMX 软件包的管理界面

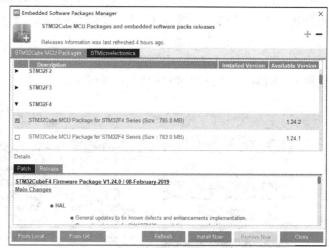

图 6.8　STM32CubeMX 软件包的安装窗口

　　STM32CubeMX 开始界面左侧的区域用于打开既有工程或者新建工程，如图 6.9 所示。如果要新建项目，请选择 File→New Project，随后会弹出 MCU 选择窗口，如图 6.10 所示。在图 6.10 所示的界面中，左侧区域用来筛选项目中使用的 MCU 型号，有 3 种选择方式：在选项卡 MCU/MPU Selector 中，可根据 MCU 的架构、类型、封装或价格等多种条件进行筛选；在选项卡 Board Selector 中，可根据开发板型号进行筛选；在选项卡 Cross Selector 中，可根据 MCU 生产厂家和产品系列进行筛选。

以选项卡 MCU/MPU Selector 为例，开发人员可以根据 MCU 的架构、类型、封装或价格等多种条件进行筛选，右侧区域将会列出符合筛选条件的 MCU 型号和参数。选择完之后，单击图 6.10 右上角的 Start Project 按钮，进入参数设置界面。

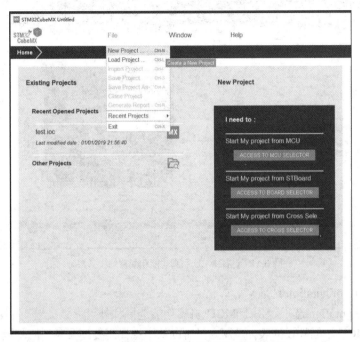

图 6.9　STM32CubeMX 开始界面的左侧区域

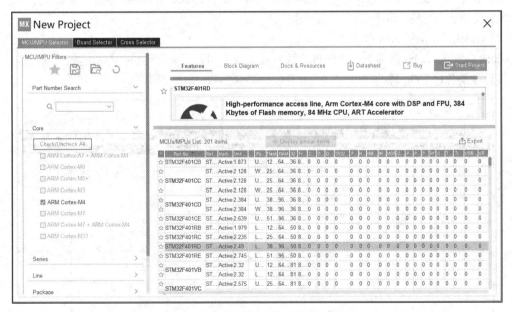

图 6.10　MCU 选择窗口

2. 参数设置界面

参数设置界面中包含了 4 个选项卡，分别是 Pinout & Configuration、Clock Configuration、Project Manager 和 Tools 选项卡，如图 6.11 所示。下面分别介绍这几个选项卡的功能，其中 Tools 选项卡主要用于功耗分析，本书暂不涉及。

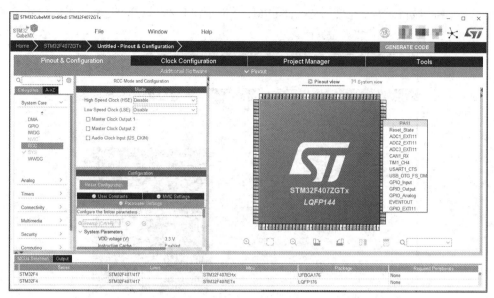

图 6.11　选择 MCU 引脚功能和配置外设参数

（1）Pinout & Configuration 选项卡。

Pinout & Configuration 选项卡用于 MCU 引脚功能选择和外设参数配置。在图 6.11 所示的界面中，左侧区域为 MCU 中的外设列表，开发人员可以从中选择想要配置参数的外设。中间区域为选中外设的参数配置界面。右侧区域用于选择 MCU 引脚功能，在 MCU 引脚图中选中想要配置的引脚之后，界面中就会列出选中引脚支持的功能模式。

（2）Clock Configuration 选项卡。

Clock Configuration 选项卡用于配置时钟参数，如图 6.12 所示。此处还可以配置 MCU 的时钟源、PLL 参数以及各总线的时钟速度，详细的配置过程将在第 8 章中介绍。

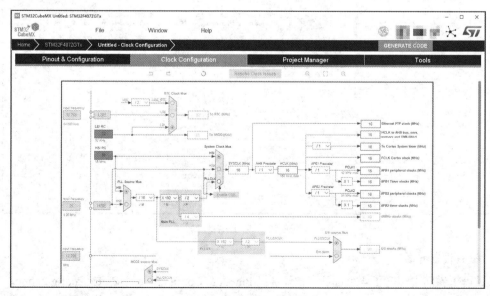

图 6.12　配置时钟参数

（3）Project Manager 选项卡。

Project Manager 选项卡是工程配置界面，其中包括 Project、Code Generator 和 Advanced Settings 三个子界面。

① Project 子界面。

Project 子界面用于配置工程名称、工程存放路径、IDE 及编译软件、堆和栈的大小等，如图 6.13 所示。其中，ToolChain/IDE 选项区域用于选择 STM32CubeMX 导出的工程文件支持何种集成开发环境。比如，选择 MDK-ARM V5 表示导出的工程文件适合于 Keil MDK 集成开发环境。

图 6.13　Project 子界面

② Code Generator 子界面。

Code Generator 子界面用于设置代码的生成方式，如图 6.14 所示。

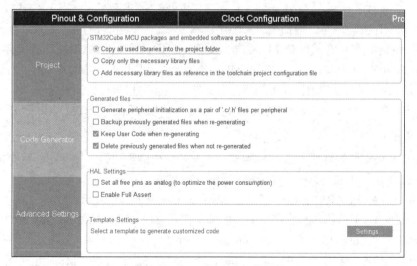

图 6.14　Code Generator 子界面

图 6.14 中的 STM32Cube MCU packages and embedded software packs 选项区域包括三个选项。

如果选中 Copy all used library into the project folder 单选按钮,那么在导出工程文件时将复制所有的库(CMSIS 库和 HAL 库)文件,而不管这些库文件是否在该工程中使用。在项目开发过程中,当 MCU 的所有外设模块都会用到时,或者当暂不能确定哪些外设将来会用到时,可以选中这个单选按钮。

如果选中 Copy only the necessary library files 单选按钮,那么在导出工程文件时只复制用到的库文件。由于复制的库文件较少,因此在项目开发过程中如果添加了新的外设模块,那么需要重新导出库文件。

如果选中 Add necessary library files as reference in the toolchain project configuration file 单选按钮,那么不复制任何库文件,而只是将库文件的路径添加到工程中。

③ Advanced Settings 子界面。

Advanced Settings 子界面用于确定每个外设模块选用哪种库(HAL 库或 LL 库)函数,界面的下方列出了一些自动生成函数的相关信息,如图 6.15 所示。

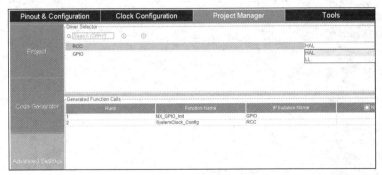

图 6.15　Advanced Settings 子界面

3. 导出工程文件

MCU 参数和工程参数配置完之后,单击主界面右上角的 GENERATE CODE 按钮,STM32CubeMX 会导出 STM32 项目的工程文件到指定目录中。假设在 ToolChain/IDE 选项区域选择的是 MDK-ARM V5,那么导出的工程文件夹中的内容如图 6.16 所示。

图 6.16　导出的工程文件夹中的内容

① Drivers 目录中存放的是 HAL 库或 LL 库文件以及 CMSIS 库相关文件。

② Inc 目录中存放的是与工程相关的头文件。

③ MDK-ARM 目录中存放的是 MDK 项目文件,包括引导文件、MDK 工程文件(*.uvprojx)等。双击其中的 MDK 工程文件,可在 Keil MDK 集成开发环境中打开 MDK 工程,如图 6.17 所示。

④ Src 目录中存放的是与项目有关的其他源文件,例如用户编写的代码。

⑤ 图 6.16 中的 test.ioc 是 STM32CubeMX 工程文件,双击后可在 STM32CubeMX 中打开。

4. 工程文件结构

在 Keil MDK 集成开发环境中打开 STM32CubeMX 导出的工程,工程文件的结构如图 6.17 中界面左边的树状图所示。下面对其中各个分组的用途进行解释。

① Application/MDK-ARM 分组中包含启动文件 startup_stm32f407xx.s。

② Application/User 分组中包含用户编写的源文件以及由 STM32CubeMX 生成但需要用户修改的源文件,如 STM32CubeMX 自动生成的 main.c 和 stm32f4xx_it.c 文件。

③ Drivers/CMSIS 分组中包含的文件 system_stm32f4xx.c 提供了在 CMSIS 层对微控制器进行初始化所需的函数。

④ Drivers/STM32F4xx_HAL_Driver 分组中包含了与项目相关的 HAL 库文件。

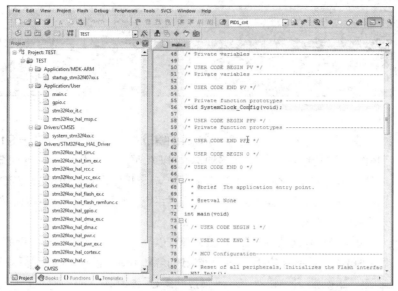

图 6.17　使用 Keil MDK 打开 MDK 工程

在 STM32CubeMX 自动生成的源文件中,预留了大量供用户填写代码的区域,它们是通过 USER CODE BEGIN 和 USER CODE END 来进行标注的。

```
/* USER CODE BEGIN 0 */

/* USER CODE END 0 */
......
/* USER CODE BEGIN 1 */

/* USER CODE END 1 */
```

用户可以在预留区域内配对的 USER CODE BEGIN 和 USER CODE END 之间添加代码,当 STM32CubeMX 再次导出工程时,预留区域内的代码将被保留下来。

分析 STM32CubeMX 导出的项目文件中的源文件可知,微控制器复位后将从 startup_<device>.s 开始运行,最后跳转至 main.c 文件中的 main 函数并执行用户程序。这些代码完成了微控制器复位后最主要的工作,包括设置中断向量表和中断处理程序、配置时钟和 I/O 端口、根据配置参数初始化各个外设等,这些初始化工作完成后,微控制器将处于稳定的工作状态。

6.4　思考与练习

1. CMSIS 的作用是什么? CMSIS 包含了哪些主要组件?
2. ST 公司为 STM32 微控制器提供了哪些固件库,这些固件库各自的特点是什么?
3. STM32CubeMX 辅助开发工具的作用什么?
4. 简述 HAL 库中源文件的命名规则。
5. stm32f4xx.h 文件中定义了哪些状态类型?
6. 语句 __IO　uint8_t temp = 0x00 的含义是什么?
7. 简述通过 STM32CubeMX 配置并导出 Keil MDK 工程的过程。

7 第7章 Keil MDK 集成开发环境

集成开发环境用于嵌入式系统软件的编辑、编译和调试。适合于 STM32 系列微控制器的集成开发环境有多种，其中以 Arm 公司提供的 Keil MDK 集成开发环境使用最为广泛。Keil MDK 能够很好地与 CMSIS、固件库和 STM32CubeMX 相配合。Keil MDK 集成了大量的嵌入式系统固件、中间件和协议栈，是从事嵌入式系统软件开发的利器。

本章首先介绍 Keil MDK 的安装过程以及如何在 Keil MDK 中新建工程，然后讲解 Keil MDK 中常用工程配置参数的含义和使用 Keil MDK 进行程序调试的方法，最后分析 STM32F407xx 微控制器的引导代码。通过本章的学习，读者能够掌握 Keil MDK 集成开发环境的使用方法，理解 STM32 微控制器的引导过程以及如何配置相关的编译参数。

本章学习目标：
（1）了解 Keil MDK 的功能和组成；
（2）掌握如何安装 Keil MDK；
（3）掌握在 Keil MDK 中如何新建和配置工程；
（4）理解 Keil MDK 中常用工程配置参数的含义；
（5）掌握使用 Keil MDK 进行程序调试的方法；
（6）理解 STM32 微控制器的引导过程。

7.1 Keil MDK 介绍

Keil 软件最早是由美国 Keil Software 公司推出的用于调试 8051 系列单片机的集成开发环境。它提供了包括 C 编译器、宏汇编、链接器、库管理和功能强大的仿真调试器在内的完整开发方案，在 8051 系列单片机的开发过程中得到广泛应用。Arm 公司在 2005 年将 Keil Software 公司收购，然后推出了一系列用于调试 Arm7、Arm9 和 Cortex-M 微控制器的开发工具，统称为微控制器开发套件（microcontroller development kit，MDK）。MDK 为基于微控制器的嵌入式系统开发提供了一个完善的开发环境，它易学易用且功能强大。

Arm 公司有一系列的集成开发环境用于支持不同类型的 Arm 处理器，这些集成开发环境包括 DS-5、Keil MDK 和 DS-MDK 等。其中，DS-5 基于著名的 Java 集成开发环境 Eclipse 打造而成，是面向高性能处理器的调试环境，主要来调试 Linux 和 Android 这类嵌入式操作系统应用。Keil MDK 主要面向微控制器应用领域，集成了 CMSIS，适合于调试基于微控制器和实时操作系统的应用。DS-MDK 是将 DS-5 的集成界面和 CMSIS 软件包整合在一起的集成开发环境，用于调试 Cortex-A 系列处理器，尤其适用于那些同时基于 Cortex-A 和 Cortex-M 架构的多核 Arm 处理器。

　　Keil MDK 有 4 个可用版本，分别是 MDK-Lite、MDK-Cortex-M、MDK-Plus 和 MDK-Professional，各个版本的功能和授权策略稍有差异。其中，MDK-Lite 为评估版本，可免费下载试用；但 Lite 版本限制了编译后的代码不能超过 32 KB；MDK-Professional 则是功能最为完整的版本，该版本需要授权后才能使用。

　　Keil MDK 包括了 MDK Tools 和 Software Packs 两个组成部分，如图 7.1 所示。

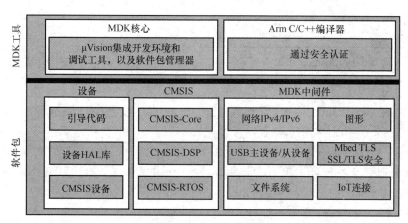

图 7.1　Keil MDK 的结构

　　MDK Tools 主要包含 μVision5 IDE 集成开发界面、ARM Compiler 5 和 Pack Installer。μVision5 IDE 集成开发界面提供了多个编辑和调试程序的窗口，旨在提高开发人员的编程效率，实现更快、更有效的程序开发。ARM Compiler 5 是交叉编译器，它整合了 C/C++ 编译器、汇编器和链接器，并对 Arm 处理器做了特别优化。Pack Installer 是 Keil MDK 第 5 版新加入的包安装工具，是集成了安装、升级和卸载软件包功能的工具软件。Pack Installer 能够在无须重新安装 MDK 软件的前提下实现 MDK 中各种板级支持包和中间件的管理（包括下载、移除和更新）。

　　Software Packs 包含了 MDK 中整合的各种软件包，包括板级支持包、CMSIS 库、中间件和程序模板等，同时还集成了 TCP/IP 协议栈。

7.2　Keil MDK 安装

　　Keil MDK 的安装包可通过登录 Keil 官网下载，其使用授权可通过 Arm 公司的授权代理商获得。下面我们以 MDK 5.x 版本为例，简单介绍一下 MDK 的安装过程。

　　（1）开始安装。

　　双击下载好的安装包，出现图 7.2 所示的 License Agreement 窗口，选中 I agree to all the terms of the preceding License Agreement 复选框，单击 Next 按钮进入下一步。

　　（2）配置安装路径。

　　Keil MDK 安装路径的配置界面如图 7.3 所示。Core 是指 Keil MDK 主程序的安装路径，系统默认将 keil MDK 安装到 C:\Keil_v5 目录中。Pack 是指 Keil MDK 安装完之后，由 Pack Installer 下载的软件包的安装路径。安装路径设置好之后，单击 Next 按钮进入下一步。

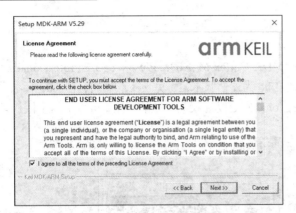

| 图 7.2 License Agreement 窗口 | 图 7.3 配置安装路径 |

（3）填写用户信息。

填写界面如图 7.4 所示，相关信息填写完之后，单击 Next 按钮进入下一步。

（4）选择是否安装 ULINK 仿真器驱动。

系统在安装过程中会弹出询问用户是否同意安装 ULINK 仿真器驱动的窗口，弹出的界面如图 7.5 所示。Keil MDK 默认会安装 ULINK 仿真器驱动，此处单击"安装"按钮。ULINK 仿真器驱动安装完之后，单击 Finish 按钮完成剩余的安装过程。

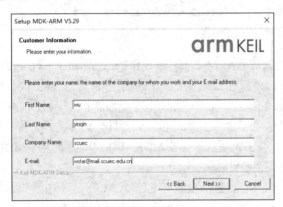

| 图 7.4 填写用户信息 | 图 7.5 安装 ULINK 仿真器驱动 |

Keil MDK 安装完之后，会自动弹出 Pack Installer 的提示界面，如图 7.6 所示。这个界面也可以通过单击 Keil MDK 菜单栏中的 Project→Manage→Pack Installer 来打开，如图 7.7 所示。

| 图 7.6 Pack Installer 的提示界面 | 图 7.7 在 Keil MDK 中打开 Pack Installer |

对于第 5 版之前 Keil MDK 的版本，用户在使用第三方软件包（如 SPL
库）时，必须手动下载和安装这些软件包，其安装过程很不方便且容易出错。
在第 5 版之后 Keil MDK 的版本中，Pack Installer 将软件或硬件供应商提供
的固件库、CMSIS、中间件、实时操作系统和网络协议栈等软件包整合到了
单独的安装环境中，既方便了软件包的安装和升级，又解决了软件版本兼容性
的问题。

Keil MDK 的
Pack Installer

Pack Installer 运行时的主界面如图 7.8 所示，当在左侧窗口中选中某个微控制器芯片（Devices）
或开发板（Boards）时，右侧窗口中就会列出与选中芯片或开发板对应的软件包。在软件包的 Action
属性中，单击 Install 就可以安装对应的软件包。对于已经安装过的软件包，单击 Update 就会对软件
包进行升级。若显示 Up to date，则表示软件包已经是最新版本。软件包的 Description 属性用于描述
软件包的用途。

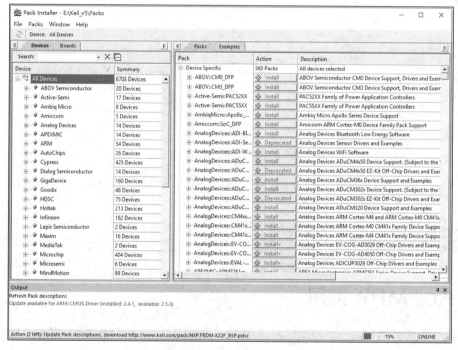

图 7.8　Pack Installer 运行时的主界面

针对每个 Keil MDK 工程，CMSIS、ARM_Compiler 和 MDK-Middleware 这三个软件包都是默认
安装的，其他软件包开发人员可以根据应用需求加以选择。

需要注意的是，Pack Installer 中的软件包来自不同的软、硬件供应商，这些软件包可能有不同的版
权规定。在将这些软件包用于商业产品时，开发人员需要了解这些软件包的授权策略，避免版权纠纷。

在 Pack Installer 中，有大量的软件包是各种型号微控制器的设备驱动包。这些设备驱动包通常
由微控制器芯片生产厂家提供，每个设备驱动包支持同一器件子系列的微控制器，统称为器件系列
支持包（device family pack，DFP）。DFP 符合 CMSIS 标准，其中包含了处理器配置程序、外设驱
动和示例程序。例如，开发人员如果要在 Keil MDK 中开发基于 STM32F407ZET6 微控制器的项目，
那么应该通过 Pack Installer 安装 STM32F407xx 微控制器的设备驱动包 STM32F407xx_DFP。安装
方法如图 7.9 所示，在界面的左侧窗口中选择 STMicroelectronics，然后在右侧窗口中选择安装
STM32F4xx_DFP，界面右下角会提示安装进度。

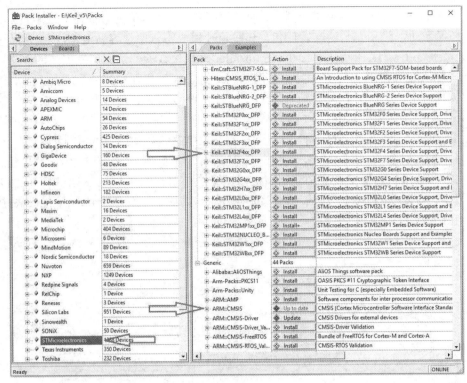

图 7.9　安装 STM32F4xx_DFP

对于 STM32 微控制器来说，Keil MDK 中安装的 DFP 和 STM32CubeMX 中导出的设备驱动库在使用时并不矛盾，它们都由 ST 公司维护，功能基本相同。STM32CubeMX 导出的工程中都是通过调用 STM32CubeMX 提供的库函数，但在 Keil MDK 中仍然需要安装对应 STM32 微控制器的 DFP，以便 Keil MDK 能够正确配置微控制器参数以及调试和下载程序。

7.3　Keil MDK 使用

下面以一个基于 STM32F407ZET6 微控制器的工程为例，让读者了解如何使用 Keil MDK 集成开发环境。

1. 准备工作

在开始之前，需要准备好开发板、仿真器和 Keil MDK 软件。使用的仿真器要能够支持 Cortex-M 系列微控制器，并且要确保 PC 上已经正确安装了仿真器的驱动程序。开发板与仿真器之间通常是通过 JTAG 口进行连接的，如图 7.10 所示。检查开发板与仿真器之间的连接、仿真器和 PC 之间的连接均正确无误后，接通开发板电源。

2. 创建新工程

运行 Keil MDK 软件，在主界面的菜单栏中单击 Project→New μVision Project，从弹出的窗口

Keil MDK 创建
新工程

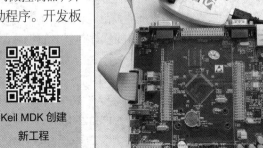

图 7.10　仿真器与开发板之间的连接

中选择工程的存储路径，输入工程名称，单击"保存"按钮，如图 7.11 所示。例如，可以在 D 盘上预先建立名为 code 的目录，然后新建名为 test 的工程并保存到 D:\code 目录下。

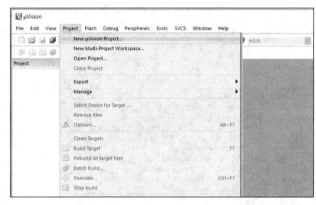

图 7.11　创建新工程

3. 选择微控制器

创建工程后，将弹出图 7.12 所示的窗口，该窗口用于选择工程中使用的微控制器型号。Pack Installer 中已经安装过设备驱动包的微控制器都会在列表中显示出来，此处选择 STM32F407ZETx。

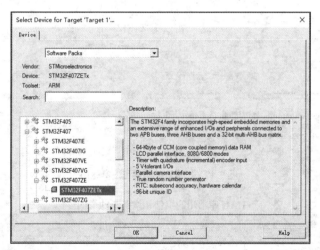

图 7.12　选择微控制器

4. 选择软件组件和设备驱动

选好微控制器后，单击 OK 按钮，屏幕上会弹出 Manage Run-Time Environment 窗口，如图 7.13 所示。开发人员也可以通过单击菜单栏中的 Project→Manage→Run-Time Environment…来弹出该窗口。

Manage Run-Time Environment 窗口用于选择工程开发中需要用到的软件组件和设备驱动。这些软件组件和设备驱动之间可能存在着依赖关系，也就是说，有些软件组件或设备驱动调用了其他组件的功能。当勾选某个组件时，如果复选框是绿色（图 7.13 中是浅灰色）的，表示依赖关系正常。如果复选框是黄色（图 7.13 中是深灰色）的，则表示缺少依赖组件，同时窗口下方的提示框中将会提示错误原因。例如在图 7.13 中，当选中 STM32Cube HAL 中的 GPIO 组件时，复选框变为黄色，窗口下方的提示框提示 GPIO 组件需要 STM32Cube HAL:common 组件的支持，此时应该将 common 组件也选中，依赖关系才能恢复正常。

在项目中如何选择这些软件组件和设备驱动呢？开发人员可从图 7.13 中每个组件的 Description 属性解释中了解对应组件的用途。在这些组件中，有些组件是必选的，而有些组件是可选的。必选组件在开发过程中必须勾选，可选组件则可根据项目需求按需选择。表 7.1 列出了 STM32F407xx 微控制器项目开发中 HAL 库常用的组件和设备驱动说明，LL 库和其他微控制器的组件也可以参照表 7.1 来加以选择。

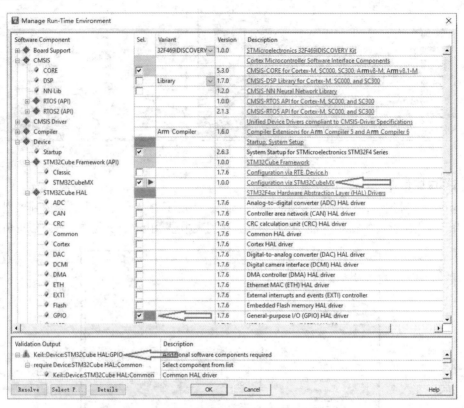

图 7.13　选择软件组件和设备驱动

表 7.1　　　　　　　　　　　　　　　HAL 库常用的组件和设备驱动说明

组件类目	组件名称	用途	是否必选
CMSIS	CORE	CMSIS 核心组件	必选
	DSP	CMSIS DSP 库	可选
STM32Cube FrameWork	Classic	经典方式（不使用 STM32CubeMX）	二选一
	STM32CubeMX	使用 STM32CubeMX 生成代码	
Device	Startup	启动程序	必选
HAL 库	ADC	模数转换器驱动	可选
	CRC	CRC 计算单元驱动	可选
	CAN	CAN 总线控制器驱动	可选
	DAC	数模转换器驱动	可选
	EXTI	外部中断控制器驱动	可选
	DMA	DMA 控制器驱动	可选
	FSMC	静态存储控制器驱动	可选
	FLASH	Flash 闪存控制器驱动	可选

续表

组件类目	组件名称	用途	是否必选
HAL 库	Common	标准设备驱动框架	必选
	Cortex	Cortex HAL 驱动	必选
	GPIO	通用输入输出端口驱动	必选
	I2C	I²C 总线接口驱动	可选
	PWR	电源控制器驱动	必选
	RCC	复位与时钟控制器驱动	必选
	RTC	实时时钟驱动	可选
	SPI	SPI 接口驱动	可选
	TIM	定时器驱动	可选
	USART	通用同步异步通信接口驱动	可选
	WWDG	窗口 "看门狗" 驱动	可选

在项目中，可选择使用 STM32CubeMX 自动生成工程文件的源代码，也可选择不使用 STM32CubeMX 工具。当选中 Classic 选项时，表示不用 STM32CubeMX 生成代码，此时单击 OK 按钮会直接进入 Keil MDK 主界面。如果选中 STM32CubeMX 选项，那么表示项目的工程文件由 STM32CubeMX 导出生成，单击 OK 按钮后，系统就会弹出请求打开 STM32CubeMX 的提示窗口，如图 7.14 所示。

STM32CubeMX 与 Keil MDK 的协同设计

单击图 7.14 中的 Start STM32CubeMX 按钮，系统会自动跳转到 STM32CubeMX 运行界面。在 STM32CubeMX 中完成各项参数的配置后，单击 GENERATE CODE，与配置参数对应的工程文件就自动生成了。退出 STM32CubeMX 时，Keil MDK 会自动检测到工程文件中的源文件发生了变化，并弹出窗口询问是否需要将新的源文件导入工程，如图 7.15 所示。

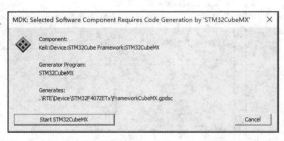

图 7.14　请求打开 STM32CubeMX 的提示窗口

图 7.15　询问是否导入新的源文件

上述操作完成后，进入 Keil MDK 主界面，如图 7.16 所示。该界面的上方是菜单栏和工具栏。左侧是工程文件窗口区，其中列出了工程中用到的源文件。右侧是源代码编辑区，双击左侧窗口中的某个文件，该文件的内容就会显示在右侧窗口中。界面下方为编译信息窗口，用于显示编译过程中的各种输出信息。

5. 添加源文件

如果在配置软件组件和设备驱动时选中了 Classic 选项，也就是不使用 STM32CubeMX，那么开发人员就需要自行添加包含 main 函数的 C 程序文件到工程中。添加新文件到工程中的方法是：右击工程文件窗口区的 Application/User 图标，从弹出的右键菜单中选择 Add New item to Group'Application/User'…，如图 7.17 所示。新建的源文件通常是以.c 为后缀的 C 程序文件，在图 7.18 所示的窗口中输入新文件的名称和存储路径。

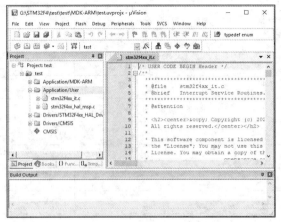

图 7.16　Keil MDK 主界面

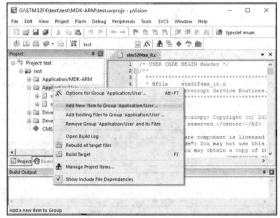

图 7.17　添加源文件

在工程中，习惯上仍将 main 函数所在的源文件命名为 main.c，但使用其他文件名亦可。如果需要添加的源文件已经存在，可在图 7.17 所示的界面中选择 Add Exsiting Files to Group 'Application/User'…选项，从而将现有的源文件添加到工程中。

6. 工程配置

当工程所需的源文件都准备完之后，需要设置程序的编译和调试参数。编译参数包括程序的语法检查、编译优化和编译装配地址等参数。调试参数则用于配置 Keil MDK，使其能够正确识别仿真器并执行调试动作。

Keil MDK 工程配置
与程序调试

在主界面左侧的 Project 窗口中的工程文件图标上右击，从弹出的右键菜单中选择 Options for Target'Target'…，如图 7.19 所示。

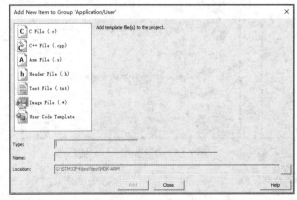

图 7.18　输入新文件的名称和储存路径

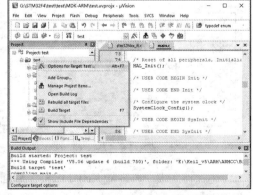

图 7.19　打开工程参数配置界面

工程参数配置界面如图 7.20 所示，其中包含的选项和参数较多，下面对相对重要的部分选项和参数加以阐述。

（1）Device 选项卡。

Device 选项卡用于选择微控制器型号，内容与图 7.12 完全相同，此处不再赘述。

（2）Target 选项卡。

Target 选项卡用于设置目标硬件的各项参数，如图 7.20 所示。

在 Xtal（MHz）区域需要输入用作微控制器系统时钟的外接晶振频率，参见 5.7 节。

Operating system 选项用于选择是否使用实时操作系统。Keil MDK 提供的 RTX Kernel 是一个高效的 RTOS，支持抢占式的任务调度、消息和信号传送以及信号量等。

ROM1、ROM2 和 ROM3 区域用于片外 Flash 的参数设置，最多支持 3 块 ROM。可在 Start 中输入起始地址，而在 Size 中输入 ROM 容量的大小。如果有多块片外 ROM，则需要在 Startup 属性部分选择一块 ROM 作为默认引导区，程序将从这块 ROM 启动。

IROM1 和 IROM2 区域用于片内 Flash 的参数设置，设置方法同片外 ROM。IROM1 对应的是默认的片内 Flash 存储器，其存储器地址映射参见 5.3 节，Keil MDK 会根据所选微控制器型号自动填上相关参数。

RAM1、RAM2 和 RAM3 区域用于片外 RAM 的参数设置，设置方法同上。NoInit 属性表示 RAM 区域的内容在启动时是否初始化为 0，选中时表示不用初始化为 0。

IRAM1 和 IRAM2 区域用于片内 RAM 的参数设置，IRAM1 对应的是片内 SRAM，IRAM2 对应的是 CCM，其存储器地址映射参见 5.3 节，Keil MDK 同样会根据所选微控制器型号自动填上相关参数。

ARM Compiler 选项用于选择编译器的版本，通常使用系统默认版本。

Use Cross-Module Optimization 选项用于选择是否进行深度的代码优化，也称为链接反馈。选中该选项后，代码会编译两次，第二次编译会利用第一次编译产生的信息进行优化。

Use MicroLIB 选项用于选择是否使用 MicroLIB 库。MicroLIB 库是 C 语言 ISO 标准运行库的一个子集，它在 C 语言运行库的功能和代码尺寸之间做了折中，MicroLIB 库能将 C 语言运行库的代码尺寸降至最小以满足微控制器应用的需求。

Floating Point Hardware 选项用于选择是否启用浮点运算单元。STM32F4 微控制器内置了单精度浮点运算单元，因此可以选择 Single Precision。

（3）Ouput 选项卡。

Ouput 选项卡如图 7.21 所示，它用于指定编译后输出文件的参数。

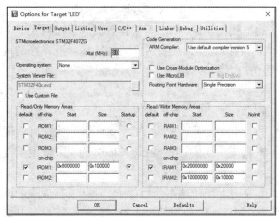

图 7.20 Target 选项卡

图 7.21 Ouput 选项卡

界面左上方的 Select Folder for Objects···按钮用于指定存放编译输出文件的路径，右上方的 Name of Executable 区域用于填写可执行文件的文件名。

　　界面下方用于配置编译输出文件的类型以及设置输出中将包含哪些具体内容。选项 Create Executable 表示编译输出的是一个可执行文件，这个可执行文件可被下载或烧写到开发板中。选项 Create Library 表示编译输出的是一个库文件，这个库文件可被其他工程项目调用。Create Executable 和 Create Library 是互斥选项。

　　对于 Create Executable 选项，有以下几个参数可以配置。

　　Debug Information 选项用于选择编译工程时是否生成调试信息。调试信息包括函数名称、变量名称、程序源代码等。程序在调试过程中会用到这些调试信息，程序在正式发布时则不再需要这些信息。

　　Create HEX File 选项用于选择编译工程时是否生成 HEX 格式的文件。HEX 格式的文件通常用于保存想要烧写到 Flash 存储器中的二进制代码。

　　Browse Information 选项用于选择编译工程时是否创建源文件的浏览信息，如果选中的话，只要在已经编译成功的源代码上右击，从弹出的右键菜单中选择 Go to Definition of ...，就可以找到源代码中函数、变量或宏定义的原型。

　　Create Batch File 选项用于选择编译工程时是否创建一个批处理文件，利用这个批处理文件可以对工程进行重新编译。

　　（4）Debug 选项卡。

　　Debug 选项卡如图 7.22 所示，该界面用于配置调试参数。界面的左侧部分用于纯软件仿真时的参数设置，界面的右侧部分用于通过仿真器调试时的参数设置。Debug 选项卡中的大部分参数可以选择系统默认值。

　　Use Simulator 选项用于选择是否使用 Keil MDK 自带的软件仿真工具进行仿真，这是一种纯软件仿真，程序并没有真正运行在开发板上。Limit Speed to Real-Time 选项用于选择纯软件仿真时，仿真对象的处理器时钟是否与当前 PC 时钟同步。

图 7.22　Debug 选项卡

　　Use 选项用于选择使用何种硬件仿真器进行程序的下载和调试，用户需要在右侧的下拉列表框中选择当前使用的仿真器型号。前面的第 2 章介绍了常用的仿真器，读者可以对照选择。选择好仿真器型号后，单击右侧的 Setting 按钮，将弹出所选型号仿真器的参数配置界面，如图 7.23 所示。下面解释常用的仿真器配置参数。

　　① Debug 配置界面如图 7.23 所示。如果仿真器连接正常，那么界面的左上角会显示仿真器的相关参数。Port 选项用于选择仿真器与开发板的连接是 JTAG 方式还是 SW 方式，这两种方式均可实现调试功能，具体使用哪一种取决于仿真器的功能和开发板上引出的调试接口。Clock 选项区域用于设置仿真器与开发板的通信速率。其余参数一般采用系统默认配置。

　　② Trace 配置界面如图 7.24 所示。Trace Enable 选项用于选择是否开启 Trace 功能。常规的调试通常采用 Run-Stop 模式，即通过程序断点和单步跟踪了解程序的执行情况，这种调试方式没有办法分析与时间相关的错误。Trace 功能可以将一段运行时间内发生的事件记录下来，包括内存访问、中断、程序执行路径等，通过这些记录就可以分析出程序在一段时间内的执行情况。Trace Event 选项区域用于选择跟踪过程中需要产生和捕获哪些事件。如果读者需要了解 Trace 功能的使用细节，请参

考 Keil MDK 的用户手册。

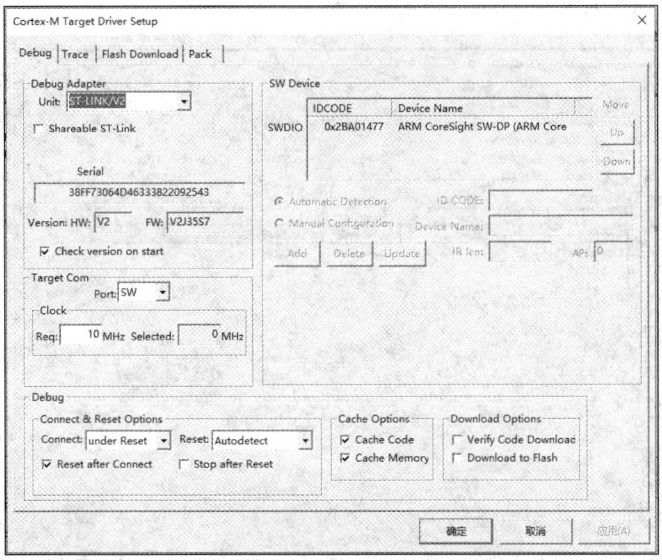

图 7.23 仿真器的参数配置界面

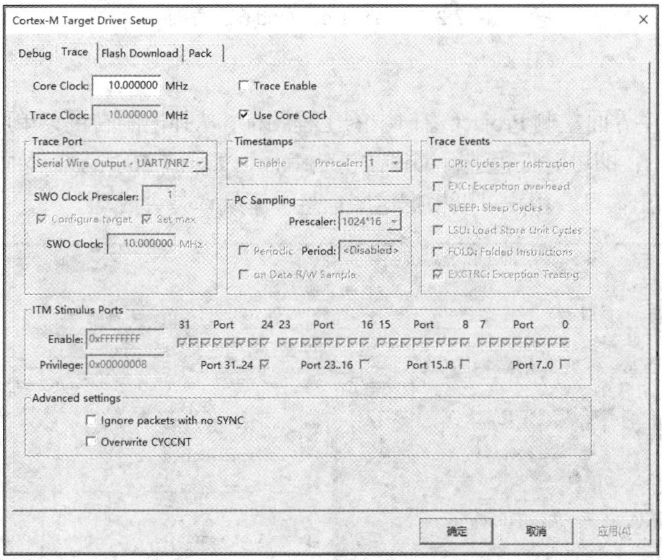

图 7.24 Trace 配置界面

③ Flash Download 配置界面如图 7.25 所示,用于配置将程序下载到 Flash 存储器时使用的参数。Download Function 选项区域用于设置下载程序时对 Flash 采取的动作。RAM for Algorithm 和 Programming Algorithm 选项区域中的参数会根据我们为工程选择的微控制器型号自动设置,如果仅使用微控制器内置的 SRAM 和 Flash,则无须修改这些参数。如果有片外扩展的 Flash 存储器,那么可以单击 Add 按钮,并设置这种 Flash 存储器的型号和地址范围。

(5)其他选项卡。

Keil MDK 的工程配置界面中还有一些其他选项卡。例如,Listing 选项卡用于编译输出相关信息的配置,User 选项卡用于选择编译前后想要运行的用户程序,C/C++选项卡用于设置 C 和 C++语言的编译参数,Asm 选项卡用于选择汇编语句的编译参数,Linker 选项卡用于选择链接参数,Utilities

选项卡用于配置下载 Flash 时的菜单命令。这几个选项卡中的参数大多使用默认值，如果读者需要了解这些参数的含义，请参考 Keil MDK 的用户手册。

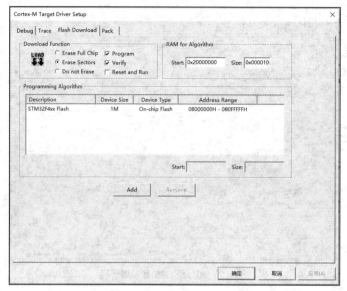

图 7.25　Flash Download 配置界面

7.　工程编译

右击 Keil MDK 主界面左侧 Project 窗口中的工程图标，从弹出的右键菜单中选择 Build Target 或 Rebuild all target files，即可对工程进行编译或重新编译，如图 7.26 所示。界面下方的 Build Output 窗口中会显示编译输出信息，用户可以根据这些信息了解编译是否成功。

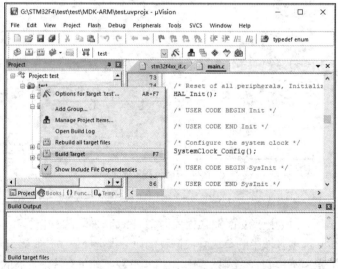

图 7.26　工程编译

7.4　Keil MDK 程序调试

程序在 Keil MDK 中编译完毕后，需要将编译完毕的代码下载到开发板上，以验证程序功能是否符合预期。开发人员可以在 Keil MDK 主界面的菜单栏中单击 Flash→Download，将编译成功的代码下载到开发板上的 Flash 存储器中，如图 7.27 所示。下载完之后将开发板复位，然后观察开发板的运行状态是否与程序功能一致。

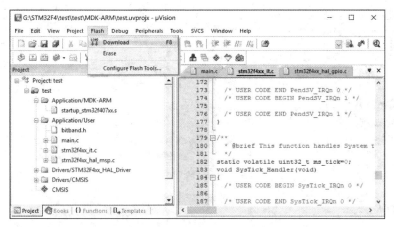

图 7.27　下载程序到 Flash 存储器中

如果需要通过单步调试或者设置断点来分析程序的运行过程，可在 Keil MDK 主界面的菜单栏中单击 Debug→Start/Stop Debug Session，以启动或退出程序调试模式，程序调试界面如图 7.28 所示。

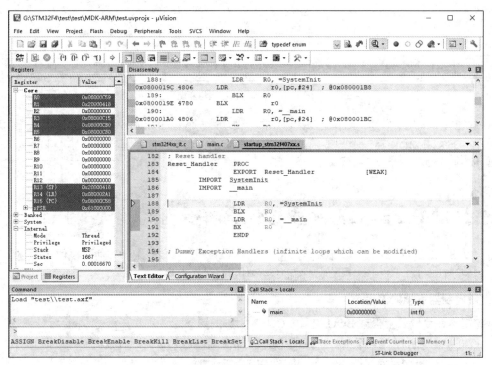

图 7.28　程序调试界面

在图 7.28 所示的界面中，界面左侧的 Register 窗口用于实时显示处理器核心中各个寄存器的值，在寄存器的 Value 栏双击，可以修改对应寄存器中的内容。界面右上方 isassembly 窗口的上半部分显示了汇编代码，下半部分显示了对应的源代码。Command 窗口用于输入调试命令并查看命令结果。Call Stack+Locals 窗口用于观察程序中变量的值。Memory 窗口用于观察某内存地址的内容。

程序的单步调试可通过 Keil MDK 主界面上的 Debug 菜单中的 Run、Step、Step Over 等子菜单来控制，如图 7.29 所示。要想进行断点调试，可在源代码窗口中需要设置断点的代码处单击鼠标右键，在弹出的菜单中选择 Insert/Remove Breakpoint 来添加或删除程序断点。

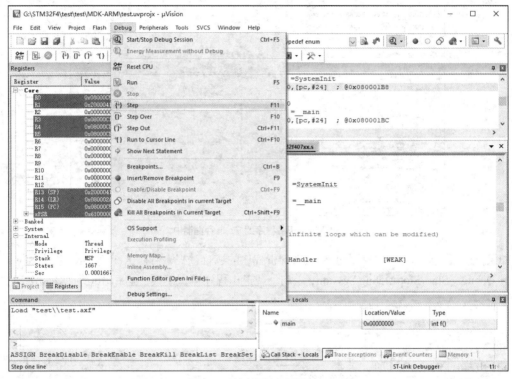

图 7.29　单步调试和设置断点

从图 7.27～图 7.29 可知，Keil MDK 提供的调试功能与 Visual Studio、Eclipse 等集成开发环境相似，区别在于 Keil MDK 环境中的被调试程序不是运行在 PC 上，而是运行在开发板上，其调试过程需要借助仿真器来完成。

7.5　STM32F407xx 引导代码解析

下面以 STM32F407xx 的引导代码为例，分析 STM32 系列微控制器如何从复位开始逐步运行到用户编写的代码。这部分内容将会涉及前面章节中的很多知识点。

1. 微控制器引导的流程

微控制器在复位后会根据 BOOT0 和 BOOT1 引脚的启动配置方式，将对应的存储器地址映射到 0x0000 0000（零地址）。当启动模式选用的是从 Flash 主存储区启动时，开发人员需要提前将这些代码固化到 Flash 中。当启动模式选用的是从内置 SRAM 启动时，开发人员需要通过仿真器将代码下载到 SRAM 中。关于这部分内容，读者可以参考 5.3 节和 5.4 节有关存储器地址映射和启动配置的内容。

当微控制器复位时，默认的中断向量表存放在从零地址开始的位置。微控制器在复位后，会首先从中断向量表中偏移量为 0x00 的地址读出 4 字节的堆栈指针，将其放入 SP 寄存器，此时默认使用主堆栈 MSP。接下来，从中断向量表中偏移量为 0x04 的地址读出复位中断处理函数（Reset_Handler）的入口地址，将其放入 PC 寄存器，然后跳转执行 Reset_Handler。关于这部分内容，读者可以参考

4.4 节（Cortex-M3/M4 的编程模型）和 4.5 节（Cortex-M3/M4 的异常）。

从第 6 章对 HAL 库所做的分析可知，STM32F407xx 的中断向量表在 startup_stm32f407xx.s 文件中定义，那么如何确保当微控制器复位时中断向量表位于存储器地址映射的零地址呢？可在 startup_stm32f407xx.s 文件中通过汇编伪指令定义中断向量表所处的数据段，Keil MDK 在编译时会将该数据段装配到偏移量为零的地址。在将程序下载到 Flash 存储器中时，Keil MDK 会根据目标硬件的参数中配置的 IROM1 和 IROM2 地址以及 Startup 属性，将中断向量表写到引导 ROM 的起始地址，此时中断向量表正好位于重映射后的零地址。

2. 引导文件解析

STM32 系列微控制器的每个 MCU 系列都有对应的引导文件（startup_<device>.s 文件），引导文件会依次完成初始化堆栈、配置系统时钟、执行复位中断处理程序、跳转到 main 函数的动作。下面以 startup_stm32f407xx.s 为例，分析启动代码的具体功能，源代码如下。

```
Stack_Size      EQU     0x400
                AREA    STACK, NOINIT, READWRITE, ALIGN=3
Stack_Mem       SPACE   Stack_Size
__initial_sp


Heap_Size       EQU     0x200
                AREA    HEAP, NOINIT, READWRITE, ALIGN=3
__heap_base
Heap_Mem        SPACE   Heap_Size
__heap_limit
                PRESERVE8
                THUMB
; Vector Table Mapped to Address 0 at Reset
                AREA    RESET, DATA, READONLY
                EXPORT  __Vectors
                EXPORT  __Vectors_End
                EXPORT  __Vectors_Size
__Vectors       DCD     __initial_sp         ; Top of Stack
                DCD     Reset_Handler        ; Reset Handler
                DCD     NMI_Handler          ; NMI Handler
                DCD     HardFault_Handler    ; Hard Fault Handler
                DCD     MemManage_Handler    ; MPU Fault Handler
                DCD     BusFault_Handler     ; Bus Fault Handler
                DCD     UsageFault_Handler   ; Usage Fault Handler
                DCD     0                    ; Reserved
                DCD     0                    ; Reserved
                DCD     0                    ; Reserved
                DCD     0                    ; Reserved
                DCD     SVC_Handler          ; SVCall Handler
                DCD     DebugMon_Handler     ; Debug Monitor Handler
                DCD     0                    ; Reserved
                DCD     PendSV_Handler       ; PendSV Handler
                DCD     SysTick_Handler      ; SysTick Handler

                ; External Interrupts
                DCD     WWDG_IRQHandler      ; Window WatchDog
                …
```

```
            DCD     EXTI0_IRQHandler        ; EXTI Line0
            DCD     EXTI1_IRQHandler        ; EXTI Line1
            DCD     EXTI2_IRQHandler        ; EXTI Line2
            DCD     EXTI3_IRQHandler        ; EXTI Line3
            DCD     EXTI4_IRQHandler        ; EXTI Line4
            …
__Vectors_End
__Vectors_Size  EQU __Vectors_End - __Vectors
            AREA    |.text|, CODE, READONLY
; Reset handler
Reset_Handler PROC
            EXPORT  Reset_Handler           [WEAK]
        IMPORT  SystemInit
        IMPORT  __main
            LDR     R0, =SystemInit
            BLX     R0
            LDR     R0, =__main
            BX      R0
            ENDP
```

上述代码中，汇编伪指令 AREA 用于定义程序中的各个段；汇编伪指令 EQU 用于定义符号常量，它类似于 C 语言中的#define 语句；汇编伪指令 SPACE 用于指定区域的大小；汇编伪指令 DCD 用于分配 4 字节对齐的存储空间。其余汇编伪指令读者可以参考本书配套的电子资料。

（1）AREA STACK…定义了一个未初始化的、允许进行读写操作且 8 字节边界对齐的栈区域。__initial_sp 是标号，用于标识栈区域的栈顶地址（Cortex-M4 使用了满递减堆栈）。

（2）AREA HEAP…定义了一个堆区域，标号__heap_base 代表堆起始地址，标号__heap_limit 代表堆结束地址。如果在 Keil MDK 的工程配置中选择了 Use MicroLIB，则标号__initial_sp、__heap_base 和__heap_limit 将被赋予全局属性，其他程序可以根据这几个标号来定位堆和栈。

（3）AREA RESET, DATA…定义了一个名为 RESET 的数据段，用于存放中断向量表。在中断向量表中，依次用 4 字节存储空间来存储各个中断处理程序的入口，如 Reset_Handler、NMI_Handler 等，每个中断处理程序的入口都是指向对应中断处理函数的指针，如 EXTI3_IRQHandler 就是指向 EXIT3 中断处理函数的指针。RESET 数据段定义的存储结构正好与微控制器编程模型中的中断向量表一致，读者可以参考表 4.4。需要注意的是，由于不同型号微控制器包含的外设不同，因此不同型号微控制器的中断向量表会有差异，每个型号的微控制器都有对应的 startup_*<device>*.s 文件。

（4）"AREA |.text|, CODE…"定义了代码段，代码段中则定义了 Reset_Handler 的实现。Reset_Handler 首先调用 SystemInit 函数来配置 FPU、外部 RAM 和 VTOR，然后跳转执行 main 函数。

3. main 函数功能解析

STM32CubeMX 导出的工程文件中包含了 main.c 文件，main.c 文件中定义了 main 函数，代码如下。

```
int main(void)
{
  /* USER CODE BEGIN 1 */
  /* USER CODE END 1 */
  /* MCU Configuration--------------------------------------------------------*/
  /* Reset of all peripherals, Initializes the Flash interface and the Systick.*/
  HAL_Init();
  /* USER CODE BEGIN Init */
  /* USER CODE END Init */
```

```
/* Configure the system clock */
SystemClock_Config();
/* USER CODE BEGIN SysInit */
/* USER CODE END SysInit */
/* Initialize all configured peripherals */
MX_GPIO_Init();
/* USER CODE BEGIN 2 */
/* USER CODE END 2 */
/* Infinite loop */
/* USER CODE BEGIN WHILE */
while (1)
{
  /* USER CODE END WHILE */
  /* USER CODE BEGIN 3 */
}
/* USER CODE END 3 */
}
```

　　main 函数首先调用 HAL_Init 函数来初始化 HAL 库的核心数据结构，然后依次完成以下工作：初始化数据/指令缓存和预取队列；将中断优先级配置为 4 位组优先级；设置 SysTick 定时器每 1 ms 产生一个最低优先级的中断；调用 HAL_MspInit 函数来执行底层初始化（主要是使能 APB1 和 APB2 ）。

　　接下来，main 函数通过调用 SystemClock_Config 函数来完成微控制器中各个时钟参数的配置工作，并通过调用 MX_GPIO_Init 函数来对 GPIO 引脚功能进行配置。

　　最后，程序进入 while(1)死循环。由于没有操作系统的支持，因此 main 函数在末尾必须进入 while(1)循环，以确保程序的执行流程可控。

　　main 函数为开发人员预留了填写自定义代码的区域，并用 USER CODE 注释标识出来。

　　需要注意的是，此时 main 函数暂不支持使用 printf 和 scanf 这类涉及输入输出的 C 语言库函数，即便在程序中加入这些函数，编译器也不会提示任何错误。这是因为在 PC 上进行 C 语言编程时，调用 printf 和 scanf 函数在本质上相当于调用操作系统提供的 API，再由操作系统控制键盘或显示器来完成操作。但嵌入式系统不一定使用操作系统，大量控制任务不需要操作系统就能完成。另外，嵌入式系统的硬件也不一定包含显示装置或输入设备，也有可能输入输出设备有特定的工作方式。总之，嵌入式系统开发人员在使用 C 语言库函数时，需要考虑嵌入式系统的软、硬件配置。如果在代码中无法使用 printf 函数，开发人员怎样才能获取程序的执行结果呢？此时应该使用 Keil MDK 的调试功能，通过仿真器来设置程序断点，观察程序的执行流程和执行结果。

7.6　思考与练习

1. Keil MDK 软件包括哪几个部分？简述各部分的特点及用途。
2. 简述如何在 Keil MDK 中创建新的工程。
3. 在 Keil MDK 中，DFP 的作用是什么？如何安装 DFP？
4. STM32 微控制器引导文件的主要功能是什么？
5. 简述 STM32 微控制器从复位到跳转执行 main 函数的过程。
6. 在使用 Keil MDK 编写的 C 代码中，什么时候可以使用 printf 和 scanf 函数，什么时候不可以？

8 第 8 章 处理器时钟

前几章介绍了 Cortex-M3/M4 的编程模型和开发工具。从本章开始，我们将介绍 STM32F4 微控制器中常用外设模块的工作原理和编程方法。时钟信号相当于处理器中的脉搏，是处理器核心和各个外设模块正常工作的基础。在学习其他外设模块之前，开发人员首先需要掌握处理器中各个时钟信号的配置方法。

本章首先介绍 STM32F4 微控制器的系统时钟和低速时钟，然后讲解 STM32F4 微控制器的时钟源和时钟产生路径，最后通过一个案例来阐述时钟的配置过程并分析相关的 API 函数和代码。通过本章的学习，读者能够掌握 STM32F4 微控制器中时钟的配置原理和配置方法，理解时钟信号从时钟源到各个时钟输出之间的流转过程，这些知识是学习 STM32F4 微控制器中其他功能模块编程的基础。

本章学习目标：
（1）了解 STM32F4 微控制器的系统时钟和低速时钟；
（2）掌握 STM32F4 微控制器中的时钟源以及各个时钟的产生路径；
（3）理解时钟树的概念和时钟参数的配置方法；
（4）了解与时钟配置相关的数据结构和 API 函数；
（5）掌握时钟配置相关代码的工作原理。

8.1 时钟概述

STM32F4 微控制器内部的时钟分为系统时钟（SYSCLK）和低速时钟，系统时钟用于向处理器核心、AHB 和 APB 上的外设提供时钟信号，低速时钟则用于向 RTC、"看门狗"和自动唤醒单元提供时钟信号。系统时钟和低速时钟的时钟源可以是微控制器内嵌的 RC 振荡器或者外置晶振，时钟源产生的振荡信号经时钟模块处理后，将被输出至微控制器内的其他各个功能模块。STM32F4 微控制器在复位时默认使用内嵌的 RC 振荡器作为时钟源，但内嵌的 RC 振荡器的精度较差，通常在微控制器完成复位后需要将时钟源切换到外置晶振。

以 STM32F407xx 为例，其时钟源包括 HSI、HSE、PLL、LSI 和 LSE，各个时钟源的含义如表 8.1 所示。

表 8.1 STM32F407xx 的时钟源

用途	名称	说明
系统时钟源	HSI（high speed internal）	微控制器内嵌的 16 MHz RC 振荡器，当微控制器复位时会默认选择该振荡器作为处理器核心的时钟源，与 HSE 相比，HSI 的精度稍差
	HSE（high speed external）	使用一个 4 MHz～26 MHz 的外置晶振作为时钟源，精度比 HSI 高，通常选择 8 MHz 的晶振
	PLL（phase lock loop）	HSI 或 HSE 时钟源产生的振荡信号在通过 PLL 后将产生两路输出，一路为主 PLL 输出，另一路为从 PLL 输出。主 PLL 输出可作为高速系统时钟（最高为 168 MHz），从 PLL 输出的 48 MHz 时钟则用于驱动 USB OTG FS、随机数发生器和 SDIO
		专用 PLL（PLLI2S），用于为 I^2S 模块生成精确时钟，从而确保音质
低速时钟源	LSI（low speed internal）	微控制器内嵌的 32 kHz RC 振荡器，可作为低功耗时钟源，使微控制器在停机和待机模式下保持运行，也可供独立"看门狗"（IWDG）和自动唤醒单元（AWU）使用
	LSE（low speed external）	外接频率为 32.768 kHz 的晶振，用于为 RTC 的时间和日历功能提供精确时钟源

　　由于处理器核心、AHB 和 APB 所需的时钟速度各不相同，因此需要对 SYSCLK 做进一步分频，生成高级高性能总线时钟（high performance bus clock，HCLK）、自由运行时钟（free running clock，FCLK）和外设总线时钟（peripheral bus clock，PCLK）。为了方便读者理解这些时钟之间的关系，图 8.1 以树状结构展示了 STM32F407xx 中的所有时钟，这种描述时钟产生路径的树状结构被称为时钟树。

　　HCLK 是用于驱动 AHB、处理器核心、存储器和 DMA 的时钟，其最大速度等同于 SYSCLK。当处理器休眠时，HCLK 可以停止输出，从而降低功耗。

　　FCLK 是输出至处理器核心的自由运行时钟，由于与 HCLK 同步，因此在编程时无须单独配置 FCLK。"自由"表现在 FCLK 虽然与 HCLK 同步，但 FCLK 并不依赖于 HCLK，即便微控制器因为休眠而将 HCLK 停止时，FCLK 也能维持输出。当微控制器处于休眠状态时，通过 FCLK 可以确保采样到中断和跟踪事件。

　　PCLK 是用于 APB 的外设时钟。由于 APB1 和 APB2 所需的时钟速度不同，因此 PCLK 又分为 PCLK1 和 PCLK2。在 STM32F407xx 中，PCLK1 用于驱动 APB1，其最快频率为 42 MHz，适用于低速外设；PCLK2 用于驱动 APB2，其最快频率为 84 MHz，适用于高速外设。

　　根据图 8.1 所示的时钟树，可以梳理出 STM32F4 微控制器中各个时钟的产生路径。

　　（1）HSE 产生的振荡信号进入主 PLL，根据主 PLL 的参数配置产生 SYSCLK。

　　（2）SYSCLK 经过 AHB 预分频器产生 HCLK，供给处理器核心、AHB 总线和 DMA。

　　（3）HCLK 经过 APB1 预分频器产生 PCLK1，供给 APB1 上的设备。

　　（4）HCLK 经过 APB2 预分频器产生 PCLK2，供给 APB2 上的设备。

　　图 8.2 描述了各个时钟的产生路径，从图 8.2 可知，正确地配置 PLL、AHB 预分频器、APB1 预分频器和 APB2 预分频器的参数是 STM32F4 微控制器中各个模块正常工作的前提。为了节约功耗，STM32F4 微控制器中各个外设模块都对应的时钟使能信号，关闭某外设的时钟信号后，该外设将停止运行。

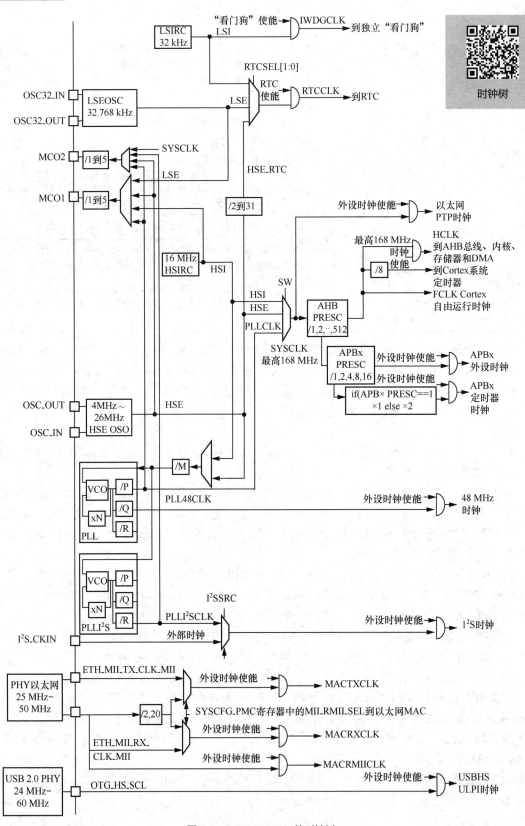

图 8.1　STM32F407xx 的时钟树

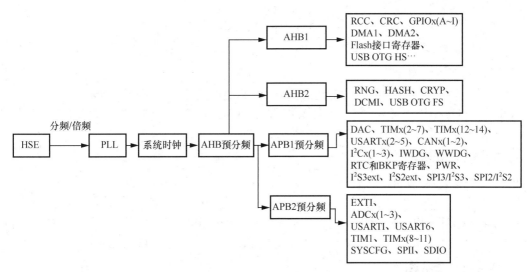

图 8.2　各个时钟的产生路径

8.2　时钟相关参数

时钟相关参数

STM32F4 微控制器通过配置复位与时钟控制器（RCC）中的相关寄存器来设定时钟参数，表 8.2 列出了 STM32F407xx 中的 RCC 寄存器组。

表 8.2 STM32F407xx 中的 RCC 寄存器组

寄存器名称	地址	功能
时钟控制寄存器（RCC_CR）	0x4002 3800	选择时钟源
PLL 配置寄存器（RCC_PLLCFGR）	0x4002 3804	配置 PLL 分频系数
时钟配置寄存器（RCC_CFGR）	0x4002 3808	配置 APB 分频系数
时钟中断寄存器（RCC_CIR）	0x4002 380C	配置时钟中断
AHB 和 APB 时钟复位寄存器组	0x4002 3810～0x4002 3824	复位各个外设模块
AHB 和 APB 时钟使能寄存器组	0x4002 3830～0x4002 3864	使能/禁止各个外设模块

通过在 RCC_CR、RCC_PLLCFGR 和 RCC_CFGR 三个寄存器中填入参数，可设置时钟树中各个时钟的速度。借助于 STM32CubeMX 和 HAL 库，开发人员无须了解 RCC 寄存器组的配置细节，只需要掌握其中参数设置的原理即可。下面以 STM32F407xx 为例，阐述各个时钟参数的配置原理。

1. SYSCLK 配置参数

SYSCLK 可通过以下几个公式计算得到。

$$f(\text{PLL}_{\text{时钟输入}}) = \text{HSI 或 HSE}$$
$$f(\text{VCO}_{\text{时钟}}) = f(\text{PLL}_{\text{时钟输入}}) \times (\text{PLLN} / \text{PLLM})$$
$$\text{SYSCLK} = f(\text{VCO}_{\text{时钟}}) / \text{PLLP}$$

PLLM、PLLN 和 PLLP 分别对应图 8.1 中 PLL 的 M 分频因子、N 倍频因子和 P 分频因子，这三个系数共同决定了 SYSCLK 的取值。其中，PLLM 的取值在 2 和 63 之间；PLLN 的取值在 2 和 432 之间，同时还要满足 $f(\text{PLL}_{\text{时钟输入}}) \times (\text{PLLN})$的取值在 192 和 432 之间；PLLP 的取值为 2、4、6 或 8。

对于 STM32F407xx 来说，最后计算出的 SYSCLK 不得超过 168 MHz。

2. HCLK 配置参数

HCLK 的计算公式如下。

$$HCLK = SYSCLK / HPRE$$

HPRE 又称为 AHB 预分频器，也就是图 8.1 中的 AHB PRESC。HPRE 的取值为 1、2、4、8、16、64、128、256 或 512。

3. PCLK1 配置参数

PCLK1 的计算公式如下。

$$PCLK1 = HCLK / PPRE1$$

PPRE1 又称为 ABP1 预分频器，也就是图 8.1 中的 APBx PRESC，其中的 x 取 1。PPRE1 的取值为 1、2、4、8 或 16。对于 STM32F407xx 来说，PCLK1 的最大值不得超过 42 MHz。

4. PCLK2 配置参数

PCLK2 的计算公式如下。

$$PCLK2 = HCLK / PPRE2$$

PPRE2 又称为 ABP2 预分频器，也就是图 8.1 中的 APBx PRESC，其中的 x 取 2。PPRE2 的取值为 1、2、4、8 或 16。对于 STM32F407xx 来说，PCLK2 的最大值不得超过 84 MHz。

5. 从 PLL 配置参数

从 PLL 的计算公式如下。

$$f(\text{USB OTG FS, SDIO, RNG 时钟输出}) = f(\text{vco 时钟}) / PLLQ$$

PLLQ 对应图 8.1 中 PLL 的 Q 分频因子，取值范围为 2~15。USB OTG FS 需要 48 MHz 的时钟，SDIO 和随机数生成器需要的时钟频率低于或等于 48 MHz。

6. 时钟输出引脚

STM32F407xx 提供了两个时钟输出引脚 MCO1 和 MCO2，分别对应微控制器芯片的 PA8 和 PC9 引脚。MCO1 和 MCO2 可选择 HSI、LSE、HSE 和 PLL 中的任何一个作为时钟源，时钟源信号在通过预分频器后被输出到 GPIO 引脚，预分频器的取值范围为 1~5。开发人员可以通过测量 MCO1 或 MCO2 引脚上的信号来检测时钟配置是否正确。

8.3 时钟参数配置方法

时钟参数配置方法

下面通过一个案例来讲解时钟配置过程并分析相关代码的功能。

案例 8.1： 假设 STM32F407xx 外接了一个 8 MHz 的高速晶振（HSE=8 MHz）和一个 32.768 kHz 的低速晶振（LSE=32.768 kHz），要求如下。

（1）选择 HSE 作为时钟源，HSE 信号在经过 PLL 后，得到 168 MHz 的 SYSCLK。

（2）对 SYSCLK 进行分频，得到 168 MHz 的 AHB 时钟（HCLK=168 MHz）。

（3）设置低速外设 APB1 的时钟为 42 MHz（PCLK1=42 MHz），设置高速外设 APB2 的时钟为 84 MHz（PCLK2=84 MHz）。

（4）通过时钟输出引脚 MCO1 输出 SYSCLK 的 4 分频信号，使 MCO1 输出的时钟频率为 42MHz。

8.3.1　工程设置

1. 新建项目

打开 STM32CubeMX 并创建一个新的项目，选择的微控制器芯片为 STM32F407xx，具体的芯片型号后缀可根据开发板上的微控制器型号来确定，如 STM32F407ZE。由于 STM32F4 系列微控制器的参数配置原理和方法基本相同，因此在本书的后续案例中，选择微控制器芯片时均使用 STM32F407xx 代表 STM32F4 系列中某个具体型号的微控制器。

2. 配置引脚功能

在 Pinout & Configuration 面板中，展开左上方的 System Core 列表，选中 RCC，弹出的 RCC Mode and Configuration 面板中有 5 个子选项，如图 8.3 所示。

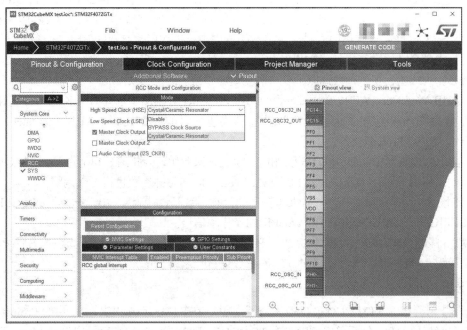

图 8.3　RCC 参数设置

（1）High Speed Clock（HSE）用于配置 HSE。当 HSE 外接晶振或陶瓷振荡器时，选择 Crystal/Ceramic Resonator。当外接有源振荡器或时钟信号时，选择 BYPASS Clock Source。

（2）Low Speed Clock（LSE）用于配置 LSE。当 LSE 外接晶振或陶瓷振荡器时，选择 Crystal/Ceramic Resonator。当外接有源振荡器或时钟信号时，选择 BYPASS Clock Source。

（3）Master Clock Output 1 用于选择是否使用 MCO1 引脚输出时钟信号。

（4）Master Clock Output 2 用于选择是否使用 MCO2 引脚输出时钟信号。

（5）Audio Clock Input（I2S_CKIN）用于选择是否从 I2S_CKIN（PC9）输入 I^2S 时钟。

由于 Master Clock Output 2 和 Audio Clock Input（I2S_CKIN）选项的输出都需要使用 PC9 引脚，因此 STM32CubeMX 会自动检测引脚冲突，当选中其中一个选项时，另一个选项将显示为红色，以表示该选项不允许使用。

案例 8.1 中的 HSE 和 LSE 都外接了晶振，所以 HSE 和 LSE 的工作模式都需要设置为 Crystal/Ceramic Resonator。此时，在图 8.3 右侧的 Pinout view 面板中，PH0 和 PH1 会自动设置为 HSE 的晶振输入和输出引脚，PC14 和 PC15 也会自动设置为 LSE 的晶振输入和输出引脚。

案例 8.1 要求从 MCO1 引脚观察时钟信号，因此需要勾选 Master Clock Ouput 1 选项，此时 PA8 引脚会自动设置为 MCO1 输出模式。

3. 配置时钟参数

选择图 8.3 中的 Clock Configuration 面板，主界面中将展示 STM32F407xx 的时钟树，如图 8.4 所示。图 8.4 根据时钟的产生路径从左至右依次列出了时钟源、分频系数和计算得到的输出时钟频率。开发人员可以调整配置参数，完成微控制器中各个时钟的配置。

（1）首先配置时钟源。根据开发板上接入的晶振参数，修改图 8.4 所示时钟树左边的 HSE 时钟和 LSE 时钟的输入参数。此处 HSE 晶振为 8 MHz，LSE 晶振为 32.768 kHz。然后在 PLL Source Mux 中选择 PLL 的时钟来源，由于 HSE 精度高，此处选择 HSE。

（2）选择 PLLCLK（即主 PLL）的输出作为 SYSCLK。如果要将 SYSCLK 设置为 168 MHz，那么可选的 M 分频因子、N 倍频因子和 P 分频因子将会有多种组合，图 8.4 给出了其中一种设置方式：M=8，N=336，P=2。在修改时钟配置参数的过程中，每次修改参数的值时，由参数计算得到的输出时钟频率都会随之动态更新。如果参数设置导致时钟频率的取值超出允许范围，那么相应的时钟输出就会变为红色，表示参数选取不当，需要重新设置。

（3）AHB Prescaler、APB1 Prescaler 和 APB2 Prescaler 分别用于选择 HCLK、PCLK1 和 PCLK2 的分频系数，图 8.4 给出了上述几个时钟取最快速度时的参数设置：AHB Prescaler=1，APB1 Prescaler=4，APB2 Prescaler=2。

（4）由于微控制器中的 USB OTG FS 和 I²S 模块并未启用，因此图 8.4 所示时钟树中对应的参数为灰色。如果启用了 USB OTG FS 或 I²S 模块，那么对应的时钟参数也将可以调整。

（5）在图 8.4 所示的时钟树中，MCO1 输出的分频系数已设置为 4，由于选择了 PLLCLK 的输出作为 SYSCLK，因此 MCO1 将输出 SYSCLK 的 4 分频信号。

通过执行以上几个步骤，我们便完成了 STM32F407xx 中各个时钟的配置。在本书后续章节中，若无特殊说明，时钟树均默认采用图 8.4 中的参数设置。

4. 导出 Keil MDK 工程文件

参照 6.3 节介绍的 STM32CubeMX 工程配置方法，在 STM32CubeMX 主窗口的 Project Manager 界面中配置好相关参数，然后单击 GENERATE CODE，STM32CubeMX 会导出 Keil MDK 工程文件，同时自动生成与上述时钟配置相对应的代码。

8.3.2　时钟相关代码解析

STM32CubeMX 生成的代码调用了 HAL 库中与时钟相关的数据结构和 API 函数，了解这些数据结构和 API 函数是掌握时钟编程的基础。STM32F4 系列微控制器的 HAL 库详细介绍了来自 ST 公司的文档 Description of STM32F4 HAL and LL drivers，受篇幅所限，本书只列举示例代码中涉及的数据结构和 API 函数。

1. RCC 相关数据结构

HAL 库的 stm32f407xx.h 文件中定义了结构体 RCC_TypeDef 来描述 RCC 各个寄存器的地址偏移量。其他 RCC 相关的定义和声明则存放在 stm32f4xx_hal_rcc.h 和 stm32f4xx_hal_rcc_ex.h 文件中。其中，结构体 RCC_PLLInitTypeDef 用于配置 PLL 相关参数，RCC_OscInitTypeDef 用于配置晶振相关参数，RCC_ClkInitTypeDef 则用于配置各个时钟的分频系数，它们的定义如下：

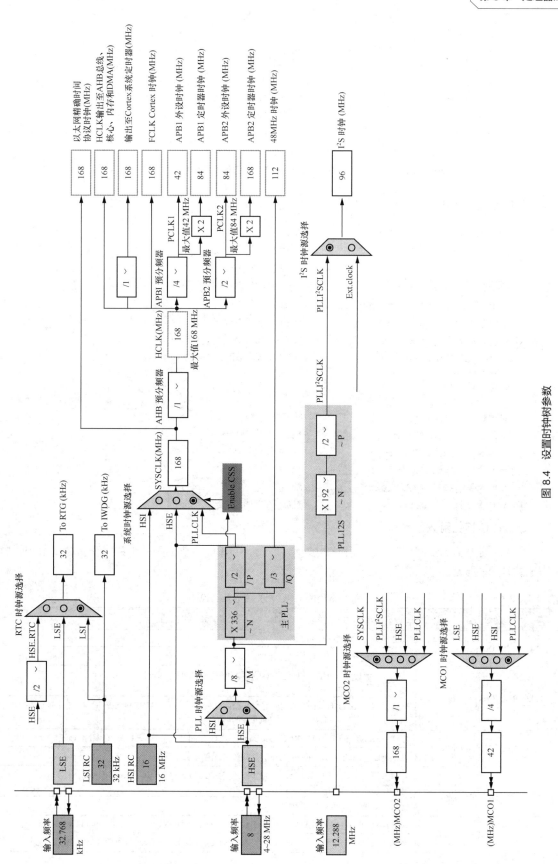

图 8.4 设置时钟树参数

```
typedef struct
{
    uint32_t PLLState;              /*PLL 使能状态*/
    uint32_t PLLSource;            /*PLL 时钟来源*/
    uint32_t PLLM;                  /*M 参数*/
    uint32_t PLLN;                  /*N 参数*/
    uint32_t PLLP;                  /*P 参数*/
    uint32_t PLLQ;                  /*Q 参数*/
}RCC_PLLInitTypeDef;               /*描述 PLL 参数的结构体*/

typedef struct
{
    uint32_t OscillatorType;       /*晶振描述*/
    uint32_t HSEState;             /*HSE 使能状态*/
    uint32_t LSEState;             /*LSE 使能状态*/
    uint32_t HSIState;             /*HSI 使能状态*/
    uint32_t HSICalibrationValue;  /*HSI 校正参数*/
    uint32_t LSIState;             /*LSI 使能状态*/
    RCC_PLLInitTypeDef PLL;        /*描述 PLL 参数的结构体*/
}RCC_OscInitTypeDef;              /*描述晶振参数的结构体*/

typedef struct
{
    uint32_t ClockType;           /*时钟描述*/
    uint32_t SYSCLKSource;        /*SYSCLK 时钟源*/
    uint32_t AHBCLKDivider;       /*AHB 分频系数*/
    uint32_t APB1CLKDivider;      /*APB1 分频系数*/
    uint32_t APB2CLKDivider;      /*APB2 分频系数*/
}RCC_ClkInitTypeDef;             /*描述各个时钟分配系数的结构体*/
```

2. RCC 相关函数

表 8.3 列出了部分常用的 RCC 相关函数及其说明。与 RCC 中断相关的函数将在后续章节中讲解，表 8.3 中暂未涉及。

表 8.3　　　　　　　　　　　　　部分常用的 RCC 相关函数及其说明

函数名称	函数定义及功能描述
HAL_RCC_DeInit	void HAL_RCC_DeInit (void)
	将与时钟相关的所有配置恢复到初始状态
HAL_RCC_ClockConfig	HAL_StatusTypeDef HAL_RCC_ClockConfig (RCC_ClkInitTypeDef * RCC_ClkInitStruct, uint32_t FLatency)
	根据 RCC_ClkInitTypeDef 结构体的参数初始化处理器核心、AHB 和 APB 时钟，FLatency 参数表示 CPU 时钟周期与 Flash 访问时钟周期之比
HAL_RCC_OscConfig	HAL_StatusTypeDef HAL_RCC_OscConfig(RCC_OscInitTypeDef * RCC_OscInitStruct)
	根据 RCC_OscInitTypeDef 结构体的参数配置晶振参数
HAL_RCC_MCOConfig	Void HAL_RCC_MCOConfig (uint32_t RCC_MCOx, uint32_t RCC_MCOSource, uint32_t RCC_MCODiv)
	配置 MCOx 引脚的输出参数
HAL_RCC_GetClockConfig	void HAL_RCC_GetClockConfig(RCC_ClkInitTypeDef *RCC_ClkInitStruct, uint32_t *pFLatency)
	获取当前时钟的配置参数，相关参数存放在 RCC_ClkInitTypeDef 类型指针指向的内存地址

续表

函数名称	函数定义及功能描述
HAL_RCC_GetSysClockFreq	uint32_t HAL_RCC_GetSysClockFreq(void)
	获取 SYSCLK 的值
HAL_RCC_GetHCLKFreq	uint32_t HAL_RCC_GetHCLKFreq(void)
	获取 HCLK 的值
HAL_RCC_GetPCLK1Freq	uint32_t HAL_RCC_GetPCLK1Freq(void)
	获取 PCLK1 的值
HAL_RCC_GetPCLK2Freq	uint32_t HAL_RCC_GetPCLK2Freq(void)
	获取 PCLK2 的值

3. RCC 配置代码

第 7 章在阐述 STM32CubeMX 生成的引导代码时，曾提及 STM32F4 微控制器复位后的时钟配置是由 SystemClock_Config 函数完成的。下面分析 SystemClock_Config 函数的实现过程，代码如下。

```
void SystemClock_Config(void)
{
  RCC_OscInitTypeDef  RCC_OscInitStruct = {0};
  RCC_ClkInitTypeDef  RCC_ClkInitStruct = {0};

  /** Configure the main internal regulator output voltage
  */
  __HAL_RCC_PWR_CLK_ENABLE();
  __HAL_PWR_VOLTAGESCALING_CONFIG(PWR_REGULATOR_VOLTAGE_SCALE1);
  /** Initializes the CPU, AHB and APB busses clocks
  */
  RCC_OscInitStruct.OscillatorType = RCC_OSCILLATORTYPE_HSE;
  RCC_OscInitStruct.HSEState = RCC_HSE_ON;
  RCC_OscInitStruct.PLL.PLLState = RCC_PLL_ON;
  RCC_OscInitStruct.PLL.PLLSource = RCC_PLLSOURCE_HSE;
  RCC_OscInitStruct.PLL.PLLM = 8;
  RCC_OscInitStruct.PLL.PLLN = 336;
  RCC_OscInitStruct.PLL.PLLP = RCC_PLLP_DIV2;
  RCC_OscInitStruct.PLL.PLLQ = 3;
  if (HAL_RCC_OscConfig(&RCC_OscInitStruct) != HAL_OK)
  {
    Error_Handler();
  }
  /** Initializes the CPU, AHB and APB busses clocks
  */
  RCC_ClkInitStruct.ClockType = RCC_CLOCKTYPE_HCLK|RCC_CLOCKTYPE_SYSCLK
                              |RCC_CLOCKTYPE_PCLK1|RCC_CLOCKTYPE_PCLK2;
  RCC_ClkInitStruct.SYSCLKSource = RCC_SYSCLKSOURCE_PLLCLK;
  RCC_ClkInitStruct.AHBCLKDivider = RCC_SYSCLK_DIV1;
  RCC_ClkInitStruct.APB1CLKDivider = RCC_HCLK_DIV4;
  RCC_ClkInitStruct.APB2CLKDivider = RCC_HCLK_DIV2;

  if (HAL_RCC_ClockConfig(&RCC_ClkInitStruct, FLASH_LATENCY_5) != HAL_OK)
  {
```

```
    Error_Handler();
}
HAL_RCC_MCOConfig(RCC_MCO1, RCC_MCO1SOURCE_PLLCLK, RCC_MCODIV_4);
}
```

SystemClock_Config 函数首先初始化 RCC_OscInitStruct 和 RCC_ClkInitStruct 两个结构体，并根据时钟树的设置填入相应的时钟参数；然后调用 HAL_RCC_OscConfig 和 HAL_RCC_ClockConfig 函数，将这些参数写入 RCC 相应的寄存器中；最后调用 HAL_RCC_MCOConfig 函数，将 MCO1 的输出配置为 PLLCLK 的 4 分频时钟信号。

开发人员在熟悉了这些结构体和函数的功能之后，也可以跳过 STM32CubeMX 的配置界面，直接在程序中设置这些参数。

4. 编译和测试工程

在 STM32CubeMX 生成的 main 函数中无须修改其他代码，而是允许直接在 Keil MDK 中编译工程，并将生成的代码下载到开发板上，编译和下载过程参见图 7.26 和图 7.27。程序下载成功后，使用示波器观察微控制器芯片的 PA8（MCO1）引脚上的输出信号，若得到频率为 42 MHz 的方波信号，则表示时钟相关配置程序的运行结果符合预期。

8.4　思考与练习

1. STM32F407xx 有哪些时钟源?

2. STM32F4 微控制器复位后，默认使用的时钟源是_____。HSE 产生的时钟信号经过_____以后可作为系统时钟。LSE 为外部低速时钟源，一般用于_____。LSI 为内部低速时钟源，一般用于_____。

3. STM32F407xx 的 APB 总线的时钟可以分为_____和_____，APB1 上的时钟速度最高为_____；APB2 上的时钟速度最高为_____。

4. 根据 STM32F407xx 的时钟树，阐述 HCLK 的产生过程。

5. 如何通过控制时钟信号来降低微控制器的功耗?

6. 假设某一应用中 STM32F407xx 的 HSE 为 8 MHz，要求经过 PLL 后得到的系统时钟为 84 MHz、APB1 时钟为 42 MHz。利用 STM32CubeMX 软件配置上述参数，并检验结果是否正确。

9 第9章 通用输入输出端口

第 5 章介绍了通用输入输出（GPIO）端口，嵌入式处理器通过 GPIO 与外部电路进行数据通信。在处理器时钟配置的基础之上，还需要正确设置 GPIO 对应的引脚功能，才能保证处理器中的各个外设模块工作正常。

本章首先介绍 STM32F4 微控制器 GPIO 的工作原理；然后讲解 STM32F4 微控制器 GPIO 的配置方法，并通过点亮 LED 的案例来讲解 GPIO 编程；最后，本章还将阐述位带的概念和位带编程。通过本章的学习，读者能够掌握 STM32F4 微控制器 GPIO 的工作原理和配置方法，学会在程序中使用 GPIO 相关数据结构和 API 函数，并理解位带的概念及应用。

本章学习目标：

（1）了解 STM32F4 微控制器 GPIO 的工作原理；

（2）掌握 STM32F4 微控制器 GPIO 的配置方法；

（3）掌握 HAL 库中与 GPIO 相关的数据结构和 API 函数；

（4）掌握 STM32F4 微控制器的位带操作。

9.1 STM32F4 微控制器的 GPIO 端口

对于不同型号的 STM32F4 微控制器来说，虽然 GPIO 的引脚数量各不相同，但 GPIO 的工作原理和配置方法基本一致。下面以 STM32F407xx 为例阐述如何配置和使用 GPIO。

STM32F4 微控制器
的 GPIO 端口

STM32F407xx 内含 7 组 GPIO 端口，编号为 GPIOA～GPIOG，习惯上统称为 GPIOx，其中，x 的取值范围是 A～G。每组 GPIO 包含了 16 个引脚，编号为 0～15，例如 GPIOA 对应的引脚为 PA0、PA1、…、PA15。STM32F407xx 总共有 144 个引脚，其中有 112 个引脚可用作 GPIO，由此可见 STM32F4 微控制器的引脚功能分配具有很大的灵活性。GPIO 端口的电路结构如图 9.1 所示。

GPIO 引脚的具体功能可以通过一系列的寄存器和开关来设置，常用的 GPIO 工作模式如下。

（1）输入模式：GPIO 引脚上的输入电平通过 TTL 施密特触发器后，转换成 0 或 1 并放到输入数据寄存器中。

（2）输出模式：将 0 或 1 写入输出数据寄存器，然后在 GPIO 引脚上对应输出低电平或高电平。

（3）复用功能输入输出：将 GPIO 引脚的控制权交给相应的外设模块，由外设模块控制输入输出。

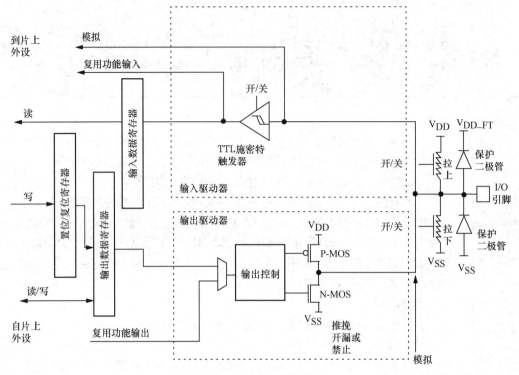

图 9.1　GPIO 端口的电路结构

（4）模拟模式：在模拟输入模式下，GPIO 引脚上的电压信号不做电平转换就直接输入片内外设模块；而在模拟输出模式下，直接将外设产生的电压信号输出到 GPIO 引脚。

如果将 GPIO 端口的常用工作模式与上拉、下拉电阻结合起来，就可以对 GPIO 工作模式做进一步细分，表 9.1 对 GPIO 的各种工作模式进行了详细说明。

在使用 GPIO 端口时，还需要注意以下问题。

（1）微控制器复位后，GPIO 端口的复用功能不会自动开启。部分特殊功能的 GPIO 引脚（如 JTAG 引脚）除外，其余 GPIO 引脚都默认被配置成浮空输入模式。

表 9.1　　　　　　　　　　　　　　　　GPIO 的各种工作模式

方向	名称	说明
输入	浮空输入	断开上拉和下拉电阻，GPIO 引脚的电平信号通过施密特触发器进入输入数据寄存器。此时读出的值完全由外部输入决定，如果引脚悬空，读出的值将变得不确定
	上拉输入	接通上拉电阻，断开下拉电阻，GPIO 引脚的电平信号通过施密特触发器进入输入数据寄存器。如果引脚悬空，输入端的电平可以保持在高电平
	下拉输入	接通下拉电阻，断开上拉电阻，GPIO 引脚的电平信号通过施密特触发器进入输入数据寄存器。如果引脚悬空，输入端的电平可以保持在低电平
	模拟输入	断开上拉和下拉电阻，关闭施密特触发器，直接将 GPIO 引脚上的模拟信号输入片内外设模块，如 ADC
输出	开漏输出	关闭 P-MOS 管，输出信号经 N-MOS 管输出到 GPIO 引脚。当输出寄存器的值为高电平时，N-MOS 管处于关闭状态，此时 GPIO 引脚上的电平由外部的上拉或下拉电阻决定。当输出寄存器的值为低电平时，N-MOS 管处于开启状态，此时 GPIO 引脚的电平就是低电平。在输出的同时，GPIO 引脚上的电平也可以通过输入电路进行读取，读取的值取决于引脚上的电压
	开漏复用输出	与开漏输出功能相同。只是输出的高低电平来源于外设模块，具体是何种外设模块由 GPIO 的复用功能决定

续表

方向	名称	说明
输出	推挽输出	当输出寄存器的值为高电平时，P-MOS 管开启，N-MOS 管关闭，此时 GPIO 引脚输出高电平。当输出寄存器的值为低电平时，P-MOS 管关闭，N-MOS 管开启，此时 GPIO 引脚输出低电平。在输出的同时，GPIO 引脚的电平也可通过输入电路进行读取，读取的值与 MOS 管输出的电平相同
	推挽复用输出	与推挽输出功能相同。只是输出的高低电平来源于外设模块，具体是何种外设模块由 GPIO 的复用功能决定

（2）GPIO 引脚也可作为中断源，此时对应的 GPIO 端口必须配置成输入模式。

（3）单个 GPIO 引脚输出的最大电流不能超过 25 mA（拉电流和灌电流都不能超过 25 mA），微控制器芯片的总输入电流不能超过 240 mA。

（4）在输出模式下，GPIO 端口有 4 种输出速度可以选择：2 MHz、25 MHz、50 MHz 和 100 MHz。这里的速度是指 I/O 口驱动电路的响应速度，通常输出速度越高，噪音越大，功耗越高，电磁干扰也越强。为了节约功耗和降低干扰，GPIO 引脚的输出速度配置需要与引脚上输出信号的特征相匹配。例如，若将串口的波特率设置为 115.2 kbit/s，则串口对应的 GPIO 引脚的输出速度配置成 2 MHz 就足够了；但对于通信速率为 9 Mbit/s 的 SPI 接口来说，将对应 GPIO 引脚的输出速度配置成 2 MHz 就会导致波形失真。读者可以思考一下，当使用 MCO1 输出时钟信号时，PA8 引脚的输出速度应该怎么选择？

9.2　GPIO 配置方法

在 STM32F4 微控制器中，每个 GPIO 引脚的具体功能都是通过与 GPIO 组对应的配置寄存器组来设置的，表 9.2 列出了 STM32F407xx 的 GPIOx 配置寄存器组。在这些 GPIO 配置寄存器中填入配置参数，即可设置相应的 GPIO 组中各个 GPIO 引脚的功能。

表 9.2　　　　　　　GPIOx 配置寄存器组（x 的取值范围为 A~G）

寄存器名称	偏移地址	功能
GPIOx_MODER（GPIO 模式寄存器）	0x00	用于配置 GPIO 引脚的工作模式，可选输入模式、输出模式、复用功能模式或模拟模式
GPIOx_OTYPER（GPIO 输出类型寄存器）	0x04	用于配置 GPIO 引脚的输出类型，可选推挽输出或开漏输出
GPIOx_OSPEEDR（GPIO 输出速度寄存器）	0x08	用于配置 GPIO 引脚的输出速度，可选 2 MHz（低速）、25 MHz（中速）、50 MHz（高速）、100 MHz（超高速）
GPIOx_PUPDR（GPIO 上拉/下拉寄存器）	0x0C	用于配置 GPIO 引脚是否使用上拉或下拉电阻，可选无上拉和下拉电阻、仅有上拉电阻或仅有下拉电阻
GPIOx_IDR（GPIO 输入数据寄存器）	0x10	保存相应 GPIO 引脚的输入值，只能读取
GPIOx_ODR（GPIO 输出数据寄存器）	0x14	保存相应 GPIO 引脚的输出值，可读取和写入
GPIOx_BSRR（GPIO 置位/复位寄存器）	0x18	可对 GPIO 引脚置 1 或清 0
GPIOx_AFRL（GPIO 复用功能低位寄存器）	0x20	用于配置 GPIO 组中编号为 0~7 的引脚的复用功能
GPIOx_AFRH（GPIO 复用功能高位寄存器）	0x24	用于配置 GPIO 组中编号为 8~15 的引脚的复用功能

在 STM32F4 微控制器中，GPIO 端口的使用非常灵活，外设模块的输入输出信号可分配给不同的 GPIO 引脚。例如，串行通信接口的 USART1_TX 信号可以分配给 PA9 或 PB6，这为硬件开发人员实施电路板布线带来很大的便利。

那么如何查询每个 GPIO 引脚的具体功能呢？这需要阅读微控制器对应的用户手册，不同型号微控制器提供的用户手册，其内容编排方式也不同，其中有多个部分可能会提及 GPIO 引脚功能。一是在 GPIO 功能模块的介绍中会罗列 GPIOx 对应引脚的具体功能，包括其默认功能、复用功能以及可重定义功能。二是在各个外设模块的功能介绍中会列出该外设所需的 GPIO 引脚。三是在微控制器芯片的引脚说明部分能查询到每个引脚对应的 GPIO 功能，例如本书配套的电子资料中列出的 LQFP144 封装的 STM32F407xx 微控制器芯片的引脚定义。下面举两个具体的例子。

（1）通过微控制器引脚的功能定义查询 GPIO 引脚功能。以 STM32F407xx 中的 PA1～PA3 引脚为例，表 9.3 给出了 PA1～PA3 引脚的功能定义。

表 9.3　　　　　　　　　　　　　　PA1～PA3 引脚的功能定义

引脚名称	类型	主功能（复位后）	可选的复用功能	
			默认复用功能	重定义功能
PA1	I/O	通用 I/O	USART2_RTS//USART4_RX/ETH_RMII_REF_CLK/ETH_MII_RX_CLK/TIM5_CH2/TIM2_CH2	ADC123_IN1
PA2	I/O	通用 I/O	USART2_TX/TIM5_CH3/TIM5_CH3/TIM9_CH1/TIM2_CH3	ADC12_IN2
PA3	I/O	通用 I/O	USART2_RX/TIM5_CH4/TIM9_CH2/TIM2_CH4/OTG_HS_ULPI_D0/ETH_MII_COL	ADC12_IN3

微控制器复位后，PA1～PA3 默认作为通用 I/O 口使用，此时它们未与任何外设模块相关联。通过 GPIOA_AFRL 和 GPIOA_AFRH 寄存器可以重新配置 GPIO 引脚的复用功能，比如在 GPIOA_AFRL 寄存器中，可将 PA1 配置为 TIM2_CH2，将 PA2 配置为 TIM2_CH3，并将 PA3 配置为 TIM2_CH4。GPIO 引脚的重定义功能由外设的控制寄存器来使能，例如当使能 ADC1 时，PA1 将自动切换为 ADC1 转换器的通道 1 输入。

（2）通过外设的信号传输要求来配置 GPIO 引脚功能。微控制器中每个外设的输入输出信号都有对应的 GPIO 引脚映射表，以 STM32F407xx 中的 I²C 模块为例，表 9.4 给出了 I²C 输入输出信号与 GPIO 引脚的对应关系。其中，I2Cx_SCL 和 I2Cx_SDA 分别代表 I²C 的时钟信号和数据信号，它们是配对使用的。

表 9.4　　　　　　　　　　　　　　I²C 模块对应的 GPIO 引脚

信号	可选 GPIO 引脚
I2C1_SCL	PB6/PB8
I2C2_SCL	PF1/PB10
I2C1_SDA	PB7/PB9
I2C2_SDA	PF0/PB11

由表 9.4 可知，I2C1_SCL 和 I2C1_SDA 均有两个 GPIO 引脚可以选择，因此实现 I²C 通信有 4 种 GPIO 引脚组合方式：PB6 和 PB7、PB8 和 PB7、PB6 和 PB9、PB8 和 PB9。开发人员可以根据项目需要选择各种组合方式，这给硬件和软件设计带来了很大的灵活性。

9.3　GPIO 编程

下面通过一个案例来讲解 GPIO 配置和编程，并分析相关数据结构和代码。

案例 9.1： 假设在 STM32F407xx 的 PF6～PF9 引脚上外接 4 个 LED，这 4 个

GPIO 编程

LED 分别用 DS1～DS4 表示,如图 9.2 所示,编程实现 DS1 和 DS2
熄灭而 DS3 和 DS4 点亮。

通过分析图 9.2 可知,当 PF6 和 PF7 设置为高电平时,DS1
和 DS2 熄灭;当 PF8 和 PF9 设置为低电平时,DS3 和 DS4 点亮。
根据表 9.1 中的描述,当 GPIO 引脚外接 LED 时,可将 GPIO 引
脚的工作模式设置为推挽输出模式。此外,为了节约功耗,该案
例中 GPIO 口的输出速度不需要很高。

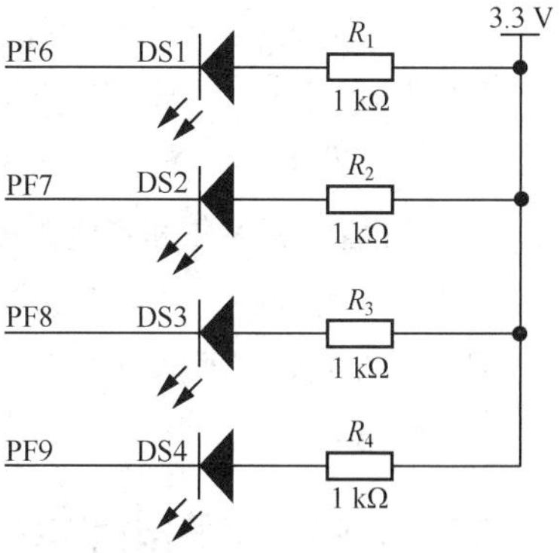

图 9.2　LED 电路

9.3.1　工程配置

1. 新建项目和配置时钟树

在 STM32CubeMX 中新建一个项目,选择微控制器芯片为 STM32F407xx,再选择 HSE 和 LSE
作为时钟源,时钟树参数的设置如图 8.4 所示。由于这部分内容在第 6～8 章已经做过详细讲解,且
本书后续案例都将参照此设置,因此后续章节中不再赘述。

2. 配置芯片引脚功能

选择 STM32CubeMX 主界面中的 Pinout & Configuration 面板,展开界面左侧的 System Core 列表,
选中 GPIO。然后在界面右侧的 Pinout view 面板中依次选择芯片的 PF6～PF9 引脚,配置引脚的工作
模式为 GPIO_Output,如图 9.3 所示。

STM32CubeMX 主界面中间的 GPIO Mode and Configuration 面板中列出了已经配置好的 GPIO
引脚及其详细参数,如图 9.4 所示。

在图 9.4 所示的列表中选中某个 GPIO 引脚,在界面下方的参数列表中可以设置该 GPIO 引脚的
详细参数。

(1) GPIO output level 用于设置 GPIO 引脚的默认输出电平。

(2) GPIO mode 用于设置 GPIO 引脚的工作模式,比如选择 GPIO 引脚是推挽输出还是开漏输出。

(3) GPIO Pull-up/Pull-down 用于设置 GPIO 引脚的上拉和下拉电阻,可选择接上拉或下拉电路,
抑或上拉和下拉电阻都不接。

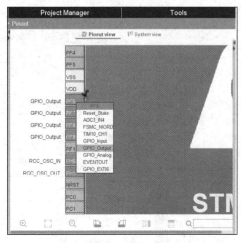

图 9.3　配置 GPIO 引脚的工作模式

图 9.4　GPIO 引脚及其详细参数

(4) Maximum output speed 用于设置 GPIO 引脚的输出速度。

（5）User Label 用于为 GPIO 引脚自定义名称。

在案例 9.1 中，可以将 PF6 和 PF7 设置成高电平、推挽输出、无须外接上拉电阻、输出速度为低速，而将 PF8 和 PF9 设置成低电平、推挽输出、无须外接上拉电阻、输出速度为低速。

3. 配置工程参数和生成工程文件

在 STM32CubeMX 主界面的 Project Manager 面板中配置好相关的工程参数后，单击 GENERATE CODE，导出 Keil MDK 工程文件和程序代码。具体方法读者可以参照第 6 章中的相关内容，后续章节中不再赘述。

9.3.2 GPIO 相关数据结构和 API 函数

下面分析 HAL 库中 GPIO 相关的数据结构和 API 函数，了解这些数据结构和 API 函数是进行 GPIO 编程的前提。

1. GPIO 相关数据结构及宏定义

HAL 库的 stm32f407xx.h 文件中定义了与表 9.2 中的 GPIOx 配置寄存器组相对应的结构体 GPIO_TypeDcf，其他有关 GPIO 端口的定义和声明都放在了 stm32f4xx_hal_gpio.h 文件中。

stm32f4xx_hal_gpio.h 文件中的 GPIO_InitTypeDef 定义了 GPIO 引脚的详细配置参数，包括工作模式、上拉/下拉电阻选择、输出速度和复用功能等设置。HAL 库预先提供了各种参数定义的宏，比如每个 GPIO 组中的 16 个引脚，依次用 GPIO_PIN_0、GPIO_PIN_1、…、PIO_PIN_15 来表示。GPIO_PinState 是枚举类型，其中的 GPIO_PIN_RESET 代表低电平，GPIO_PIN_SET 代表高电平。

```
typedef struct
{
  uint32_t Pin;                                    /*需要配置的 GPIO 引脚列表*/
  uint32_t Mode;                                   /*工作模式*/
  uint32_t Pull;                                   /*上拉和下拉参数*/
  uint32_t Speed;                                  /*输出速度*/
  uint32_t Alternate;                              /*复用功能选择*/
}GPIO_InitTypeDef;

#define GPIO_PIN_0     ((uint16_t)0x0001)          /*选中引脚 0*/
#define GPIO_PIN_1     ((uint16_t)0x0002)          /*选中引脚 1*/
...
#define GPIO_PIN_15    ((uint16_t)0x8000)          /*选中引脚 15*/
#define GPIO_PIN_All   ((uint16_t)0xFFFF)          /*选中全部引脚*/

#define  GPIO_MODE_INPUT      0x00000000U          /*浮空输入*/
#define  GPIO_MODE_OUTPUT_PP  0x00000001U          /*推挽输出*/
#define  GPIO_MODE_OUTPUT_OD  0x00000011U          /*开漏输出*/
#define  GPIO_MODE_AF_PP      0x00000002U          /*推挽复用输出*/
#define  GPIO_MODE_AF_OD      0x00000012U          /*开漏复用输出*/
#define  GPIO_MODE_ANALOG     0x00000003U          /*模拟模式*/

#define  GPIO_NOPULL          0x00000000U          /*关闭上拉和下拉*/
#define  GPIO_PULLUP          0x00000001U          /*上拉*/
#define  GPIO_PULLDOWN        0x00000002U          /*下拉 */

#define  GPIO_SPEED_FREQ_LOW        0x00000000U    /*低速 2MHz*/
```

```
#define  GPIO_SPEED_FREQ_MEDIUM       0x00000001U        /*中速 25 MHz*/
#define  GPIO_SPEED_FREQ_HIGH         0x00000002U        /*高速 50 MHz*/
#define  GPIO_SPEED_FREQ_VERY_HIGH    0x00000003U        /*超高速 100 MHz*/
......
#define GPIO_AF1_TIM1         ((uint8_t)0x01)            /*TIM1 复用功能*/
#define GPIO_AF1_TIM2         ((uint8_t)0x01)            /*TIM2 复用功能*/
......
typedef enum
{
  GPIO_PIN_RESET = 0,                                    /*置 0*/
  GPIO_PIN_SET                                           /*置 1*/
}GPIO_PinState;
```

2. GPIO 相关 API 函数

表 9.5 列出了 HAL 库中部分常用的 GPIO 相关 API 函数和宏定义，与 GPIO 中断相关的函数将在后续章节中讲解，表 9.5 中暂未涉及。

表 9.5　　　　　　　　　　　　　**部分常用的 GPIO 相关 API 函数和宏定义**

函数名称	函数定义及功能描述
__HAL_RCC_GPIOx_CLK_ENABLE	宏定义，使能 AHB1 外设时钟，x 的取值范围为 A～G
__HAL_RCC_GPIOx_CLK_DISABLE	宏定义，关闭 AHB1 外设时钟，x 的取值范围为 A～G
HAL_GPIO_Init	void HAL_GPIO_Init(GPIO_TypeDef * GPIOx, GPIO_InitTypeDef * GPIO_Init)
	根据 GPIO_InitTypeDef 结构体的参数初始化 GPIO 端口
HAL_GPIO_DeInit	void HAL_GPIO_DeInit(GPIO_TypeDef * GPIOx, uint32_t GPIO_Pin)
	将 GPIO 端口的功能恢复到初始状态
HAL_GPIO_ReadPin	GPIO_PinState HAL_GPIO_ReadPin (GPIO_TypeDef * GPIOx, uint16_t GPIO_Pin)
	读出 GPIOx 输入寄存器的值
HAL_GPIO_WritePin	void HAL_GPIO_WritePin(GPIO_TypeDef * GPIOx, uint16_tGPIO_Pin, GPIO_PinState PinState)
	将数据写入 GPIOx 输出寄存器
HAL_GPIO_LockPin	HAL_StatusTypeDef HAL_GPIO_LockPin(GPIO_TypeDef * GPIOx, uint16_t GPIO_Pin)
	锁定 GPIOx 寄存器，锁定后将无法修改，直到复位
HAL_GPIO_TogglePin	void HAL_GPIO_TogglePin(GPIO_TypeDef * GPIOx, uint16_t GPIO_Pin)
	翻转某 GPIO 引脚的电平

9.3.3　GPIO 代码解析

1. 点亮 LED 的代码

在 STM32CubeMX 生成的代码中，GPIO 端口的配置是在 MX_GPIO_Init 函数中完成的，代码如下。

```
static void MX_GPIO_Init(void)
{
  GPIO_InitTypeDef  GPIO_InitStruct = {0};
  /* GPIO Ports Clock Enable */
  __HAL_RCC_GPIOC_CLK_ENABLE();
  __HAL_RCC_GPIOF_CLK_ENABLE();
  __HAL_RCC_GPIOH_CLK_ENABLE();

  /*Configure GPIO pin Output Level */
  HAL_GPIO_WritePin(GPIOF, GPIO_PIN_6|GPIO_PIN_7, GPIO_PIN_SET);
```

```
/*Configure GPIO pin Output Level */
HAL_GPIO_WritePin(GPIOF, GPIO_PIN_8|GPIO_PIN_9, GPIO_PIN_RESET);

/*Configure GPIO pins */
GPIO_InitStruct.Pin = GPIO_PIN_6|GPIO_PIN_7|GPIO_PIN_8|GPIO_PIN_9;
GPIO_InitStruct.Mode = GPIO_MODE_OUTPUT_PP;
GPIO_InitStruct.Pull = GPIO_NOPULL;
GPIO_InitStruct.Speed = GPIO_SPEED_FREQ_LOW;
HAL_GPIO_Init(GPIOF, &GPIO_InitStruct);
}
```

MX_GPIO_Init 函数首先初始化 GPIO_InitTypeDef 结构体，然后使能了 GPIOC、GPIOF 和 GPIOH 的时钟信号。在案例 9.1 中，LED 是连接在 GPIOF 引脚上的，所以我们很容易理解需要使能 GPIOF 的时钟信号。那么为什么还要使能 GPIOC、GPIOH 的时钟信号呢？LSE 外接晶振的引脚为 PC14 和 PC15，所以需要使能 GPIOC 的时钟信号；同理，HSE 外接晶振的引脚为 PH0 和 PH1，所以需要使能 GPIOH 的时钟信号。在 STM32CubeMX 软件中，当选择 HSE 和 LSE 作为时钟源时，对应的 GPIO 引脚会自动配置为晶振输入输出引脚。

接下来，MX_GPIO_Init 函数调用了 HAL_GPIO_WritePin 函数，将 PF6 和 PF7 分别设置为输出高电平，而将 PF8 和 PF9 分别设置为输出低电平。

最后，MX_GPIO_Init 函数在 GPIO_InitStruct 结构体中将 PF6～PF9 配置为推挽输出模式，无须上拉和下拉电阻，输出速度为 2 MHz。可通过调用 HAL_GPIO_Init 函数将上述参数写入 GPIOF 对应的寄存器，完成 GPIO 配置工作。

由于程序运行后 LED 的状态不发生改变，因此 STM32CubeMX 生成的代码不需要做任何修改，即可在 Keil MDK 中直接编译并下载到开发板上。程序下载成功后，开发板上的 LED DS1 和 DS2 将熄灭，DS3 和 DS4 将点亮。

2. 实现闪烁灯效果

如果希望某个 LED 的状态发生变化，比如希望 DS1 以 1 Hz 的频率闪烁，该如何修改程序呢？

分析 STM32CubeMX 生成的 main 函数可知，在调用完 MX_GPIO_Init 函数后，main 函数将进入 while(1)循环，程序可以在该循环中切换 PF6 引脚的电平，从而实现 DS1 点亮和熄灭的效果。延时功能可以通过调用 HAL 库提供的 HAL_Delay 函数来实现，该函数的参数以毫秒为单位，例如 HAL_Delay(500)表示延时 500 毫秒。修改后的 main 函数如下。

```
int main(void)
{
  HAL_Init();
  SystemClock_Config();
  MX_GPIO_Init();
  while (1)
  {
    HAL_GPIO_WritePin(GPIOF, GPIO_PIN_6, GPIO_PIN_RESET);    //点亮 DS1
    HAL_Delay(500);                                          //延时 500 ms
    HAL_GPIO_WritePin(GPIOF, GPIO_PIN_6, GPIO_PIN_SET);      //熄灭 DS1
    HAL_Delay(500);                                          //延时 500 ms
  }
}
```

闪烁灯效果实际上是通过翻转 PF6 引脚上的电平来实现的，因此也可以通过调用 HAL 库中的 HAL_GPIO_TogglePin 函数来实现，修改后的 main 函数如下。

```
int main(void)
{
  HAL_Init();
  SystemClock_Config();
  MX_GPIO_Init();
  while (1)
   {
     HAL_GPIO_TogglePin(GPIOF, GPIO_PIN_6);       //翻转 PF6
     HAL_Delay(500);                              //延时 500 ms
   }
}
```

如果希望 DS1～DS4 交替闪烁，实现类似于流水灯的效果，又该如何实现呢？请读者在上述代码的基础上进行修改，并观察实验现象。

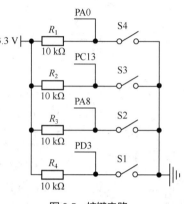

3. 通过按键控制 LED

STM32F4 微控制器扩展的按键电路如图 9.5 所示，其中，按键的一端与 GPIO 引脚直接相连，并通过上拉电阻接到 3.3 V。当断开按键时，GPIO 引脚的输入为高电平；当按下按键时，GPIO 引脚的输入为低电平。因此，可通过读取 GPIO 引脚上的电平来判断按键的状态。

图 9.5　按键电路

案例 9.2： 利用图 9.2 和图 9.5 所示的电路，编程实现当 S1 开关按下时 DS1 点亮，而当 S1 开关断开时 DS1 熄灭。

在这里，我们可以在案例 9.1 所示代码的基础上做以下修改。

（1）使能 GPIOD，配置 PD3 为输入端口。

（2）在 main 函数的 while 循环中不断检测 PD3 的状态，当 PD3 引脚上读入的值为 1 时，PF6 引脚输出高电平，此时 DS1 将会熄灭；当 PD3 引脚上读入的值为 0 时，PF6 引脚输出低电平，此时 DS1 将会点亮。

根据上述描述，在案例 9.1 的 **MX_GPIO_Init** 函数中增加 GPIOD 的时钟信号使能代码，并设置 PD3 引脚为输入引脚，修改后的代码如下。

```
static void MX_GPIO_Init(void)
{
  GPIO_InitTypeDef  GPIO_InitStruct = {0};
  /* GPIO Ports Clock Enable */
  __HAL_RCC_GPIOC_CLK_ENABLE();
  __HAL_RCC_GPIOF_CLK_ENABLE();
  __HAL_RCC_GPIOH_CLK_ENABLE();
  __HAL_RCC_GPIOD_CLK_ENABLE();             //使能 GPIOD

  /*Configure GPIO pin Output Level */
  HAL_GPIO_WritePin(GPIOF, GPIO_PIN_6|GPIO_PIN_7, GPIO_PIN_SET);

  /*Configure GPIO pin Output Level */
  HAL_GPIO_WritePin(GPIOF, GPIO_PIN_8|GPIO_PIN_9, GPIO_PIN_RESET);

  /*Configure GPIO pins */
  GPIO_InitStruct.Pin = GPIO_PIN_3;
  GPIO_InitStruct.Mode = GPIO_MODE_INPUT;
  GPIO_InitStruct.Pull = GPIO_NOPULL;
  HAL_GPIO_Init(GPIOD, &GPIO_InitStruct);    //设置 PD3 为输入引脚
```

```
    GPIO_InitStruct.Pin = GPIO_PIN_6|GPIO_PIN_7|GPIO_PIN_8|GPIO_PIN_9;
    GPIO_InitStruct.Mode = GPIO_MODE_OUTPUT_PP;
    GPIO_InitStruct.Pull = GPIO_NOPULL;
    GPIO_InitStruct.Speed = GPIO_SPEED_FREQ_LOW;
    HAL_GPIO_Init(GPIOF, &GPIO_InitStruct);
}
```

修改 main 函数中的 while 循环体，在 while 循环体中通过判断 PD3 引脚上读入的值来决定 PF6 引脚上的输出电平，修改后的代码如下。

```
int main(void)
{
    HAL_Init();
    SystemClock_Config();
    MX_GPIO_Init();
    while (1)
    {
        if (HAL_GPIO_ReadPin(GPIOD,GPIO_PIN_3) == GPIO_PIN_RESET)    //读入 PD3 引脚上的电平
            HAL_GPIO_WritePin(GPIOF, GPIO_PIN_6, GPIO_PIN_RESET);  //DS1 点亮
        else
            HAL_GPIO_WritePin(GPIOF, GPIO_PIN_6, GPIO_PIN_SET);    //DS1 熄灭
    }
}
```

其中，HAL_GPIO_ReadPin 函数用于读入 GPIO 引脚上的输入电平，返回值为 GPIO_PinState 类型，程序将通过该函数的返回值来判断 PD3 上输入的是高电平还是低电平，从而决定是否点亮 DS1。while 循环不断检测 PD3 引脚的输入状态，这种实现方式又称为轮询。轮询的优点是程序简单直观，缺点是程序占用的处理器资源过多，运行效率不高。读者可以将上述代码编译下载到开发板上，观察程序的运行结果是否符合预期。

需要注意的是，当使用上述程序来实现通过按键控制 LED 时，会出现按键按下和放开的瞬间 LED 状态不稳定的情况。这是因为按键所用开关为机械弹性开关，由于机械触点的弹性作用，按键在闭合及断开的瞬间均伴随一连串的抖动，同时处理器执行速度较快，容易引起一次按键被误读多次。按键抖动的波形如图 9.6 所示。

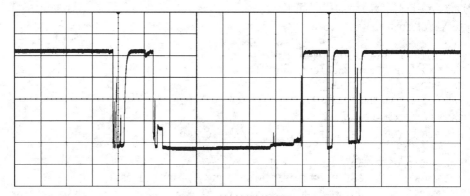

图 9.6　按键抖动的波形

在按键按下和放开的瞬间均存在抖动的情况下，程序容易引起误判。那么怎样才能消除按键抖动呢？采用硬件和软件的方法均可解决这个问题，但其中最简单的办法是在程序读取到按键状态发生变化时，在延时一小段时间后，再次读取按键状态，当两次读取的状态一致时，表明按键已经不再抖动。读者可以在程序中加入去除按键抖动的代码，观察按键按下和放开的瞬间 LED 状态是否稳定。

9.4　位带操作

9.4.1　位带概述

位带的概念早在 8051 单片机上就出现了，产生的背景如下：在微控制器的 GPIO 输入和输出数据寄存器中，通常用单个位来表示某个 GPIO 引脚的输入或输出状态，由于 C 语言程序中最小的存储器访问单位是字节，因此需要通过按位与或者左移、右移等操作来实现位操作，这会导致程序执行效率不高。即使采用汇编语言编程，也仍然需要额外的语句来从单字节或多字节数据中拆分出对应的位。为了提高位操作的效率，嵌入式处理器引入了位带（bit band）。位带的作用是将存储器地址上的单个位映射到一个 8 位、16 位或 32 位的地址空间中，从而便于程序对某个 GPIO 引脚进行单独控制，这对于 I/O 端口操作密集型的程序来说非常有用。

在 SRAM 区和 Peripheral 区的存储器地址映射中，STM32 系列微控制器各提供了一个 1 MB 空间的位带区（bit band region）和一个 32 MB 空间的位带别名区（bit band alias），如图 9.7 所示。

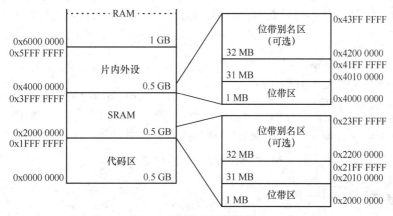

图 9.7　位带区和位带别名区

位带区将 1 MB 空间内的所有 32 位字数据中的每一位，"膨胀"到了 32 MB 位带别名区中一个 32 位字数据的最低位——bit[0]。例如，地址 0x2000 0000 中的 bit[0]对应于地址 0x2200 0000 中的 bit[0]，地址 0x2000 0000 中的 bit[1]对应于地址 0x2200 0004 中的 bit[0]，位带映射关系如表 9.6 所示。

表 9.6　　位带映射关系

存储区	位带区	位带别名区
SRAM	0x2000 0000　bit[0]	0x2200 0000　bit[0]
	0x2000 0000　bit[1]	0x2200 0004　bit[0]
	0x2000 0000　bit[2]	0x2200 0008　bit[0]
	0x2000 0000　bit[3]	0x2200 000C　bit[0]
	…	…
	0x200FFFFC bit[31]	0x23FFFFFC bit[0]
Peripheral	0x4000 0000 bit[0]	0x4200 0000 bit[0]
	0x4000 0000 bit[1]	0x4200 0004 bit[0]
	0x4000 0000 bit[2]	0x4200 0008 bit[0]
	0x4000 0000 bit[3]	0x4200 000C bit[0]
	…	…
	0x400FFFFC　bit[31]	0x43FFFFFC　bit[0]

位带区中的某个位与位带别名区的地址映射关系如下。

bit_word_addr = bit_band_base + (byte_offset × 32) + (bit_number × 4)

（1）bit_word_addr：位带别名区中映射后的地址。

（2）bit_band_base：位带别名区的起始地址（SARM 区为 0x2200 0000，Peripheral 区为 0x4200 0000）。

（3）byte_offset：位带区被映射的地址相对起始地址的偏移量。

（4）bit_number：被映射地址中的位（0~31）。

例如，对于位带区 0x4000 0300 地址中的 bit[2]，位带别名区中对应的映射地址可利用上述公式求得。

0x42006008=0x42000000 + (0x300 × 32) + (2 × 4)

0x4000 0300 地址中的 bit[2]被映射到 0x4200 6008 中的 bit[0]，换言之，对地址 0x4200 6008 中 bit[0]的访问，就是对地址 0x4000 0300 中 bit[2]的访问。

通过位带别名区的映射，可以将 SRAM 区和 Peripheral 区的位操作，转换成对位带别名区 32 位字数据的操作，从而简化程序编写并提高程序的执行效率。图 9.8 对比了两种将地址 0x2000 0000 中的 bit[2]置 1 的代码，从中可以看出，使用位带后，减少了一次按位或操作（思考一下这是为什么）。

```
不使用位带
LDR    R0, =0x20000000  ; Setup address
LDR    R1, [R0]         ; Read
ORR.W  R1, #0x4         ; Modify bit
STR    R1, [R0]         ; Write back result

使用位带
LDR    R0, =0x22000008  ; Setup address
MOV    R1, #1           ; Setup data
STR    R1, [R0]         ; Write
```

图 9.8　对比使用和不使用位带的代码

9.4.2　位带编程

位带区和位带别名区的映射关系明确，在程序中，可以把位带映射过程做成宏定义放到头文件中，编程时只需要引用宏就可以实现位操作，从而简化了位带编程。下面展示了自定义的 bitband.h 头文件中的内容。

```
#include "stm32f407xx.h"
/*位带区与位带别名区的地址映射*/
#define BITBAND(addr, bitnum) ((addr & 0xF0000000)+0x2000000+((addr &0xFFFFF)<<5)+(bitnum<<2))
#define MEM_ADDR(addr)  *((volatile unsigned long *)(addr))
#define BIT_ADDR(addr, bitnum)   MEM_ADDR(BITBAND(addr, bitnum))
/*GPIO 数据寄存器地址映射*/
#define GPIOA_ODR_Addr    (GPIOA_BASE+0x14)   /*端口输出数据寄存器地址*/
#define GPIOB_ODR_Addr    (GPIOB_BASE+0x14)
#define GPIOC_ODR_Addr    (GPIOC_BASE+0x14)
#define GPIOD_ODR_Addr    (GPIOD_BASE+0x14)
#define GPIOE_ODR_Addr    (GPIOE_BASE+0x14)
#define GPIOF_ODR_Addr    (GPIOF_BASE+0x14)
#define GPIOG_ODR_Addr    (GPIOG_BASE+0x14)

#define GPIOA_IDR_Addr    (GPIOA_BASE+0x10)    /*端口输入数据寄存器地址*/
```

```
#define GPIOB_IDR_Addr     (GPIOB_BASE+0x10)
#define GPIOC_IDR_Addr     (GPIOC_BASE+0x10)
#define GPIOD_IDR_Addr     (GPIOD_BASE+0x10)
#define GPIOE_IDR_Addr     (GPIOE_BASE+0x10)
#define GPIOF_IDR_Addr     (GPIOF_BASE+0x10)
#define GPIOG_IDR_Addr     (GPIOG_BASE+0x10)

/*定义 GPIO 引脚的输入输出，n 的值小于 16，因为 GPIO 组中只有 16 个引脚*/
#define PAout(n)   BIT_ADDR(GPIOA_ODR_Addr,n)   /*输出*/
#define PAin(n)    BIT_ADDR(GPIOA_IDR_Addr,n)   /*输入*/

#define PBout(n)   BIT_ADDR(GPIOB_ODR_Addr,n)   /*输出*/
#define PBin(n)    BIT_ADDR(GPIOB_IDR_Addr,n)   /*输入*/

#define PCout(n)   BIT_ADDR(GPIOC_ODR_Addr,n)   /*/输出*/
#define PCin(n)    BIT_ADDR(GPIOC_IDR_Addr,n)   /*输入*/

#define PDout(n)   BIT_ADDR(GPIOD_ODR_Addr,n)   /*输出*/
#define PDin(n)    BIT_ADDR(GPIOD_IDR_Addr,n)   /*输入*/

#define PEout(n)   BIT_ADDR(GPIOE_ODR_Addr,n)   /*输出*/
#define PEin(n)    BIT_ADDR(GPIOE_IDR_Addr,n)   /*输入*/

#define PFout(n)   BIT_ADDR(GPIOF_ODR_Addr,n)   /*输出*/
#define PFin(n)    BIT_ADDR(GPIOF_IDR_Addr,n)   /*输入*/

#define PGout(n)   BIT_ADDR(GPIOG_ODR_Addr,n)   /*输出*/
#define PGin(n)    BIT_ADDR(GPIOG_IDR_Addr,n)   /*输入*/
```

其中，GPIO 寄存器的起始地址 GPIOx_BASE 由 stm32f407xx.h 文件定义。PXin(*n*)和 PXout(*n*) 宏定义将对 GPIOx 端口中第 *n* 个引脚的访问转换成了对位带别名区的访问。

在将 bitband.h 添加到 Keil MDK 工程中之后，即可通过 PXin(*n*)和 PXout(*n*)来访问 GPIO 引脚。 下面将案例 9.2 中访问 GPIO 的代码改用上述宏定义来实现，修改 main 函数，代码如下。

```
#include "bitband.h"                /*引用头文件*/
#define    S1   PDin(3)             /*定义 S1 为 PD3 引脚的输入*/
#define    DS1  PFout(6)            /*定义 DS1 为 PF6 引脚的输出*/
int main(void)
{
  HAL_Init();
  SystemClock_Config();
  MX_GPIO_Init();
  while (1)
  {
    DS1= (S1 == 0) ? 0 : 1;
  }
}
```

通过上述代码可知，使用位带以后，既简化了程序中的位操作，程序的执行效率也更高了。读 者可以将上述代码编译下载到开发板上，测试运行效果是否符合预期。

9.5　思考与练习

1. 在图 9.1 中，当 STM32F407xx 的 GPIO 引脚被配置为输入模式时，＿＿＿＿被禁止，＿＿＿＿被激活。

2. 在 STM32F407xx 中，GPIO 引脚的复用功能有何种意义？如何配置复用功能？

3. 在 STM32F407xx 中，GPIO 的工作模式有哪几种？如何设置工作模式？

4. 在 STM32F407xx 的位带区，对于地址 0x2000 0104 中的 bit[8]，在映射到位带别名区之后，地址是多少？

5. 要在 PB13 引脚上输出低电平，下面哪一个选项中的函数调用是正确的？

A.　HAL_GPIO_TogglePin(GPIOB，GPIO_PIN_13，GPIO_PIN_RESET)

B.　HAL_GPIO_WritePin(GPIOB，GPIO_PIN_13，GPIO_PIN_RESET)

C.　HAL_GPIO_WritePin(GPIOB，GPIO_PIN_13，GPIO_PIN_SET)

D.　HAL_GPIO_TogglePin(GPIOB，GPIO_PIN_13)

6. 当把 STM32F407xx 的 GPIO 引脚用作输入时，是否需要设置其工作速度？为什么？

7. 根据 stm32f407xx.h 和 bitband.h 计算出 GPIOD_ODR 寄存器的访问地址。

8. 根据下图所示的电路，编程实现该电路中 4 个 LED 按照 LED1、LED2、LED3、LED4 的顺序依次循环点亮，每个 LED 的点亮时间为 1 s，之后熄灭。

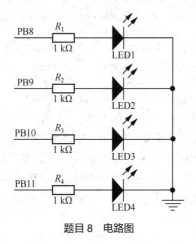

题目 8　电路图

第 10 章　异常与中断处理

第 9 章的案例采用轮询来检测按键的状态,当同时有多个任务需要处理时,或者当有紧急的事件需要立即响应时,轮询方式就无法胜任了。异常和中断机制为处理器在多任务间切换提供了底层支撑,同时也让处理器能够高效应对随机事件。STM32F4 微控制器提供了强大的异常和中断处理功能。

本章首先介绍 STM32F4 微控制器中断控制器的工作原理和编程方法,然后讲解中断编程相关的数据结构和 API 函数,最后通过案例来讲解中断编程。通过本章的学习,读者能够掌握 STM32F4 微控制器中断控制器的工作原理和中断处理过程,学会在程序中使用中断相关数据结构和 API 函数,理解中断回调函数的概念及作用。

本章学习目标:
（1）了解 STM32F4 微控制器中断控制器的工作原理;
（2）理解中断的组优先级和子优先级的概念;
（3）掌握 STM32F4 微控制器的外部中断和事件;
（4）掌握 HAL 库中与中断相关的数据结构和 API 函数;
（5）掌握 STM32F4 微控制器的中断编程。

10.1　中断控制器的工作原理

前几章讲解了 Cortex-M3/M4 的中断向量表以及 STM32F4 微控制器从中断向量表中加载中断服务程序的过程。由 Cortex-M3/M4 处理器核心产生的事件通常称为异常,比如指令执行了非法操作、越界访问存储空间、因各种错误产生的 fault 以及不可屏蔽中断等;而中断一般是指外设(包括片内外设和外部外设)产生的事件,如定时器中断、外部中断等。在 Arm 体系结构中,通常认为中断是异常的一种,编程时不对异常和中断做严格区分,两者都是打断处理器指令正常执行流程的事件。

Cortex-M3/M4 的异常是由嵌套向量中断控制器(NVIC)统一进行管理的。NVIC 最多支持 256 个中断向量入口,其中,异常入口有 16 个,偏移量为 0~15;偏移量 16 以上的均为外部中断源,总共有 240 个。对于 NVIC 来说,中断产生的来源有多种,包括处理器核心、外设、SysTick 定时器或外部输入,在某些情况下也可由软件触发产生,NVIC 中断源如图 10.1 所示。

为了保证中断的程序能够恢复正常运行,在进入中断服务程序前需要保存现场,保存现场的机制由硬件或软、硬件共同完成。基于 Cortex-M3/M4 架构的微控制器在执行中断服务程序时,寄存器 R0~R3、R12、R14（LR）以及 xPSR 中的内容由硬件自动压入堆栈,寄存器 R4~R11 中的内容由中断服务程序负责保存。

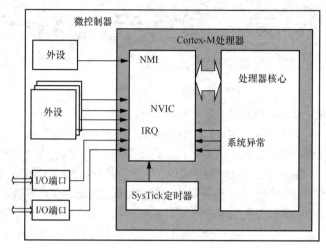

图 10.1　NVIC 中断源

基于 Cortex-M3/M4 架构的微控制器为中断处理提供的硬件机制包括以下三个方面。

（1）Cortex-M3/M4 架构提供的中断屏蔽寄存器组（其中包括 PRIMASK、FAULTMASK 和 BASEPRI 寄存器）用于控制全局中断的使能和屏蔽，具体功能参见第 4 章中有关 Cortex-M3/M4 架构的介绍。

（2）NVIC 可以配置中断向量表中各个中断的使能/禁止、中断优先级和中断状态等，NVIC 中的各个寄存器组及其功能说明详见表 10.1。

表 10.1　　　　　　　　NVIC 中的寄存器组及其功能说明（x 的取值范围为 0～2）

控制器	名称	功能说明
NVIC	ISERx（interrupt set-enable registers） 中断使能寄存器组	每一位控制一个中断的使能，写 1 有效，写 0 无效。ISER0～ISER2 总共可以控制 96 个中断，STM32F4 系列微控制器只用了其中的前 82 个
	ICERx（interrupt clear-enable registers） 中断除能寄存器组	ICER0～ICER2 寄存器与 ISER 的作用恰好相反，它们用来清除某个中断的使能，写 1 有效，写 0 无效
	ISPRx（interrupt set-pending registers） 中断挂起控制寄存器组	通过将 ISPR0～ISPR2 寄存器的某一位置 1，可以将正在进行的中断挂起，从而执行同级或更高级别的中断，写 0 是无效的
	ICPRx（interrupt clear-pending registers） 中断解挂控制寄存器组	ICPR0～ICPR2 寄存器的作用与 ISPRx 相反，通过置 1 可以将挂起的中断解挂，写 0 无效
	IABRx（interrupt active bit registers） 中断激活标志位寄存器组	IABR0～IABR2 是只读寄存器，如果某一位为 1，就表示与这个位对应的中断正在执行。通过它们可以知道当前执行的是何种中断，中断执行完之后由硬件自动清零
	IPRx（interrupt priority registers） 中断优先级控制寄存器组	IPR0～IPR20 为每个中断向量提供了一个 8 位的空间用于配置中断优先级

（3）外部中断控制器（EXTI）用于控制外部设备产生的中断，通过 EXTI 可以选择外部设备的中断类型和相应中断的触发方式，还可以单独屏蔽每个外部中断。EXIT 的输出最终将被映射到 NVIC 的相应通道。

10.1.1　中断优先级

基于 Cortex-M3/M4 架构的微控制器的 NVIC 支持最多 256 级的可编程优先级（支持最多 128 级抢占）。STM32F407xx 的中断向量表只用到了 98 个中断，前 16

中断优先级

个（除去保留的，实际上只有 10 个）为不可屏蔽中断，后 82 个外部中断为可屏蔽中断。表 10.2 列举了 STM32F407xx 的异常和中断，其中的"优先级"列给出了各个异常和中断的默认优先级。异常和中断的优先级数值越低，表示优先级越高。

表 10.2　　　　　　　　　　　　　STM32F407xx 的异常和中断

位置	优先级	优先级类型	异常或中断的名称	说明	入口地址
—	—	—	—	保留	0x0000 0000
	−3	固定	Reset	复位	0x0000 0004
	−2	固定	NMI	不可屏蔽中断	0x0000 0008
	−1	固定	硬件失效（Hard Fault）	所有类型的失效	0x0000 000C
	0	可设置	存储管理（memorg manage）	存储器管理	0x0000 0010
	1	可设置	总线错误（bus fault）	预取指失败，存储器访问失败	0x0000 0014
	2	可设置	错误应用（usage fault）	未定义的指令或非法状态	0x0000 0018
—	—	—	—	保留	0x0000 001C ～ 0x0000 002B
	3	可设置	SVCall	通过 SWI 指令的系统服务调用	0x0000 002C
	4	可设置	调试监控（debug monitor）	调试监控器	0x0000 0030
—	—	—		保留	0x0000 0034
	5	可设置	PendSV	可挂起的系统服务	0x0000 0038
	6	可设置	SysTick	系统定时器	0x0000 003C
0	7	可设置	WWDG	窗口定时器中断	0x0000 0040
1	8	可设置	PVD	连到 EXTI 的电源电压检测（PVD）中断	0x0000 0044
2	9	可设置	TAMPER	连接到 EXTI 线的入侵和时间戳中断	0x0000 0048
3	10	可设置	RTC	连接到 EXTI 线的 RTC 唤醒中断	0x0000 004C
4	11	可设置	FLASH	闪存全局中断	0x0000 0050
5	12	可设置	RCC	复位和时钟控制(RCC)中断	0x0000 0054
6	13	可设置	EXTI0	EXTI 线 0 中断	0x0000 0058
7	14	可设置	EXTI1	EXTI 线 1 中断	0x0000 005C
8	15	可设置	EXTI2	EXTI 线 2 中断	0x0000 0060
9	16	可设置	EXTI3	EXTI 线 3 中断	0x0000 0064
10	17	可设置	EXTI4	EXTI 线 4 中断	0x0000 0068
11	18	可设置	DMA1 数据流 0	DMA1 数据流 0 全局中断	0x0000 006C
12	19	可设置	DMA1 数据流 1	DMA1 数据流 1 全局中断	0x0000 0070
13	20	可设置	DMA1 数据流 2	DMA1 数据流 2 全局中断	0x0000 0074
14	21	可设置	DMA1 数据流 3	DMA1 数据流 3 全局中断	0x0000 0078
15	22	可设置	DMA1 数据流 4	DMA1 数据流 4 全局中断	0x0000 007C
16	23	可设置	DMA1 数据流 5	DMA1 数据流 5 全局中断	0x0000 0080
17	24	可设置	DMA1 数据流 6	DMA1 数据流 6 全局中断	0x0000 0084
18	25	可设置	ADC	ADC1、ADC2 和 ADC3 的全局中断	0x0000 0088
19	26	可设置	CAN1_TX	CAN1 发送中断	0x0000 008C
20	27	可设置	CAN1_RX0	CAN1 接收 0 中断	0x0000 0090

位置	优先级	优先级类型	异常或中断的名称	说明	入口地址
21	28	可设置	CAN1_RX1	CAN1 接收 1 中断	0x0000 0094
22	29	可设置	CAN1_SCE	CAN1 SCE 中断	0x0000 0098
23	30	可设置	EXTI9_5	EXTI 线[9:5]中断	0x0000 009C
24	31	可设置	TIM1_BRK_TIM9	TIM1 刹车中断和 TIM9 全局中断	0x0000 00A0
25	32	可设置	TIM1_UP_TIM10	TIM1 更新中断和 TIM10 全局中断	0x0000 00A4
26	33	可设置	TIM1_TRG_COM_TIM11	TIM1 触发和通信中断、TIM11 全局中断	0x0000 00A8
27	34	可设置	TIM1_CC	TIM1 捕获比较中断	0x0000 00AC
28	35	可设置	TIM2	TIM2 全局中断	0x0000 00B0
29	36	可设置	TIM3	TIM3 全局中断	0x0000 00B4
30	37	可设置	TIM4	TIM4 全局中断	0x0000 00B8
31	38	可设置	I2C1_EV	I^2C1 事件中断	0x0000 00BC
32	39	可设置	I2C1_ER	I^2C1 错误中断	0x0000 00C0
33	40	可设置	I2C2_EV	I^2C2 事件中断	0x0000 00C4
34	41	可设置	I2C2_ER	I^2C2 错误中断	0x0000 00C8
35	42	可设置	SPI1	SPI1 全局中断	0x0000 00CC
36	43	可设置	SPI2	SPI2 全局中断	0x0000 00D0
37	44	可设置	USART1	USART1 全局中断	0x0000 00D4
38	45	可设置	USART2	USART2 全局中断	0x0000 00D8
39	46	可设置	USART3	USART3 全局中断	0x0000 00DC
40	47	可设置	EXTI15_10	EXTI 线[15:10]中断	0x0000 00E0
41	48	可设置	RTCAlarm	连到 EXTI 的 RTC 闹钟中断	0x0000 00E4
42	49	可设置	USB 唤醒	连到 EXTI 的从 USB 待机唤醒中断	0x0000 00E8
43	50	可设置	TIM8_BRK	TIM8 刹车中断	0x0000 00EC
44	51	可设置	TIM8_UP	TIM8 更新中断	0x0000 00F0
45	52	可设置	TIM8_TRG_COM_TIM14	TIM8 触发和通信中断、TIM14 全局中断	0x0000 00F4
46	53	可设置	TIM8_CC	TIM8 捕获比较中断	0x0000 00F8
47	54	可设置	DMA1 数据流 7	DMA1 数据流 7 全局中断	0x0000 00FC
48	55	可设置	FSMC	FSMC 全局中断	0x0000 0100
49	56	可设置	SDIO	SDIO 全局中断	0x0000 0104
50	57	可设置	TIM5	TIM5 全局中断	0x0000 0108
51	58	可设置	SPI3	SPI3 全局中断	0x0000 010C
52	59	可设置	UART4	UART4 全局中断	0x0000 0110
53	60	可设置	UART5	UART5 全局中断	0x0000 0114
54	61	可设置	TIM6	TIM6 全局中断	0x0000 0118
55	62	可设置	TIM7	TIM7 全局中断	0x0000 011C
56	63	可设置	DMA2 数据流 0	DMA2 数据流 0 全局中断	0x0000 0120
57	64	可设置	DMA2 数据流 1	DMA2 数据流 1 全局中断	0x0000 0124
58	65	可设置	DMA2 数据流 2	DMA2 数据流 2 全局中断	0x0000 0128
59	66	可设置	DMA2 数据流 3	DMA2 数据流 3 全局中断	0x0000 012C

续表

位置	优先级	优先级类型	异常或中断的名称	说明	入口地址
60	67	可设置	DMA2 数据流 4	DMA2 数据流 4 全局中断	0x0000 0130
61	68	可设置	ETH	以太网全局中断	0x0000 0134
62	69	可设置	ETH_WKUP	连接到 EXTI 线的以太网唤醒中断	0x0000 0138
63	70	可设置	CAN2_TX	CAN2 发送中断	0x0000 013C
64	71	可设置	CAN2_RX0	CAN2 接收 0 中断	0x0000 013C
65	72	可设置	CAN2_RX1	CAN2 接收 1 中断	0x0000 0144
66	73	可设置	CAN2_SCE	CAN2 SCE 中断	0x0000 0148
67	74	可设置	OTG_FS	USB On The Go FS 全局中断	0x0000 014C
68	75	可设置	DMA2 数据流 5	DMA2 数据流 5 全局中断	0x0000 0150
69	76	可设置	DMA2 数据流 6	DMA2 数据流 6 全局中断	0x0000 0154
70	77	可设置	DMA2 数据流 7	DMA2 数据流 7 全局中断	0x0000 0158
71	78	可设置	USART6	USART6 全局中断	0x0000 015C
72	79	可设置	I2C3_EV	I^{2}C3 事件中断	0x0000 0160
73	80	可设置	I2C3_ER	I^{2}C3 错误中断	0x0000 0164
74	81	可设置	OTG_HS_EP1_OUT	USB On The Go HS 端点 1 输出全局中断	0x0000 0168
75	82	可设置	OTG_HS_EP1_IN	USB On The Go HS 端点 1 输入全局中断	0x0000 016C
76	83	可设置	OTG_HS_WKUP	连接到 EXTI 线的 USB On The Go HS 唤醒中断	0x0000 0170
77	84	可设置	OTG_HS	USB On The Go HS 全局中断	0x0000 0174
78	85	可设置	DCMI	DCMI 全局中断	0x0000 0178
79	86	可设置	CRYP	CRYP 加密全局中断	0x0000 017C
80	87	可设置	HASH_RNG	哈希和随机数发生器全局中断	0x0000 0180
81	88	可设置	FPU	FPU 全局中断	0x0000 0184

　　NVIC 中有 3 个异常，分别是 Reset、NMI 和 Hard Fault，它们的优先级是固定的且都是负数，分别是系统默认的−3、−2、−1，这代表了它们的优先级高于其他异常。其余异常和中断的优先级都是可编程的。

　　系统异常优先级寄存器组（system handler priority registers，SHPR）用于配置异常的优先级，其中包含了 3 个寄存器——SHPR1、SHPR2 和 SHPR3，它们都是 32 位寄存器，设置异常优先级需要 8 位，它们一共可用于配置 12 个异常的优先级，每 8 位中只用了高 4 位，低 4 位写无效且读为 0，如表 10.3 所示。

表 10.3　　　　　　　　　　　　　　　配置异常优先级

寄存器名称		名称	管理的异常
SHPR1（System handler priority register 1）		PRI_4	存储管理(memorg manage)
		PRI_5	总线错误(bus fault)
		PRI_6	错误应用(usage fault)
SHPR2（System handler priority register 2）		PRI_11	SVCall
SHPR3（System handler priority register 3）		PRI_14	PendSV
		PRI_15	SysTick

剩余 82 个中断的优先级由 NVIC 中的 IPR0～IPR20 寄存器配置,每个 IPR 寄存器有 4 个 8 位用于配置中断优先级,标注为 IP[0]～IP[81],分别对应于表 10.2 中"位置"列标注的中断。对于 STM32F407xx 微控制器,给 IP[0]～IP[81]分配的 8 位并没有全部被使用,只用了高 4 位,如图 10.2 所示。

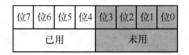

图 10.2　IPR 寄存器用 4 位表示中断优先级

每个 IP[7:4]位又分为两部分:一部分表示组优先级,又称为抢占优先级;另一部分表示子优先级,又称为响应优先级。组优先级在前,子优先级在后。那么,这 4 位到底该如何分配呢? 分配方式由应用程序中断及复位控制寄存器(AIRCR)中的位[10:8]决定,如表 10.4 所示。

表 10.4　　　　　　　　　　　　STM32F407xx 的中断优先级配置

组	AIRCR[10:8]	IP[7:4] (优先级位:子优先级位)	分配结果
0	111	0:4	0 位组优先级,4 位子优先级
1	110	1:3	1 位组优先级,3 位子优先级
2	101	2:2	2 位组优先级,2 位子优先级
3	100	3:1	3 位组优先级,1 位子优先级
4	011	4:0	4 位组优先级,0 位子优先级

那么,如何判断两个不同中断的优先级孰高孰低呢? 中断优先级的判定需要遵循以下原则。

(1)组优先级和子优先级均是数值越小,优先级越高。

(2)不管子优先级为多少,首先判断组优先级,组优先级数值越小的优先级越高。

(3)如果两个中断的组优先级相同,那么子优先级数值小的优先级较高。

(4)如果两个中断的组优先级和子优先级都相同,那么中断向量表中入口地址低的优先级较高,这是微控制器复位时默认的状态。

下面举例说明,假设:RTC 中断的组优先级为 2,子优先级为 1;EXTI0 中断的组优先级为 3,子优先级为 0;EXTI1 中断的组优先级为 2,子优先级为 0。先比较它们的组优先级数值大小,再比较它们的子优先级数值大小,就可以得到这 3 个中断的优先级顺序为 EXTI1>RTC>EXTI0。

当同一时刻有多个中断请求发生时,就有可能出现中断嵌套的情况。中断嵌套是由中断抢占引起的——高优先级中断打断了正在执行的低优先级中断,中断抢占遵循以下原则。

(1)组优先级高的中断会抢占处理器,打断正在执行的组优先级低的中断。

(2)如果两个中断的组优先级相同,则子优先级高的中断不能打断正在执行的子优先级低的中断。

当处理器执行某个中断服务程序时,中断的优先级数值会存储在程序状态寄存器(xPSR)中。此时若有新的中断请求产生,处理器会自动比较新中断与当前正在执行的中断的优先级。如果新中断的优先级更高,处理器就会打断当前的中断服务程序,转向执行新中断的中断服务程序,从而产生中断嵌套。反之,处理器会挂起新中断的中断请求,继续执行当前的中断服务程序。中断嵌套如图 10.3 所示。

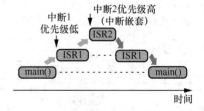

图 10.3　中断嵌套

需要注意的是,由于 IP[7:4]的 4 个位最多只能配置 16 个中断优先级,因此当系统中用到的中断数量超过 16 个时,必然有两个以上的中断源具有相同的中断优先级。此外,同一个中断是不支持重入的,这是因为每个中断都有自己的优先级。在执行中断服务程序时,同级或低优先级的中断都被挂起,因此对于同一个中断来说，只有在上一次中断服务程序执行完毕后，才可以继续响应新的中断请求。

10.1.2　外部中断和事件

外部中断和事件

STM32F4 微控制器的外部中断是指由 EXTI 配置的中断。EXTI 是 ST 公司在 STM32F4 微控制器中扩展的外部中断控制器，用于管理 GPIO 引脚上产生的中断、少量外设中断（包括电压检测器、RTC 闹钟、USB 唤醒、Ethernet 唤醒）以及软件中断。EXTI 的输出最终被映射到 NVIC 的相应通道，中断向量表中预留了外部中断的中断向量存放位置，参见表 10.2。

EXTI 控制器的每个中断/事件线上都可以独立配置对应中断的触发和屏蔽，触发事件可以配置为上升沿、下降沿或双边沿触发。EXTI 控制器为每个中断/事件线都提供了专用的状态位。对于 STM32F407xx 来说，它最多支持 23 个外部中断/事件请求，对应的 EXTI 寄存器为 EXTI0～EXTI22。

EXTI 控制器的功能框图如图 10.4 所示。对于 EXTI 来说，"中断"和"事件"有着不同的含义，可通过中断信号的流向路径来区分是"中断"还是"事件"。

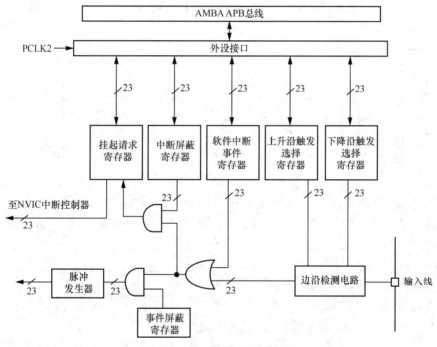

图 10.4　EXTI 控制器的功能框图

外部信号从图 10.4 右侧的输入线进入 EXTI，先经过"边沿检测电路"，再进入"或门"，"或门"的另一输入端为"软件中断/事件寄存器"。由此可见，软件触发的中断优先于外部信号请求。也就是说，当"软件中断/事件寄存器"的输出为 1 时，不管外部信号如何，"或门"都会输出有效信号。

信号经"或门"输出之后，"中断"和"事件"有不同的流向。为了产生中断信号，需要将"中断屏蔽寄存器"的对应位置 1，信号进入"挂起请求寄存器"。"挂起请求寄存器"检测信号是否重入，如果没有重入，就向 NVIC 发出中断请求。如果需要产生事件信号，可将"事件屏蔽寄存器"的对应位置 1，信号进入"脉冲发生器"。"脉冲发生器"将信号转换为单脉冲，用于驱动微控制器中的其他功能模块，如引起 DMA 操作、ADC 转换等。

由上述分析可知，从外部激励信号的角度看，EXTI 中的中断和事件是没有区别的，它们是在 EXTI

内部分开的。外部信号经过 EXTI 后，可用于向 NVIC 发起中断请求，还可用于向其他功能模块发送脉冲触发信号，至于其他联动的功能模块如何响应信号，则需要对相应的功能模块进行配置。

STM32F407xx 内部有 23 路 EXTI 控制器，它们的功能如表 10.5 所示。

表 10.5   EXTI 控制器的功能

EXTI 控制器	功能
EXTI0～EXTI15	16 个外部中断/事件线用于连接 GPIO
EXTI16	连接到电压检测器的输出信号
EXTI17	连接到 RTC 闹钟事件
EXTI18	连接到 USB 唤醒事件
EXTI19	连接到以太网唤醒事件
EXTI20	连接到 USB OTG HS 唤醒事件
EXTI21	连接到 RTC 入侵和时间戳事件
EXTI22	连接到 RTC 唤醒事件

由于 GPIO 引脚的数量远超过 16 个，EXTI0～EXTI15 实际上是在多路 GPIO 输入中选择一路作为当前输入，如图 10.5 所示。

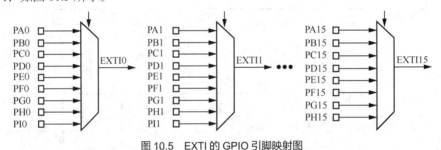

图 10.5   EXTI 的 GPIO 引脚映射图

SYSCFG_EXTICR 寄存器组用于配置 EXTIx 从 PAx～PIx（x 的取值范围为 0～15）中选择一个引脚作为输入源。SYSCFG_EXTICR 寄存器组总共有 4 个寄存器——SYSCFG_EXTICR1～SYSCFG_
EXTICR4，每个寄存器可以配置 4 个 EXTI 控制器的输入源。以 SYSCFG_EXTICR1 寄存器为例，它的结构如图 10.6 所示。根据表 10.6 中 EXITx[3:0]的取值，在 SYSCFG_EXTICR 寄存器中填入某个 GPIO 引脚的编号，该 GPIO 引脚上的输入信号将进入对应 EXTI 控制器的输入线。

31			16
保留			

15			0
EXTI3[3:0]	EXTI2[3:0]	EXTI1[3:0]	EXTI0[3:0]
rw	rw	rw	rw

图 10.6   SYSCFG_EXTICR1 寄存器的结构

表 10.6   EXTIx[3:0]的取值表（x 的取值范围为 0～15）

EXTIx[3:0]的取值	选中的引脚
0000	PAx
0001	PBx
0010	PCx
0011	PDx
0100	PEx
0101	PFx
0110	PGx
0111	PHx
1000	PIx

表 10.7 列出了常用的 EXTI 控制寄存器及其功能说明，读者可以结合图 10.4 来分析这些寄存器的作用。

表 10.7　　　　　　　　　　　常用的 EXTI 控制寄存器及其功能说明

控制器	寄存器名称	功能说明
EXTI	EXTI_IMR（interrupt mask register） 中断屏蔽寄存器	屏蔽/开放 EXTI0～EXIT22 的中断请求
	EXTI_EMR（event mask register） 事件屏蔽寄存器	屏蔽/开放 EXTI0～EXIT22 的事件请求
	EXTI_RTSR（rising trigger selection register） 上升沿触发选择寄存器	允许/禁止上升沿触发中断或事件
	EXTI_FTSR（falling trigger selection register） 下降沿触发选择寄存器	允许/禁止下降沿触发中断或事件
	EXTI_SWIER（software interrupt event register） 软件中断事件寄存器	设置/清除软件中断
	EXTI_PR（pending register） 挂起寄存器	标识对应的中断事件

10.2　中断编程

下面通过一个案例来讲解中断的配置和编程，并分析相关代码的功能。

案例 10.1：根据图 10.7 所示的按键和 LED 电路，实现由按键 S1 触发的中断来控制 DS1 的点亮和熄灭。

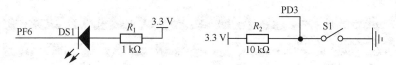

图 10.7　按键和 LED 电路

通过分析图 10.7 可知，按键 S1 连接在 PD3 引脚上，PD3 引脚上的信号可经由 EXTI3 触发外部中断。当按键 S1 按下时，PD3 引脚上的电平由高变低，也就是需要在下降沿触发中断并点亮 DS1；当按键 S1 弹开时，PD3 引脚上的电平由低变高，也就是需要在上升降沿触发中断并熄灭 DS1。因此，PD3 引脚应同时允许上升沿和下降沿触发中断。

10.2.1　工程配置

1．新建项目和配置时钟树

在 STM32CubeMX 中创建一个新项目，先选择微控制器芯片为 STM32F407xx，再选择 HSE 和 LSE 作为时钟源，并配置好时钟树参数。

2．配置芯片引脚功能

选择 STM32CubeMX 主界面中的 Pinout & Configuration 面板，展开界面左侧的 System Core 列表，选中 GPIO。然后在界面右侧的 Pinout view 面板中选中 PF6 引脚，设定其工作模式为 GPIO_Output。最后，选中 PD3 引脚，将其工作模式设置为 GPIO_EXTI3。此时 PD3 引脚被配置成中断输入引脚，如图 10.8 所示。

在 System Core 列表中选择 NVIC，将弹出 NVIC Mode and Configuration 面板，如图 10.9 所示。在 NVIC 子面板的 Priority Group 下拉列表中，进行组优先级和子优先级的配置。一般情况下，可以将中断优先级的 4 个位都作为组优先级，而不使用子优先级。在下方的中断函数列表中，勾选 EXTI line3 interrupt，然后在对应的 Preemption Priority 列表中配置中断的优先级，这里将 EXTI3 的组优先级配置为 5。

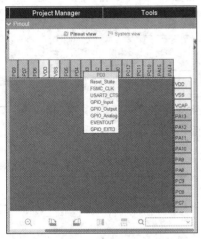

图 10.8 配置 PD3 引脚为中断输入引脚

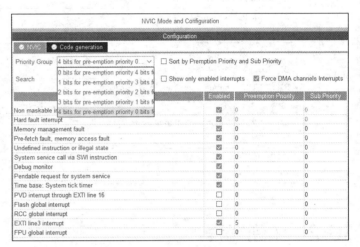

图 10.9 NVIC 子面板

切换到 Code generation 子面板，如图 10.10 所示。勾选与 EXTI line3 interrupt 对应的 Call HAL handler 选项，该选项表示 STM32CubeMX 会自动生成与 EXTI3 对应的中断服务程序。

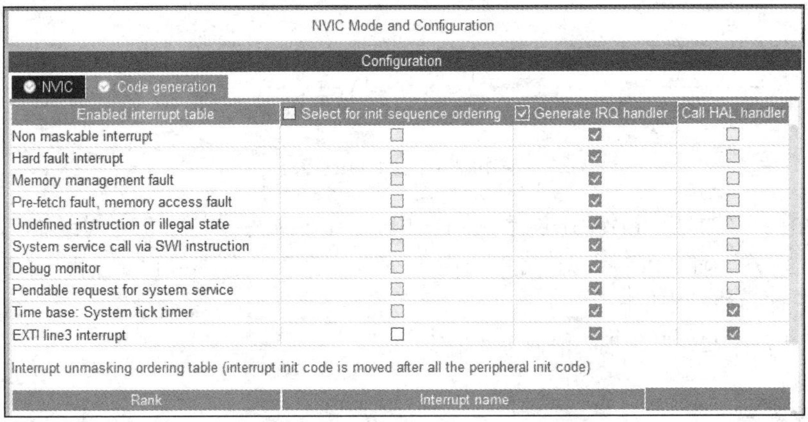

图 10.10 Code generation 子面板

再次选中 System Core 列表中的 GPIO，在 GPIO Mode and Configuration 面板的 GPIO 子面板中配置 PD3 引脚的中断触发状态，如图 10.11 所示。在本案例中，需要选择上升沿和下降沿均触发中断。

切换到 GPIO Mode and Configuration 面板的 NVIC 子面板，其中列出了 GPIO 引脚对应中断的列表。勾选 EXTI3 中断的 Enabled 选项，表示允许 EXTI3 中断，否则表示屏蔽 EXTI3 中断，如图 10.12 所示。

3. 配置工程参数和生成工程文件

在 STM32CubeMX 主界面的 Project Manager 面板中配置好相关的工程参数之后，单击 GENERATE CODE，导出 Keil MDK 工程文件和程序代码。

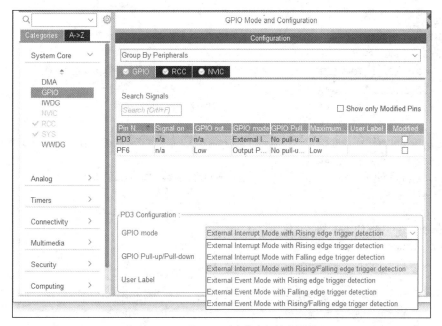

图 10.11 配置 PD3 引脚的中断触发状态

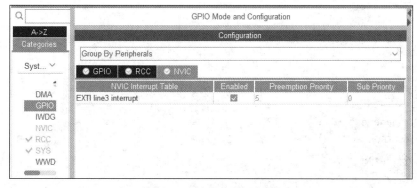

图 10.12 允许 EXTI3 中断

10.2.2 中断相关数据结构和 API 函数

CMSIS 库提供了对 NVIC 的底层支持，包括用于描述 NVIC 的数据结构和相关函数，HAL 库则在 CMSIS 库的基础上进行了封装。在程序代码中，我们主要通过调用 HAL 库中的函数来完成中断处理。下面介绍与中断相关的数据结构和 API 函数。

1. 中断相关数据结构

core_cm4.h 文件中定义了与 NVIC 寄存器对应的结构体 NVIC_Type，stm32f407xx.h 文件中则定义了 STM32F4 微控制器的中断向量编号及 EXTI 相关数据结构。

```
/* core_cm4.h 文件中定义的结构体 NVIC_Type*/
typedef struct
{
    __IOM uint32_t ISER[8U];            /*中断使能寄存器，偏移量 0x000 */
    uint32_t RESERVED0[24U];
    __IOM uint32_t ICER[8U];            /*中断除能寄存器，偏移量 0x080*/
```

```
      uint32_t RSERVED1[24U];
      __IOM uint32_t ISPR[8U];                  /*中断挂起控制寄存器，偏移量 0x100/
      uint32_t RESERVED2[24U];
      __IOM uint32_t ICPR[8U];                  /*中断解挂控制寄存器，偏移量 0x180*/
      uint32_t RESERVED3[24U];
      __IOM uint32_t IABR[8U];                  /*中断激活标志位寄存器，偏移量 0x200*/
      uint32_t RESERVED4[56U];
      __IOM uint8_t  IP[240U];                  /*中断优先级控制寄存器(8 位宽)，偏移量 0x300 */
      uint32_t RESERVED5[644U];
      __OM  uint32_t STIR;                      /*软件触发中断寄存器，偏移量 0xE00 */
}  NVIC_Type;

/* msic.h 文件中定义的 NVIC 初始化数据结构*/
typedef struct
{
   uint8_t  NVIC_IRQChannel;                               /*中断编号 */
   uint8_t  NVIC_IRQChannelPreemptionPriority;    /*中断组优先级*/
   uint8_t  NVIC_IRQChannelSubPriority;                /*中断子优先级*/
   FunctionalState  NVIC_IRQChannelCmd;              /*中断指令 ENABLE 或 DISABLE */
} NVIC_InitTypeDef;

/*stm32f407xx.h 文件中定义的微控制器中断向量编号，对应 NVIC_InitTypeDef 的 NVIC_IRQChannel 参数*/
typedef enum
{
   /*Cortex-M4 Processor Exceptions Numbers **/
   NonMaskableInt_IRQn       = -14,
   MemoryManagement_IRQn   = -12,
   BusFault_IRQn              = -11,
   UsageFault_IRQn            = -10,
   SVCall_IRQn                = -5,
   DebugMonitor_IRQn          = -4,
   PendSV_IRQn              = -2,
   SysTick_IRQn             = -1,

   /* STM32 specific Interrupt Numbers */
   WWDG_IRQn              = 0,
   PVD_IRQn                = 1,
   TAMP_STAMP_IRQn       = 2,
   RTC_WKUP_IRQn          = 3,
   FLASH_IRQn             = 4,
   RCC_IRQn               = 5,
   EXTI0_IRQn              = 6,
   EXTI1_IRQn              = 7,
   EXTI2_IRQn              = 8,
   EXTI3_IRQn              = 9,
   EXTI4_IRQn              = 10,
   ...
   RNG_IRQn                = 80,
```

```
    FPU_IRQn                = 81
} IRQn_Type;

/*stm32f407xx.h 文件定义的 EXTI 数据结构 */
typedef struct
{
    __IO uint32_t IMR;      /*中断屏蔽寄存器，偏移地址：0x00 */
    __IO uint32_t EMR;      /*事件屏蔽寄存器，偏移地址：0x04 */
    __IO uint32_t RTSR;     /*上升沿触发选择寄存器，偏移地址：0x08 */
    __IO uint32_t FTSR;     /*下降沿触发选择寄存器，偏移地址：0x0C */
    __IO uint32_t SWIER;    /*软件中断事件寄存器，偏移地址：0x10 */
    __IO uint32_t PR;       /*挂起寄存器，偏移地址：0x14 */
} EXTI_TypeDef;
```

2. 中断相关函数

HAL 库中常用的中断控制相关函数及其功能描述详见表 10.8。

表 10.8   HAL 库中常用的中断控制相关函数及其功能描述

函数名称	函数定义及功能描述
HAL_NVIC_SetPriorityGrouping	voidHAL_NVIC_SetPriorityGrouping(uint32_t PriorityGroup)
	配置 NVIC 优先级分组方式
HAL_NVIC_GetPriorityGrouping	uint32_t HAL_NVIC_GetPriorityGrouping(void)
	获取 NVIC 优先级分组方式
HAL_NVIC_SetPriority	void HAL_NVIC_SetPriority(IRQn_Type IRQn, uint32_t PreemptPriority, uint32_t SubPriority)
	设置对应中断号的组优先级和子优先级
HAL_NVIC_GetPriority	void HAL_NVIC_GetPriority(IRQn_Type IRQn, uint32_t PriorityGroup, uint32_t * pPreemptPriority, uint32_t * pSubPriority)
	读取对应中断号的组优先级和子优先级
HAL_NVIC_EnableIRQ	void HAL_NVIC_EnableIRQ(IRQn_Type IRQn)
	使能对应中断号的中断
HAL_NVIC_DisableIRQ	void HAL_NVIC_DisableIRQ(IRQn_Type IRQn)
	关闭对应中断号的中断
HAL_NVIC_SystemReset	void HAL_NVIC_SystemReset(void)
	发出系统复位中断，用来复位处理器
HAL_NVIC_GetPendingIRQ	uint32_t HAL_NVIC_GetPendingIRQ(IRQn_Type IRQn)
	获取特定中断号的挂起状态
HAL_NVIC_SetPendingIRQ	void HAL_NVIC_SetPendingIRQ(IRQn_Type IRQn)
	设置特定中断号的挂起状态
HAL_NVIC_ClearPendingIRQ	void HAL_NVIC_ClearPendingIRQ(IRQn_Type IRQn)
	清除特定中断号的挂起状态
HAL_NVIC_GetActive	uint32_t HAL_NVIC_GetActive(IRQn_Type IRQn)
	获得指定中断的激活状态

在表 10.8 中，激活状态是指处理器正在运行中断的中断服务程序。挂起状态是指某个中断虽然已经产生，但是处理器正在执行同级或优先级更高的中断服务程序，导致该中断被挂起。

HAL 库为每个外设提供了对应的中断处理函数以处理特定外设产生的中断，其中 GPIO 端口的中断处理函数如表 10.9 所示。

表 10.9 GPIO 端口的中断处理函数

函数名称	函数定义及功能描述
HAL_GPIO_EXTI_IRQHandler	void HAL_GPIO_EXTI_IRQHandler(uint16_t GPIO_Pin)
	指定 GPIO 引脚上产生的 EXTI 中断处理程序
HAL_GPIO_EXTI_Callback	void HAL_GPIO_EXTI_Callback(uint16_t GPIO_Pin)
	指定 GPIO 引脚上的 EXTI 中断回调函数，可在 HAL_GPIO_EXTI_IRQHandler 函数中调用，并且可根据需要重新定义
__HAL_GPIO_EXTI_GET_IT	获取指定的 EXTI 线路触发的中断请求状态
__HAL_GPIO_EXTI_CLEAR_IT	清除指定的 EXTI 线路触发的中断挂起位

10.2.3 中断代码解析

STM32CubeMX 生成的代码中，与中断处理相关的代码主要集中在 startup_stm32f407xx.s、stm32f4xx_it.c 和 main.c 这几个文件中。其中，startup_stm32f407xx.s 文件中的中断向量表给出了各个中断服务程序的函数名，中断向量表的相关内容详见前面的章节。

stm32f4xx_it.c 提供了系统异常的中断服务程序，包括 NMI_Handler、HardFault_Handler、MemManage_Handler 等。PD3 引脚上的信号经由 EXTI3 产生中断，所以 STM32CubeMX 会在 stm32f4xx_it.c 文件中生成 EXTI3_IRQHandler 函数来处理 PD3 引脚触发的中断，代码如下。

```
void EXTI3_IRQHandler(void)
{
  /* USER CODE BEGIN EXTI3_IRQn 0 */
  /* USER CODE END EXTI3_IRQn 0 */

  HAL_GPIO_EXTI_IRQHandler(GPIO_PIN_3);

  /* USER CODE BEGIN EXTI3_IRQn 1 */
  /* USER CODE END EXTI3_IRQn 1 */
}
```

EXTI3_IRQHandler 由于处理的是 GPIO 引脚引起的中断，因此需要调用 GPIO 提供的中断处理函数 HAL_GPIO_EXTI_IRQHandler，该函数存放在 stm32f4xx_hal_gpio.c 文件中，代码如下。

```
void HAL_GPIO_EXTI_IRQHandler(uint16_t GPIO_Pin)
{
  /* EXTI line interrupt detected */
  if(__HAL_GPIO_EXTI_GET_IT(GPIO_Pin) != RESET)
  {
    __HAL_GPIO_EXTI_CLEAR_IT(GPIO_Pin);
    HAL_GPIO_EXTI_Callback(GPIO_Pin);
  }
}

__weak void HAL_GPIO_EXTI_Callback(uint16_t GPIO_Pin)
{
  /* Prevent unused argument(s) compilation warning */
  UNUSED(GPIO_Pin);
  /* NOTE: This function Should not be modified, when the callback is needed,
           the HAL_GPIO_EXTI_Callback could be implemented in the user file
   */
}
```

HAL_GPIO_EXTI_IRQHandler 函数首先清除了对应 GPIO 中断请求的挂起位，以表示该中断已经得到了处理，然后调用了 HAL_GPIO_EXTI_Callback 函数。STM32CubeMX 生成的 HAL_GPIO_EXTI_Callback 是一个空函数，它的函数定义中有一个 __weak 属性。如果开发人员重新定义了同名函数，编译器在编译的时候就会优先选择用户自定义的函数；如果开发人员没有重新定义该函数，那么编译器就会编译含有_weak 属性的函数。

在 main.c 文件的 MX_GPIO_Init 函数中配置了 PD3 和 PF6 引脚的相关参数，包括使能 GPIO 时钟、配置上升/下降沿触发、配置 EXIT3 中断优先级和中断使能等。在案例 10.1 中，PD3 引脚的触发模式被配置为上升沿和下降沿均可触发，然后通过 HAL_NVIC_SetPriority 函数配置 EXTI3 的组优先级为 5、子优先级为 0，最后用 HAL_NVIC_EnableIRQ 函数开启 EXTI3 中断。MX_GPIO_Init 函数中的代码如下。

```
static void MX_GPIO_Init(void)
{
    GPIO_InitTypeDef GPIO_InitStruct = {0};

    /* GPIO Ports Clock Enable */
    __HAL_RCC_GPIOC_CLK_ENABLE();
    __HAL_RCC_GPIOF_CLK_ENABLE();                        /*使能 GPIOF 时钟*/
    __HAL_RCC_GPIOH_CLK_ENABLE();
    __HAL_RCC_GPIOD_CLK_ENABLE();                        /*使能 GPIOD 时钟*/

    /*Configure GPIO pin : PF6 */                        /*配置 PF6 为输出*/
    GPIO_InitStruct.Pin = GPIO_PIN_6;
    GPIO_InitStruct.Mode = GPIO_MODE_OUTPUT_PP;
    GPIO_InitStruct.Pull = GPIO_NOPULL;
    GPIO_InitStruct.Speed = GPIO_SPEED_FREQ_LOW;
    HAL_GPIO_Init(GPIOF, &GPIO_InitStruct);

/*Configure GPIO pin Output Level */
    HAL_GPIO_WritePin(GPIOF, GPIO_PIN_6, GPIO_PIN_SET);  /*初始为高电平, DS1 熄灭*/

    /*Configure GPIO pin : PD3 */                        /*配置 PD3 为输入*/
    GPIO_InitStruct.Pin = GPIO_PIN_3;
    GPIO_InitStruct.Mode = GPIO_MODE_IT_RISING_FALLING;  /*上升沿和下降沿均触发*/
    GPIO_InitStruct.Pull = GPIO_NOPULL;
    HAL_GPIO_Init(GPIOD, &GPIO_InitStruct);

    /* EXTI interrupt init*/
    HAL_NVIC_SetPriority(EXTI3_IRQn, 5, 0);              /*配置 EXTI3 中断的优先级*/
    HAL_NVIC_EnableIRQ(EXTI3_IRQn);                      /*使能 EXTI3 中断*/
}
```

那么，该如何通过 EXIT3 的中断服务程序来控制 LED 的点亮和熄灭呢？如前所述，可以在 main.c 中重新定义 HAL_GPIO_EXTI_Callback 函数。修改后的 main 函数如下。

```
int main(void)
{
    HAL_Init();
    SystemClock_Config();
    MX_GPIO_Init();
```

```
    while (1)
    {
    }
}
/* USER CODE BEGIN 4 */
void HAL_GPIO_EXTI_Callback(uint16_t GPIO_Pin)
{
  if(GPIO_Pin == GPIO_PIN_3)      /*判断是否是 GPIO 第 3 脚*/
  {
    if ( HAL_GPIO_ReadPin(GPIOF, GPIO_PIN_6) == GPIO_PIN_SET)   /*判断 PF6 引脚的状态*/
        HAL_GPIO_WritePin(GPIOF, GPIO_PIN_6, GPIO_PIN_RESET);
      else
        HAL_GPIO_WritePin(GPIOF, GPIO_PIN_6, GPIO_PIN_SET);
  }
}
/* USER CODE END 4 */
```

在 main 函数的 while 循环中，无须填入任何代码，程序将会一直运行在 while 循环中。当按键 S1 按下或松开时，就会触发 EXTI3 中断，程序转向执行 HAL_GPIO_EXTI_Callback 函数。在该回调函数中读取 PF6 引脚的状态，然后将电平取反输出，这样就实现了按下按键 S1 后 DS1 点亮、松开按键 S1 后 DS1 熄灭的效果。读者可以将上述代码编译下载到开发板上，观察程序的运行结果是否符合预期。

反复测试上述代码，你会发现按键和 LED 配合得并不理想，这是什么原因呢？回忆一下第 9 章提到的按键抖动问题，在轮询情况下，抖动造成的干扰并不明显，因为瞬间的电平跳变不容易被人眼观察到；而在使用中断的情况下，按键抖动的影响就非常明显了，按下 S1 按键时可能产生了两次或多次中断，导致本来应该点亮的 DS1 又熄灭了，松开 S1 按键也会有同样的问题。可通过在回调函数中加入延时来去除抖动，修改后的代码如下所示。

```
/* USER CODE BEGIN 4 */
#define KEY_UP 0
#define KEY_DOWN 1                    /*配置按键的两种状态*/
static int flag = KEY_DOWN;           /*按键的初始状态根据实际电路确定*/
void HAL_GPIO_EXTI_Callback(uint16_t GPIO_Pin)
{
    int delayms=10;                    /*延时时间*/
    if(GPIO_Pin == GPIO_PIN_3){        /*首次判断*/
        HAL_Delay(delayms);            /*先延时 delayms 毫秒*/
        while(HAL_GPIO_ReadPin(GPIOD,GPIO_PIN_3) != GPIO_PIN_RESET)   /*再次判断*/
            HAL_Delay(delayms);        /*注意: 此时 Systick 的中断优先级需要大于 EXIT3 的中断优先级*/
        if(flag == KEY_DOWN){
            HAL_GPIO_WritePin(GPIOF,GPIO_PIN_6,GPIO_PIN_RESET);
            flag = KEY_UP;             /*状态切换*/
        }else{
            HAL_GPIO_WritePin(GPIOF,GPIO_PIN_6,GPIO_PIN_SET);
            flag = KEY_DOWN;           /*状态切换*/
        }
        __HAL_GPIO_EXTI_CLEAR_IT(GPIO_Pin);
    }
}
/* USER CODE END 4 */
```

在修改后的回调函数中，读取到 PD3 引脚的状态后，延时 10 ms，然后再次读取 PD3 引脚的状态。

只有当两次读取的状态相同时，才能执行改变 DS1 状态的动作，这样就去除了按键抖动。10 ms 这一取值是根据实验得到的，读者可以自行测试该取值是否合适。另外，我们在回调函数的末尾加入了_HAL_GPIO_EXTI_CLEAR_IT(GPIO_Pin)语句，目的是防止在延时等待的过程中，因按键抖动导致中断重入。

从上述案例可以看出，采用中断方式编程时，只有在中断触发时才需要中断服务程序介入，在 main 函数的 while 循环中执行计算或者控制任务时，不需要频繁地查询外设状态。本书后续章节将会继续讲解如何利用中断来处理外设产生的各种事件，让读者进一步领会如何编写中断服务程序。

10.3　思考与练习

1. 在 STM32F4 微控制器中，中断与异常的区别是什么？
2. 在 STM32F4 微控制器中，外部中断与外部事件有何区别？
3. 如何配置 STM32F4 微控制器中断的优先级？
4. 在中断服务程序执行的过程中，如果又产生了新的中断，如何判断是否会产生中断嵌套？
5. STM32F407xx 内有_____个可屏蔽中断，其外部中断/事件控制器（EXTI）支持_____个中断/事件请求。
6. STM32F4 微控制器的嵌套向量中断控制器(NVIC)具有_____个可编程优先级。
7. STM32F407xx 的 EXTI16 连接到_____事件，EXTI17 连接到_____事件，EXTI18 连接到_____事件。STM32F407xx 的 PC13 引脚对应的 EXTI 的编号为_____。
8. 简要说明使用外部中断需要配置哪些寄存器。

第 11 章　定时器

第 10 章阐述了 STM32F4 微控制器的异常与中断处理功能，本章将要介绍的定时器应用中的大部分功能都需要借助中断来完成。STM32F4 微控制器提供了多个功能强大的定时器，微控制器中大量的外设模块需要定时器的配合才能实现特定应用的功能，因此掌握定时器的使用方法是继续学习后续章节的基础。

本章首先介绍系统定时器 SysTick 的工作原理和编程方法，然后讲解通用定时器如何使用，包括通用定时器的各种工作模式以及定时器级联、定时器输入捕获等功能，并通过案例来展示如何在项目设计中使用定时器相关功能。通过本章的学习，读者能够掌握 STM32F4 微控制器中定时器的工作原理和配置方法，学会在程序中使用定时器相关数据结构和 API 函数，理解如何在项目开发中灵活运用定时器。

本章学习目标：

（1）了解 STM32F4 微控制器的系统定时器；

（2）了解 STM32F4 微控制器中通用定时器的工作原理；

（3）掌握定时器时钟源选择和计数模式配置方法；

（4）理解定时器级联的概念；

（5）掌握定时器各种工作模式的特点和编程方法。

11.1　系统定时器

Cortex-M3/M4 架构的处理器核心中集成了系统定时器（SysTick），SysTick 是 NVIC 的组成部分，对应的中断号为 15。SysTick 是简单的 24 位倒计时器，时钟源可以是 HCLK 或 HCLK/8。SysTick 的作用是为操作系统提供周期性的心跳信号，操作系统需要借助这种心

系统定时器

跳信号的中断服务程序来实现任务的管理和调度。所有 Cortex-M3/M4 架构的微控制器都集成了 SysTick 模块，这大大降低了操作系统在 Cortex-M3/M4 架构的微控制器之间移植的难度。为了避免用户进程意外修改操作系统的心跳参数，SysTick 的控制寄存器只能在特权模式下访问。当不需要操作系统时，SysTick 可以作为普通计时器使用。SysTick 的工作原理如图 11.1 所示。

根据图 11.1，SysTick 的计时功能可通过 4 个控制寄存器来配置，其中每个控制寄存器的具体功能详见表 11.1。

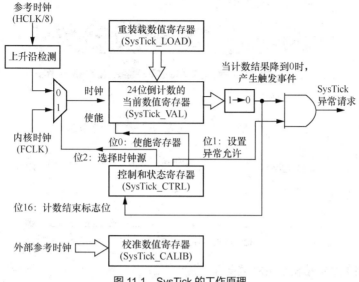

图 11.1　SysTick 的工作原理

表 11.1　　　　　　　　　　　　　　　　　　SysTick 控制寄存器

寄存器名称	作用	功能描述
STK_CTRL（SysTick control and status register） SysTick 控制和状态寄存器	选择 SysTick 的时钟源	第 0 位用于设置启动或停止 SysTick 工作；第 1 位用于设置定时器计数结束时是否产生异常请求；第 2 位用于选择时钟源是 FCLK 还是 HCLK/8
STK_LOAD（SysTick reload value register） SysTick 重装载计数寄存器	存放 SysTick 的计数初值	取值范围为 0x00000001～0x00FF FFFF
STK_VAL（SysTick current value register） SysTick 当前数值寄存器	存放当前计数值	每到来一个时钟，就将脉冲 STK_VAL 的数值减 1。当 STK_VAL 计数到 0 时，产生 SysTick 异常，同时从 STK_LOAD 中重新加载计数初值，开始下一轮计数
STK_CALIB（SysTick calibration value register） SysTick 校准数值寄存器	提供 1 ms 的校准值	用于设置校准 1 ms 需要多少个时钟信号，具体数值取决于处理器的时钟频率

SysTick 只提供了简单的倒计时功能，下面通过一个案例来讲解如何配置和使用 SysTick。

案例 11.1：STM32F4 微控制器外接的 LED 电路如图 11.2 所示，要求使用 SysTick 的倒计时功能来控制 DS1 的闪烁灯效果，DS1 的闪烁频率为 1 Hz。

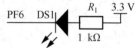

1. 工程配置

图 11.2　LED 电路图

在 STM32CubeMX 中创建一个新项目，先选择微控制器芯片为 STM32F407xx，再选择 HSE 和 LSE 作为时钟源，并配置好时钟树参数。

选择 STM32CubeMX 主界面中的 Pinout & Configuration 面板，在界面左侧的 System Core 列表中选中 GPIO，然后在界面右侧的 Pinout view 子面板中选中 PF6 引脚，设定其工作模式为 GPIO_Output。

在界面左侧的 System Core 列表中选中 SYS，在 SYS Mode and Configuration 子面板中设置 Timebase Source，Timebase Source 用于选择系统心跳的时钟源，此处选择 SysTick，如图 11.3 所示。

配置完成后，在 STM32CubeMX 主界面的 Project Manager 面板中配置好相关的工程参数，单击

GENERATE CODE，导出 Keil MDK 工程文件和程序代码。

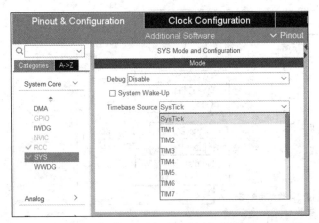

图 11.3 在 STM32CubeMX 中选择 SysTick 作为系统心跳的时钟源

2. SysTick 相关数据结构和 API 函数

core_cm4.h 文件中定义了与 SysTick 控制寄存器对应的结构体 SysTick_Type。

```
typedef struct
{
    __IOM uint32_t CTRL;        /* SysTick 控制和状态寄存器，偏移量 0x000 */
    __IOM uint32_t LOAD;        /* SysTick 重装载计数寄存器，偏移量 0x004 */
    __IOM uint32_t VAL;         /* SysTick 当前数值寄存器，偏移量 0x008 */
    __IM  uint32_t CALIB;       /* SysTick 校准数值寄存器，偏移量 0x00C */
} SysTick_Type;
```

HAL 库中的 SysTick 相关函数如表 11.2 所示。

表 11.2   HAL 库中的 SysTick 相关函数

函数名称	函数功能
HAL_InitTick	HAL_StatusTypeDef HAL_InitTick(uint32_t TickPriority)
	可在 HAL_Init 函数中调用，用于初始化 SysTick 并产生 1 ms 的定时器中断
HAL_IncTick	void HAL_IncTick(void)
	将时钟周期的间隔增加 1 ms
HAL_Delay	void HAL_Delay(__IO uint32_t Delay)
	设置以毫秒为单位的延时
HAL_GetTick	uint32_t HAL_GetTick(void)
	获取当前以毫秒为单位的中断次数（每产生一次 SysTick 中断，次数加 1）
HAL_SuspendTick	void HAL_SuspendTick(void)
	暂停 SysTick
HAL_ResumeTick	void HAL_ResumeTick(void)
	恢复 SysTick

3. 代码解析

STM32CubeMX 生成的代码将通过 main.c 中的 HAL_Init 函数来调用 HAL_InitTick，可在 HAL_InitTick 函数中将 SysTick 初始化为 1 ms 的倒计时定时器，代码如下。

```
__weak HAL_StatusTypeDef HAL_InitTick(uint32_t TickPriority)
{
  /* 设置 SysTick 的异常周期为 1 ms*/
  if (HAL_SYSTICK_Config(SystemCoreClock / (1000U / uwTickFreq)) > 0U) {
    return HAL_ERROR;
  }
  /*设置 SysTick 中断的优先级 */
  if (TickPriority < (1UL << __NVIC_PRIO_BITS)){
    HAL_NVIC_SetPriority(SysTick_IRQn, TickPriority, 0U);
    uwTickPrio = TickPriority;
  } else{
    return HAL_ERROR;
  }
  return HAL_OK;
}
```

uwTickFreq 定义在 stm32f4xx_hal.c 中，默认值是 1U。HAL_SYSTICK_Config 函数会根据 SYSCLK 和 uwTickFreq，将 SysTick 的倒计时周期设置为 1 ms。uwTickFreq 的定义代码如下。

```
typedef enum
{
  HAL_TICK_FREQ_10HZ            = 100U,
  HAL_TICK_FREQ_100HZ           = 10U,
  HAL_TICK_FREQ_1KHZ            = 1U,
  HAL_TICK_FREQ_DEFAULT         = HAL_TICK_FREQ_1KHZ
} HAL_TickFreqTypeDef;
...
HAL_TickFreqTypeDef  uwTickFreq = HAL_TICK_FREQ_DEFAULT;  /* 1 kHz */
```

stm32f4xx_it.c 文件中的 SysTick_Handler 函数负责处理 SysTick 产生的中断，代码如下。

```
void SysTick_Handler(void)
{
  /* USER CODE BEGIN SysTick_IRQn 0 */
  /* USER CODE END SysTick_IRQn 0 */
  HAL_IncTick();
  /* USER CODE BEGIN SysTick_IRQn 1 */
  /* USER CODE END SysTick_IRQn 1 */
}
__weak void HAL_IncTick(void)
{
  uwTick += uwTickFreq;
}
```

SysTick_Handler 函数又调用了 HAL_IncTick 函数，HAL_IncTick 函数用于为计数器 uwTick 增加 1 个倒计时周期，uwTick 代表了以毫秒为单位的中断次数。uwTick 的数值可通过调用 HAL_GetTick 函数得到。

借助 SysTick_Handler 这个中断服务程序可以完成一些周期性的工作。根据案例 11.1 的要求，在 MX_GPIO_Init 函数中配置好 PF6 引脚的状态后，可通过 SysTick_Handler 函数修改 PF6 引脚的输出电平来控制 DS1 的点亮或熄灭，修改后的代码如下。

```
static volatile uint32_t ms_tick=0;    /*记录 SysTick 中断次数*/
void SysTick_Handler(void)
{
```

```
    HAL_IncTick();
    ms_tick++;
    if(ms_tick == 500)                                    /*500 ms*/
    {
        ms_tick=0;
        HAL_GPIO_TogglePin(GPIOF,GPIO_PIN_6);    /*翻转 PF6 引脚的输出电平*/
    }
  }
```

上述代码通过静态变量 ms_tick 记录了 SysTick 中断次数，当 ms_tick 为 500 时正好经历 500 ms，此时将 PF6 引脚上的电平翻转，由此实现频率为 1 Hz 的 DS1 闪烁效果。

读者可以将上述代码与案例 9.1 的闪烁灯代码做对比，在案例 9.1 的 while 循环中，我们通过 HAL_Delay 函数实现了 500 ms 的延时，HAL_Delay 函数的实现过程如下。

```
__weak void HAL_Delay(uint32_t Delay)
{
  uint32_t tickstart = HAL_GetTick();
  uint32_t wait = Delay;
  /* Add a freq to guarantee minimum wait */
  if (wait < HAL_MAX_DELAY){
    wait += (uint32_t)(uwTickFreq);
  }
  while((HAL_GetTick() - tickstart) < wait){
  }
}
```

HAL_Delay 函数通过不断比较 HAL_GetTick 的返回结果与 tickstart 的差值来判断延时是否结束，采用的策略属于"忙等待"——延时结束前处理器始终运行在比较差值的 while 循环中。采用 SysTick 中断来控制 DS1 闪烁效果的代码仅在 SysTick 中断服务程序中判断计时是否符合条件，此时 main 函数中的 while 循环可以继续执行其他计算或控制任务。

11.2　通用定时器

为了应对各种控制任务的需求，STM32F4 微控制器提供了多个功能强大的定时器，而且每个定时器都是完全独立的，它们之间没有共享任何资源。根据定时器的功能，可以将它们分为以下类型。

（1）通用定时器：适用于常规任务，其功能包含输出比较模式、单脉冲模式、输入捕获模式和传感器接口。

（2）高级定时器：除了包含通用定时器的功能，还提供了与电机控制和数字电源转换相关的功能。

（3）基本定时器：仅提供基本的定时器功能，可用于触发 DAC。基本定时器没有连接外部信号的输入输出通道。

（4）低功耗定时器：能够在低功耗模式下工作的通用定时器，用于产生唤醒等事件。

（5）高分辨率定时器：部分 STM32 微控制器内置了高分辨率定时器（high resolution timer，HRTIM），例如 STM32F334xx，其内置的 HRTIM 的最大计数频率高达 4.608 GHz。HRTIM 适用于有高精度定时需求的场合。

以 STM32F407xx 为例，它提供了 14 个定时器（TIM1~TIM14），包括高级定时器、通用定时器和基本定时器。STM32F407xx 中的各个定时器及其功能描述如表 11.3 所示。

通用定时器

表 11.3   STM32F407xx 提供的定时器

定时器名称	类型	计数器位数	预分频位数	有无DMA	通道数量	有无互补输出	所在总线	最大时钟	应用场景
TIM1、TIM8	高级定时器	16	16	有	4	有	APB2	SYSCLK	带可编程死区的互补输出
TIM2、TIM5	通用定时器	32	16	有	4	无	APB1	SYSCLK/2	定时、计数、PWM、输入捕获、输出比较
TIM3、TIM4	通用定时器	16	16	有	4	无	APB1	SYSCLK/2	
TIM9	通用定时器	16	16	无	2	无	APB2	SYSCLK	
TIM10、TIM11	通用定时器	16	16	无	1	无	APB2	SYSCLK	
TIM12	通用定时器	16	16	无	2	无	APB1	SYSCLK/2	
TIM13、TIM14	通用定时器	16	16	无	1	无	APB1	SYSCLK/2	
TIM6、TIM7	基本定时器	16	16	有	0	无	APB1	SYSCLK/2	触发 DAC

TIM1～TIM14 分布在 APB1 和 APB2 总线上。当 APBx 总线的分频系数等于 1 时，各个定时器的输入时钟频率等于 APBx 时钟频率；当 APBx 总线的分频系数不为 1 时，各个定时器的输入时钟频率等于 APBx 时钟频率的两倍。由图 11.4 可知，通常情况下 APBx 的分频系数都大于 1，连接到 APBx 总线的定时器输入时钟频率为 APBx 时钟频率的两倍。

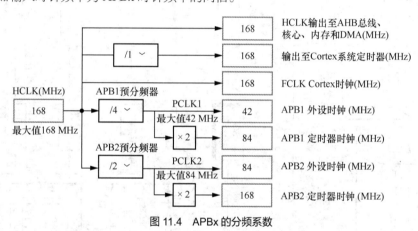

图 11.4　APBx 的分频系数

由于 STM32F4 微控制器中的定时器种类多且功能复杂，受篇幅所限，本章将以通用定时器为主，着重介绍定时器的工作原理和编程方法，读者在此基础上可以举一反三。对于部分定时器的特殊用法，感兴趣的读者可以参考处理器的编程手册。通用定时器的内部结构如图 11.5 所示。

通用定时器具有如下特性。

（1）包含一个 16 位或 32 位的递增、递减或递增/递减自动重载计数器。

（2）包含多个 16 位的可编程预分频器。预分频器用于对计数器时钟进行分频，分频系数介于 1 和 65 536 之间。

（3）每个定时器最多有 4 条独立通道，这些通道可用于输入捕获、输出比较、PWM（脉冲宽度调制）、单脉冲等工作模式。

（4）允许使用外部信号控制定时器，同时允许将多个定时器互连。

（5）发生特定事件时，定时器可以生成中断或 DMA 请求。这些事件包括：更新事件（计数器上溢/下溢、计数器初始化）、触发事件（计数器启动、停止、初始化或通过内部/外部触发计数）、输入捕获、输出比较。

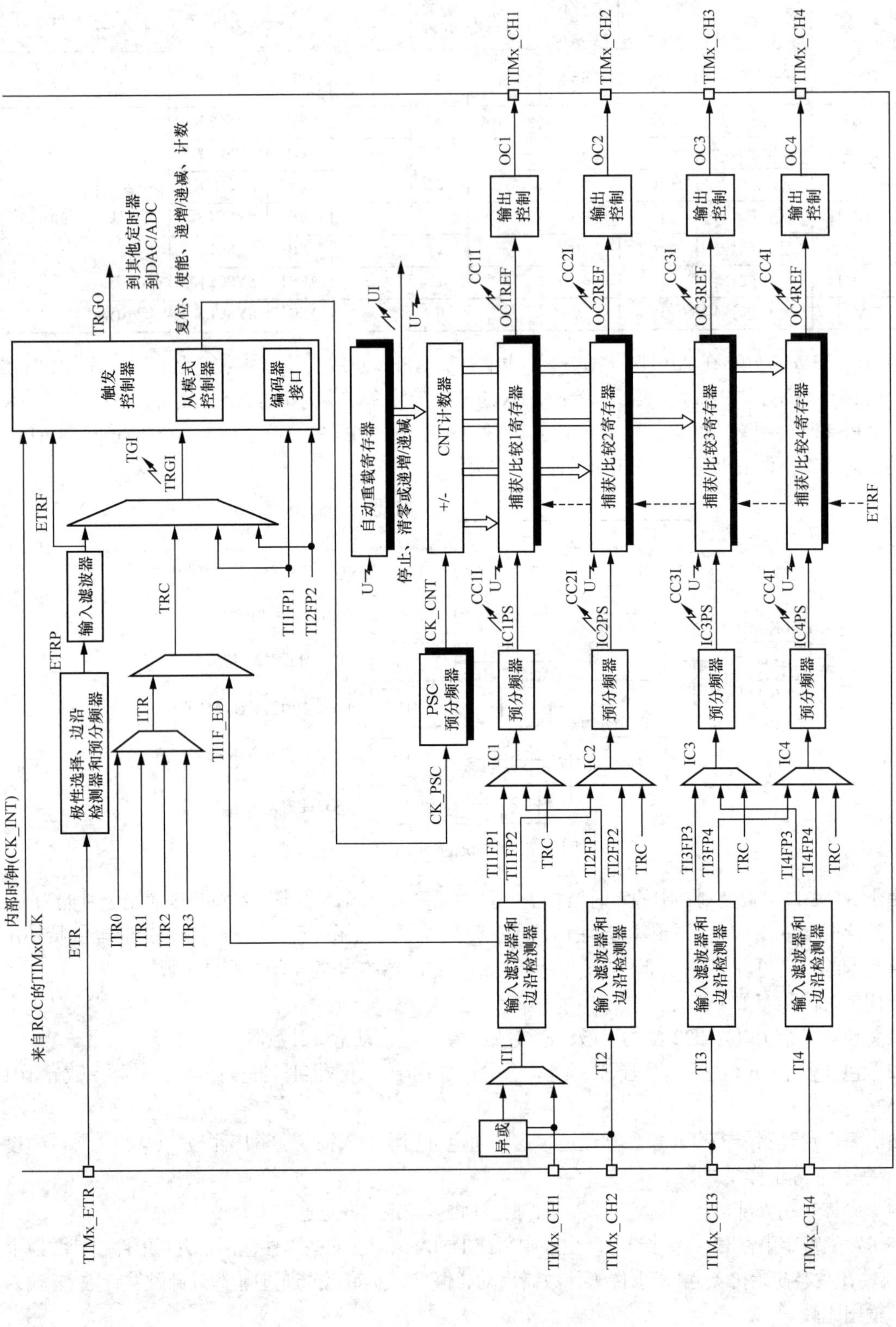

图 11.5　通用定时器的内部结构

（6）支持增量（正交）编码器和霍尔传感器电路。

（7）支持外部时钟触发输入或逐周期电流管理。

对于高级定时器而言，除上述功能外，还支持以下功能。

（8）带可编程死区的互补输出。

（9）重复计数器，用于到达指定计数器周期后更新定时器寄存器。

（10)刹车功能，支持将定时器的输出信号置于复位状态或已知状态的断路输入。

定时器的时钟源

11.2.1 定时器的时钟源

定时器依靠时钟源来执行定时和计数功能。通用定时器的时钟源有多种选择模式，包括内部时钟模式、外部时钟模式 1、外部时钟模式 2 以及编码器接口，如图 11.6 所示。表 11.4 解释了图 11.6 中各种时钟源的含义。

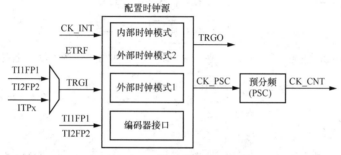

图 11.6　通用定时器的时钟源

表 11.4　　　　　　　　　　　　图 11.6 中的时钟源及其说明

名称	说明
CK_INT	来自 APBx 总线的定时器输入时钟信号——TIMx_CLK
ETRF	外部触发输入，从芯片的 TIMx_ETR 引脚输入，经过极性选择、边沿检测和预分频之后得到的信号
TI1FP1	图 11.5 中的 TI1 通过输入滤波器和边沿检测器后得到的信号
TI2FP2	图 11.5 中的 TI2 通过输入滤波器和边沿检测器后得到的信号
ITRx	级联使用定时器时，主定时器的触发输出 TRGOx 将作为从定时器的输入时钟源
TRGI	级联使用定时器时的内部触发输入信号，可从 ITRx、TI1FP1 和 TI2FP2 等时钟信号源中选择
TRGO	级联使用定时器时，主定时器向从定时器输出的触发信号
CK_PSC	根据时钟源的配置，输入定时器计数单元预分频器的时钟信号
CK_CNT	CK_PSC 经过预分频器之后的时钟信号，这是定时器计数单元的计数信号

1. 内部时钟模式

定时器工作在内部时钟模式时，将选择 CK_INT 作为时钟源。CK_INT 是 APBx 总线上定时器的输入时钟信号（TIMx_CLK），数值为 APBx 时钟频率的两倍。对 STM32F407xx 而言，连接到 APB1 总线的定时器最大输入时钟频率为 84 MHz，连接到 APB2 总线的定时器最大时钟频率为 168 MHz。

2. 外部时钟模式 1

定时器工作在外部时钟模式 1 时，时钟源来自触发输入的 TRGI 信号。TRGI 信号又有多种来源选择，分别是 ITRx（x 的取值范围为 0～3）、TI1F_ED、TI1FP1、TI2FP2、ETRF，如图 11.7 所示。

ITRx（x 的取值范围为 0～3）为外部触发输入，是级联定时器时连接到主定时器的输出信号。

TI1FP1 为定时器输入 1，它是 TI1 通过输入滤波器和边沿检测器后得到的信号。TI1 可以选择 TIMx_CH1 引脚上的输入信号，也可以选择对 TIMx_CH1～TIMx_CH3 引脚上的信号异或后得到的信号。TI2FP2 为定时器输入 2，它是 TI2 通过输入滤波器和边沿检测器后得到的信号。TI1FPx 和 TI2FPx（x 为 1 或 2）信号的产生路径如图 11.8 所示，其中 TI1FP1 和 TI2FP2 的差别仅在于信号的流向不同。

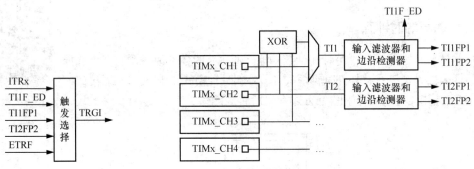

图 11.7　选择 TRGI 信号源　　　　　　图 11.8　TI1FPx 和 TI2FPx（x 为 1 或 2）信号的产生路径

TI1F_ED 为 TI1 通过边沿检测器后的输出信号，每次 TI1 信号的边沿（TI1F）发生变化时，TI1F_ED 就输出一个脉冲，如图 11.9 所示。

3. 外部时钟模式 2

外部时钟模式 2 选用 ETRF 信号作为定时器的时钟源。ETRF 信号由 TIMx_ETR 引脚上的输入信号经极性选择、边沿检测、预分频、滤波等处理后生成，如图 11.10 所示。

图 11.9　TI1F_ED 信号　　　　　　图 11.10　ETRF 信号

外部时钟模式 2 直接使用 ETRF 作为定时器的时钟源，也可以将外部时钟模式 1 中的触发源选择为 ETRF，这两种方法的效果是一样的。

4. 定时器级联

STM32F4 微控制器支持多个定时器的同步或级联。定时器级联是指将主定时器（主模式定时器）设定为从定时器（从模式定时器）的预分频器。当一个定时器处于主模式时，就可以对另一个处于从模式的定时器的计数器执行复位、启动、停止等操作。

图 11.11 展示了定时器 TIM1 和 TIM2 的级联。其中，TIM1 为主模式定时器，TIM2 为从模式定时器，TIM1 为 TIM2 的预分频器。

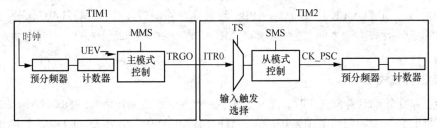

图 11.11　定时器 TIM1 和 TIM2 的级联

对于主定时器 TIM1 来说，选择何种事件输出到 TRGO 是可以配置的。在图 11.11 中，TIM1 选择将更新事件(update event)作为输出触发事件，TIM2 的时钟源选择外部时钟模式 1，触发来源选择 ITR0。此时，TIM1 的触发输出 TRGO 与 TIM2 的外部触发输入 ITR0 是相连的。每当更新事件发生时，TIM1 就输出周期性的触发信号 TRGO 作为 TIM2 的输入信号源，这样就形成了 TIM1 与 TIM2 的级联。

级联定时器时，选择哪个定时器为主定时器、哪个定时器为从定时器，也就是定时器的级联关系，可以通过查表获得。表 11.5 列出了 STM32F407xx 中部分定时器的级联对应关系。根据表 11.5，如果从定时器 TIM2 选择 ITR0 作为外部触发输入源，那么与 TIM2 级联的主定时器就是 TIM1。

表 11.5　　　　　　　　　　　　　　　**主从 TIM 与 ITRx 的对应关系**

从 TIM	ITR0	ITR1	ITR2	ITR3
TIM1	TIM5	TIM2	TIM3	TIM4
TIM8	TIM1	TIM2	TIM4	TIM5
TIM2	TIM1	TIM8	TIM3	TIM4
TIM3	TIM1	TIM2	TIM5	TIM4
TIM4	TIM1	TIM2	TIM3	TIM8
TIM5	TIM2	TIM3	TIM4	TIM8

11.2.2　定时器的计数单元

定时器的计数单元

通用定时器的计数单元用来完成基本的计数功能，其中包含一个 16/32 位的计数器以及与之相关的控制寄存器：计数器寄存器（TIMx_CNT）、预分频器寄存器（TIMx_PSC）和自动重装载寄存器（TIMx_ARR）。这三个寄存器由软件读写，并且在计数器运行过程中也可以进行读写操作。另外，TIMx_PSC 和 TIMx_ARR 均有影子寄存器，这表示每个寄存器在物理上都对应两个寄存器：一个是用户可以读出或写入的寄存器，称为预装载寄存器；另一个是用户不可见的影子寄存器，在计数操作过程中，真正起作用的寄存器是影子寄存器。

定时器计数单元的工作原理如图 11.12 所示。其中，CK_CNT 为计数时钟信号，它由 TIMx_CLK 或 CK_PSC 经过预分频器（TIMx_PSC）分频后产生。

计数器（TIMx_CNT）的计数模式是可选的，共有 3 种，分别是向上计数模式、向下计数模式和中心对齐模式。计数器每次溢出时都会产生更新事件，更新事件可用于产生中断或者向级联定时器输出。在产生更新事件的同时，还会刷新 TIMx_PSC 寄存器和 TIMx_ARR 寄存器，也就是将这两个寄存器对应的预装载寄存器中的内容复制到影子寄存器中。

1.　向上计数模式

在向上计数模式下，计数器从 0 开始计数，每到来一个计数时钟信号，就将计数值加 1。当计数值和 TIMx_ARR 中的值相等时，定时器产生计数溢出（又称计数上溢），同时计数器重新从 0 开始计数，其工作过程如图 11.13 所示。计数器每次溢出时，都可以选择是否产生更新事件。

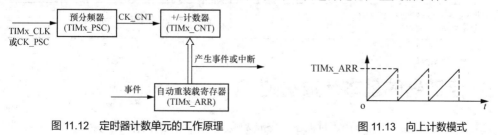

图 11.12　定时器计数单元的工作原理　　　　　　　　图 11.13　向上计数模式

向上计数模式的更新事件频率可由以下公式计算得到。

$$update\_event = TIMx\_CLK / ((TIMx\_PSC + 1)*(TIMx\_ARR + 1))$$

2. 向下计数模式

在向下计数模式下，计数器从 TIMx_ARR 加载初始值开始计数，每到来一个计数时钟信号，就将计数值减 1。当计数值减到 0 时产生计数溢出（又称计数下溢），同时从 TIMx_ARR 重新加载初始值，开始新一轮的计数，其工作过程如图 11.14 所示。计数器每次溢出时，都可以选择是否产生更新事件，更新事件频率的计算公式与向上计数模式相同。

3. 中心对齐模式

中心对齐模式又称向上/向下计数模式。在中心对齐模式下，计数器从 0 开始计数，每到来一个计数时钟信号，就将计数值加 1。当计数值和 TIMx_ARR 中的值相等时，产生计数上溢，紧接着开始进行减 1 计数，直到计数值为 0 时产生计数下溢。然后不断重复上述过程，如图 11.15 所示。

图 11.14　向下计数模式　　　　　　图 11.15　中心对齐计数模式

根据更新事件产生的时机，中心对齐模式又可细分为三种情况。

（1）中心对齐模式 1：计数器交替地向上和向下计数，只在计数器向下计数溢出时才产生更新事件。

（2）中心对齐模式 2：计数器交替地向上和向下计数，只在计数器向上计数溢出时才产生更新事件。

（3）中心对齐模式 3：计数器交替地向上和向下计数，在计数器计数上溢和下溢时都产生更新事件。

思考：上述 3 种中心对齐模式各自的更新事件频率该如何计算？

STM32F4 微控制器中用于配置定时器功能的寄存器较多，表 11.6 列出了其中与定时器的时钟源、级联方式及计数模式相关的寄存器。

表 11.6　　　　　　　　　　时钟源、级联方式和计数模式相关寄存器

寄存器名称	功能
TIMx_CR1（TIMx control register 1） 定时器 x 控制寄存器 1	设置计数模式、计数方向，使能和禁止更新事件等
TIMx_CR2（TIMx control register 2） 定时器 x 控制寄存器 2	设置主模式选择、捕获/比较、DMA 等
TIMx_SMCR（TIMx slave mode control register） 定时器 x 从模式控制寄存器	设置从模式选择、外部时钟使能、外部触发选择、外部触发滤波器等
TIMx_CNT（TIMx counter） 计数器寄存器	记录当前的计数值
TIMx_PSC（TIMx prescaler） 预分频器寄存器	存放分频系数，计数时钟信号的计算公式如下： CK_CNT = TIMx_CLK/(TIMx_PSC + 1)
TIMx_ARR（TIMx auto-reload register） 自动重装载寄存器	存放计数器的重装载值

11.3　定时器的基本计数功能

STM32F4 微控制器中的所有定时器都具备计数功能，但不是所有的定时器都支持复杂的计数模

式。基本定时器 TIM6 和 TIM7 没有连接外部输入和信号输出引脚，也没有捕获和比较通道，它们是只能向上计数的 16 位定时器，只有基本的计数功能，其功能与 SysTick 类似，适用于简单的定时任务。下面通过一个案例来讲解如何使用定时器的基本计数功能。

案例 11.2：根据图 11.2 所示的电路，通过 TIM6 来控制 DS1 的闪烁灯效果，要求 DS1 的闪烁频率为 1 Hz。

11.3.1　工程配置

1. 新建项目和配置时钟树

在 STM32CubeMX 中创建一个新项目，先选择微控制器芯片为 STM32F407xx，再选择 HSE 和 LSE 作为时钟源，并配置好时钟树参数。

2. 配置定时器参数

选择 STM32CubeMX 主界面中的 Pinout & Configuration 面板，展开界面左侧的 System Core 列表，选中 GPIO。然后在界面右侧的 Pinout view 子面板中选中 PF6 引脚，设定其工作模式为 GPIO_Output。

展开 Pinout & Configuration 面板中的 Timers 列表，选中 TIM6，在弹出的 TIM6 Mode and Configuration 面板中设置 TIM6 的配置参数，如图 11.16 所示。

图 11.16　TIM6 的参数配置界面

在 Mode 区域选中 Activated 选项，激活 TIM6，并在随后出现的 Parameter Settings 选项卡中设置定时器的详细参数。其中，Counter Settings 用于设定定时器的计数参数，具体如下。

（1）Prescaler 用于设置 TIMx_PSC 的预分频系数，此处需要手动输入分频系数的值。

（2）Counter Mode 用于选择计数器的计数模式，对于 TIM6 来说只有 UP 选项。但对于其他通用定时器而言，计数模式有 5 种。

① UP：向上计数。

② Down：向下计数。

③ Center Aligned 1：中心对齐模式 1。

④ Center Aligned 2：中心对齐模式 2。

⑤ Center Aligned 3：中心对齐模式 3。

（3）Counter Period 用于设定重装载寄存器的值，也就是计数器在一个周期内的计数次数，此处需要手动输入。

（4）auto-reload preload 用于选择是否缓冲重装载寄存器。选择 Disable 时，修改后的重装载寄存器的值将立即生效；选择 Enable 时，则需要等到下一次更新事件时修改才生效。

Trigger Output（TRGO）Parameters 用于选择在级联模式下使用何种信号触发从定时器。

由于 TIM6 挂在 APB1 上，因此 TIM6 的输入时钟信号频率为 84 MHz，可设定 Prescaler 参数为 8399、Counter Period 参数为 4999。根据更新事件频率的计算公式，我们得到如下结果。

$$update\_event = 84000000/((8399 + 1)*(4999 + 1))=2$$

由上述结果可知，TIM6 每秒产生两次更新事件。如果将更新事件用于触发中断，那么只要在 TIM6 的中断服务程序中翻转 PF6 引脚的电平，就可以实现 DS1 每 1 秒点亮 1 次的效果。

3. 配置 NVIC 参数

在图 11.16 所示的界面中，切换到 NVIC Settings 选项卡，勾选 Enabled 以使能 TIM6 中断，同时设置 TIM6 中断的组优先级和子优先级，如图 11.17 所示。由于案例 11.2 中没有其他中断源，因此可以将 TIM6 中断的组优先级和子优先级都设置为 0。

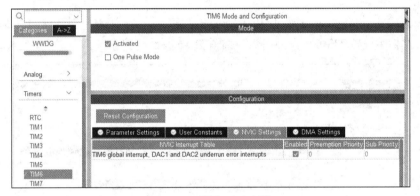

图 11.17　配置 TIM6 中断

回到 STM32CubeMX 主界面，展开 Pinout & Configuration 面板中的 System Core 列表，选中 NVIC，界面如图 11.18 所示。可以看到，NVIC 配置表中的 TIM6 全局中断已经使能，当 STM32CubeMX 生成代码时，就会同时自动生成 TIM6 的中断服务程序。

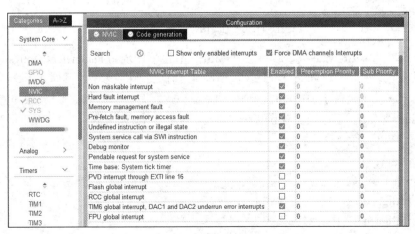

图 11.18　配置 NVIC 中断

4. 配置工程参数和生成工程文件

在 STM32CubeMX 主界面的 Project Manager 面板中配置好相关的工程参数，单击 GENERATE CODE，导出 Keil MDK 工程文件和程序代码。

11.3.2　计数相关数据结构和 API 函数

由于 STM32F4 微控制器中定时器的功能较为复杂，因此 HAL 库中与定时器相关的数据结构和 API 函数也较多，本章后续将结合具体案例分步骤讲解定时器相关的数据结构和 API 函数。

1. 定时器计数相关数据结构

stm32f407xx.h 文件中定义了与定时器控制寄存器对应的结构体 TIM_TypeDef，其他定时器相关的结构体和函数定义都放在了 stm32f4xx_hal_tim.h 文件中。其中，结构体 TIM_Base_InitTypeDef 中定义了与基本计数功能相关的参数。在此基础上，结构体 TIM_HandleTypeDef 进一步封装了配置定时器所需的各种参数，指向该结构体的指针将作为访问定时器的入口。

```
typedef struct
{
  uint32_t Prescaler;              /*预分频系数*/
  uint32_t CounterMode;            /*计数模式*/
  uint32_t Period;                 /*重装载寄存器的值*/
  uint32_t ClockDivision;          /*死区发生器以及数字滤波器使用的分频系数*/
  uint32_t RepetitionCounter;      /*重复计数寄存器的值，仅高级定时器才有，用于表示多少个
                                     溢出事件才产生一个更新事件*/
  uint32_t AutoReloadPreload;      /*是否使用缓冲*/
} TIM_Base_InitTypeDef;

typedef enum
{
  HAL_UNLOCKED = 0x00U,
  HAL_LOCKED   = 0x01U
} HAL_LockTypeDef;                  /*锁定级别*/

typedef enum
{
  HAL_TIM_STATE_RESET   = 0x00U,   /*未就绪状态*/
  HAL_TIM_STATE_READY   = 0x01U,   /*就绪状态*/
  HAL_TIM_STATE_BUSY    = 0x02U,   /*正在运行状态*/
  HAL_TIM_STATE_TIMEOUT = 0x03U,   /*超时状态*/
  HAL_TIM_STATE_ERROR   = 0x04U    /*错误状态*/
} HAL_TIM_StateTypeDef;            /*定时器的各种状态*/

typedef struct
{
  uint32_t  MasterOutputTrigger;   /*选择主定时器输出何种触发信号*/
  uint32_t  MasterSlaveMode;       /*主从模式选择*/
} TIM_MasterConfigTypeDef;         /*主从模式配置*/

typedef struct
{
  TIM_TypeDef       *Instance;     /*指向定时器控制寄存器的指针，用来访问特定 TIMx*/
  TIM_Base_InitTypeDef   Init;     /* TIM_Base_InitTypeDef 类型的变量*/
  HAL_TIM_ActiveChannel  Channel;  /*通道编号*/
```

```
    DMA_HandleTypeDef       *hdma[7];        /*处理 DMA 的数据结构*/
    HAL_LockTypeDef          Lock;            /*锁定级别*/
    __IO HAL_TIM_StateTypeDef  State;         /*定时器状态*/
} TIM_HandleTypeDef;
```

2. 定时器计数相关函数

HAL 库中常用定时器的基本计数功能相关 API 函数及其功能描述详见表 11.7。

表 11.7　　　　　　　HAL 库中常用定时器的基本计数功能相关函数及其功能描述

函数名称	函数定义及功能描述
HAL_TIM_Base_Init	HAL_StatusTypeDef HAL_TIM_Base_Init(TIM_HandleTypeDef * htim)
	初始化定时器的基本计数功能，参数为指向 TIM_HandleTypeDef 的指针
HAL_TIM_Base_DeInit	HAL_StatusTypeDef HAL_TIM_Base_DeInit(TIM_HandleTypeDef * htim)
	注销定时器
HAL_TIM_Base_MspInit	void HAL_TIM_Base_MspInit(TIM_HandleTypeDef * htim)
	在 HAL_TIM_Base_Init 函数中调用，用于初始化定时器相关的 GPIO、CLOCK 和 NVIC
HAL_TIM_Base_MspDeInit	void HAL_TIM_Base_MspDeInit(TIM_HandleTypeDef * htim)
	注销定时器底层初始化
HAL_TIM_Base_Start	HAL_StatusTypeDef HAL_TIM_Base_Start(TIM_HandleTypeDef * htim)
	启动定时器开始计数
HAL_TIM_Base_Stop	HAL_StatusTypeDef HAL_TIM_Base_Stop(TIM_HandleTypeDef * htim)
	停止定时器计数
HAL_TIM_Base_Start_IT	HAL_StatusTypeDef HAL_TIM_Base_Start_IT(TIM_HandleTypeDef * htim)
	以中断方式启动定时器计数
HAL_TIM_Base_Stop_IT	HAL_StatusTypeDef HAL_TIM_Base_Stop_IT(TIM_HandleTypeDef * htim)
	停止中断方式下的定时器计数
HAL_TIM_Base_Start_DMA	HAL_StatusTypeDef HAL_TIM_Base_Start_DMA(TIM_HandleTypeDef * htim, uint32_t * pData, uint16_t Length)
	启动定时器计数，开始 DMA 传输，pData 为缓冲区指针，Length 为传输长度
HAL_TIM_Base_Stop_DMA	HAL_StatusTypeDef HAL_TIM_Base_Stop_DMA(TIM_HandleTypeDef * htim)
	停止定时器计数，停止 DMA 传输

由于定时器中各通道的工作模式较多，为了应对不同类型的定时器中断，HAL 库提供了一个统一的定时器中断入口函数 HAL_TIM_IRQHandler，可在这个中断入口函数中根据通道的工作模式调用对应的回调函数以完成中断处理。定时器中断相关函数如表 11.8 所示，开发人员可以根据需要重新定义这些函数的功能。

表 11.8　　　　　　　　　　　定时器中断相关函数

函数名称	函数定义及功能描述
HAL_TIM_IRQHandler	void HAL_TIM_IRQHandler(TIM_HandleTypeDef * htim)
	定时器的中断处理入口函数
HAL_TIM_PeriodElapsedCallback	void HAL_TIM_PeriodElapsedCallback(TIM_HandleTypeDef * htim)
	计数结束中断回调函数
HAL_TIM_OC_DelayElapsedCallback	void HAL_TIM_OC_DelayElapsedCallback(TIM_HandleTypeDef * htim)
	输出比较模式的中断回调函数
HAL_TIM_IC_CaptureCallback	void HAL_TIM_IC_CaptureCallback(TIM_HandleTypeDef * htim)
	输入捕获模式的中断回调函数

函数名称	函数定义及功能描述
HAL_TIM_PWM_PulseFinishedCallback	void HAL_TIM_PWM_PulseFinishedCallback(TIM_HandleTypeDef * htim)
	PWM 输出完成的中断回调函数
HAL_TIM_TriggerCallback	void HAL_TIM_TriggerCallback(TIM_HandleTypeDef * htim)
	触发模式的中断回调函数
HAL_TIM_ErrorCallback	void HAL_TIM_ErrorCallback(TIM_HandleTypeDef * htim)
	出错中断回调函数

11.3.3　定时器计数代码解析

STM32CubeMX 生成的 main.c 中定义了 TIM_HandleTypeDef 类型的变量 htim6，用于填写 TIM6 配置参数。TIM6 的配置过程是由 MX_TIM6_Init 函数完成的，代码如下。

```
TIM_HandleTypeDef   htim6;        /*定义全局变量 htim6, 用于填写 TIM6 配置参数*/

static void MX_TIM6_Init(void)
{
  TIM_MasterConfigTypeDef sMasterConfig = {0};  /*配置定时器的主从工作模式*/

  htim6.Instance = TIM6;
  htim6.Init.Prescaler = 8399;
  htim6.Init.CounterMode = TIM_COUNTERMODE_UP;
  htim6.Init.Period = 4999;
  htim6.Init.AutoReloadPreload = TIM_AUTORELOAD_PRELOAD_DISABLE;
  if (HAL_TIM_Base_Init(&htim6) != HAL_OK)
  {
    Error_Handler();
  }
  sMasterConfig.MasterOutputTrigger = TIM_TRGO_RESET;
  sMasterConfig.MasterSlaveMode = TIM_MASTERSLAVEMODE_DISABLE;
  if (HAL_TIMEx_MasterConfigSynchronization(&htim6, &sMasterConfig) != HAL_OK)
  {
    Error_Handler();
  }
}
```

MX_TIM6_Init 函数首先将先前已在 STM32CubeMX 中配置的定时器参数一一填入 htim6 中，然后调用 HAL_TIM_Base_Init 函数，将这些参数写到 TIM6 的控制寄存器中。上述代码中的 TIM_MasterConfigTypeDef 结构体用于配置定时器的主从工作模式，案例 11.2 中暂不涉及，MasterSlaveMode 被自动配置为 TIM_MASTERSLAVEMODE_DISABLE。

MX_TIM6_Init 函数执行完之后，TIM6 并未启动计数，由于定时器支持多种启动方式，开发人员需要在 main 函数中手动添加启动定时器开始工作的函数。

startup_stm32f407xx.s 文件的中断向量表中定义了 TIM6 的中断服务程序——一个名为 TIM6_DAC_IRQHandler 的函数，stm32f4xx_it.c 文件中定义了该函数的具体实现。

```
void TIM6_DAC_IRQHandler(void)
{
  HAL_TIM_IRQHandler(&htim6);
}
```

TIM6_DAC_IRQHandler 调用了 HAL_TIM_IRQHandler 函数，该函数的参数为指向 TIM6 的指针。在 HAL_TIM_IRQHandler 函数中，可根据定时器的工作模式调用表 11.8 中定义的与工作模式匹配的回调函数。对于由定时器基本计数功能产生的中断来说，需要调用 HAL_TIM_PeriodElapsedCallback 函数，这是一个含有 __weak 属性的空函数，开发人员需要在 main.c 文件中重新定义 HAL_TIM_PeriodElapsedCallback 函数的具体功能，根据案例 11.2 的要求，该函数的实现代码如下。

```
void  HAL_TIM_PeriodElapsedCallback(TIM_HandleTypeDef *htim)
{
    if(htim->Instance == htim6.Instance)
    {
        if(HAL_GPIO_ReadPin(GPIOF,GPIO_PIN_6)==GPIO_PIN_SET)
            HAL_GPIO_WritePin(GPIOF, GPIO_PIN_6,GPIO_PIN_RESET);
        else
            HAL_GPIO_WritePin(GPIOF, GPIO_PIN_6,GPIO_PIN_SET);
    }
}
```

自定义的 HAL_TIM_PeriodElapsedCallback 函数首先判断中断源是否是 TIM6。若是 TIM6，就将 PF6 引脚的输出电平翻转。由于 TIM6 每秒产生两次中断，从而实现了频率为 1 Hz 的 DSI 闪烁效果。

STM32CubeMX 生成的 main 函数依次调用了 HAL 库中的核心初始化函数 HAL_Init、系统时钟配置函数 SystemClock_Config 和 GPIO 初始化函数 MX_GPIO_Init，然后调用 MX_TIM6_Init 函数来对 TIM6 进行初始化。需要注意的是，STM32CubeMX 自动生成的代码中不包含启动定时器工作的语句，需要手动添加。由于案例 11.2 中的 TIM6 用到了定时器中断，根据表 11.7，应添加 HAL_TIM_Base_Start_IT 函数，修改后的 main 函数如下。

```
int main(void)
{
    HAL_Init();
    SystemClock_Config();
    MX_GPIO_Init();
    MX_TIM6_Init();
    HAL_TIM_Base_Start_IT(&htim6);    /*手动添加，启动定时器计数并开启中断*/
    while (1)
    {
    }
}
```

将上述代码编译下载到开发板上，在程序运行过程中用示波器测量 PF6 引脚上的输出，波形如图 11.19 所示。读者可以同时观察开发板上的 DS1 闪烁频率是否为 1 Hz。

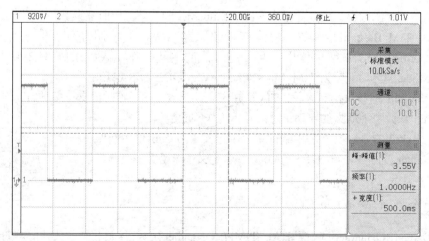

图 11.19 PF6 引脚上的波形

11.4　定时器的输出比较模式

在 STM32F4 微控制器中，定时器的输出比较模式用于控制输出波形或者指示给定的延时已经到期。根据图 11.5，输出比较模式会对定时器中计数器的计数值与捕获/比较寄存器的内容进行比较，当它们相同时，就可以进行以下操作。

（1）将输出比较模式和输出极性定义的值输出到对应的引脚上，输出引脚可以选择保持原有电平、改变为有效电平、改变为无效电平或进行电平翻转。

（2）设置状态寄存器中对应的标志位，若中断允许，则产生一次中断。

（3）若使能了相应的 DMA 请求功能，则产生一次 DMA 请求。

与定时器的输出比较模式相关的寄存器如表 11.9 所示，这些寄存器用于定时器的各种输出模式和输入模式。

表 11.9　　　　　　　　　　　　与输出比较模式相关的寄存器

寄存器名称	功能描述
TIMx_CCMR1（capture/compare mode register 1） 捕获/比较模式寄存器 1	捕获/比较通道 1 和通道 2 的捕获/比较模式配置
TIMx_CCMR2（capture/compare mode register 2） 捕获/比较模式寄存器 2	捕获/比较通道 3 和通道 4 的捕获/比较模式配置
TIMx_CCER（capture/compare enable register） 捕获/比较使能寄存器	配置输入输出引脚的状态
TIMx_CCR1（capture/compare register1） 捕获/比较寄存器 1	捕获/比较通道 1 中的数值，用于和计数器数值进行比较
TIMx_CCR2（capture/compare register2） 捕获/比较寄存器 2	捕获/比较通道 2 中的数值，用于和计数器数值进行比较
TIMx_CCR3（capture/compare register3） 捕获/比较寄存器 3	捕获/比较通道 3 中的数值，用于和计数器数值进行比较
TIMx_CCR4（capture/compare register4） 捕获/比较寄存器 4	捕获/比较通道 4 中的数值，用于和计数器数值进行比较

下面通过一个案例讲解如何使用定时器的输出比较模式。

案例 11.3： 使用定时器 TIM4 的输出比较模式，在其 CH2 和 CH3 通道中输出一个 5 Hz 的方波，并用示波器观察 TIM4_CH2 和 TIM4_CH3 引脚上的输出信号是否符合要求。

根据表 11.3 可知，TIM4 属于通用定时器，它有 4 个通道，支持输入捕获、输出比较和 PWM 输出等多种功能模式。分析案例 11.3 的要求，可使用 TIM4 的输出比较模式，只需要当定时器计数器的值与输出通道的捕获/比较寄存器的值相等时，翻转通道的输出电平即可。

11.4.1　工程配置

1.　新建项目和配置时钟树

在 STM32CubeMX 中创建一个新项目，先选择微控制器芯片为 STM32F407xx，再选择 HSE 和 LSE 作为时钟源，并配置好时钟树参数。

2.　配置定时器参数

查阅本书配套的电子资料可知，STM32F407xx 中的 TIM4_CH2 可选择 PB7 或 PD13 引脚，此处选用 PB7 引脚。同样，TIM4_CH3 可选择 PB8 或 PD14 引脚，此处选用 PB8 引脚。

选择 STM32CubeMX 主界面中的 Pinout & Configuration 面板，展开界面左侧的 System Core 列表，选中 GPIO。然后在界面右侧的 Pinout view 子面板中选中 PB7 引脚，设置其工作模式为 TIM4_CH2，如图 11.20 所示。同样，配置 PB8 引脚的工作模式为 TIM4_CH3。

展开 Pinout & Configuration 面板中的 Timers 列表，选中 TIM4，在弹出的 TIM4 Mode and Configuration 面板中设置 TIM4 的各种参数，如图 11.21 所示。

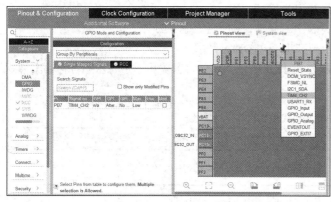

图 11.20　配置 PB7 引脚的工作模式为 TIM4_CH2

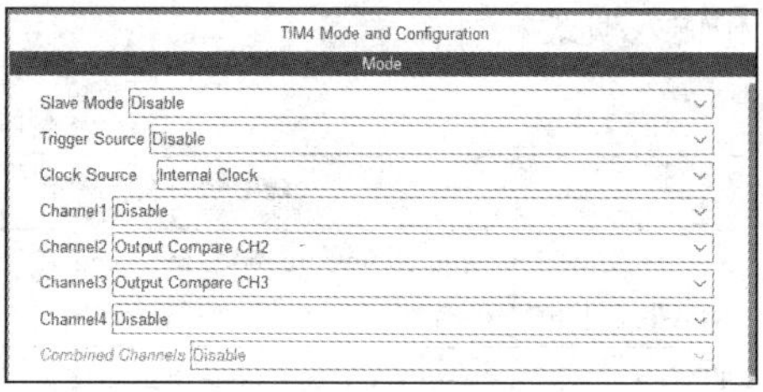

图 11.21　配置 TIM4 的各种参数

（1）配置 Mode。

① Slave Mode 用于选择是否启用从定时器模式。当定时器作为从定时器时，可选择外部时钟模式 1、复位模式、门控模式和触发模式。

② Trigger Source 用于选择从定时器的触发方式，从而指定从定时器与哪个主定时器级联，参见表 11.5。

③ Clock Source 用于选择时钟源，对于案例 11.3，可以选择内部时钟和外部时钟模式 2。

④ Channel1～Channel4 用于配置定时器通道 x（x 的取值范围为 1～4）的工作模式。对于通用定时器，其各个通道可配置的工作模式如表 11.10 所示。

表 11.10　　　　　　　　　　通用定时器中各个通道可配置的工作模式

工作模式	功能描述
Input Capture direct mode	输入捕获模式，用于捕获通道中的输入信号，当检测到输入信号跳变沿后，使用捕获/比较寄存器锁存计数值
Output Compare CHx	既产生事件又输出信号的输出比较模式
PWM Generation CHx	脉冲宽度调制输出模式
Output Compare No Output	只产生事件不输出信号的输出比较模式
PWM Generation No Output	不输出信号的脉冲宽度调制模式

针对案例 11.3 的要求，将 Slave Mode 和 Trigger Source 都设置为 Disable，并将 Clock Source 设置为内部时钟。由于 TIM4 挂在 APB1 总线上，因此 TIM4 的输入时钟频率为 84 MHz。将 Channel2 和 Channel3 都设置为既产生事件又输出信号的输出比较模式。

（2）配置 Parameter Settings。

Mode 参数设置完之后，图 11.22 所示界面的下方将出现 Parameter Settings 配置界面。该界面用于配置定时器的计数参数和各个通道的参数，如图 11.22 所示。

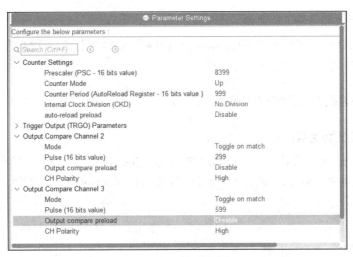

图 11.22　TIM4 的 Parameter Settings 配置界面

① Counter Settings 用于设置计数器参数，包括预分频系数、计数模式和重装载寄存器的值。相比案例 11.2，此处多了 Internal Clock Division（CKD）参数，该参数用于设置死区发生器和数字滤波器使用的采样时钟与内部输入时钟的比值。

针对案例 11.3，预分频系数被设置为 8399，因此得到的计数时钟信号（CK_CNT）的值为 10 000，这表示计数时钟信号的频率为 10 kHz。

$$CK\_CNT= 84000000/(8399 + 1) =10000$$

TIM4 的重装载寄存器的值被设置为 999，因此更新事件的频率为 10 Hz、周期为 0.1 s。

$$update\_event = 84000000/((8399 + 1)*(999 + 1))=10$$

② 由于"Channel2"和"Channel3 都被设置为输出比较模式，因此 Output Compare Channel x 用于设置每个通道的输出比较模式的参数，各个参数的相关说明详见表 11.11。

表 11.11　　　　　　　　　　　　　输出比较模式的各个参数及相关说明

参数	说明
Mode	当计数器的计数值与对应通道的捕获/比较寄存器的值相等时，可选输出电平为有效、无效、翻转、强制有效、强制无效或者不输出任何信号
Pluse	对应通道的捕获/比较寄存器的预设值
Output compare preload	捕获/比较寄存器预装载使能，Disable 表示写入该寄存器的值立即生效，Enable 表示等到下一次更新事件产生时生效
CH Ploarity	对应通道的极性选择，可选高电平有效或低电平有效

此处，Channel2 和 Channel3 的 Mode 都被设置为 Toggle on match，也就是翻转模式。因此，在每一个定时器的更新周期内，只要定时器计数器的值与 TIM4_CH2 或 TIM4_CH3 的捕获/比较寄存器的值相等，对应通道中的输出电平就会被翻转一次。由于 TIM4 的更新事件频率为 10 Hz，因此翻转后的输出波形频率为 5 Hz，占空比都是 50%。

为了方便用示波器观察，可以调整 TIM4_CH2 和 TIM4_CH3 输出波形的相位：将 TIM4_CH2 的 Pulse 参数设置为 299，以表示当第 300 个计数时钟信号到来时，执行输出电平翻转动作；将 TIM4_CH3 的 Pulse 参数设置为 599，以表示当第 600 个计数时钟信号到来时，执行输出电平翻转动作。通过设置不同的 Pulse 参数，可以在 TIM4_CH2 和 TIM4_CH3 上得到两个频率相同、占空比均为 50%但相位不同的输出信号。这正是在诸如电机控制等项目中经常要用到的控制信号。

3. 配置工程参数和生成工程文件

在 STM32CubeMX 主界面的 Project Manager 面板中配置好相关的工程参数，单击 GENERATE CODE，导出 Keil MDK 工程文件和程序代码。

11.4.2 输出比较模式相关数据结构和 API 函数

1. 输出比较模式相关数据结构

stm32f4xx_hal_tim.h 文件中定义了结构体 TIM_OC_InitTypeDef，用于配置定时器输出比较模式下的各个参数，结构体 TIM_ClockConfigTypeDef 则定义了与时钟源相关的参数。

```
typedef struct
{
    uint32_t OCMode;                /*输出模式选择，输出比较模式或 PWM 模式*/
    uint32_t Pulse;                 /*捕获/比较寄存器的预设值*/
    uint32_t OCPolarity;            /*输出极性*/
    uint32_t OCNPolarity;           /*互补输出的极性，仅对 TIM1 和 TIM8 使用*/
    uint32_t OCFastMode;            /*快速模式，仅在 PWM1 和 PWM2 模式下使用*/
    uint32_t OCIdleState;           /*输出空闲状态配置*/
    uint32_t OCNIdleState;          /*互补输出的空闲状态配置，仅对 TIM1 和 TIM8 使用*/
} TIM_OC_InitTypeDef;
typedef struct
{
    uint32_t ClockSource;           /*时钟源*/
    uint32_t ClockPolarity;         /*时钟源触发极性选择*/
    uint32_t ClockPrescaler;        /*预分频系数*/
    uint32_t ClockFilter;           /*4 位的数字滤波器参数*/
} TIM_ClockConfigTypeDef;
```

2. 输出比较模式相关函数

HAL 库中常用的输出比较模式相关函数详见表 11.12。

表 11.12   HAL 库中常用的输出比较模式相关函数

函数名称	函数定义及功能描述
HAL_TIM_OC_Init	HAL_StatusTypeDef HAL_TIM_OC_Init(TIM_HandleTypeDef * htim)
	初始化定时器输出比较功能，参数为指向 TIM_HandleTypeDef 的指针
HAL_TIM_OC_DeInit	HAL_StatusTypeDef HAL_TIM_OC_DeInit(TIM_HandleTypeDef * htim)
	注销定时器
HAL_TIM_OC_MspInit	void HAL_TIM_OC_MspInit(TIM_HandleTypeDef * htim)
	在 HAL_TIM_OC_Init 函数中调用，用于初始化定时器相关的 GPIO、CLOCK、NVIC 和 DMA
HAL_TIM_OC_MspDeInit	void HAL_TIM_OC_MspDeInit(TIM_HandleTypeDef * htim)
	注销定时器底层初始化
HAL_TIM_OC_Start	HAL_StatusTypeDef HAL_TIM_OC_Start(TIM_HandleTypeDef * htim, uint32_t Channel)
	启动定时器输出比较模式，Channel 为通道编号
HAL_TIM_OC_Stop	HAL_StatusTypeDef HAL_TIM_OC_Stop(TIM_HandleTypeDef * htim, uint32_t Channel)
	停止定时器输出比较模式
HAL_TIM_OC_Start_IT	HAL_StatusTypeDef HAL_TIM_OC_Start_IT(TIM_HandleTypeDef * htim, uint32_t Channel)
	以中断方式启动定时器输出比较模式
HAL_TIM_OC_Stop_IT	HAL_StatusTypeDef HAL_TIM_OC_Stop_IT(TIM_HandleTypeDef * htim, uint32_t Channel)
	停止中断方式下的定时器输出比较模式

函数名称	函数定义及功能描述
HAL_TIM_OC_Start_DMA	HAL_StatusTypeDef HAL_TIM_OC_Start_DMA(TIM_HandleTypeDef * htim, uint32_t Channel, uint32_t * pData, uint16_t Length)
	启动定时器输出比较功能并启动 DMA 传输。Channel 为通道编号，pData 为缓冲区指针，Length 为传输长度
HAL_TIM_OC_Stop_DMA	HAL_StatusTypeDef HAL_TIM_OC_Stop_DMA(TIM_HandleTypeDef * htim, uint32_t Channel)
	停止定时器输出比较功能，停止对应通道的 DMA 传输

11.4.3　输出比较模式代码解析

STM32CubeMX 生成的 main.c 中定义了 TIM_HandleTypeDef 类型的变量 htim4，用于填写 TIM4 的计数参数。TIM4 的配置过程是由 MX_TIM4_Init 函数完成的，其实现代码如下。

```
TIM_HandleTypeDef    htim4;          /*定义全局变量 htim4，用于填写 TIM4 的计数参数*/

static void MX_TIM4_Init(void)
{
    TIM_ClockConfigTypeDef sClockSourceConfig = {0};   /*初始化时钟源选择数据结构*/
    TIM_MasterConfigTypeDef sMasterConfig = {0};       /*初始化主从模式配置数据结构*/
    TIM_OC_InitTypeDef sConfigOC = {0};                /*初始化输出比较模式配置数据结构*/

    htim4.Instance = TIM4;
    htim4.Init.Prescaler = 8399;
    htim4.Init.CounterMode = TIM_COUNTERMODE_UP;
    htim4.Init.Period = 999;
    htim4.Init.ClockDivision = TIM_CLOCKDIVISION_DIV1;/*采样时钟与 CK_INT 频率相同*/
    htim4.Init.AutoReloadPreload = TIM_AUTORELOAD_PRELOAD_DISABLE;
    if (HAL_TIM_Base_Init(&htim4) != HAL_OK)
    {
        Error_Handler();
    }
    sClockSourceConfig.ClockSource = TIM_CLOCKSOURCE_INTERNAL;     /*内部时钟模式*/
    if (HAL_TIM_ConfigClockSource(&htim4, &sClockSourceConfig) != HAL_OK)
    {
        Error_Handler();
    }
    if (HAL_TIM_OC_Init(&htim4) != HAL_OK)
    {
        Error_Handler();
    }
    sMasterConfig.MasterOutputTrigger = TIM_TRGO_RESET;
    sMasterConfig.MasterSlaveMode = TIM_MASTERSLAVEMODE_DISABLE;
    if (HAL_TIMEx_MasterConfigSynchronization(&htim4, &sMasterConfig) != HAL_OK)
    {
        Error_Handler();
    }
    sConfigOC.OCMode = TIM_OCMODE_TOGGLE;                /*采用翻转模式*/
    sConfigOC.Pulse = 299;
    sConfigOC.OCPolarity = TIM_OCPOLARITY_HIGH;
    sConfigOC.OCFastMode = TIM_OCFAST_DISABLE;
```

```
    if (HAL_TIM_OC_ConfigChannel(&htim4, &sConfigOC, TIM_CHANNEL_2) != HAL_OK)
    {
        Error_Handler();
    }
    sConfigOC.Pulse = 599;
    if (HAL_TIM_OC_ConfigChannel(&htim4, &sConfigOC, TIM_CHANNEL_3) != HAL_OK)
    {
        Error_Handler();
    }
    HAL_TIM_MspPostInit(&htim4);
}
```

MX_TIM4_Init 函数首先将先前已在 STM32CubeMX 中配置的定时器计数参数填入 htim4 中，然后调用 HAL_TIM_Base_Init 函数，将这些参数写到 TIM4 的计数相关寄存器中。sConfigOC 用于配置输出比较模式的各种参数，HAL_TIM_OC_ConfigChannel 函数用于将这些参数填入 TIM4 定时器的相关寄存器中。最后，使用 HAL_TIM_MspPostInit 函数配置好与 TIM4_CH2 和 TIM4_CH3 对应的 GPIO 引脚。

STM32CubeMX 生成的 main 函数中不包含启动定时器工作的语句，因此需要手动添加。由于案例 11.3 中的 TIM4 用到了输出比较功能，因此需要手动添加 HAL_TIM_OC_Start 函数以启动定时器开始工作。修改后的 main 函数如下。

```
int main(void)
{
    HAL_Init();
    SystemClock_Config();
    MX_GPIO_Init();
    MX_TIM4_Init();
    HAL_TIM_OC_Start(&htim4,TIM_CHANNEL_2);    /*手动添加，启动定时器通道 2 的输出比较模式*/
    HAL_TIM_OC_Start(&htim4,TIM_CHANNEL_3);    /*手动添加，启动定时器通道 3 的输出比较模式*/
    while (1)
    {

    }
}
```

将上述代码编译下载到开发板上。在程序运行过程中，用示波器通道 1 测量 PB7 引脚上的输出，用示波器通道 2 测量 PB8 引脚上的输出，得到的波形如图 11.23 所示。

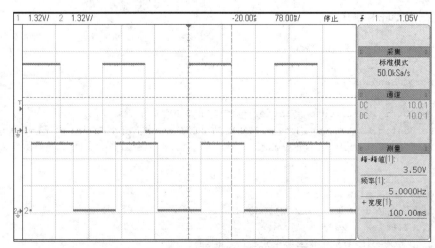

图 11.23　输出比较模式下的波形

TIM4_CH2 和 TIM4_CH3 两个输出通道上的波形时间差为 30 ms，如图 11.24 所示，读者可以分析该差值是否与理论设计一致。

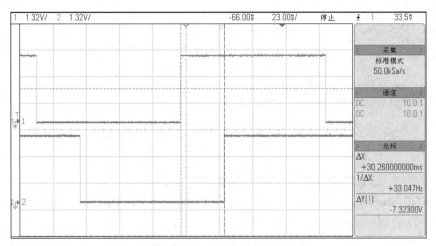

图 11.24　波形时间差

若需要用到输出比较模式下的中断服务程序，可在 STM32CubeMX 中开启 TIM4 中断。在 TIM4 Mode and Configuration 界面的 NVIC Settings 选项卡中勾选 Enabled 以使能 TIM4 中断，同时配置 TIM4 中断的组优先级和子优先级，如图 11.25 所示。

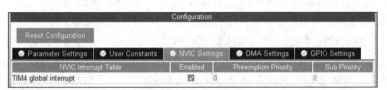

图 11.25　配置 TIM4 中断

配置完成后，STM32CubeMX 生成的 stm32f4xx_it.c 文件中将会包含 TIM4 中断的中断处理函数。

```
void TIM4_IRQHandler(void)
{
    HAL_TIM_IRQHandler(&htim4);
}
```

查阅表 11.8 中的中断处理回调函数可知，HAL_TIM_OC_DelayElapsedCallback 函数是定时器输出比较模式下的中断服务程序，因此需要在 main.c 中重写该函数。同时，为了支持中断，main 函数中启动 TIM4 的函数应改为 HAL_TIM_OC_Start_IT。

根据图 11.2 所示的电路，在案例 11.3 的基础上增加 DS1 按 5 Hz 频率闪烁的效果，对 main 函数做如下修改。

```
int main(void)
{
    HAL_Init();
    SystemClock_Config();
    MX_GPIO_Init();
    MX_TIM4_Init();
    HAL_TIM_OC_Start_IT(&htim4,TIM_CHANNEL_2);  /*以中断模式启动*/
    HAL_TIM_OC_Start(&htim4,TIM_CHANNEL_3);
    while (1)
```

```
        {
        }
    }

    void HAL_TIM_OC_DelayElapsedCallback (TIM_HandleTypeDef * htim)
    {
    if(htim->Instance == htim4.Instance)
        {
            if(HAL_GPIO_ReadPin(GPIOF,GPIO_PIN_6)==GPIO_PIN_SET)
                HAL_GPIO_WritePin(GPIOF, GPIO_PIN_6,GPIO_PIN_RESET);
        else
                HAL_GPIO_WritePin(GPIOF, GPIO_PIN_6,GPIO_PIN_SET);
        }
    }
```

在 main 函数中,启动 TIM4_CH2 时使用了 HAL_TIM_OC_Start_IT 函数,而启动 TIM4_CH3 时使用了 HAL_TIM_OC_Start 函数,请读者思考一下这是为什么? 如果两个通道都使用 HAL_TIM_OC_Start_IT 函数来启动,会发生什么现象?

11.5 定时器的 PWM 输出模式

PWM 输出模式用于产生固定频率、固定占空比的输出信号。定时器的 PWM 输出模式有两种类型。

(1) PWM 模式 1。当计数单元采用向上计数模式时,若计数器的计数值小于捕获/比较寄存器的值,输出有效电平,否则输出无效电平;当计数单元采用向下计数模式时,若计数器的计数值小于捕获/比较寄存器的值,输出无效电平,否则输出有效电平。

(2) PWM 模式 2。当计数单元采用向上计数模式时,若计数器的计数值小于捕获/比较寄存器的值,输出无效电平,否则输出有效电平;当计数单元采用向下计数模式时,若计数器的计数值小于捕获/比较寄存器的值,输出有效电平,否则输出无效电平。

例如,将定时器设置为 PWM 模式 1,选用向上计数模式,并设置重装载寄存器的值为 999、捕获/比较寄存器的值为 300、输出比较的有效极性为高电平。此时,定时器将输出为高电平为 300 个时钟计数周期、低电平为 700 个时钟计数周期的波形,也就是占空比为 30%的 PWM 信号。

当定时器的计数器工作在向上或向下计数模式时,PWM 信号的周期总是与计数器的更新周期相同,所以又称它们为边沿对齐模式。但定时器计数器的工作模式除了向上计数和向下计数模式之外,还有中心对齐模式。那么,当定时器计数器工作在中心对齐模式时,产生的 PWM 波形又如何呢?

假设定时器被设置为 PWM 模式 1,且计数模式为中心对齐模式 1,其余设置同上。计数器从 0 开始向上计数到 299,PWM 输出为高电平;计数器从 300 向上计数到 999 时,PWM 输出为低电平。然后计数器从 999 向下计数到 300,PWM 输出仍为低电平;而当计数器从 299 向下计数到 0 时,PWM 输出为高电平。

图 11.26 给出了计数器分别工作在边沿对齐模式和中心对齐模式时产生的两种不同的 PWM 波形,这两种波形除了定时器的计数模式不同之外,其余参数都相同。在图 11.26 中,箭头指向的竖线为 PWM 周期开始的位置,上方是边沿对齐模式下的波形,下方是中心对齐模式下的波形,读者可以从理论上分析一下这两种波形的产生原理。

下面通过一个案例来讲解如何使用定时器的 PWM 输出模式产生 PWM 波形。

案例 11.4: 在定时器的 TIM3_CH3 通道上输出频率为 10 Hz、占空比为 30%的 PWM 波形。读者也可以选用其他定时器的其他通道,工作原理都相同。

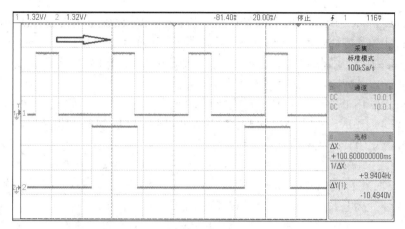

图 11.26　边沿对齐模式和中心对齐模式

11.5.1　工程配置

1. 新建项目和配置时钟树

在 STM32CubeMX 中创建一个新项目，先选择微控制器芯片为 STM32F407xx，再选择 HSE 和 LSE 作为时钟源，并配置好时钟树参数。

2. 配置定时器参数

查询本书配套的电子资料可知，STM32F407xx 中的 TIM3_CH3 可选用 PC8 引脚。选择 STM32CubeMX 主界面中的 Pinout & Configuration 面板，展开界面左侧的 System Core 列表，选中 GPIO。然后在界面右侧的 Pinout view 子面板中选中 PC8 引脚，设置其工作模式为 TIM3_CH3。

展开 Pinout & Configuration 面板中的 Timers 列表，选中 TIM3，在弹出的 TIM3 Mode and Configuration 面板中设置 TIM3 的参数，如图 11.27 所示。此处设置 TIM3 的 Clock Source 为内部时钟，设置 TIM3_CH3 为 PWM 输出模式。

在界面下方的 Parameter Settings 选项卡中，除了设置基本计数参数之外，还要设置 TIM3_CH3 的 PWM 输出参数，如图 11.28 所示。

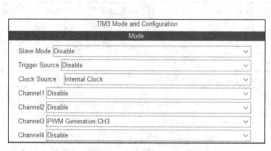

图 11.27　TIM3 的参数配置界面

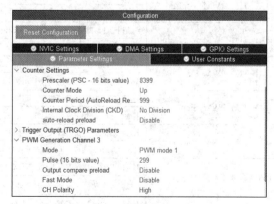

图 11.28　设置 PWM 输出参数

在 PWM Generation Channel 3 部分，各个参数的含义如下。

（1）Mode 用于选择 PWM 输出模式，可选 PWM 模式 1 或 PWM 模式 2。

（2）Pulse 用于设定对应通道的捕获/比较寄存器的预设值。

（3）Output compare preload 用于设置捕获/比较寄存器的预装载值何时生效。Disable 表示写入该寄存器的值立即生效，Enable 表示等到下一次更新事件产生时生效。

（4）Fast Mode 用于选择快速模式。Disable 表示触发输入出现边沿时，激活输出的最短延迟时间为 5 个时钟周期，Enable 则表示缩短为 3 个时钟周期。

（5）CH Polarity 用于选择对应通道的有效极性，可以选择高电平有效或低电平有效。

针对案例 11.4，由于已设置 TIM3 的预分频系数为 8399、重装载寄存器的值为 999，因此生成的 PWM 波形的频率为 10 Hz。

PWM 波形的频率=84000000/((8399 + 1)*(999 + 1))=10 Hz

由于 TIM3_CH3 工作在 PWM 模式 1 下，采用向上计数模式，捕获/比较寄存器的值为 299，输出比较的有效极性为高电平，因此生成的 PWM 波形的占空比为 30%。

PWM 波形的占空比=((299+1)/ (999 + 1))*100%=30%

3. 配置工程参数和生成工程文件

在 STM32CubeMX 主界面的 Project Manager 面板中配置好相关的工程参数，单击 GENERATE CODE，导出 Keil MDK 工程文件和程序代码。

11.5.2 PWM 输出模式相关数据结构和 API 函数

当定时器采用 PWM 输出模式时，将会既用到基础计数功能，又用到输出比较功能。PWM 输出模式用到的数据结构与输出比较模式相同，也通过 TIM_OC_InitTypeDef 结构体来配置 PWM 输出参数。

HAL 库中常用的 PWM 输出模式相关函数详见表 11.13。

表 11.13　　　　　　　　HAL 库中常用的 PWM 输出模式相关函数

函数名称	函数定义及功能描述
HAL_TIM_PWM_Init	HAL_StatusTypeDef HAL_TIM_ PWM _Init(TIM_HandleTypeDef * htim)
	初始化定时器的 PWM 输出功能，参数为指向 TIM_HandleTypeDef 的指针
HAL_TIM_PWM _DeInit	HAL_StatusTypeDef HAL_TIM_ PWM _DeInit(TIM_HandleTypeDef * htim)
	注销定时器
HAL_TIM_PWM_MspInit	void HAL_TIM_PWM_MspInit(TIM_HandleTypeDef * htim)
	在 HAL_TIM_PWM_Init 函数中调用，用于初始化定时器相关的 GPIO、CLOCK、NVIC 和 DMA
HAL_TIM_PWM_MspDeInit	void HAL_TIM_PWM_MspDeInit(TIM_HandleTypeDef * htim)
	注销定时器底层初始化
HAL_TIM_PWM_Start	HAL_StatusTypeDef HAL_TIM_PWM_Start(TIM_HandleTypeDef * htim, uint32_t Channel)
	启动定时器的 PWM 输出功能，Channel 为通道编号
HAL_TIM_PWM_Stop	HAL_StatusTypeDef HAL_TIM_PWM_Stop(TIM_HandleTypeDef * htim, uint32_t Channel)
	停止定时器的 PWM 输出功能
HAL_TIM_PWM_Start_IT	HAL_StatusTypeDef HAL_TIM_PWM_Start_IT(TIM_HandleTypeDef * htim, uint32_t Channel)
	以中断方式启动定时器的 PWM 输出功能
HAL_TIM_PWM_Stop_IT	HAL_StatusTypeDef HAL_TIM_PWM_Stop_IT(TIM_HandleTypeDef * htim, uint32_t Channel)
	停止以中断方式启动的 PWM 输出功能
HAL_TIM_PWM_Start_DMA	HAL_StatusTypeDef HAL_TIM_PWM_Start_DMA(TIM_HandleTypeDef * htim, uint32_t Channel, uint32_t * pData, uint16_t Length)
	启动定时器的 PWM 输出功能并开始 DMA 传输。Channel 为通道编号，pData 为缓冲区指针，Length 为传输长度
HAL_TIM_PWM_Stop_DMA	HAL_StatusTypeDef HAL_TIM_PWM_Stop_DMA(TIM_HandleTypeDef * htim, uint32_t Channel)
	停止定时器的 PWM 输出功能，停止对应通道的 DMA 传输

11.5.3　PWM 输出模式代码解析

STM32CubeMX 生成的 main.c 文件中定义了 TIM_HandleTypeDef 类型的变量 htim3，用于填写 TIM3 的计数参数。TIM3 的配置过程是由 MX_TIM3_Init 函数完成的，其实现代码如下。

```c
TIM_HandleTypeDef    htim3;          /*定义全局变量 htim3，用于填写 TIM3 的计数参数*/

static void MX_TIM3_Init(void)
{
    TIM_ClockConfigTypeDef sClockSourceConfig = {0};    /*初始化时钟源选择数据结构*/
    TIM_MasterConfigTypeDef sMasterConfig = {0};        /*初始化主从模式配置数据结构*/
    TIM_OC_InitTypeDef sConfigOC = {0};                 /*初始化输出比较模式配置数据结构*/

    htim3.Instance = TIM3;
    htim3.Init.Prescaler = 8399;
    htim3.Init.CounterMode = TIM_COUNTERMODE_UP;        /*向上计数*/
    htim3.Init.Period = 999;
    htim3.Init.ClockDivision = TIM_CLOCKDIVISION_DIV1;
    htim3.Init.AutoReloadPreload = TIM_AUTORELOAD_PRELOAD_DISABLE;
    if (HAL_TIM_Base_Init(&htim3) != HAL_OK)
      {
        Error_Handler();
      }
    sClockSourceConfig.ClockSource = TIM_CLOCKSOURCE_INTERNAL;   /*选用内部时钟*/
    if (HAL_TIM_ConfigClockSource(&htim3, &sClockSourceConfig) != HAL_OK)
    {
        Error_Handler();
    }
    if (HAL_TIM_PWM_Init(&htim3) != HAL_OK)
    {
        Error_Handler();
    }
    sMasterConfig.MasterOutputTrigger = TIM_TRGO_RESET;
    sMasterConfig.MasterSlaveMode = TIM_MASTERSLAVEMODE_DISABLE;
    if (HAL_TIMEx_MasterConfigSynchronization(&htim3, &sMasterConfig) != HAL_OK)
    {
        Error_Handler();
    }
    sConfigOC.OCMode = TIM_OCMODE_PWM1;                     /*选用 PWM 模式 1*/
    sConfigOC.Pulse = 299;
    sConfigOC.OCPolarity = TIM_OCPOLARITY_HIGH;             /*极性为高电平*/
    sConfigOC.OCFastMode = TIM_OCFAST_DISABLE;              /*关闭快速模式*/
    if (HAL_TIM_PWM_ConfigChannel(&htim3, &sConfigOC, TIM_CHANNEL_3) != HAL_OK)
    {
        Error_Handler();
    }
    __HAL_TIM_DISABLE_OCxPRELOAD(&htim3, TIM_CHANNEL_3);
    HAL_TIM_MspPostInit(&htim3);
}
```

MX_TIM3_Init 函数的执行过程与案例 11.3 中的输出比较模式类似，区别在于 sConfigOC 会将通道配置为 PWM 输出模式,然后调用 HAL_TIM_PWM_ConfigChannel 函数,从而将这些参数填入 TIM3 定时器的相关寄存器中。最后,HAL_TIM_MspPostInit 函数会配置好与 TIM3_CH3 对应的 GPIO 引脚。

由于案例 11.4 中的 TIM3 用到了 PWM 输出功能,因此需要在 main 函数中手动添加 HAL_TIM_PWM_Start 函数以启动定时器开始工作。修改后的 main 函数如下。

```c
int main(void)
{
    HAL_Init();
    SystemClock_Config();
    MX_GPIO_Init();
    MX_TIM3_Init();
    HAL_TIM_PWM_Start(&htim3,TIM_CHANNEL_3); /*手动添加,启动定时器通道 3 的 PWM 输出模式*/
    while (1)
    {
    }
}
```

将上述代码编译下载到开发板上,在程序运行过程中用示波器测量 PC8 引脚上的输出信号,得到的波形如图 11.29 所示。在图 11.29 中,PWM 波形的频率为 10 Hz,正脉宽为 30 ms,占空比为 30%。

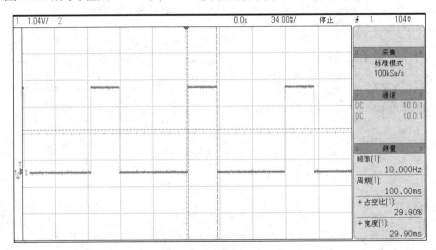

图 11.29 得到的 PWM 波形

当以中断方式启动定时器的 PWM 输出功能时,配置过程与案例 11.3 类似。可在 STM32CubeMX 中开启 TIM3 中断,并在 main 函数中调用 HAL_TIM_PWM_Start_IT 函数以启动 TIM3,但需要在 main.c 中重写 HAL_TIM_PWM_PulseFinishedCallback 函数。读者可以思考一下具体应怎样实现。

11.6 定时器的外部时钟模式

当通用定时器工作在外部时钟模式 2 时,可以使用 TIMx_ETR 引脚上的一个输入信号作为信号源,这个输入信号经极性选择、边沿检测、分频、滤波等处理后可作为定时器的计数时钟信号。下面通过一个案例来讲解如何使用定时器的外部时钟模式。

案例 11.5: 假设在 TIM8 的 TIM8_ETR 引脚上输入了一个 10 kHz 的方波信号,要求根据该输入信号,在 TIM8_CH3 引脚上输出一个 10Hz 的方波。

11.6.1　工程配置

1. 新建项目和配置时钟树

在 STM32CubeMX 中创建一个新项目，先选择微控制器芯片为 STM32F407xx，再选择 HSE 和 LSE 作为时钟源，并配置好时钟树参数。

2. 配置定时器参数

查询本书配套的电子资料可知，STM32F407xx 中的 TIM8_ETR 为 PA0 引脚，TIM8_CH3 可选用 PC8 引脚。选择 STM32CubeMX 主界面中的 Pinout & Configuration 面板，展开界面左侧的 System Core 列表，选中 GPIO。然后在界面右侧的 Pinout view 子面板中选中 PA0 引脚，设置其工作模式为 TIM8_ETR。同样，配置 PC8 引脚的工作模式为 TIM8_CH3。

展开 Pinout & Configuration 面板中的 Timers 列表，选中 TIM8。在弹出的 TIM8 Mode and Configuration 面板中设置 TIM8 的相关参数，如图 11.30 所示。此处设置 TIM8 的 Clock Source 为外部时钟模式 ETR2，设置 TIM8_CH3 为输出比较模式 Output Compare CH3。

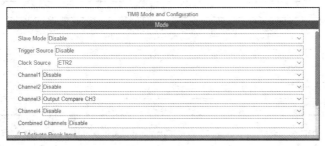

图 11.30　配置外部时钟模式

在界面下方的 Parameter Settings 选项卡中，除了要设置基本的计数参数和输出比较参数之外，还要设置外部输入信号参数，如图 11.31 所示。

图 11.31　外部时钟模式的相关参数

在图 11.31 中，Clock 部分用于配置输入信号的滤波器参数。

（1）Clock Filter 用于设置 4 位的数字滤波器参数。数字滤波器由事件计数器组成，每 N 个事件可视为一个有效边沿。Clock Filter 的取值与 N 个事件的对应关系详见表 11.14。其中，f_{CK_INT} 代表定时器时钟信号 CK_INT 的频率，根据图 11.31 中 Internal Clock Division 的设置，f_{DTS} 可以取 f_{CK_INT}、$f_{CK\_INT}/2$ 或 $f_{CK\_INT}/4$。

表 11.14   数字滤波器参数说明

Clock Filter 的取值	$f_{sampling}$	N 个事件
0000	f_{CK_INT}	无滤波器
0001	f_{CK_INT}	2
0010	f_{CK_INT}	4
0011	f_{CK_INT}	8
0100	$f_{DTS}/2$	6
0101	$f_{DTS}/2$	8
0110	$f_{DTS}/4$	6
0111	$f_{DTS}/4$	8
1000	$f_{DTS}/8$	6
1001	$f_{DTS}/8$	8
1010	$f_{DTS}/16$	5
1011	$f_{DTS}/16$	6
1100	$f_{DTS}/16$	8
1101	$f_{DTS}/32$	5
1110	$f_{DTS}/32$	6
1111	$f_{DTS}/32$	8

由于 TIM8 挂在 APB2 总线上，因此 TIM8 的输入时钟信号频率为 168 MHz。针对案例 11.5，可将 Internal Clock Division 设置为 No Division，即 f_{DTS} 为 168 MHz；而将 Clock Filter 设置为 0110，对应 42 MHz 且 N 为 6。如此一来，频率高于 7 MHz 的信号将被这个数字滤波器滤除，从而实现了屏蔽 7 MHz 以上的干扰信号。

（2）Clock Polarity 用于配置有效边沿。non inverted 表示输入信号的上升沿是有效边沿，Inverted 表示输入信号的下降沿是有效边沿。

（3）Clock Prescaler 用于配置输入信号的预分频系数，可选 1、1/2、1/4 或 1/8。

为了在 TIM8_CH3 上得到频率为 10 Hz 的输出信号，可以将 TIM8_CH3 设置为输出比较模式，将更新事件的频率设置为 20 Hz，并在产生更新事件时翻转 TIM8_CH3 上的输出电平，各配置参数的取值详见图 11.31。

由于 TIM8_ETR 引脚上的外部输入信号频率为 10 KHz，这里设置 TIM8 的预分频系数为 9、重装载寄存器的值为 49，得到的更新事件频率为 20 Hz。

$$update\_event = 10000/((9 + 1)*(49 + 1))=20$$

3. 配置工程参数和生成工程文件

在 STM32CubeMX 主界面的 Project Manager 面板中配置好相关的工程参数，单击 GENERATE CODE，导出 Keil MDK 工程文件和程序代码。

11.6.2 外部时钟模式代码解析

案例 11.5 生成的代码不仅使用了定时器的基础计数功能和输出比较功能，还同时增加了外部输入时钟的配置。TIM8 的配置是由 MX_TIM8_Init 函数完成的，该函数的功能与案例 11.4 中的类似，此处不再赘述。

在 STM32CubeMX 生成的 main.c 中手动添加 HAL_TIM_OC_Start 函数以启动 TIM8 开始工作。修改后的 main 函数如下。

```
int main(void)
{
  HAL_Init();
  SystemClock_Config();
  MX_GPIO_Init();
  MX_TIM8_Init();
  HAL_TIM_OC_Start(&htim8,TIM_CHANNEL_3); /*手动添加，启动定时器通道 3 的输出比较模式*/
  while (1)
  {
  }
}
```

将上述代码编译下载到开发板上。在程序运行过程中用示波器测量 PC8 引脚上的输出信号，得到的波形如图 11.32 所示。

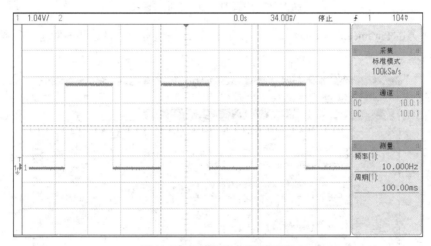

图 11.32　PC8 引脚上的输出信号

11.7　定时器的级联

STM32F4 微控制器允许将一个定时器的输出作为另一个定时器的外部触发输入，从而实现定时器的级联。在级联状态下，主定时器可以作为从定时器的预分频器，当有多个从定时器时，主定时器也可以为这些从定时器提供同一个基准时钟输入。下面通过案例来讲解如何使用定时器的级联功能。

案例 11.6：设置 TIM1 为主定时器、TIM3 为从定时器。主定时器 TIM1 产生一个 10 kHz 的触发信号，从定时器 TIM3 将这个 10 kHz 的触发信号分频后生成一个 10 Hz 的信号，并将这个 10 Hz 的信号输出到 TIM3_CH3 引脚。

11.7.1　工程配置

1．新建项目和配置时钟树

在 STM32CubeMX 中创建一个新项目，先选择微控制器芯片为 STM32F407xx，再选择 HSE 和

LSE 作为时钟源，并配置好时钟树参数。

2. 配置主定时器参数

选择 STM32CubeMX 主界面中的 Pinout & Configuration 面板，展开界面左侧的 System Core 列表，选中 TIM1，在弹出的 TIM1 Mode and Configuration 面板中设置 TIM1 的 Clock Source 为内部时钟模式，如图 11.33 所示。

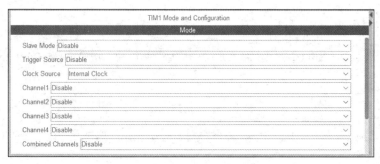

图 11.33　设置 TIM1 为内部时钟模式

在界面下方的 Parameter Settings 选项卡中设置 TIM1 的基本计数参数和触发输出参数，如图 11.34 所示。

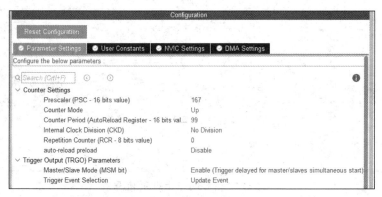

图 11.34　设置 TIM1 的基本计数参数和触发输出参数

Trigger Output（TRGO）Parameters 部分用于选择主定时器将何种信号用于触发从定时器，各个参数的含义如下。

（1）Master/Slave Mode (MSM bit) 用于选择主从定时器是否同步。Enable 表示当前定时器的触发输入事件（TRGI）的动作被推迟，以便当前定时器与其从定时器实现完美同步（通过 TRGO），该设置适用于单个外部事件对多个定时器进行同步的情况。Disable 表示不执行任何动作。

（2）Trigger Event Selection 用于选择触发事件，详见表 11.15。

表 11.15　触发事件说明

配置项	说明
Reset	由软件操作计数器复位，并产生更新事件来触发输出信号
Enable	将计数器使能信号（CNT_EN）用作触发输出信号
Update Event	选择更新事件作为触发输出信号
Compare Pluse	发生输入捕获或比较匹配事件时触发输出信号
Output Compare1-4	发生输出比较通道 1~4 的匹配事件时触发输出信号

由于 TIM1 挂在 APB2 总线上，因此 TIM1 的输入时钟信号频率为 168 MHz。设置 TIM1 的预分频系数为 167，设置重装载寄存器的值为 99，于是 TIM1 的更新事件频率为 10 kHz。

$$update\_event = 168000000/((167 + 1)*(99 + 1))=10\ 000\ Hz$$

根据案例 11.6 的要求，将 TIM1 的 Master/Slave Mode 选择为 Enable，将触发事件设置为 Update Event。如此一来，每次计数更新事件到来时，TIM1 就会产生一个触发输出信号，频率为 10 kHz。

3. 配置从定时器参数

查询本书配套的电子资料可知，STM32F407xx 中的 TIM3_CH3 可选用 PC8 引脚。打开 STM32CubeMX 主界面中的 Pinout & Configuration 面板，展开界面左侧的 System Core 列表，选中 GPIO。然后在界面右侧的 Pinout view 子面板中选中 PC8 引脚，配置其工作模式为 TIM3_CH3。

在 Pinout & Configuration 面板中展开 Timers 列表，选中 TIM3，在弹出的 TIM3 Mode and Configuration 面板中配置 TIM3 为从模式，如图 11.35 所示。

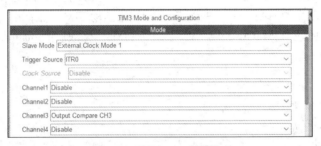

图 11.35　配置 TIM3 为从模式

在图 11.35 中，Slave Mode 用于选择从定时器的工作模式，选项如下。

（1）External Clock Mode 1 为外部时钟模式。该选项表示 Trigger Source 所选触发信号（TRGI）的上升沿为计数时钟信号。

（2）Reset Mode 为复位模式。该选项表示当 Trigger Source 所选触发输入（TRGI）出现上升沿时，重新初始化计数器并生成更新事件。

（3）Gated Mode 为门控模式。该选项表示当 Trigger Source 所选触发输入（TRGI）为高电平时，使能计数器时钟信号。只要触发输入变为低电平，计数器就立即停止计数，但并不复位。门控模式可用于控制计数器的启动和停止。

（4）Trigger Mode 为触发模式。该选项表示当 Trigger Source 所选触发信号（TRGI）出现上升沿时，启动计数器，但并不复位。

当级联定时器时，如果将定时器的 Slave Mode 选择为复位模式、门口模式或触发模式，那么 Clock Source 可以选择外部时钟模式 2，此时 Trigger Source 不能选择 ETRF。

针对案例 11.6，配置 TIM3 的 Slave Mode 为外部时钟模式，并设置 TIM3_CH3 为输出比较模式。根据表 11.5，为 Trigger Source 选择 ITR0，使 TIM1 为主定时器、TIM3 为从定时器。

在图 11.36 所示的 Parameter Settings 选项卡中，配置好基本计数参数、输出比较参数和触发参数。

图 11.36　TIM3 从定时器的参数设置界面

在图 11.36 中，设置 TIM3 的预分频系数为 9、重装载寄存器的值为 49，于是 TIM3 的更新事件频率为 20 Hz。

$$update\_event = 10000/((9 + 1)*(49 + 1))=20Hz$$

当 TIM3 更新事件到来时，TIM3_CH3 引脚上的输出电平将被翻转，因此得到频率为 10 Hz、占空比为 50%的输出波形。

4. 配置工程参数和生成工程文件

在 STM32CubeMX 主界面的 Project Manager 面板中配置好相关的工程参数，单击 GENERATE CODE，导出 Keil MDK 工程文件和程序代码。

11.7.2 定时器级联代码解析

在案例 11.6 中，TIM1 只需要使用基本计数功能来触发更新事件，因此可在 STM32CubeMX 生成的 main.c 文件中手动添加 HAL_TIM_Base_Start 函数来启动 TIM1。由于 TIM3 工作在输出比较模式下，因此需要使用 HAL_TIM_OC_Start 函数来启动 TIM3。修改后的 main 函数如下。

```
int main(void)
{
  HAL_Init();
  SystemClock_Config();
  MX_GPIO_Init();
  MX_TIM1_Init();
  MX_TIM3_Init();
  HAL_TIM_Base_Start(&htim1);               /*手动添加，启动定时器的基本计数模式*/
  HAL_TIM_OC_Start(&htim3,TIM_CHANNEL_3);   /*手动添加，启动定时器通道 3 的输出比较模式*/
  while (1)
  {
  }
}
```

将上述代码编译下载到开发板上。在程序运行过程中用示波器测量 PC8 引脚的输出信号，得到的波形如图 11.37 所示。

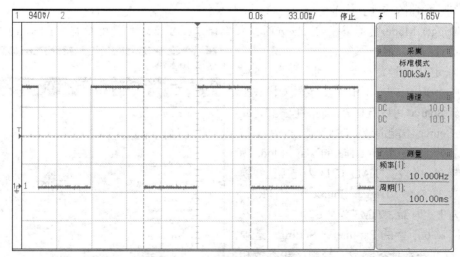

图 11.37 PC8 引脚上的输出信号

11.8　定时器的输入捕获模式

定时器的输入捕获模式用于捕获定时器各个通道上的输入信号。在输入捕获模式下，当检测到输入引脚上触发信号的边沿时，计数器的当前值将被锁存到捕获/比较寄存器中，并产生捕获事件。当捕获事件产生时，如果使能了中断或 DMA，将产生捕获中断或 DMA 请求。下面通过案例来讲解如何实现定时器的输入捕获功能。

案例 11.7：假设在 TIM8_CH1 引脚上有一个输入信号为 100 Hz 的方波，要求通过 TIM8 的输入捕获功能来测量信号的频率和脉宽。

11.8.1　工程配置

1.　新建项目和配置时钟树

在 STM32CubeMX 中创建一个新项目，先选择微控制器芯片为 STM32F407xx，再选择 HSE 和 LSE 作为时钟源，并配置好时钟树参数。

2.　配置主定时器参数

查询本书配套的电子资料可知，STM32F407xx 中的 TIM8_CH1 可选用 PC6 引脚。打开 STM32CubeMX 主界面中的 Pinout & Configuration 面板，展开界面左侧的 System Core 列表，选中 GPIO。然后在界面右侧的 Pinout view 子面板中选中 PC6 引脚，配置其工作模式为 TIM8_CH1。

在 Pinout & Configuration 面板中展开 Timers 列表，选中 TIM8。在弹出的 TIM8 Mode and Configuration 面板中设置 TIM8 的 Clock Source 为内部时钟，并设置 TIM8_CH1 为输入捕获模式，如图 11.38 所示。

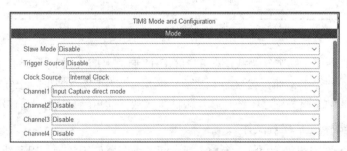

图 11.38　配置输入捕获模式

在界面下方的 Parameter Settings 选项卡中，除了要设置基本计数参数之外，还要设置定时器的输入捕获参数，如图 11.39 所示。

Input Capture Channel 1 部分用于设置输入捕获参数，各项参数的含义如下。

（1）Polarity Selection 用于设置捕获信号的极性。Rising Edge 表示捕获上升沿，Falling Edge 表示捕获下降沿，Both Edges 表示上升沿和下降沿均可被捕获。

（2）IC Selection 用于选择映射关系。Direct 表示图 11.5 中的 IC1、IC2、IC3 和 IC4 将被分别映射到 TI1、TI2、TI3 和 TI4，InDirect 表示图 11.5 中的 IC1、IC2、IC3 和 IC4 将被分别映射到 TI2、TI1、TI4 和 TI3。

（3）Prescaler Division Ratio 用于设置预分频系数。

（4）Input Filter 用于设置 4 位的数字滤波器参数，详见表 11.14。

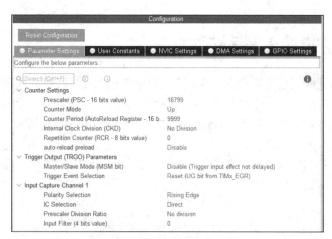

图 11.39　设置 TIM8 的基本计数参数和输入捕获参数

由于 TIM8 挂在 APB2 总线上，因此 TIM8 的输入时钟信号频率为 168 MHz。设置 TIM8 的预分频系数为 16799，并设置重装载寄存器的值为 9999，于是 TIM8 的更新事件频率为 1 Hz。

$$update\_event = 168000000/((16799 + 1)*(9999 + 1))=1 \text{ Hz}$$

切换到 NVIC Settings 选项卡，便可看到 TIM8 相关的中断列表、使能 TIM8 的更新事件中断和 TIM8 的捕获比较事件中断，如图 11.40 所示。

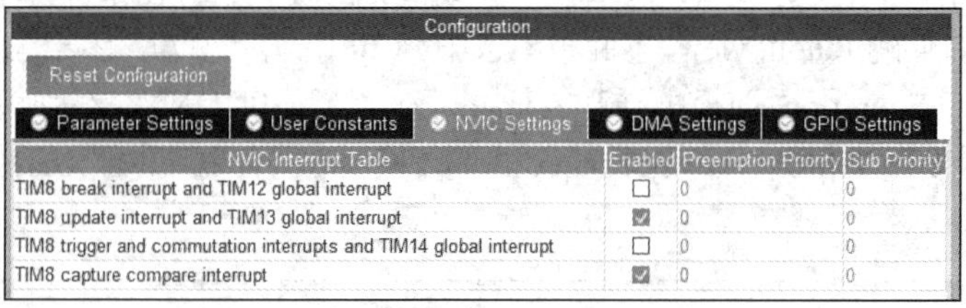

![Configuration NVIC Settings 配置截图]

图 11.40　输入捕获模式下的中断配置

此处为何要允许两个中断呢？当我们在 TIM8_CH1 通道上捕获到上升沿时，就会产生捕获中断，可以在捕获中断服务程序中将捕获次数加 1。当 TIM8 更新事件中断到来时，正好是 1 秒的计时周期。此时，在更新事件的中断服务程序中统计并打印捕获次数，即可计算出输入信号的频率值。

3. 配置工程参数和生成工程文件

在 STM32CubeMX 主界面的 Project Manager 面板中配置好相关的工程参数，单击 GENERATE CODE，导出 Keil MDK 工程文件和程序代码。

11.8.2　输入捕获模式相关数据结构和 API 函数

stm32f4xx_hal_tim.h 文件中定义了结构体 TIM_IC_InitTypeDef 用于配置定时器的输入捕获模式下的各种参数。

```
typedef struct
{
  uint32_t  ICPolarity;   /*极性选择 */
  uint32_t  ICSelection;  /* Direct 和 InDirect 模式配置 */
  uint32_t  ICPrescaler;  /*预分频系数 */
  uint32_t  ICFilter;     /*滤波器参数 */
} TIM_IC_InitTypeDef;
```

HAL 库中常用的输入捕获模式相关函数详见表 11.16。

表 11.16   HAL 库中常用的输入捕获模式相关函数

函数名称	函数定义及功能描述
HAL_TIM_IC_Init	HAL_StatusTypeDef HAL_TIM_IC_Init(TIM_HandleTypeDef * htim)
	初始化定时器的输入捕获功能，参数为指向 TIM_HandleTypeDef 的指针
HAL_TIM_IC_DeInit	HAL_StatusTypeDef HAL_TIM_IC_DeInit(TIM_HandleTypeDef * htim)
	注销定时器
HAL_TIM_IC_MspInit	void HAL_TIM_IC_MspInit(TIM_HandleTypeDef * htim)
	在 HAL_TIM_IC_Init 函数中调用，用于初始化定时器相关的 GPIO、CLOCK、NVIC 和 DMA
HAL_TIM_IC_MspDeInit	void HAL_TIM_IC_MspDeInit(TIM_HandleTypeDef * htim)
	注销定时器底层初始化
HAL_TIM_IC_Start	HAL_StatusTypeDef HAL_TIM_IC_Start(TIM_HandleTypeDef * htim, uint32_t Channel)
	启动定时器的输入捕获功能，Channel 为通道编号
HAL_TIM_IC_Stop	HAL_StatusTypeDef HAL_TIM_IC_Stop(TIM_HandleTypeDef * htim, uint32_t Channel)
	停止定时器的输入捕获功能
HAL_TIM_IC_Start_IT	HAL_StatusTypeDef HAL_TIM_IC_Start_IT(TIM_HandleTypeDef * htim, uint32_t Channel)
	以中断方式启动定时器的输入捕获功能
HAL_TIM_IC_Stop_IT	HAL_StatusTypeDef HAL_TIM_IC_Stop_IT(TIM_HandleTypeDef * htim, uint32_t Channel)
	停止中断方式下的输入捕获功能
HAL_TIM_IC_Start_DMA	HAL_StatusTypeDef HAL_TIM_IC_Start_DMA(TIM_HandleTypeDef * htim, uint32_t Channel, uint32_t * pData, uint16_t Length)
	启动定时器的输入捕获功能并开始 DMA 传输。Channel 为通道编号，pData 为缓冲区指针，Length 为传输长度
HAL_TIM_IC_Stop_DMA	HAL_StatusTypeDef HAL_TIM_OC_Stop_DMA(TIM_HandleTypeDef * htim, uint32_t Channel)
	停止定时器的输入捕获功能，停止对应通道的 DMA 传输

11.8.3   输入捕获模式代码解析

STM32CubeMX 生成的 main.c 中定义了 TIM_HandleTypeDef 类型的变量 htim8，用于填写 TIM8 的计数参数。TIM8 的配置是由 MX_TIM8_Init 函数完成的，其实现代码如下。

```
static void MX_TIM8_Init(void)
{
  TIM_ClockConfigTypeDef sClockSourceConfig = {0};    /*初始化时钟源选择数据结构*/
  TIM_MasterConfigTypeDef sMasterConfig = {0};        /*初始化主从模式配置数据结构*/
  TIM_IC_InitTypeDef sConfigIC = {0};                 /*初始化输入捕获模式配置数据结构*/

  htim8.Instance = TIM8;
  htim8.Init.Prescaler = 16799;
  htim8.Init.CounterMode = TIM_COUNTERMODE_UP;
  htim8.Init.Period = 9999;
  htim8.Init.ClockDivision = TIM_CLOCKDIVISION_DIV1;
  htim8.Init.RepetitionCounter = 0;
  htim8.Init.AutoReloadPreload = TIM_AUTORELOAD_PRELOAD_DISABLE;
  if (HAL_TIM_Base_Init(&htim8) != HAL_OK)
  {
    Error_Handler();
```

```
    }
    sClockSourceConfig.ClockSource = TIM_CLOCKSOURCE_INTERNAL;
    if (HAL_TIM_ConfigClockSource(&htim8, &sClockSourceConfig) != HAL_OK)
    {
        Error_Handler();
    }
    if (HAL_TIM_IC_Init(&htim8) != HAL_OK)
    {
        Error_Handler();
    }
    sMasterConfig.MasterOutputTrigger = TIM_TRGO_RESET;
    sMasterConfig.MasterSlaveMode = TIM_MASTERSLAVEMODE_DISABLE;
    if (HAL_TIMEx_MasterConfigSynchronization(&htim8, &sMasterConfig) != HAL_OK)
    {
        Error_Handler();
    }
    sConfigIC.ICPolarity = TIM_INPUTCHANNELPOLARITY_RISING;      /*捕获上升沿*/
    sConfigIC.ICSelection = TIM_ICSELECTION_DIRECTTI;           /*将 IC1 映射到 TI1 */
    sConfigIC.ICPrescaler = TIM_ICPSC_DIV1;                     /*滤波器时钟不分频*/
    sConfigIC.ICFilter = 0;                                      /*不滤波*/
    if (HAL_TIM_IC_ConfigChannel(&htim8, &sConfigIC, TIM_CHANNEL_1) != HAL_OK)
    {
        Error_Handler();
    }
}
```

MX_TIM8_Init 函数的执行过程与案例 11.4 中的 PWM 输出模式类似,区别在于 sConfigOC 会将通道配置为输入捕获模式,然后调用 HAL_TIM_IC_ConfigChannel 函数,从而将这些参数填入对应的 TIM8 定时器的相关寄存器中。

在 STM32CubeMX 生成的 main.c 文件中,手动添加 HAL_TIM_Base_Start_IT 函数以启动 TIM8 工作,并开启计数更新事件中断。同时,手动添加 HAL_TIM_IC_Start_IT 函数以启动 TIM8_CH1 的输入捕获功能,并开启捕获中断。定义全局变量 count,用于记录捕获到的上升沿的个数。main 函数修改后的代码如下。

```
uint32_t count=0;                                  /*手动添加,用于记录捕获的上升沿的个数*/
int main(void)
{
    HAL_Init();
    SystemClock_Config();
    MX_GPIO_Init();
    MX_TIM8_Init();
    HAL_TIM_IC_Start_IT(&htim8,TIM_CHANNEL_1);      /*手动添加,启动定时器通道1的输入捕获模式*/
    while (1)
    {
    }
}
```

在 main 函数中添加上述两个中断的回调函数,分别是 HAL_TIM_IC_CaptureCallback 和 HAL_TIM_PeriodElapsedCallback 函数。

```
/* USER CODE BEGIN 4 */
void HAL_TIM_IC_CaptureCallback(TIM_HandleTypeDef * htim)  /*捕获中断回调函数*/
{
```

```
    if(htim->Instance == htim8.Instance){
        count++;                                              /*将计数值加1*/
    }
}
void HAL_TIM_PeriodElapsedCallback (TIM_HandleTypeDef * htim) /*更新事件中断回调函数*/
{
    if(htim->Instance == htim8.Instance)
    {
        printf("count=%d\n",count);                           /*打印计数结果*/
        count=0;
    }
}
/* USER CODE END 4 */
```

　　TIM8_CH1 引脚每捕获到一个输入信号的上升沿，就会产生一次捕获中断，并在捕获中断的回调函数中将 count 加 1。同时，在 TIM8 更新事件中断的回调函数中输出 count 的值，然后将 count 清零。当 TIM8 更新周期为 1 秒时，count 的值正好对应 TIM8_CH1 引脚上输入信号的频率。

　　上述代码中的 printf 函数已被重新定义，用于向串口输出 count 的值。这样就可以在 PC 上通过串口调试工具接收串口输出的数据。这部分内容将在后续章节中介绍。

　　将上述代码编译下载到开发板上。连接好开发板与 PC 之间的串口线，在 PC6 引脚上接入 100 Hz 的方波信号，然后启动开发板并运行，用 PC 上的串口调试软件观察运行结果，如图 11.41 所示。

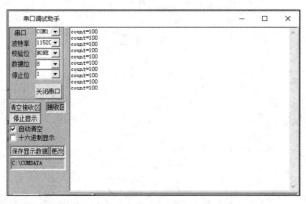

图 11.41　输入捕获模式的输出结果

　　进一步修改上述程序，可以实现测量输入信号的脉宽。当产生输入捕获事件时，计数器的当前值将被锁存到捕获/比较寄存器中，HAL 库提供了一个名为 HAL_TIM_ReadCapturedValue 的函数来读取捕获/比较寄存器的值，其定义如下。

```
uint32_t  HAL_TIM_ReadCapturedValue(TIM_HandleTypeDef * htim, uint32_t Channel)
```

　　可以将输入比较通道的触发方式改为上升沿和下降沿都触发，在捕获中断的回调函数中调用 HAL_TIM_ReadCapturedValue 函数以获取计数值，计数值的前后两次差值正好反映了输入信号的脉冲宽度。请读者思考一下如何将这个差值转换为信号脉宽的时间值，并试着编写程序来完成脉宽测量功能。

11.9　思考与练习

　　1. STM32F407xx 内置了_____个定时器，其中 TIM1 和 TIM8 挂在_____总线上，TIM2～TM7 挂在_____总线上。

2. STM32F407xx 的 SysTick 提供了 1 个_____位计数器。

3. STM32F407xx 定时器的时钟源有哪些选择?

4. 在 STM32F407xx 中，TIM2 的计数器有多少位? 都有哪些计数模式?

5. 定时器中的自动重装载寄存器有何作用?

6. 假设 STM32F407xx 的 SYSCLK 为 84 MHz，编程实现使用定时器完成 20 ms 的定时。

7. 假设 STM32F407xx 的 SYSCLK 为 84 MHz，编程实现使用 TIM1 控制 PB8 引脚上连接的 LED，使该 LED 按 500 ms 的周期闪烁。

8. 假设 STM32F407xx 的 SYSCLK 为 84 MHz，编程产生频率为 1 kHz、占空比为 25%的 PWM 波形。

9. 通过分析发音原理可知，对交流蜂鸣器而言，如果输入 PWM 波的频率落在交流蜂鸣器的发音区，交流蜂鸣器就可以发出音调。同时，可通过调节 PWM 的占空比来调节音量。STM32F407xx 外接蜂鸣器的电路图如下，蜂鸣器的输入引脚接在 PB14 引脚上。试着编写程序，让蜂鸣器发出指定音调和音量的声音。

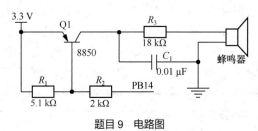

题目 9　电路图

12 第12章 串行通信接口

串行通信接口是嵌入式系统中常用的通信接口，STM32F4 微控制器提供了多个用于同步和异步串行通信的模块。本章首先讲解串行通信的基本概念，包括串行通信的协议和接口标准；然后讲解 STM32F4 微控制器串行通信模块的工作原理和编程方法；最后通过案例阐述阻塞方式和非阻塞方式的串行通信。通过本章的学习，读者能够掌握 STM32F4 微控制器串行通信模块的工作原理和参数配置方法，学会在程序中使用异步串行通信相关数据结构和 API 函数，理解阻塞方式和非阻塞方式串行通信各自的特点。

本章学习目标：
（1）了解串行通信的基本概念；
（2）了解异步串行通信的接口标准；
（3）了解 STM32F407xx 的 USART；
（4）理解异步串行通信中各个参数的含义；
（5）掌握阻塞方式和非阻塞方式的串行通信编程。

12.1　串行通信与异步串行通信

12.1.1　串行通信概述

串行通信是指将数据按照规定时序一个比特位接一个比特位地按序传输。串行通信使用较少通信线路就可以完成信息的交换，特别适用于计算机与计算机、计算机与外设之间的远距离通信。串行通信所需的线路成本低且抗干扰能力强，是嵌入式系统中常用的通信方式。

与串行通信相对的是并行通信，并行通信是指将多个比特位同时通过并行线路进行传送，数据传送效率比串行通信高，但数据线之间容易相互干扰，布线成本高，不适合长距离传输。串行通信与并行通信的对比如图 12.1 所示。

串行通信根据数据传输的方向可以分为单工通信、半双工通信和双工通信。

（1）单工通信：发送端和接收端是固定的，数据信号仅从发送端传送到接收端，数据流是单向的。

（2）半双工通信：数据可以在两个方向上传送，通信双方既能接收数据也能发送数据，但是接收数据和发送数据不能同时进行。

（3）双工通信：在同一时刻，数据可以进行双向传输，通信双方既能接收数据也能发送数据，并且可以同时进行。

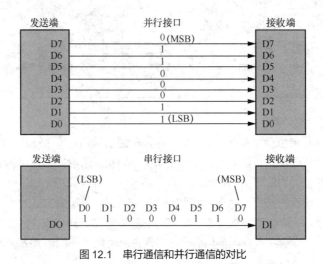

图 12.1　串行通信和并行通信的对比

串行通信根据通信双方是否共享同一时钟信号可以分为同步串行通信（synchronous serial communication）和异步串行通信（asynchronous serial communication）。同步串行通信与异步串行通信的对比如图 12.2 所示。

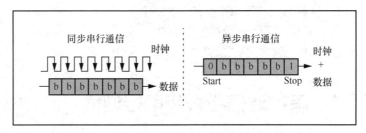

图 12.2　同步串行通信和异步串行通信的对比

在同步串行通信中，发送端在发送数据的同时提供时钟信号，并按照约定的时序发送数据；接收端根据发送端提供的时钟信号以及约定的时序接收数据。嵌入式系统中常用的 I^2C、SPI 等通信协议都属于同步串行通信协议。

在异步串行通信中，收发双方没有共享时钟信号，发送端在发送数据之前，通过提供 Start 信号告诉接收端开始数据传输，然后按照约定的发送速度（波特率）和格式（数据帧）发送数据，发送完成后，通过提供 Stop 信号告诉接收端数据传输完毕。

同步串行通信的效率较高，适合于批量传输大量数据，但要求收发双方在通信过程中保持精确的同步时钟，所以其发送器和接收器比较复杂，成本也较高。异步串行通信不要求收发双方的时钟信号严格同步，只需要在单个字符的传输时间范围内能保持同步即可，所以异步串行通信的硬件成本较同步串行通信低。但是，异步传送单个字符需要增加大约 20%的附加信息位，所以传输效率比较低。异步串行通信方式简单可靠，也容易实现，已被广泛应用于嵌入式系统之间以及嵌入式系统与 PC 之间的数据传输。

12.1.2　异步串行通信协议

STM32F407xx 中集成的串行通信模块是通用同步/异步收发器（universal synchronous/asynchronous receiver/transmitter，USART），其拥有同步通信和异步通信功能，可实现全双工数据交换。受篇幅所限，本章主要讲解 STM32F407xx 的异步串行通信功能。

下面分析一下异步串行通信协议。异步串行通信协议包括了通信数据帧格式的定义和传输速率的规定。其中，数据帧格式包括以下几个方面，如图 12.3 所示。

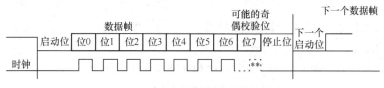

图 12.3　异步串行通信中的数据帧格式

（1）起始位。无数据传送时（处于空闲状态），通信线上为逻辑 1。当发送端要发送数据时，首先发送逻辑 0（数据帧格式的起始位），作用是告诉接收端准备接收一帧数据。接收端检测到逻辑 0 以后，就准备接收数据。

（2）数据位。在起始位之后，发送端发出数据位。数据位的位数没有严格限制，5～8 位都可以。在发送过程中，数据位的低位在前、高位在后，由低位向高位逐位发送。

（3）校验位。校验位是可选的，它在数据位发送完之后发送。校验位用来校验数据在传送过程中是否出错，由收发双方预先约定好的差错检验方式确定，最常用的是奇校验和偶校验。其中，奇校验表示数据位加上校验位中 1 的个数后是否保持为奇数，偶校验表示数据位加上校验位中 1 的个数后是否保持为偶数。

（4）停止位。数据帧的最后部分是停止位，逻辑 1 有效。停止位表示传送一帧数据的过程结束，同时也为发送下一帧数据做准备。停止位的占位有 0.5 位、1 位、1.5 位或 2 位。

异步串行通信的传输速率通常用波特率（baud rate）来表示。波特率是描述数据传输速率的指标，表示每秒传送的二进制位数，用单位时间内载波调制状态改变的次数来表示。例如，当某信道的通信速率为 9600 波特率时，理论上该信道每秒可以传输 9600 个二进制位。假设每一个字符为 10 位（1 个起始位、7 个数据位、1 个校验位、1 个停止位），那么每秒可传输 9600/10=960 字节的数据量。进行异步串行通信的收发双方必须具有相同的波特率。

12.1.3　异步串行通信的接口标准

异步串行通信协议的具体实现有多种不同的电气特性和物理接口标准，常用的有 RS232 和 RS485，下面分别予以介绍。

1. RS232 串行接口

RS232 是常用的串行通信接口标准之一，由美国电子工业协会（EIA）联合贝尔系统公司、调制解调器厂家及计算机终端生产厂家于 1970 年共同制定。该标准规定采用 25 脚的 DB-25 连接器，并且对连接器的每个引脚信号的内容和电平都做了规定。其中，规定逻辑 1 的电平为−15～−3 V，逻辑 0 的电平为+3～+15 V，接近零的电平是无效的。

RS232 标准将设备定义为数据终端设备（DTE，如 PC）和数据通信设备（DCE，如外设）两类。针对这两类设备，RS232 分别定义了不同的线路来发送和接收信号。例如，PC 有 DTE 连接器，外设（如调制解调器和打印机）有 DCE 连接器。后来，IBM 公司生产的 PC 将 RS232 简化成了 9 脚的 DB-9 连接器，并随着 PC 的流行而成为事实上的标准。DB-25 和 DB-9 连接器的对比如图 12.4 所示。其中，DB-9 的信号定义如表 12.1 所示。

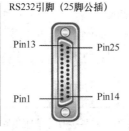

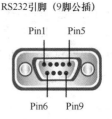

图 12.4　DB-25 和 DB-9 连接器的对比

表 12.1 　　　　　　　　　　　　　**RS232 DB−9 的信号定义**

脚位	名称	说明
Pin1	DCD（data carrier detect）	数据载波检测
Pin2	RXD（received data）	接收数据
Pin3	TXD（transmitted data）	发送数据
Pin4	DTR（data terminal ready）	数据终端设备就绪
Pin5	GND（common ground）	信号地
Pin6	DSR（data set ready）	数据通信设备就绪
Pin7	RTS（request to send）	请求传送
Pin8	CTS（clear to send）	允许传送
Pin9	RI（ring indicator）	振铃提示

RS232 常用的传送速率有 9600 bit/s、19 200 bit/s、38 400 bit/s、57 600 bit/s 和 115 200 bit/s 等，最大传输速率为 20 kbit/s，线缆最长为 15 m。在工业控制项目中使用 RS-232 接口时，通常进一步简化为只使用 RXD、TXD、GND 三个信号来完成全双工通信，并对通信双方的 RXD 和 TXD 信号进行交叉连接，如图 12.5 所示。

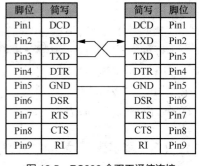

图 12.5　RS232 全双工通信连接

STM32F407xx 芯片的引脚并不能直接用作 RS232 通信，这是因为微控制器芯片的引脚是兼容 COMS 和 TTL 电平的，所以需要将 TXD 和 RXD 对应引脚上的电平转换为 RS232 电平。这项工作是由专门的 RS232 驱动芯片来完成的，如 MAX3232 或 SP3232 等，转换电路如图 12.6 所示。

RS232 接口标准由于出现较早，因此在使用时存在以下不足。

（1）接口的信号电平值较高，易损坏接口电路的驱动芯片。

（2）传输速率较低，异步传输时最大传输速率为 20 kbit/s。

（3）信号线采用共地的传输形式，容易产生共模干扰，所以抗干扰性能弱。

（4）传输距离有限。

（5）只允许两个节点，不具体多点通信能力。

针对 RS232 的不足，一些新的串行接口标准应运而生，RS485 就是其中应用较为广泛的一种。

2. RS485 串行接口

RS485 接口标准使用差分信号进行数据传输，具有较强的抗干扰能力，支持多个节点和远距离通信，数据接收灵敏度也较高。RS485 接口采用平衡驱动器和差分接收器的组合，因此具有抑制共模干扰的能力。同时，RS485 总线收发器具有较高的灵敏度，能检测低至 200 mV 的电压，故信号传输距离可达上千米。RS485 串行通信的主要特点如下。

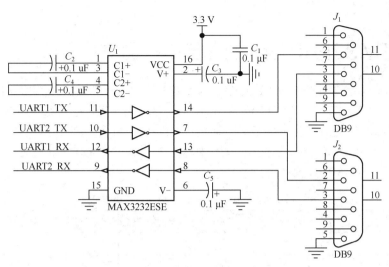

图 12.6　RS232 驱动和接收电路

（1）当信号间的电压差为+2～+6 V时，表示逻辑 1；当信号间的电压差为-6～-2 V时，表示逻辑 0。由此可见，RS485 接口信号的电平比 RS232 低，因而不容易损坏接口电路的驱动芯片，且电平与 TTL 电平兼容。

（2）数据的最高传输速率为 10 Mbit/s。

（3）抗共模干扰能力强，抗噪声性能好。

（4）最大传输距离约 1200 m，通过中继可达 3000 m 左右。

（5）RS485 采用半双工通信方式，连接线采用总线型拓扑结构，允许在总线上连接多个收发器，具有多点通信能力。一般情况下允许 32 个节点，特制的 RS485 驱动芯片允许 128 或 256 个节点。

RS485 有两线制和四线制两种接线方法。四线制只能实现点对点的通信方式，很少采用。采样两线制接线时，RS485 是半双工的。两线制常用在主从通信方式中，此时一个主机将带有多个从机，如图 12.7 所示。

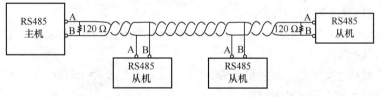

图 12.7　RS485 连接方式

与 RS232 类似，RS485 也需要专用的驱动芯片（如 MAX3485 或 SP3485 等）来完成电平转换，如图 12.8 所示。

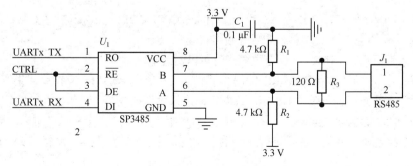

图 12.8　RS485 驱动电路

12.2 STM32F407xx 的异步串行通信

STM32F407xx 包含了 6 个 USART 控制器。USART1 和 USART6 位于 APB2 总线上，最高传输速率为 4.5 Mbit/s。USART2～USART5 位于 APB1 总线上，最高传输速率为 2.25 Mbit/s。USART1、USART2 和 USART3 支持同步和异步串行通信，USART4 和 USART5 只支持异步串行通信。STM32F407xx 中各个 USART 控制器的功能对比如表 12.2 所示，其中标有✓的功能表示 USART 支持，标有 × 的功能表示 USART 不支持。

表 12.2　　　　　　　　　　　　STM32F407xx 中各个 USART 控制器的功能对比

功能	USART1	USART2	USART3	USART4	USART5	USART6
异步模式	✓	✓	✓	✓	✓	✓
硬件流控制	✓	✓	×	×	×	✓
多缓存通信（DMA）	✓	✓	✓	✓	✓	✓
多处理器通信	✓	✓	✓	✓	✓	✓
同步	✓	✓	✓	×	×	✓
智能卡	✓	✓	✓	×	×	✓
半双工（单线模式）	✓	✓	✓	✓	✓	✓
IrDA	✓	✓	✓	✓	✓	✓
LIN	✓	✓	✓	✓	✓	✓

在 STM32F407xx 中，USART 的主要特点如下。

（1）支持全功能可编程串行接口，包括以下功能。

① 支持 8 位或 9 位的数据格式。

② 可生成和检测数据的奇偶校验位。

③ 可生成 0.5、1、1.5 或 2 个停止位。其中，1 或 2 个停止位用于普通串行通信，0.5 和 1.5 个停止位主要用于智能卡。

④ 可编程的波特率发生器，波特率可调范围广，最高可以支持 4.5 Mbit/s。

⑤ 支持硬件流控制（CTS 和 RTS）。

（2）每个 USART 都可以独立产生发送中断和接收中断。

（3）每个 USART 都有独立的 DMA 发送和接收通道，因此所有的 USART 可在同一时间使用 DMA 进行数据传输。

（4）兼容 LIN 总线协议。LIN 总线相当于简化的 CAN 总线，但速率相比 CAN 总线要低些，STM32F407xx 在硬件上支持 LIN 总线的特殊帧格式。

（5）支持同步模式，USART 工作在主模式时可以对外输出时钟。

（6）支持红外数据通信（IrDA SIR）编码和解码，支持智能卡通信，支持单线半双工通信。

（7）支持多设备通信。一般的 USART 数据传输线只允许挂载两个设备，而 STM32F407xx 中的 USART 数据传输线允许同时挂载多个设备。在没有数据传输的时候，USART 进入静默模式，此时即便总线上有数据也不会接收。通过进行线路空闲检测或地址标志检测，可以将 USART 从静默模式唤醒。

12.3　异步串行通信参数设置

USART 模块主要包含三个部分：波特率发生器、数据发送器和数据接收器。

（1）波特率发生器为数据发送器和数据接收器提供发送时钟和接收时钟。

（2）数据发送器用于实现并行数据到串行数据的格式转换，并添加标识位和校验位。当一帧数据发送结束时，数据发送器还要设置结束标志，并申请发送中断。

（3）数据接收器用于实现串行数据到并行数据的格式转换，以及检查错误、去掉校验位并保存有效数据。当接收到一帧数据时，数据接收器还要设置接收结束标志，并申请接收中断。

异步串行通信
参数设置

除了以上三个部分以外，USART 控制器还需要设置各种工作参数，包括工作方式、字符格式、波特率、校验方式和数据位等。

USART 的工作原理如图 12.9 所示。

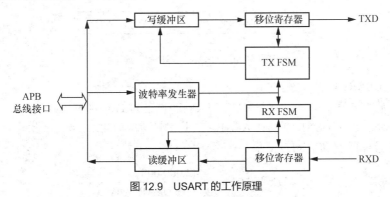

图 12.9　USART 的工作原理

（1）发送数据时，首先将来自总线的数据写入缓冲区，然后将数据送入发送移位寄存器，最后将数据按位依次发送。在发送移位寄存器发送数据的同时，写缓冲区允许接收下一帧数据。

（2）接收数据时，首先把接收到的每一位顺序保存在接收移位寄存器中，然后写入读缓冲区。在读缓冲区中的数据等待被读取的同时，接收移位寄存器又可以开始接收下一帧数据。

在 STM32F407xx 中，常用 USART 相关寄存器的功能说明如表 12.3 所示。

表 12.3　　　　　　　　　　　　常用 USART 相关寄存器的功能说明

寄存器名称	功能说明
USART_SR（USART status register） USART 状态寄存器	存放串行通信状态和错误信息寄存器
USART_DR（USART data register） USART 数据寄存器	存放接收数据或需要发送的数据，取决于执行的操作是读取操作还是写入操作
USART_BRR（USART baud rate register） USART 波特率寄存器	设置通信波特率
USART_CR1～3（USART control register1～3） USART 控制寄存器 1～3	用于时钟使能、中断、DAM、工作状态等配置

1. 波特率设置

对于 USART 通信来说，通信双方接收器和发送器的波特率设置应该相同。在 STM32F407xx 中，

USART 波特率的计算公式如下。

$$波特率 = \frac{PCLK}{8 \times (2 - OVER8) \times USARTDIV}$$

其中,PCLK 表示 USART 的时钟频率,APB1 上的 USART 模块最快为 42 MHz,APB2 上的 USART 模块最快为 84 MHz。OVER8 为采样系数,可以选择 1 或 0。

USARTDIV 是无符号的定点数,值设置在 USART_BRR 寄存器中,格式如图 12.10 所示。DIV_Mantissa[11:0]占用 USART_BRR[15:4],用来保存 USARTDIV 的整数部分;DIV_Fraction[3:0]占用 USART_BRR[3:0],用来保存 USARTDIV 的小数部分。需要注意的是,当 OVER8=1 时,仅 DIV_Fraction[2:0]有效,此时 DIV_Fraction[3]必须保持清零状态。

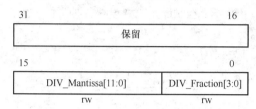

图 12.10   USART_BRR 寄存器

下面举一个 USART 配置案例。

案例 12.1:将 STM32F407xx 中 USART2 的波特率设置为 115 200 bit/s。

分析过程如下:由于 USART2 挂在 APB1 上,且时钟速率为 42 MHz,因此当 OVER8 取 0 时,可以使用如下公式计算出 USARTDIV 值。

$$115\ 200 = \frac{42\ 000\ 000}{8 \times (2 - 0) \times USARTDIV}$$

计算得到的 USARTDIV 值约为 22.7864。整数部分为 22,可在 DIV_Mantissa 处填入 0x16;小数部分为 0.7864,计算得到 $0.7864 \times 2^4 = 12.5824$,取整为 13,可在 DIV_Fraction 处填入 0x0D。此时,USARTDIV 实际填入的值为 22.8125,实际波特率和理论波特率存在 0.11%的误差。

对于异步串行通信来说,有两个问题需要关注。

(1)在接收数据时,如何进行有效的数据采样,以降低噪声对数据正确性的影响?

(2)由于通信双方没有同步时钟,收发双方时钟偏差的允许范围如何?

对于第一个问题,STM32F407xx 采用过采样技术来降低噪声的影响。第二个问题则涉及时钟偏差的容差。

2. 过采样设置

为了降低噪声对数据正确性的影响,STM32F407xx 采用了过采样技术:通过配置 USART_CR1 寄存器中的 OVER8 来选择采样方法,过采样速率可以是波特率的 16 倍或 8 倍。

过采样信号总是位于每个接收位的中间位置,以避开数据位两端的边沿失真,同时也可以防止接收时钟频率和发送时钟频率不完全同步引起的误差。例如:8 倍过采样使用第 4~6 个脉冲的取样值,并遵从三中取二的原则确定最终值;16 倍过采样使用第 8~10 个脉冲的取样值,并遵从三中取二的原则确定最终值,如图 12.11 所示。

选择 8 倍过采样(OVER8=1)可以获得更快的通信速度(最高为 PCLK/8),但这种情况下接收器对时钟偏差的最大容差将会降低;选择 16 倍过采样(OVER8=0)时,最大传输速度为 PCLK/16,比 8 倍过采样慢,但可以增加接收器对时钟偏差的容差。

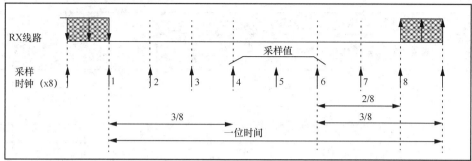

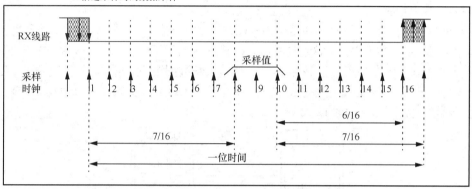

图 12.11　8 倍和 16 倍过采样

3. 接收器对时钟偏差的容差

仅当总的时钟系统偏差小于 USART 接收器的容差时，USART 接收器才能正常工作。影响时钟总偏差的因素包括：发送器误差引起的偏差、接收器的波特率量化引起的误差、接收器本地振荡器的偏差以及传输线路引起的偏差。具体到 STM32F407xx 微控制器，USART 接收器的容差取决于以下几个方面。

（1）通信数据帧的长度是 10 位还是 11 位？

（2）选择 8 倍还是 16 倍过采样？

（3）波特率的配置是否使用了小数？

（4）使用 1 个脉冲还是 3 个脉冲对数据进行采样？

根据不同的传输参数，在 STM32F407xx 中，USART 接收器允许的容差在 1.82% 和 4.375% 之间。表 12.4 列出了 STM32F407xx 中的 USART 常用的波特率和对应的误差。

表 12.4　　　　　　　　　　　　　　　　波特率和对应的误差

采样速度	波特率	PCLK1=42 MHz			PCLK2=84 MHz		
8 倍或 16 倍采样	理论值（bit/s）	实际值（bit/s）	波特率寄存器内容	误差（%）	实际值（bit/s）	波特率寄存器内容	误差（%）
16 倍过采样	9600	9600	273.4375	0	9600	546.875	0
	19 200	19 195	136.75	0.02	19 200	273.4375	0
	38 400	38 391	68.375	0.02	38 391	136.75	0.02
	57 600	57 613	45.5625	0.02	57 613	91.125	0.02
	115 200	115 068	22.8125	0.11	115 226	45.5625	0.02

续表

采样速度	波特率	PCLK1=42 MHz			PCLK2=84 MHz		
8 倍或 16 倍采样	理论值（bit/s）	实际值（bit/s）	波特率寄存器内容	误差（%）	实际值（bit/s）	波特率寄存器内容	误差（%）
8 倍过采样	9600	9600	546.875	0	9600	1093.75	0
	19 200	19 195	273.5	0.02	19 200	546.875	0
	38 400	38 391	136.75	0.02	38 391	273.5	0.02
	57 600	57 613	91.125	0.02	57 613	182.25	0.02
	115 200	115 068	45.625	0.11	115 266	91.125	0.02

4. 硬件数据流控制

在串行通信的数据传输过程中，可能会出现接收方来不及接收数据的情况，此时需要为收发双方提供握手信号以避免数据丢失，这就是所谓的流量控制（简称流控）。当接收端数据缓冲区满时，发出"不再接收"的信号，让发送端停止发送；当接收端数据缓冲区清空后，发出"可以发送"的信号，让发送端继续发送数据。这正是表 12.1 中 RTS 和 CTS 信号的作用。对于通信双方来说，RTS 和 CTS 信号是配对使用的，如图 12.12 所示。

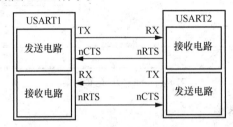

图 12.12　RTS 和 CTS 信号

RTS 为发送请求信号，它是输出信号，低电平有效。RTS 为低电平时，表示接收设备已经准备好，可以接收数据了。如果 RTS 流控制被使能，那么只要接收器准备好接收新的数据，nRTS 引脚就变得有效（低电平）。当接收数据寄存器内有数据到达时，nRTS 被释放（高电平），表明希望在当前帧结束后停止数据传输。

CTS 为发送允许信号，它是输入信号，低电平有效。CTS 为低电平时，表示可以向对方发送数据。如果 CTS 流控制被使能，那么发送器在发送下一帧数据之前会检查 nCTS 引脚上的输入。如果 nCTS 引脚有效（低电平），下一帧数据将被发送，否则暂停下一帧数据的发送。若 nCTS 引脚在传输期间变得无效（高电平），则在当前帧传输完之后停止发送。

在异步串行通信中，对于是否使用 RTS 和 CTS 信号来实现硬件流控是可选的。采用纯软件的方法也可以实现流控，例如，可以在数据传输过程中发送特殊的流量控制字符来实现流控。

5. USART 中断请求

STM32F407xx 中的 USART 能够产生多种中断事件。数据发送期间的中断事件包括发送完成、清除发送、发送数据寄存器空。数据接收期间的中断事件包括空闲总线检测、溢出错误、接收数据寄存器非空、校验错误、LIN 断路检测、噪声标志和帧错误。

如果预先设置了对应中断的使能控制位，那么这些事件一旦发生，就可以产生对应的中断，它们将被连接到同一个中断向量，如图 12.13 所示。

USART 的中断事件种类比较多，不同类型的 USART 中断事件都有对应的中断事件标志位。表 12.5 列出了 USART 中断事件类型和对应的事件标志，这些事件是否能够触发中断由 USART_CRx（x

的取值范围为 1～3）控制寄存器中对应的中断使能位控制。

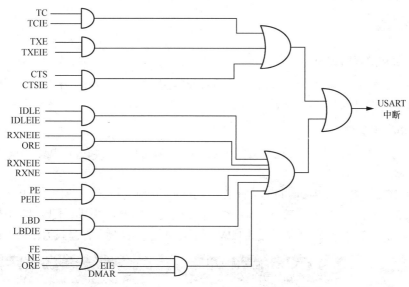

图 12.13　USART 中断映射图

表 12.5　　　　　　　　　　　**USART 中断事件标志位及中断使能位**

中断事件	事件标志	中断使能位
发送数据寄存器空	TXE	TXEIE
CTS 标志	CTS	CTSIE
发送完成	TC	TCIE
接收数据就绪可读	TXNE	TXNEIE
检测到数据溢出	ORE	
检测到空闲线路	IDLE	IDLEIE
奇偶检验错	PE	PEIE
LIN 断开标志	LBD	LBDIE
噪声标志	NE	
多缓冲通信中的溢出错误	ORT	EIE
帧错误	FE	

6. 阻塞和非阻塞方式下的数据传输

STM32F4 微控制器中的 USART 数据传输分为阻塞方式和非阻塞方式。

（1）阻塞方式：程序使用轮询来检测收发过程中 USART 各个寄存器的状态位，然后完成相应的动作，优点是程序简单，但程序执行效率低。

（2）非阻塞式方式：利用中断来处理传输过程中发生的事件，在 USART 中断服务程序中检查当前 USART 所处的状态（如接收模式或发送模式），然后完成相应的动作，优点是程序执行效率高。

12.4　阻塞方式串行通信

下面通过一个案例讲解阻塞方式下的 USART 数据传输。

案例 12.2：使用图 12.5 所示的简化连接方法，将开发板上的 USART2 与 PC 相连；然后采用轮询的方式实现开发板和 PC 之间的串行通信，并验证通信是否正常。

12.4.1 工程配置

1. 新建项目和配置时钟树

在 STM32CubeMX 中创建一个新项目，先选择微控制器芯片为 STM32F407xx，再选择 HSE 和 LSE 作为时钟源，并配置好时钟树参数。

2. 配置 USART 参数

查询本书配套的电子资料可知，STM32F407xx 中的 USART2_TX 可选用 PA2 引脚，USART2_RX 可选用 PA3 引脚。

选择 STM32CubeMX 主界面中的 Pinout & Configuration 面板，展开界面左侧的 System Core 列表，选中 GPIO。然后在右侧的 Pinout view 子面板中选中 PA2 引脚，配置其引脚工作模式为 USART2_TX，如图 12.14 所示。同样，选中 PA3 引脚，配置其引脚工作模式为 USART2_RX。

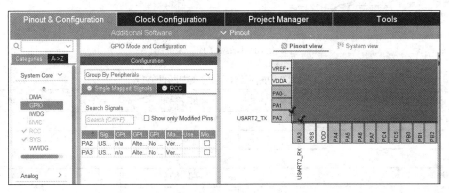

图 12.14　配置 USART2 引脚

在 Pinout & Configuration 面板中展开 Connectivity 列表，选中 USART2。在弹出的 USART2 Mode and Configuration 面板中设置 USART2 的各个参数，如图 12.15 所示。

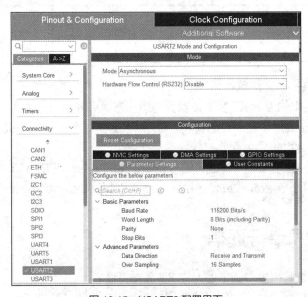

图 12.15　USART2 配置界面

（1）Mode 用于选择 USART2 的工作方式，此处选择为 Asynchronous，表示采用异步通信方式。

（2）Hardware Flow Control 用于选择是否使用硬件流控制，此处选择为 Disable。

（3）Parameter Settings 选项卡用于设置 USART2 异步串行通信相关参数。其中，Basic Parameters 部分用于设置基本参数，Advanced Parameters 部分用于设置高级参数。

① Baud Rate 用于设置波特率参数，可选择十进制或十六进制，需要手动输入波特率数值。

② Word Length 用于设置包含校验位的数据帧长度。

③ Parity 用于设置奇校验、偶校验或无校验。

④ Stop Bits 用于选择停止位，可选 1 位或 2 位。

⑤ Data Direction 用于选择数据传输方向，可选双向、只发送或只接收。

⑥ Over Sampling 用于设置过采样参数，可选 16 倍或 8 倍。

针对案例 12.2 的要求，设置 USART2 的波特率为 115 200 bit/s、数据帧长度为 8、无须校验、1 个停止位、双向数据传输以及 16 倍过采样，如图 12.15 所示。

3. 配置工程参数和生成工程文件

在 STM32CubeMX 主界面的 Project Manager 面板中配置好相关的工程参数，单击 GENERATE CODE，导出 Keil MDK 工程文件和程序代码。

12.4.2　异步串行通信相关数据结构和 API 函数

HAL 库提供了实现 USART 数据传输的相关数据结构和 API 函数，其中用于异步串行通信的函数以 HAL_UART_开头，用于同步/异步串行通信的函数以 HAL_USART_开头。本章主要讲解异步串行通信相关的数据结构和 API 函数。

1. USART 相关数据结构

stm32f407xx.h 文件中定义了与 USART 控制寄存器对应的结构体 USART_TypeDef。其他 USART 相关定义和声明都存放在 stm32f4xx_hal_usart.h 文件中。其中，结构体 UART_InitTypeDef 中定义了串行通信的传输参数。在此基础上，UART_HandleTypeDef 结构体进一步封装了描述缓冲区、DMA 和传输状态等所需的指针和变量，指向该结构体的指针将作为访问 USART 的入口。

```
typedef struct
{
  uint32_t BaudRate;                  /*波特率*/
  uint32_t WordLength;                /*数据帧长度*/
  uint32_t StopBits;                  /*停止位*/
  uint32_t Parity;                    /*校验位*/
  uint32_t Mode;                      /*工作模式：发送、接收或双向*/
  uint32_t HwFlowCtl;                 /*硬件流控*/
  uint32_t OverSampling;             /*过采样配置*/
} UART_InitTypeDef;

typedef struct __UART_HandleTypeDef
{
  USART_TypeDef          *Instance;      /*指向 USART 控制寄存器组的指针*/
  UART_InitTypeDef        Init;          /*指向传输参数的指针*/
  uint8_t                *pTxBuffPtr;    /*指向发送缓冲区的指针*/
  uint16_t                TxXferSize;    /*需要发送的数据量*/
```

```
      __IO uint16_t                TxXferCount;    /*发送计数器*/
      uint8_t                      *pRxBuffPtr;    /*接收缓冲区指针 */
      uint16_t                     RxXferSize;     /*需要接收的数据量*/
      __IO uint16_t                RxXferCount;    /*接收计数器 */
      DMA_HandleTypeDef            *hdmatx;        /*指向 DMA 发送数据流的指针*/
      DMA_HandleTypeDef            *hdmarx;        /*指向 DMA 接收数据流的指针*/
      HAL_LockTypeDef              Lock;           /*锁定状态*/
      __IO HAL_UART_StateTypeDef   gState;         /*UART 全局状态，包括发送状态*/
      __IO HAL_UART_StateTypeDef   RxState;        /*UART 接收状态*/
      __IO uint32_t                ErrorCode;      /*UART 出错码*/
} UART_HandleTypeDef;

typedef enum
{
      HAL_OK          = 0x00U,                     /*正常*/
      HAL_ERROR       = 0x01U,                     /*出错*/
      HAL_BUSY        = 0x02U,                     /*占用中*/
      HAL_TIMEOUT     = 0x03U                      /*超时*/
} HAL_StatusTypeDef;                               /*HAL 函数执行状态描述*/

typedef enum
{
      HAL_UART_STATE_RESET      = 0x00U,           /*UART 尚未完成初始化*/
      HAL_UART_STATE_READY      = 0x20U,           /*UART 初始化完成，可以使用*/
      HAL_UART_STATE_BUSY       = 0x24U,           /*UART 忙*/
      HAL_UART_STATE_BUSY_TX    = 0x21U,           /*UART 正在执行数据发送*/
      HAL_UART_STATE_BUSY_RX    = 0x22U,           /*UART 正在执行数据接收*/
      HAL_UART_STATE_BUSY_TX_RX = 0x23U,           /*UART 正在执行数据收发*/
      HAL_UART_STATE_TIMEOUT    = 0xA0U,           /*UART 超时*/
      HAL_UART_STATE_ERROR      = 0xE0U            /*UART 错误*/
} HAL_UART_StateTypeDef;                           /*UART 状态描述*/
```

2. 异步串行通信相关函数

HAL 库中常用的异步串行通信相关函数及其功能描述详见表 12.6。

表 12.6　　　　　　　　　HAL 库中常用的异步串行通信相关函数及其功能描述

函数名称	函数定义及功能描述
HAL_UART_Init	HAL_StatusTypeDef HAL_UART_Init(UART_HandleTypeDef * huart)
	初始化 USART 异步串行通信功能，参数为指向 UART_HandleTypeDef 的指针
HAL_UART_DeInit	HAL_StatusTypeDef HAL_UART_DeInit (UART_HandleTypeDef * huart)
	注销 USART
HAL_UART_MspInit	void HAL_UART_MspInit(UART_HandleTypeDef * huart)
	在 HAL_UART_Init 函数中调用，用于初始化 USART 相关的 CLOCK、GPIO
HAL_UART_MspDeInit	void HAL_UART_MspDeInit(UART_HandleTypeDef * huart)
	注销 USART 底层初始化
HAL_UART_Transmit	HAL_StatusTypeDef HAL_UART_Transmit(UART_HandleTypeDef * huart, uint8_t * pData, uint16_t Size, uint32_t Timeout)
	启动 USART 开始发送数据，pData 为指向发送数据缓冲区的指针，Size 为需要发送的数据量，Timeout 为超时参数

续表

函数名称	函数定义及功能描述
HAL_UART_Receive	HAL_StatusTypeDef HAL_UART_Receive(UART_HandleTypeDef * huart, uint8_t * pData, uint16_t Size, uint32_t Timeout)
	启动 USART 开始接收数据，pData 为指向接收数据缓冲区的指针，Size 为需要接收的数据量，Timeout 为超时参数
HAL_UART_GetState	HAL_UART_StateTypeDef HAL_UART_GetState(UART_HandleTypeDef * huart)
	读取 USART 的状态
HAL_UART_GetError	uint32_t HAL_UART_GetError(UART_HandleTypeDef * huart)
	读取 USART 的错误码

12.4.3　异步串行通信阻塞方式通信代码解析

STM32CubeMX 生成的 main.c 文件中定了 UART_HandleTypeDef 类型的变量 huart2，用于填写 USART2 的配置参数。USART2 的配置过程是由 MX_USART2_UART_Init 函数完成的，其实现代码如下。

```c
UART_HandleTypeDef huart2;        /*定义全局变量 huart2，用于填写 USART2 的配置参数*/
void MX_USART2_UART_Init(void)
{
    huart2.Instance = USART2;                      /*使用串口 2*/
    huart2.Init.BaudRate = 115200;                 /*波特率为 1152 00 bit/s*/
    huart2.Init.WordLength = UART_WORDLENGTH_8B;   /*数据位 8*/
    huart2.Init.StopBits = UART_STOPBITS_1;        /*停止位 1*/
    huart2.Init.Parity = UART_PARITY_NONE;         /*无奇偶校验位*/
    huart2.Init.Mode = UART_MODE_TX_RX;            /*收发模式*/
    huart2.Init.HwFlowCtl = UART_HWCONTROL_NONE;   /*不使用硬件流控制*/
    huart2.Init.OverSampling = UART_OVERSAMPLING_16;  /*16 倍波特率的过采样率*/
    if(HAL_UART_Init(&huart2) != HAL_OK)  /*初始化串口 2，这里调用了 HAL_UART_MspInit 函数*/
    {
        _Error_Handler(__FILE__, __LINE__);
    }
}
```

MX_USART2_UART_Init 函数将我们之前在 STM32CubeMX 中配置的 USART2 参数填入 UART_HandleTypeDef 类型的变量 huart2 中，然后调用 HAL_UART_Init 函数将参数写入 USART2 的控制寄存器中。

STM32CubeMX 生成的 main 函数依次调用了 HAL 核心数据初始化函数 HAL_Init、系统时钟配置函数 SystemClock_Config 和 GPIO 初始化函数 MX_GPIO_Init，然后调用 MX_USART2_UART_Init 函数以对 USART2 进行初始化。

```c
#define LEGHT 10                                  /*数据缓冲区长度*/
int main(void)
{
    HAL_Init();
    SystemClock_Config();
    MX_GPIO_Init();
    MX_USART2_UART_Init();
    uint8_t buffer[LEGHT];                         /*数据缓冲区*/
    while(1)
    {
        if(HAL_UART_Receive(&huart2, buffer, sizeof(buffer), 0xFFFF) != HAL_OK)
```

```
        Error_Handler();

    if(HAL_UART_Transmit(&huart2, buffer, sizeof(buffer), 0xFFFF) != HAL_OK)
        Error_Handler();
    }
}
```

为了完成收发通信，需要在 main 函数中设置数据缓冲区 buffer[LEGHT]，类型为 uint8_t，长度 LEGHT 为 10 字节。在接下来的 while 循环中，首先调用 HAL_UART_Receive 函数以从 PC 接收 10 字节的数据，然后调用 HAL_UART_Transmit 函数将接收到的 10 字节数据发送给 PC。这就是通信测试中常用的回环测试，一般用于验证通信是否正常。

由于程序采用了阻塞方式，因此我们在 HAL_UART_Receive 和 HAL_UART_Transmit 函数中设置了 Timeout 参数，该参数用于设置超时时间。如果超时，将导致程序转向执行 Error_Handler，超时与否的判断方法如下。

```
if ((Timeout == 0U) || ((HAL_GetTick() - Tickstart) > Timeout))
    {
        …
        return HAL_TIMEOUT;
    }
```

上述代码使用 HAL_GetTick 函数的返回值减去开始时间，当差值大于 Timeout 时，将发生超时。Timeout 参数不能设置得太小，否则很容易导致超时。

HAL_UART_Receive 函数接收的数据量由 sizeof(buffer) 决定。当 HAL_UART_Receive 函数接收到的数据不够 10 字节时，程序将会继续阻塞，直到收到 10 字节的数据为止。如果 PC 发送过来的数据多于 10 字节，HAL_UART_Receive 函数将只取走 10 字节的数据并放入 buffer 中，超过 10 字节的部分会留在数据缓冲区，等待下一次数据缓冲区填满 10 字节时再被读出来。

将上述代码编译下载到开发板上。在 PC 上打开串口调试助手，配置串口调试助手的通信参数（波特率 115 200 bit/s、校验位 NONE、数据位 8 和停止位 1）。启动开发板并运行，在串口调试助手下方的发送窗口中填入 hello world，单击"手动发送"按钮，此时，串口调试助手的接收窗口中将收到开发板回送的字符串，如图 12.16 所示。

此处，helloworld 刚好为 10 个字符，读者可以测试一下——如果发送的字符不够 10 个或者超过 10 个会发生什么现象。

第 7 章曾经提到，在嵌入式系统程序中使用 printf 和 scanf 这类具有输入输出功能的 C 语言库函数时，需要考虑系统的软、硬件配置环境。在案例 12.2 所示 Keil MDK

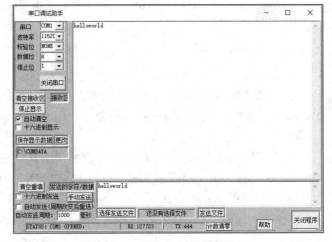

图 12.16　阻塞方式下的串行通信

的编译选项中，默认使用 MicroLIB 库作为 C 语言程序的函数库。为了将 MicroLIB 库中的 printf 和 scanf 转向串口输出和输入，需要在 main.c 中重写 fputc 和 fgetc 函数，代码如下。

```
#include <stdio.h>
int fputc(int ch,FILE *f)
{
    uint8_t temp[1]={ch};
        if(HAL_UART_Transmit(&huart2,temp, 1, 0xFFFF)!=HAL_OK)
```

```
                    Error_Handler();
                return ch;

}
int fgetc(FILE *f)
{
    uint8_t  ch;
        if(HAL_UART_Receive(&huart2,&ch, 1, 0xFFFF)!=HAL_OK)
            Error_Handler();
        return  ch;
}
```

添加完上述代码后，就可以在程序中使用 printf 和 scanf 语句实现串口接收和发送数据了。修改后的 main 函数如下。

```
#define LEGHT 10                    /*数据缓冲区长度*/
int main(void)
{
    HAL_Init();
    SystemClock_Config();
    MX_GPIO_Init();
    MX_USART2_UART_Init();
    uint8_t buffer[LEGHT];          /*数据缓冲区*/
    while (1)
    {
        scanf("%s",buffer);         /*从串口接收数据*/
        printf("%s\n",buffer);      /*向串口发送数据*/
    }
}
```

将上述代码编译下载到开发板上，测试 printf 和 scanf 函数的使用效果，如图 12.17 所示。需要注意的是，C 语言中的 scanf 函数以空格或回车作为输入结束符号。因此，当我们在串口调试助手中向开发板发送数据时，需要在字符串的后面添加一个空格。

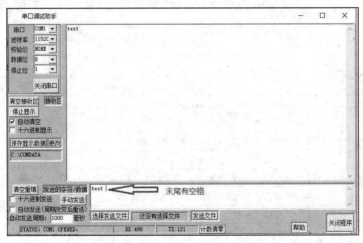

图 12.17　printf 和 scanf 函数的测试界面

12.5　非阻塞方式串行通信

在案例 12.2 所示的采用阻塞方式的串行通信程序中，Timeout 的取值依赖于开发人员的经验，取值太大将会导致程序效率低下，取值太小又会导致频繁超时。非阻塞方式采用中断来处理串行通信中的事件，因而能够避免阻塞方式的缺点，下面通过案例讲解如何采用非阻塞方式来实现 USART 数据传输。

案例 12.3：使用图 12.5 所示的简化连接方法，将开发板上的 USART2 与 PC 相连；然后采用非阻塞方式实现开发板和 PC 之间的串行通信，验证通信是否正常。

12.5.1　工程配置

在 STM32CubeMX 中，系统时钟、GPIO 引脚和 USART2 的参数配置与阻塞方式下的相同，此处不再赘述。此外，我们还需要开启与 USART2 对应的中断。

选择 STM32CubeMX 主界面中的 Pinout & Configuration 面板，在界面左侧的列表中展开 Connectivity，选择 USART2。在弹出的 USART2 Mode and Configuration 面板中选择 NVIC Interrupt

Table 选项卡，勾选 USART2 global interrupt 的 Enable 属性，并设置中断的组优先级和子优先级，如图 12.18 所示。

在 STM32CubeMX 主界面的 Project Manager 面板中配置好相关的工程参数，单击 GENERATE CODE，导出 Keil MDK 工程文件和程序代码。

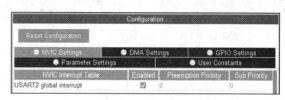

图 12.18　开启 USART2 中断

12.5.2　异步串行通信中断处理相关函数

HAL 库中常用的异步串行通信中断处理相关函数及其功能描述详见表 12.7。

表 12.7　　　　　　　　　　HAL 库中常用的异步串行通信中断处理相关函数及其功能描述

函数名称	函数定义及功能描述
HAL_UART_Transmit_IT	HAL_StatusTypeDef HAL_UART_Transmit_IT(UART_HandleTypeDef * huart, uint8_t * pData, uint16_t Size)
	使用中断方式发送数据，pData 为指向发送数据缓冲区的指针，Size 为需要发送的数据量
HAL_UART_Receive_IT	HAL_StatusTypeDef HAL_UART_Receive_IT(UART_HandleTypeDef * huart, uint8_t * pData, uint16_t Size)
	使用中断方式接收数据，pData 为指向接收数据缓冲区的指针，Size 为需要接收的数据量
HAL_UART_IRQHandler	void HAL_UART_IRQHandler(UART_HandleTypeDef * huart)
	异步串行通信的中断入口函数
HAL_UART_TxCpltCallback	void HAL_UART_TxCpltCallback(UART_HandleTypeDef * huart)
	数据发送完毕后的回调函数
HAL_UART_TxHalfCpltCallback	void HAL_UART_TxHalfCpltCallback(UART_HandleTypeDef * huart)
	数据发送一半的回调函数
HAL_UART_RxCpltCallback	void HAL_UART_RxCpltCallback(UART_HandleTypeDef * huart)
	数据接收完毕后的回调函数
HAL_UART_RxHalfCpltCallback	void HAL_UART_RxHalfCpltCallback(UART_HandleTypeDef * huart)
	数据接收一半的回调函数
HAL_UART_ErrorCallback	void HAL_UART_ErrorCallback(UART_HandleTypeDef * huart)
	通信出错的回调函数

HAL_UART_IRQHandler 是异步串行通信的中断处理入口函数，该函数的参数是指向特定

USART 的指针。当产生 USART 中断事件时，HAL_UART_IRQHandler 函数将根据 USART 的工作模式和状态来调用 UART_Transmit_IT 或 UART_Receive_IT 函数以及错误处理相关函数，UART_Transmit_IT 和 UART_Receive_IT 函数分别用于非阻塞方式下数据的接收和发送。

表 12.7 中的回调函数是预留给开发人员自定义的函数接口，开发人员可以根据需要重定义这些回调函数的具体功能，例如对发送或收到的数据进行处理。其中，HAL_UART_TxHalfCpltCallback 和 HAL_UART_RxHalfCpltCallback 函数主要用于 DMA 传输过程。

12.5.3 异步串行通信非阻塞方式通信代码解析

在 STM32CubeMX 生成的 main.c 中，USART2 的初始化过程与阻塞方式下的基本相同，区别在于非阻塞方式下的 HAL_UART_MspInit 函数增加了 USART2 中断设置语句。

```
void HAL_UART_MspInit(UART_HandleTypeDef* huart)
{
  /*USART 相关GPIO 引脚配置*/
  …
  /* USART2 interrupt Init */
  HAL_NVIC_SetPriority(USART2_IRQn, 0, 0);   /*优先级设置*/
  HAL_NVIC_EnableIRQ(USART2_IRQn);           /*使能 USART2 中断*/
  }
}
```

在 main 函数的 while 循环中，我们仍然使用回环测试的方法，具体过程如下。

（1）首先调用 HAL_UART_Receive_IT 函数，设置接收缓冲区和接收数据量，并以中断方式接收数据。当从 PC 接收的数据小于 10 字节时，USART2 的状态始终为 HAL_UART_STATE_BUSY_RX。

（2）调用 HAL_UART_GetState 函数以检测 USART2 状态，如果 USART2 的状态为 HAL_UART_STATE_READY，则表示 10 字节数据的接收已经完成。

（3）最后调用 HAL_UART_Transmit_IT 函数，设置发送缓冲区和发送数据量，以中断方式发送数据。

```
#define LEGTH  10
int main(void)
{
  HAL_Init();
  SystemClock_Config();
  MX_GPIO_Init();
  MX_USART2_UART_Init();
  uint8_t buffer[LENGTH];                    /*手动添加，申请收发缓冲区*/
  buffer[LEGTH]='\n';                        /*在末尾增加回车符，以方便观察结果*/
  while(1)
  {
    if(HAL_UART_Receive_IT(&huart2,buffer, 10)!= HAL_OK)
        Error_Handler();
    while(HAL_UART_GetState(&huart2) != HAL_UART_STATE_READY)
        ;
    if(HAL_UART_Transmit_IT(&huart2,buffer,sizeof(buffer))!=HAL_OK)
        Error_Handler();
  }
}
```

对于数据接收，每接收一个字符，USART2 的中断事件就会被触发一次。中断处理函数

HAL_UART_IRQHandler 会调用 UART_Receive_IT 函数来处理数据接收工作。UART_Receive_IT 函数接收完所有数据后，会调用 HAL_UART_RxCpltCallback 函数。

对于数据发送，当有数据写入 USART2 的数据寄存器时，USART2 的中断事件会被触发。中断处理函数 HAL_UART_IRQHandler 会调用 UART_Transmit_IT 函数来执行数据发送。所有数据发送完之后，HAL_UART_IRQHandler 函数会调用 UART_EndTransmit_IT 函数来执行收尾工作，然后执行 HAL_UART_TxCpltCallback 函数。

为了便于观察上述代码的执行过程，可在 USART2 的发送和接收回调函数中添加输出提示语句，代码如下。

```
/* USER CODE BEGIN 4 */
#define UART_PORT huart2
void HAL_UART_TxCpltCallback(UART_HandleTypeDef *huart)
{
  if(huart->Instance == USART2)
  {
    uint8_t  ch[]="in TxCpltCallback\n";
    HAL_UART_Transmit(&UART_PORT,ch,sizeof(ch),0xFFFF);
  }
}
void HAL_UART_RxCpltCallback(UART_HandleTypeDef *huart)
{
  if(huart->Instance == USART2)
  {
    uint8_t  ch[]="in RxCpltCallback\n";
    HAL_UART_Transmit(&UART_PORT,(uint8_t *)ch,sizeof(ch),0xFFFF);
  }
}
/* USER CODE END 4 */
```

将上述代码编译下载到开发板上。在 PC 上打开串口调试助手，配置串口调试助手的通信参数（波特率 115 200 bit/s、校验位 NONE、数据位 8 和停止位 1）。在串口调试助手下方的发送窗口中填入 helloworld，然后单击"手动发送"按钮。此时，接收窗口中将会显示开发板回送的字符串，我们还可以看到发送和接收回调函数中输出的信息，如图 12.19 所示。

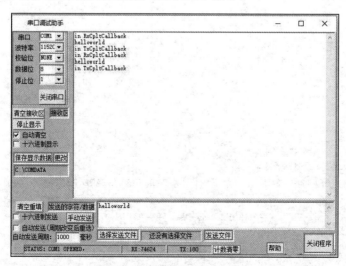

图 12.19　非阻塞方式的串行通信

12.6　思考与练习

1. 串行通信根据数据传输方向都有哪些种类?

2. STM32F407xx 的串口共有_____个 USART,其中 USART1 位于_____总线上,最高速率为_____;USART2~USART5 位于_____总线上,最高速率为_____。

3. 在异步串行通信中,当采用非阻塞方式发送数据时,启动串口工作的函数是什么?

4. 在异步串行通信中,当接收数据时,为了判断是否有新的数据到达,应该判断哪一个标志位?

5. 简述 STM32F4 微控制器中 USART 的功能特点?

6. 使用异步串行通信时,需要设置哪些参数?

7. 编程利用 STM32F407xx 的 USART1,间隔两秒循环输出自己的姓名及出生日期。

8. 编程利用 STM32F407xx 的 PC13 引脚检测外接按键,采用中断方式检测按键是否按下,每按键一次,就在 USART1 上输出按键被按下的总次数。

13 第13章 DMA

第 12 章介绍的串行通信使用非阻塞方式来实现数据传输，其效率远高于阻塞方式。但对于批量数据传输来说，每发送或接收一个字符就要打断程序的正常流程，因而仍然会导致任务间的频繁切换。直接存储器访问（direct memory access，DMA）可以在不需要 CPU 参与的情况下实现外设与存储器之间的数据传输，极大降低了 CPU 的运行负担。

本章首先介绍 DMA 的相关概念和 STM32F4 微控制器中各个 DMA 配置参数的含义，然后讲解常用的 DMA 相关数据结构和 API 函数，最后通过案例分析外设与存储器之间以及存储器与存储器之间 DMA 数据传输的实现过程。通过本章的学习，读者能够理解 STM32F4 微控制器的 DMA 工作原理和各个配置参数的含义，学会在程序中使用 DMA 相关数据结构和 API 函数，掌握编程实现 DMA 数据传输的方法。

本章学习目标：

（1）了解 DMA 的概念和工作原理；

（2）理解各个 DMA 配置参数的含义；

（3）掌握常用的 DMA 相关数据结构和 API 函数；

（4）掌握外设与存储器之间的 DMA 传输；

（5）掌握存储器与存储器之间的 DMA 传输。

DMA 介绍

13.1 DMA 介绍

DMA 在外设与存储器之间以及存储器与存储器之间提供了高速数据传输通道。利用 DMA 可以在无须 CPU 参与的情况下实现数据的快速复制，既减轻了 CPU 负荷，又降低了系统能耗。DMA 的数据传输是在后台进行的，无须处理器干预，因此在数据传输过程中处理器能够执行其他任务。只有当一个完整的数据块传输完成时，才会产生一次 DMA 中断。

13.1.1 STM32F4 微控制器的 DMA 工作原理

DMA 的传输动作是由 DMA 控制器完成的，DMA 控制器是独立于 Cortex-M 核的模块。DMA 控制器和 Cortex-M 核共享系统总线，此时系统总线相当于通信中的桥梁。DMA 控制器挂在 AHB 上，当需要 DMA 传输数据时，DAM 控制器从 Cortex-M 核接管 AHB 的控制权，从而打通外设与存储器之间的通道，实现外设与存储器之间以及存储器与存储器之间的双向数据传输。当 Cortex-M 核和 DMA 控制器同

STM32F4 微控制器
的 DMA 工作原理

时访问相同的目标（例如 SRAM 或外设）时，DMA 请求会暂停 CPU 访问系统总线若干周期，由总线仲裁器执行循环调度，以保证 CPU 至少可以得到一半的系统总线带宽。完整的 DMA 数据传输过程会经历以下 4 个步骤。

（1）DMA 请求：外设在需要数据传输时，向 DMA 控制器发送请求，DMA 控制器根据通道的优先权响应请求。

（2）DMA 响应：DMA 控制器收到请求后，向外设发送应答信号，外设收到应答信号后，立即释放 DMA 请求，同时 DMA 控制器也撤销应答信号。

（3）DMA 传输：DMA 控制器获得总线控制权后，发出读写命令，控制数据源和目的设备之间进行的 DMA 数据传输。每一次 DMA 传输需要完成的动作包括：从源地址取出数据、将取出的数据存入目的地址、将传输数据量减 1。

（4）DMA 结束：在完成预定数量的数据传输后，DMA 控制器释放总线控制权，并向参与传输的设备发出 DMA 结束信号。各个设备收到结束信号后，停止传输动作并产生 DMA 传输结束中断。Cortex-M 核重新获得总线控制权，并执行中断服务程序来检查本次 DMA 操作是否完成。

在 STM32F407xx 中，DMA 控制器的结构框图如图 13.1 所示。STM32F407xx 有两个 DMA 控制器——DMA1 和 DMA2，它们各有 8 个数据流，每个数据流对应 8 个通道，但在某一时刻，仅有一个通道请求是有效的。另外，DMA 控制器还提供了 AHB 编程接口用于对 DMA 控制器进行编程。

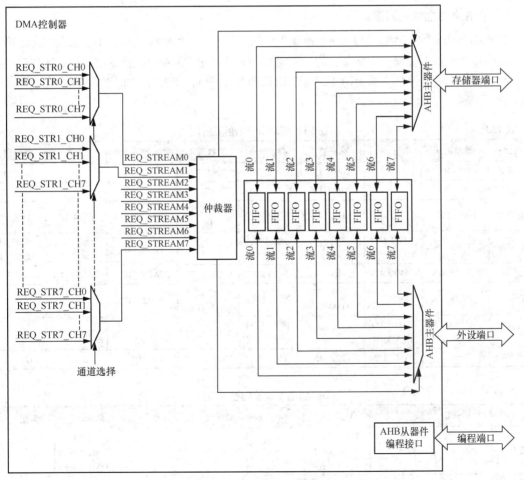

图 13.1　DMA 控制器的结构框图

每个 DMA 控制器提供两个 AHB 主端口：一个 AHB 存储器端口和一个 AHB 外设端口。当执行存储器与外设之间的数据传输时，AHB 存储器端口连接存储器，AHB 外设端口连接外设。当执行存储器到存储器的数据传输时，AHB 存储器端口连接 SRAM，AHB 外设端口连接另一个存储器（这个存储器是通过外设控制器进行访问的，比如 Flash 存储器或 SPI 存储器）。

数据流通过 DMA 控制器中的 DMA_SxCR 寄存器来选择对应的通道，如图 13.2 所示。DMA 总线仲裁器用于协调各个 DMA 通道的优先权。每个数据流都有一个独立的 4 字（4 × 32 位）FIFO，用于缓存传输的数据。DMA 控制器通过控制 AHB 总线矩阵来启动 AHB 事务，实现三类 DMA 传输任务，包括：外设到存储器的数据传输、存储器到外设的数据传输、存储器到存储器的数据传输。

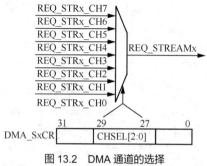

图 13.2 DMA 通道的选择

在 STM32F407xx 中，DMA1 的 AHB 外设端口没有连接到总线矩阵，因此只有 DMA2 能够执行存储器到存储器的数据传输。

13.1.2 DMA 参数配置

1. DMA 各数据流的通道选择

STM32F407xx 的 DMA1 和 DMA2 各有 8 个数据流，每个数据流可以从 8 个通道中选择其中之一，如表 13.1 和表 13.2 所示。例如，为了实现 USART2 通过 DMA 方式接收数据和发送数据，需要将 DMA1 数据流 5 选择为通道 4（即 USART2_RX），并将 DMA1 数据流 6 选择为通道 4（即 USART2_TX）。

表 13.1　　　　　　　　　　　　　　DMA1 各数据流的通道选择

外设请求	数据流 0	数据流 1	数据流 2	数据流 3	数据流 4	数据流 5	数据流 6	数据流 7
通道 0	SPI3_RX	—	SPI3_RX	SPI2_RX	SPI2_TX	SPI3_TX	—	SPI3_TX
通道 1	I2C1_RX	—	TIM7_UP	—	TIM7_UP	I2C1_RX	I2C1_TX	I2C1_TX
通道 2	TIM4_CH1	—	I2S3_EXT_RX	TIM4_CH2	I2S2_EXT_TX	I2S3_EXT_TX	TIM4_UP	TIM4_CH3
通道 3	I2S3_EXT_RX	TIM2_UP TIM2_CH3	I2C3_RX	I2S2_EXT_RX	I2C3_TX	TIM2_CH1	TIM2_CH2 TIM2_CH4	TIM2_UP TIM2_CH4
通道 4	UART5_RX	UART3_RX	UART4_RX	UART3_TX	UART4_TX	UART2_RX	UART2_TX	UART5_TX
通道 5	UART8_TX	UART7_TX	TIM3_CH4 TIM3_UP	UART7_RX	TIM3_CH1 TIM3_TRIG	TIM3_CH2	UART8_RX	TIM3_CH3
通道 6	TIM5_CH3 TIM5_UP	TIM5_CH4 TIM5_TRIG	TIM5_CH1	TIM5_CH4 TIM5_TRIG	TIM5_CH2	—	TIM5_UP	—
通道 7	—	TIM6_UP	I2C2_RX	I2C2_RX	UART3_TX	DAC1	DAC2	I2C2_TX

表 13.2　　　　　　　　　　　　　　DMA2 各数据流的通道选择

外设请求	数据流 0	数据流 1	数据流 2	数据流 3	数据流 4	数据流 5	数据流 6	数据流 7
通道 0	ADC1	—	TIM8_CH1 TIM8_CH2 TIM8_CH3	—	ADC1	—	TIM1_CH1 TIM1_CH2 TIM1_CH3	—
通道 1	—	DCMI	ADC2	ADC2	—	SPI6_TX	SPI6_RX	DCMI

外设请求	数据流 0	数据流 1	数据流 2	数据流 3	数据流 4	数据流 5	数据流 6	数据流 7
通道 2	ADC3	ADC3	—	SPI5_RX	SPI5_TX	CRYP_OUT	CRYP_IN	HASH_IN
通道 3	SPI1_RX	—	SPI1_RX	SPI1_TX	—	SPI1_TX	—	—
通道 4	SPI4_RX	SPI4_TX	USART1_RX	SDIO	—	USART1_RX	SDIO	USART1_TX
通道 5	—	USART6_RX	USART6_RX	SPI4_RX	SPI4_TX	—	USART6_TX	USART6_TX
通道 6	TIM1_TRIG	TIM1_CH1	TIM1_CH2	TIM1_CH1	TIM1_CH4 TIM1_TRIG TIM1_COM	TIM1_UP	TIM1_CH3	—
通道 7	—	TIM8_UP	TIM8_CH1	TIM8_CH2	TIM8_CH3	SPI5_RX	SPI5_TX	TIM8_CH4 TIM8_TRIG TIM8_COM

2. DMA 数据流的优先级

DMA 数据流的优先级由仲裁器负责管理。每个数据流的优先级都可以在 DMA_SxCR 寄存器中配置。DMA 的优先级有 4 个：最高优先级、高优先级、中等优先级和低优先级。如果有两个 DMA 请求具有相同的优先级，那么数据流编号小的优先权高。换言之，在同一优先级下，数据流 1 的请求优先于数据流 2 的请求。

3. DMA 传输类型

DMA 数据流的传输分正常模式和循环模式。正常模式下，当 DMA 传输计数器变为 0 时，停止 DMA 传输。循环模式下，当 DMA 传输计数器变为 0 时，将会自动重载预先设置的值，开始下一次 DMA 传输。循环模式用于处理循环缓冲区和连续的数据传输，如 ADC 的扫描模式。

4. DMA 传输数据量

DMA 传输计数器是可编程的，最大为 65 535。数据传输宽度可设置为字节（8 位）、半字（16 位）或字（32 位）。如果将源地址和目的地址指针设置为增量模式，那么在每一次传输完指定宽度的数据后，地址指针都会自动加上增量值，增量值根据数据宽度而定，可以是 1、2 或 4。

当无法预知将要传输的数据量时，外设可以在传输结束时向 DMA 控制器发出信号以指示 DMA 传输完成，目前只有 SD 和 MMC 支持这种方式。

5. FIFO 模式

每个数据流都有独立的 4 字 FIFO 用作数据传输的缓冲区。使用 FIFO 有以下优势：减少 SRAM 存取次数，让出更多时间给其他设备访问总线矩阵；允许批量传输，从而节约传输带宽；当源设备和目标设备的数据宽度不同时，在 FIFO 中可以对数据宽度进行拆分或组合，从而实现不同数据宽度设备间的 DMA 传输。

FIFO 的深度可由软件配置为 1/4、1/2、3/4 或满。当禁用 FIFO 时，DMA 传输处于直接模式。

6. 单次传输和批量传输

单次传输表示 DMA 数据流每次只传输一个数据宽度的内容。在直接模式下，数据流只能生成单次传输。

批量传输也叫突发传输。批量传输一次可以传输一批数据，但这批数据的总量不能超过 FIFO 的阈值。这里的批量是指突发中的节拍数，而不是传输的字节数。例如，对于数据宽度为 8 位的 USART 来说，若将批量设置为 4，则表示一次传输 4 个 8 位数据；对于数据宽度为 32 位的 SRAM 来说，若将批量设置为 4，则表示一次传输 4 个 32 位数据。为了确保数据类型一致，形成突发传输的每一个批量都不可分割。

7. DMA 中断和出错

每个 DMA 数据流都可以在 DMA 传输过半、传输完成和传输出错时产生中断。当 DMA 读写操作发生错误时，硬件会自动清除对应 DMA 数据流的允许位，该数据流的 DMA 操作被停止，同时对应的传输错误中断标志位将被置位并产生 DMA 传输错误中断。当 FIFO 溢出或者批量传输数据量与 FIFO 阈值不匹配时，会产生 FIFO 错误中断。当传输中的目标地址指针固定（即非增量模式）时，如果先前数据尚未传输完又发生了 DMA 请求，就会产生直接模式错误，这是因为不能同时将两个数据写入同一地址。

8. DMA 控制寄存器

STM32F407xx 中的 DMA 控制寄存器及其功能说明详见表 13.3。

表 13.3   **DMA 控制寄存器及其功能说明（x 的取值范围为 0~7）**

寄存器名称	功能说明
DMA_SxCR（DMA stream x configuration register） DMA 数据流 x 的配置寄存器	选择 DMA 通道，配置 DMA 传输参数
DMA_SxNDTR（DMA stream x number of data register） DMA 数据流 x 的数据项数寄存器	DMA 传输计数器
DMA_SxPAR（DMA stream x peripheral address register） DMA 数据流 x 的外设地址寄存器	DMA 传输外设端的起始地址
DMA_SxM0AR（DMA stream x memory 0 address register） DMA 数据流 x 的存储器 0 地址寄存器	DMA 传输存储器 0 的起始地址
DMA_SxM1AR（DMA stream x memory 1 address register） DMA 数据流 x 的存储器 1 地址寄存器	DMA 传输存储器 1 的起始地址，用于双缓冲模式
DMA_SxFCR（DMA stream x FIFO control register） DMA 数据流 x 的 FIFO 控制寄存器	DMA 传输的 FIFO 参数配置

13.2   外设与存储器之间的 DMA 传输

下面通过一个案例讲解如何实现外设与存储器之间的 DMA 数据传输。

案例 13.1：使用 DMA 方式实现 USART2 数据收发，其中数据发送是从 SRAM 到 USART2 的 DMA 数据传输，数据接收是从 USART2 到 SRAM 的 DMA 数据传输。

13.2.1 工程配置

1. 新建项目和配置时钟树

在 STM32CubeMX 中创建一个新项目，先选择微控制器芯片为 STM32F407xx，再选择 HSE 和 LSE 作为时钟源，并配置好时钟树参数。

2. 配置 USART 和 DMA 参数

USART2 引脚和传输参数的配置与案例 12.2 相同，此处不再赘述。

回顾表 13.1 可知，USART2_TX 和 USART2_RX 分别对应于 DMA1 的数据流 6 和数据流 5。配置完 USART2 传输参数后，展开 STM32CubeMX 主界面左侧的 System Core 列表，选择 DMA，弹出 DMA Mode and Configuration 面板，如图 13.3 所示。在图 13.3 所示界面中，选择 DMA1 选项卡，单击 Add 按钮，分别添加 USART2_TX 和 USART2_RX，并设置它们各自的优先级。然后在下方的列表中分别选择 USART2_TX 和 USART2_RX，配置这两个通道的 DMA 传输参数。

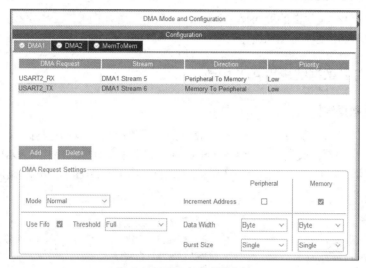

图 13.3　配置 DMA 传输参数

DMA 传输参数的含义如下。

（1）Priority 用于设置 DMA 的传输优先级，有 4 种选择：最高优先级、高优先级、中等优先级及低优先级。

（2）Mode 用于选择 DMA 传输类型，可选正常模式或循环模式。

（3）Increment Address 用于选择源地址或目标地址为增量模式。对于串行通信来说，USART 数据寄存器不能做增量，但 SRAM 中的数据区是可以做增量的。

（4）Use Fifo 用于选择是否使用 FIFO。当选中时，需要在 Threshold 下拉列表中选择 FIFO 深度，其中 Full 表示 4 个字，Half Full 表示 2 个字。

（5）Data Width 用于设置传输的数据宽度，外设端和存储器端的数据宽度需要分别配置。

（6）Burst Size 用于设置突发（批量）传输的节拍数，在外设端和存储器端，突发传输的节拍数需要分别配置。

在案例 13.1 中，DMA1 的两个数据流都被设置为低优先级，数据宽度都被设置为 Byte，采用正常传输模式并且使用了 FIFO，突发传输的节拍数被设置为 Single。

在 DMA 传输的参数设置中，需要注意以下几点。

（1）对于外设而言，Data Width 的设置需要和外设数据寄存器的宽度相匹配。例如，若将 USART 的数据帧设置为 8 位，则对应的 Data Width 应该是 Byte。对于 SRAM 而言，Data Width 可以是 8 位、16 位或 32 位。

（2）当 DMA 数据流的发送端和接收端设备的 Data Width 不相同时，FIFO 会自动执行数据的打包或拆包操作。例如，如果将存储器端的 Data Width 配置为 Word，而将 USART 端配置为 Byte，那么在存储器接收数据的过程中，FIFO 会将 USART 端收到的 Byte 拼装成 Word 后再传给存储器。

（3）当把 Burst Size 参数用于外设时，需要考虑外设的传输能力；而当用于存储器时，需要保证 FIFO 中有足够的数据。同时，Burst Size 和 Data Width 的组合不能超过 FIFO 容量。例如，将 FIFO

配置为 FULL（4×32 位），当 Data Width 配置为 Byte 时，Burst Size 最大为 16；当 Data Width 配置为 Word 时，Burst Size 最大为 4。

（4）DMA 传输的数据量必须是 Burst Size 与 Data Width 乘积的倍数，否则会导致错误的 DMA 行为。

3. 配置工程参数和生成工程文件

在 STM32CubeMX 主界面的 Project Manager 面板中配置好相关的工程参数，单击 GENERATE CODE，导出 Keil MDK 工程文件和程序代码。

13.2.2　DMA 相关数据结构和 API 函数

1. DMA 相关数据结构

stm32f407xx.h 文件中定义了与 DMA 控制寄存器对应的结构体 DMA_TypeDef。其他 DMA 相关数据结构的定义和声明都存放在 stm32f4xx_hal_dma.h 文件中。其中，结构体 DMA_HandleTypeDef 用于描述 DMA 数据流的信息，结构体 DMA_InitTypeDef 用于配置 DMA 传输参数。

```
typedef struct
{
    uint32_t Channel;                    /*DMA 数据流中通道的选择*/
    uint32_t Direction;                  /*数据传输方向，外设到存储器、存储器到外设或存储器到存储器*/
    uint32_t PeriphInc;                  /*外设地址指针自增*/
    uint32_t MemInc;                     /*存储器地址指针自增*/
    uint32_t PeriphDataAlignment;        /*外设数据宽度*/
    uint32_t MemDataAlignment;           /*存储器数据宽度*/
    uint32_t Mode;                       /*DMA 数据传输模式，正常模式或循环模式*/
    uint32_t Priority;                   /*DMA 优先级*/
    uint32_t FIFOMode;                   /*FIFO 模式*/
    uint32_t FIFOThreshold;              /*FIFO 深度选择*/
    uint32_t MemBurst;                   /*存储器突发传输的节拍数*/
    uint32_t PeriphBurst;                /*外设突发传输的节拍数*/
}DMA_InitTypeDef;

typedef struct __DMA_HandleTypeDef
{
    DMA_Stream_TypeDef      *Instance;   /*指向 DMA1 和 DMA2 控制寄存器的指针*/
    DMA_InitTypeDef         Init;        /*DMA 数据流配置参数 */
    HAL_LockTypeDef         Lock;        /*DMA 锁定状态*/
    __IO HAL_DMA_StateTypeDef State;     /*DMA 传输状态*/
    void      *Parent;             /*指向父类的指针，用于将 DMA 封装到诸如 usart 或 adc 的数据结构中*/
    void      (* XferCpltCallback)( struct __DMA_HandleTypeDef * hdma);
                                         /*DMA 传输完成的回调函数*/
    void      (* XferHalfCpltCallback)( struct __DMA_HandleTypeDef * hdma);
                                         /* DM 半传输完成的回调函数 */
    void      (* XferM1CpltCallback)( struct __DMA_HandleTypeDef * hdma);
                                         /*使用双缓冲时，Memory1 DMA 传输完成的回调函数*/
    void      (* XferM1HalfCpltCallback)( struct __DMA_HandleTypeDef * hdma);
                                         /*使用双缓冲时，Memory1 DMA 半传输完成的回调函数*/
    void      (* XferErrorCallback)( struct __DMA_HandleTypeDef * hdma);
                                         /* DMA 传输错误的回调函数*/
```

```
void          (* XferAbortCallback)( struct __DMA_HandleTypeDef * hdma);
                                            /*DMA 传输终止的回调函数*/
    __IO uint32_t            ErrorCode;      /*DMA 出错码*/
    uint32_t            StreamBaseAddress;   /*DMA 数据流基地址*/
    uint32_t                StreamIndex;     /*DMA 数据流索引*/
}DMA_HandleTypeDef;
```

2. DMA 相关函数

HAL 库中常用的 DMA 相关函数及其功能描述详见表 13.4。

表 13.4   **HAL 库中常用的 DMA 相关函数及其功能描述**

函数名称	函数定义及功能描述
HAL_DMA_Init	HAL_StatusTypeDef HAL_DMA_Init(DMA_HandleTypeDef * hdma)
	DMA 初始化，hdma 为指向 DMA_HandleTypeDef 结构体的指针
HAL_DMA_DeInit	HAL_StatusTypeDef HAL_DMA_DeInit(DMA_HandleTypeDef * hdma)
	注销 DMA
HAL_DMA_Start	HAL_StatusTypeDef HAL_DMA_Start(DMA_HandleTypeDef * hdma, uint32_t SrcAddress, uint32_t DstAddress, uint32_t DataLength)
	以非中断方式启动 DMA 传输，hdma 为指向 DMA_HandleTypeDef 结构体的指针，SrcAddress 为源地址，DstAddress 为目标地址，DataLength 为传输长度
HAL_DMA_Start_IT	HAL_StatusTypeDef HAL_DMA_Start_IT(DMA_HandleTypeDef * hdma, uint32_t SrcAddress, uint32_t DstAddress, uint32_t DataLength)
	以中断方式启动 DMA 传输，hdma 为指向 DMA_HandleTypeDef 结构体的指针，SrcAddress 为源地址，DstAddress 为目标地址，DataLength 为传输长度
HAL_DMA_IRQHandler	void HAL_DMA_IRQHandler (DMA_HandleTypeDef * hdma)
	DMA 中断处理入口函数
HAL_DMA_RegisterCallback	HAL_StatusTypeDef HAL_DMA_RegisterCallback(DMA_HandleTypeDef * hdma, HAL_DMA_CallbackIDTypeDef CallbackID, void(*)(DMA_HandleTypeDef *_hdma) pCallback)
	根据 CallbackID 注册对应 DMA 事件的回调函数
HAL_DMA_UnRegisterCallback	HAL_StatusTypeDef HAL_DMA_UnRegisterCallback(DMA_HandleTypeDef * hdma, HAL_DMA_CallbackIDTypeDef CallbackID)
	根据 CallbackID 注销回调函数
HAL_DMA_GetState	HAL_DMA_StateTypeDef HAL_DMA_GetState(DMA_HandleTypeDef * hdma)
	获取 DMA 数据流的传输状态
HAL_DMA_GetError	uint32_t HAL_DMA_GetError(DMA_HandleTypeDef * hdma)
	获取 DMA 传输错误

对于参与 DMA 传输的外设来说，HAL 库还提供了与其 DMA 传输相关的函数，表 13.5 列出了异步串行通信中使用的 DMA 相关函数及其功能描述。

表 13.5   **异步串行通信中使用的 DMA 相关函数及其功能描述**

函数名称	函数定义及功能描述
HAL_UART_Transmit_DMA	HAL_StatusTypeDef HAL_UART_Transmit_DMA(UART_HandleTypeDef * huart, uint8_t * pData, uint16_t Size)
	使用 DMA 方式发送数据，pData 为指向发送数据缓冲区的指针，Size 为需要发送的数据量
HAL_UART_Receive_DMA	HAL_StatusTypeDef HAL_UART_Receive_DMA(UART_HandleTypeDef * huart, uint8_t * pData, uint16_t Size)
	使用 DMA 方式接收数据，pData 为指向接收数据缓冲区的指针，Size 为需要接收的数据量
HAL_UART_DMAPause	HAL_StatusTypeDef HAL_UART_DMAPause(UART_HandleTypeDef * huart)
	暂停 DMA 传输

函数名称	函数定义及功能描述
HAL_UART_DMAResume	HAL_StatusTypeDef HAL_UART_DMAResume(UART_ HandleTypeDef * huart)
	恢复 DMA 传输
HAL_UART_DMAStop	HAL_StatusTypeDef HAL_UART_DMAStop(UART_HandleTypeDef * huart)
	终止 DMA 传输

13.2.3 外设到存储器的 DMA 传输代码解析

STM32CubeMX 生成的 main.c 文件中定义了 DMA_InitTypeDef 类型的变量 hdma_usart2_rx 和 hdma_usart2_tx，它们分别用于配置 USART2 的发送端和接收端 DMA 传输参数。main 函数依次调用 HAL 核心数据初始化函数 HAL_Init、系统时钟配置函数 SystemClock_Config 和 GPIO 初始化函数 MX_GPIO_Init，然后调用 MX_DMA_Init 函数以设置 DMA 中断优先级并开启 DMA 中断，最后调用 MX_USART2_UART_Init 函数以配置 USART2 参数，代码如下。

```
int main(void)
{
    HAL_Init();
    SystemClock_Config();
    MX_GPIO_Init();
    MX_DMA_Init();
    MX_USART2_UART_Init();
    while(1)
    {
    }
}
```

在执行 USART2 底层初始化的 HAL_UART_MspInit 函数中，除了配置 USART2 的底层时钟、引脚等功能之外，还会调用 HAL_DMA_Init 函数，从而将预设的 DMA 参数填入对应的 DMA 控制寄存器，代码如下。

```
UART_HandleTypeDef  huart2;              /*定义全局变量 huart2，用来填写 USART2 参数*/
DMA_HandleTypeDef hdma_usart2_rx;    /*存储 DMA 接收数据流参数的变量*/
DMA_HandleTypeDef hdma_usart2_tx;    /*存储 DMA 发送数据流参数的变量*/
 void HAL_USART_MspInit(USART_HandleTypeDef* husart)
{
    /* USART2 引脚初始化 */
    …
    /* USART2 DMA Init */
    /* USART2_RX Init */
    hdma_usart2_rx.Instance = DMA1_Stream5;                         /*DMA1 数据流 5 */
    hdma_usart2_rx.Init.Channel = DMA_CHANNEL_4;                  /*通道 4 */
    hdma_usart2_rx.Init.Direction = DMA_PERIPH_TO_MEMORY;     /*数据由 MEM 传到外设*/
    hdma_usart2_rx.Init.PeriphInc = DMA_PINC_DISABLE;            /*外设地址寄存器不变*/
    hdma_usart2_rx.Init.MemInc = DMA_MINC_ENABLE;               /* 内存地址寄存器递增*/
    hdma_usart2_rx.Init.PeriphDataAlignment = DMA_PDATAALIGN_BYTE; /*数据宽度为 8 位*/
    hdma_usart2_rx.Init.MemDataAlignment = DMA_MDATAALIGN_BYTE; /*数据宽度为 8 位*/
```

```
hdma_usart2_rx.Init.Mode = DMA_NORMAL;                    /*工作在正常缓存模式下*/
hdma_usart2_rx.Init.Priority = DMA_PRIORITY_LOW;          /* DMA 传输为低优先级*/
hdma_usart2_rx.Init.FIFOMode = DMA_FIFOMODE_ENABLE;       /*使用 FIFO*/
hdma_usart2_rx.Init.FIFOThreshold = DMA_FIFO_THRESHOLD_FULL; /* 4 个字的 FIFO 深度*/
hdma_usart2_rx.Init.MemBurst = DMA_MBURST_SINGLE;         /*MEM突发传输的节拍数为Single*/
hdma_usart2_rx.Init.PeriphBurst = DMA_PBURST_SINGLE;      /*外设突发传输的节拍数为Single*/
if (HAL_DMA_Init(&hdma_usart2_rx) != HAL_OK)              /* DMA 初始化*/
{
   Error_Handler();
}
__HAL_LINKDMA(husart,hdmarx,hdma_usart2_rx); /*连接 USART2 的 DMA 接收数据流指针
                                               hdmarx～hdma_usart2_rx */
/* USART2_TX Init */
…
}
```

为了实现使用 DMA 方式实现 USART2 数据收发，需要修改 main 函数中的 while 循环，代码如下。

```
uint8_t buffer[10];
while(1)
{
    if(HAL_UART_Receive_DMA(&huart2,buffer, sizeof(buffer))!= HAL_OK)
          Error_Handler();

    while (HAL_UART_GetState(&huart2) != HAL_UART_STATE_READY)
              ;
    if(HAL_UART_Transmit_DMA(&huart2,buffer,sizeof(buffer))!=HAL_OK)
          Error_Handler();
}
```

在 while 循环中，首先用 HAL_UART_Receive_DMA 函数启动 USART2 以接收数据，将接收到的 10 字节数据放入 buffer 中，然后通过 HAL_UART_Transmit_DMA 启动 USART2 以发送数据，将 buffer 中的内容回送给 PC。

在 HAL_UART_Receive_DMA 函数中注册回调函数。当接收数据流的半传输完成时，调用 UART_DMARxHalfCplt 函数；当传输全部完成时，调用 UART_DMAReceiveCplt 函数，代码如下。

```
/* Set the UART DMA transfer complete callback */
huart->hdmarx->XferCpltCallback = UART_DMAReceiveCplt;

/* Set the UART DMA Half transfer complete callback */
huart->hdmarx->XferHalfCpltCallback = UART_DMARxHalfCplt;

/* Set the DMA error callback */
huart->hdmarx->XferErrorCallback = UART_DMAError;

/* Set the DMA abort callback */
huart->hdmarx->XferAbortCallback = NULL;
```

同理，在发送数据的 HAL_UART_Transmit_DMA 函数中，注册 UART_DMATxHalfCplt 和 UART_DMATransmitCplt 函数。

为了更好地观察 DMA 传输效果，在 main.c 中重写 UART_DMAReceiveCplt 和 UART_DMA TransmitCplt 函数，添加接收数据和发送数据完成后的输出提示语句。

```
/* USER CODE BEGIN 4 */
void HAL_UART_TxCpltCallback (UART_HandleTypeDef * huart)
{
    uint8_t ch[]="in TxCpltCallback\n";
    HAL_UART_Transmit(&huart2, ch, sizeof(ch),0xFFFF);
}
void HAL_UART_RxCpltCallback (UART_HandleTypeDef * huart)
{
    uint8_t ch[]="in RxCpltCallback\n";
    HAL_UART_Transmit(&huart2, ch, sizeof(ch),0xFFFF);
}
/* USER CODE END 4 */
```

将上述代码编译下载到开发板上。在 PC 上打开串口调试助手，配置串口调试助手的通信参数（波特率 115 200 bit/s、校验位 NONE、数据位 8 和停止位 1）。启动开发板并运行，在串口调试助手下方的发送窗口中填入 helloworld，然后单击"手动发送"按钮，此时在接收窗口中将会收到开发板回送的字符串，并且在接收数据和发送数据完成时都会打印输出提示语句，如图 13.4 所示。

图 13.4　串口 DMA 传输的调试界面

13.3　存储器到存储器的 DMA 传输

存储器到存储器的 DMA 传输只能通过 DMA2 来完成。下面通过案例讲解如何实现存储器与存储器之间的 DMA 数据传输。

案例 13.2：首先将 32 个字数据存储到 Flash 存储器中，然后以 DMA 方式将这 32 个字数据复制到 SRAM 中，并检查复制结果是否正确，最后将检查结果通过 USART2 向 PC 输出。

13.3.1 工程配置

1. 新建项目和配置时钟树

在 STM32CubeMX 中创建一个新项目，先选择微控制器芯片为 STM32F407xx，再选择 HSE 和 LSE 作为时钟源，并配置好时钟树参数。

2. 配置 USART 和 DMA1 参数

这部分内容与案例 13.1 中 USART2 和 DMA1 参数的配置完全一致，此处不再赘述。

3. 配置 DMA2 参数

选择 STM32CubeMX 主界面中的 Pinout & Configuration 面板，展开界面左侧的 System Core 列表，选择 DMA。在弹出的 DMA Mode and Configuration 面板中选择 DMA2 选项卡，如图 13.5 所示。在图 13.5 所示界面中，单击 Add 按钮，添加 MEMTOMEM 并设置优先级，最后单击列表中的 MEMTOMEM，配置 DMA 传输参数。

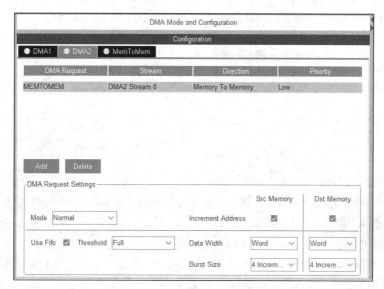

图 13.5 配置 DMA2 参数

MEMTOMEM 的 DMA 传输参数如图 13.5 所示。由于 Flash 和 SRAM 存储器的数据宽度都是 32 位，并且都支持增量模式，因此将 FIFO、Data Width 和 Burst Size 等参数都选到最大值以节约传输时间。

4. 配置工程参数和生成工程文件

在 STM32CubeMX 主界面的 Project Manager 面板中配置好相关的工程参数，单击 GENERATE CODE，导出 Keil MDK 工程文件和程序代码。

13.3.2 存储器到存储器的 DMA 传输代码解析

在 STM32CubeMX 生成的代码中，USART2 和 DMA1 的相关代码与案例 13.1 相同，下面主要介绍 DMA2 相关代码。

main.c 文件中定义了 DMA_InitTypeDef 类型的变量 hdma_memtomem_dma2_stream，用于填写存

储器到存储器的 DMA 传输参数。MX_DMA_Init 函数除了完成 DMA 中断相关设置之外，还对 DMA2 进行了初始化，代码如下。

```
DMA_HandleTypeDef hdma_memtomem_dma2_stream0;
static void MX_DMA_Init(void)
{
    …
    /* 在 DMA2_Stream0 上配置 DMA 请求 hdma_memtomem_dma2_stream0*/
    hdma_memtomem_dma2_stream0.Instance = DMA2_Stream0;
    hdma_memtomem_dma2_stream0.Init.Channel = DMA_CHANNEL_0;
    hdma_memtomem_dma2_stream0.Init.Direction = DMA_MEMORY_TO_MEMORY;
    hdma_memtomem_dma2_stream0.Init.PeriphInc = DMA_PINC_ENABLE;
    hdma_memtomem_dma2_stream0.Init.MemInc = DMA_MINC_ENABLE;
    hdma_memtomem_dma2_stream0.Init.PeriphDataAlignment = DMA_PDATAALIGN_WORD;
    hdma_memtomem_dma2_stream0.Init.MemDataAlignment = DMA_MDATAALIGN_WORD;
    hdma_memtomem_dma2_stream0.Init.Mode = DMA_NORMAL;
    hdma_memtomem_dma2_stream0.Init.Priority = DMA_PRIORITY_LOW;
    hdma_memtomem_dma2_stream0.Init.FIFOMode = DMA_FIFOMODE_ENABLE;
    hdma_memtomem_dma2_stream0.Init.FIFOThreshold = DMA_FIFO_THRESHOLD_FULL;
    hdma_memtomem_dma2_stream0.Init.MemBurst = DMA_MBURST_INC4;
    hdma_memtomem_dma2_stream0.Init.PeriphBurst = DMA_PBURST_INC4;
    if (HAL_DMA_Init(&hdma_memtomem_dma2_stream0) != HAL_OK)
    {
        Error_Handler( );
    }
    …
}
```

为了实现将数据从 Flash 存储器复制到 SRAM 中，可在 main.c 中定义数组 SRC_Buffer[32]用于存储 32 个字，这是一个静态的只读数组，编译后将被存放到只读数据区，只读数据区位于 Flash 存储器中。另外，我们还需要定义全局数组 DST_Buffer[32]，编译后，该数组将从 SRAM 中分配存储空间。

在 main 函数中添加 HAL_DMA_Start 函数以启动 DMA2 传输，源地址为 SRC_Buffer，目的地址为 DST_Buffer，复制长度为 32 个字。DMA 传输完成后，再通过 Buffercmp 函数来比较复制后的结果与原区域的值是否相同，修改后的 main.c 文件如下。

```
UART_HandleTypeDef huart2;
DMA_HandleTypeDef hdma_usart2_tx;
DMA_HandleTypeDef hdma_usart2_rx;
uint8_t Buffercmp(const uint32_t* pBuffer1, uint32_t* pBuffer2, uint16_t BufferLength);

/*定义静态的只读数据区，编译后存放在 Flash 存储器中*/
static const uint32_t SRC_Buffer[32]= {
    0xa1a2a3a4,0xa5a6a7a8,0xa9aAaBaC,0xaDaEaFa0,
    0x11121314,0x15161718,0x191A1B1C,0x1D1E1F20,
    0x21222324,0x25262728,0x292A2B2C,0x2D2E2F30,
    0x31323334,0x35363738,0x393A3B3C,0x3D3E3F40,
    0x41424344,0x45464748,0x494A4B4C,0x4D4E4F50,
    0x51525354,0x55565758,0x595A5B5C,0x5D5E5F60,
    0x61626364,0x65666768,0x696A6B6C,0x6D6E6F70,
    0x71727374,0x75767778,0x797A7B7C,0x7D7E7F80
};
```

```
/*定义全局数据区, 在 SRAM 中分配*/
uint32_t DST_Buffer[32];
int main(void)
{
  HAL_Init();
  SystemClock_Config();
  MX_GPIO_Init();
  MX_DMA_Init();
  MX_USART2_UART_Init();

  HAL_DMA_Start(&hdma_memtomem_dma2_stream0,(uint32_t)&SRC_Buffer,(uint32_t)&DST
              _Buffer,32);

  if(Buffercmp(SRC_Buffer, DST_Buffer, 32) == 0)
   {
      uint8_t message[]="dma copy success\n";
      HAL_UART_Transmit_DMA(&huart2, (uint8_t*)message, sizeof(message));
    }
  else
    {
      uint8_t message[]="dma copy failed\n";
      HAL_UART_Transmit_DMA(&huart2, (uint8_t*)message, sizeof(message));
    }
  while(1)
    {
    }
}
```

Buffercmp 函数的功能与 C 语言中的 memcmp 函数相同: 当两个区域的内容相同时返回 0。它们的不同之处在于: Buffercmp 函数是以字节为单位进行比较的。Buffercmp 函数的实现代码如下。

```
/* USER CODE BEGIN 4 */
uint8_t Buffercmp(const uint32_t* pBuffer1, uint32_t* pBuffer2, uint16_t BufferLength)
{

  while(BufferLength--)
  {

    if(*pBuffer1 == *pBuffer2)
    {
        pBuffer1++;
        pBuffer2++;
    }else
        return (*pBuffer1-*pBuffer2);
  }
  return 0;
}
/* USER CODE END 4 */
```

将上述代码编译下载到开发板上。在 PC 上打开串口调试助手, 配置串口调试助手的通信参数(波特率 115 200 bit/s、校验位 NONE、数据位 8 和停止位 1)。启动开发板并运行, 串口调试助手中的输出结果如图 13.6 所示。

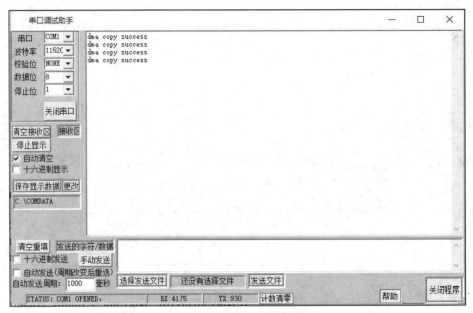

图 13.6　存储器到存储器的 DMA 传输测试结果

13.4　思考与练习

1. 什么是 DMA？简述 DMA 控制器的基本功能。

2. 简述 STM32F4 微控制器中的 DMA 传输过程。

3. STM32F407xx 有_____个 DMA 控制器，每个 DMA 控制器有_____个数据流，每个数据流有_____个通道，每个数据流有_____个 FIFO。

4. 在 STM32F407xx 中，DMA 传输计数器的最大值为多少？数据宽度有哪些选择？

5. STM32F407xx 的 DMA 传输模式有几种？它们各自的特点是什么？

6. 在 DMA 请求优先级相同的情况下，当 USART2 接收数据引起的 DMA 请求和 USART3 发送数据引起的 DMA 请求同时发生时，先执行哪一个？为什么？

第 14 章　数模转换器

数模转换器（digital to analog converter，DAC）已被广泛应用于各种工业控制系统中，它的功能是将数字信号转换为模拟信号并输出。STM32F4 微控制器集成了功能强大的 DAC 模块，支持多种模拟信号的输出。

本章首先介绍 DAC 的工作原理，然后讲解 STM32F4 微控制器中 DAC 的功能和参数配置方法，最后通过案例分别阐述软件触发方式、定时器触发方式和 DMA 方式的 DAC 编程。通过本章的学习，读者能够理解 STM32F4 微控制器中 DAC 的工作原理和各个配置参数的含义，学会在程序中使用 DAC 相关数据结构和 API 函数，掌握编程实现 DAC 输出各种模拟信号的方法。

本章学习目标：

（1）了解 DAC 的工作原理；

（2）了解 STM32F407xx 中 DAC 的功能和参数配置方法；

（3）掌握常用的 DAC 相关数据结构和 API 函数；

（4）掌握软件触发方式、定时器触发方式和 DMA 方式的 DAC 编程。

14.1　DAC 介绍

DAC 是一种将数字信号转换为模拟信号（电流、电压或电荷形式）的转换器，其转换方向与模数转换器（analog to digital converter，ADC）相反。例如，音乐播放器使用 DAC 将以数字形式存储的音频信号转换为模拟形式的声音信号并输出，直流电机控制系统使用 DAC 向驱动电路输出信号以调节电机的速度和方向。DAC 的主要性能指标包括以下几个。

（1）分辨率：反映 DAC 输出的模拟电压的最小变化值，可定义为 DAC 最大输出电压与 2^n 的比值，其中的 n 为 DAC 输入数字量的位数。显然，位数越多，分辨率越高。

（2）转换精度：我们一般用转换误差来描述转换精度，转换误差是指 DAC 输出值与理论值之间的差值。DAC 的转换精度与芯片结构和接口电路配置有关，影响转换精度的主要因素包括失调误差、增益误差、非线性误差和微分非线性误差等。

（3）转换速度：我们一般用 DAC 的转换建立时间来描述转换速度。转换建立时间是指从输入数字量发生改变到输出模拟量进入规定误差范围内所需的最大时间，普通 DAC 的转换建立时间约为几 μs 到几百 μs。

14.2 STM32F407xx 的 DAC

STM32F407xx 内置了 2 路 12 位分辨率的电压输出型 DAC，支持单通道输出模式和双通道输出模式。DAC 集成了噪声和三角波发生器，可以生产噪声波和三角波，并且每个通道都可与 DMA 控制器配合使用，DAC 的内部结构如图 14.1 所示。

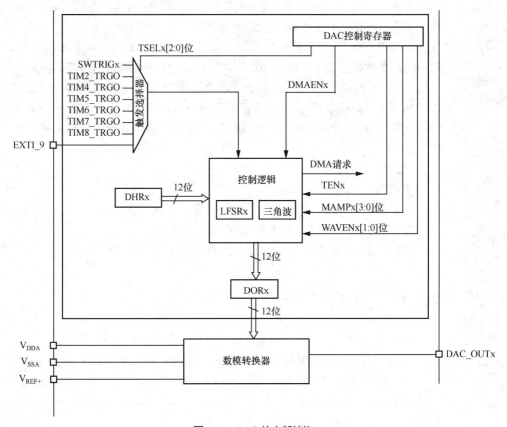

图 14.1　DAC 的内部结构

DAC 转换可由软件或外部信号触发，外部触发信号包括片上定时器触发信号（TIM2_TRGO、TIM4_TRGO 等）和中断触发信号（EXIT_9）。

写入 DAC 数据寄存器的数字量经过线性转换后，将被转换为 $0\sim V_{REF+}$ 的输出电压（V_{REF+} 为 ADC 参考电压输入引脚）。数字输入量和 DAC 输出的模拟电压之间的关系如下（其中的 n 为分辨率，可取 8 或 12；DOR 为数字输入量；DAC_{out} 为模拟输出量）。

$$DAC_{OUT}=V_{REF+}\times\frac{DOR}{2^n}$$

1. DAC 转换过程

在图 14.1 中，数据保持寄存器（DHRx）用于存放写入的待转换数据，数据输出寄存器（DORx）用于存放 DAC 正在转换的数据。DORx 在加载了 DHRx 中的内容之后，经过一段时间（转换建立时间），模拟输出电压将被输出到 DAC_OUTx 引脚上。在 STM32F407xx 中，DAC 转换建立时间的典型值为 3 μs，最大为 6 μs。

需要注意的是，DORx 为只读寄存器，数据必须先写到 DHRx 中。发生触发 DAC 转换的事件后，经过 3 个 APB1 时钟周期，DHRx 中存储的数据就会更新到 DORx 中。由于 ST32F407xx 的 APB1 最大时钟是 42 MHz，因此当 DAC 处于定时器触发或 DMA 更新模式时，其最快更新速度为 10.5 MHz。

STM32F407xx 中的 DAC 数据寄存器如表 14.1 所示。

表 14.1　　　　　　　　　　　　DAC 数据寄存器（x 的取值为 1 或 2）

寄存器名称	功能说明
DAC_DHR12Rx（DAC channel x 12-bit right aligned data holding register） DAC x 通道 12 位右对齐数据保持寄存器	数据保持寄存器（DHRx），存放单通道或双通道的待转换数值
DAC_DHR12Lx（DAC channel x 12-bit left aligned data holding register） DAC x 通道 12 位左对齐数据保持寄存器	
DAC_DHR8Rx（DAC channel x 8-bit right aligned data holding register） DAC x 通道 8 位右对齐数据保持寄存器	
DAC_DHR12R（Dual DAC 12-bit right-aligned data holding register） 双 DAC 12 位右对齐数据保持寄存器	
DAC_DHR12L（Dual DAC 12-bit left-aligned data holding register） 双 DAC 12 位左对齐数据保持寄存器	
DAC_DHR8R（Dual DAC 8-bit right-aligned data holding register） 双 DAC 8 位右对齐数据保持寄存器	
DAC_DOR1（DAC channel1 data output register） DAC1 通道数据输出寄存器	数据输出寄存器（DORx），只读
DAC_DOR2（DAC channel2 data output register） DAC2 通道数据输出寄存器	

2. 数据格式

ST32F407xx 的 DAC 可以支持 8 位或 12 位分辨率，填入 DHRx 的数据支持 3 种数据格式：8 位右对齐、12 位左对齐和 12 位右对齐，如图 14.2 所示。

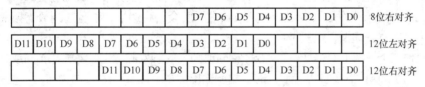

图 14.2　DAC 数据格式

3. 通道选择

STM32F407xx 包含两个 DAC 模块，分别为 DAC1 和 DAC2。它们既可以各自独立工作，也可以同时工作。

当它们独立工作时，每个 DAC 通道都有 3 个数据保持寄存器，分别对应于 8 位右对齐、12 位左对齐和 12 位右对齐格式。

当它们同时工作时，又称双通道模式。为了有效地利用总线带宽，可将 32 位的双 DAC 数据寄存器一分为二，低 16 位用于存放 DAC1 的待转换数据，高 16 位用于存放 DAC2 的待转换数据。这样只需要对一个寄存器进行操作，即可同时驱动两个 DAC 同时工作。图 14.3 描述了 12 位右对齐双通道数据保持寄存器的结构。

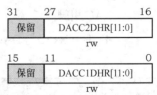

图 14.3　12 位右对齐双通道数据保持寄存器的结构

4. 触发选择

有多种事件可以触发将 DHRx 中的数据赋给 DORx，包括外部事件触发及软件触发，具体的触发源和触发类型说明详见表 14.2。

表 14.2　　　　　　　　　　　　　　DAC 触发源和触发类型说明

触发源	触发类型说明
Timer 6 TRGO 事件	片上定时器的内部信号
Timer 8 TRGO 事件	
Timer 7 TRGO 事件	
Timer 5 TRGO 事件	
Timer 2 TRGO 事件	
Timer 4 TRGO 事件	
EXIT_9	外部引脚触发
SWTRIG	软件触发

如果选择软件触发，也就是将软件触发寄存器的触发位置 1，那么 DHRx 中的内容只需要一个 APB1 时钟周期即可转移到 DORx 中，写入完成后，触发位将自动清零。

5. 伪噪声生成器

STM32F407xx 的 DAC 内置了线性反馈移位寄存器（LFSR），用来产生可变振幅的伪噪声。LFSR 中的预加载值为 0xAAA，在每次发生触发事件后，经过 3 个 APB1 时钟周期，LFSR 就会依照特定的计算算法完成更新。

在双通道模式下，两个 DAC 既可以选择相同或独立的触发源，也可以选择相同或独立的 LFSR 参数，因此这两个 DAC 有多种组合形式的伪噪声输出。

6. 三角波生成器

STM32F407xx 的 DAC 内置了三角波生成器，可以实现在直流电或慢变信号上叠加一个小幅的三角波。在发生 DAC 触发事件并经过 3 个 APB1 时钟周期后，三角波计数器将会递增。三角波的振幅是可设置的，只要未达到最大振幅，三角波计数器就会一直递增；一旦达到最大振幅，三角波计数器将递减至零，然后递增，重复循环。

在双通道模式下，两个 DAC 既可以选择相同或独立的触发源，也可以选择相同或独立的三角波参数，因此这两个 DAC 有多种组合形式的三角波输出。

7. 输出缓冲

STM32F407xx 的 DAC 集成了两个输出缓冲器，分别用于 DAC1 和 DAC2。输出缓冲用来降低输出阻抗，可在不增加外部运算放大器的情况下直接驱动外部负载。当关闭缓冲区时，STM32F407xx 定义的输出阻抗最大为 15 kΩ；当开启缓冲区时，输出阻抗接近于零。

8. DAC 引脚

STM32F407xx 中与 DAC 相关的引脚及其功能说明如表 14.3 所示。

表 14.3　　　　　　　　　　　　　　DAC 相关引脚及其功能说明

引脚	功能说明
V_{REF+}	正模拟参考电压输入，取值范围为 $1.8\,V \leqslant V_{REF+} \leqslant V_{DDA}$
V_{DDA}	模拟电源输入
V_{SSA}	模拟电源接地输入

续表

引脚	功能说明
DAC_OUTx	DAC 通道 x 的模拟量输出引脚，x 的取值为 1 或 2
EXIT_9	外部中断触发引脚，可用于触发 DAC 转换事件

其中，DAC1 对应的输出引脚为 PA4，DAC2 对应的输出引脚为 PA5。

14.3　软件触发方式

STM32F407xx 的 DAC 输出可由软件触发，下面通过案例讲解如何使用软件触发 DAC 转换。

案例 14.1： 使用软件触发 DAC1 输出正弦波，正弦波的波形参数可通过 sin 函数计算得到。

14.3.1　工程配置

1. 新建项目和配置时钟树

在 STM32CubeMX 中创建一个新项目，先选择微控制器芯片为 STM32F407xx，再选择 HSE 和 LSE 作为时钟源，并配置好时钟树参数。

2. 配置 DAC 参数

查询本书配套的电子资料可知，STM32F407xx 中的 DAC_OUT1 对应的是 PA4 引脚。选择 STM32CubeMX 主界面中的 Pinout & Configuration 面板，展开界面左侧的 System Core 列表，选中 GPIO。

然后在界面右侧的 Pinout view 子面板中选中 PA4 引脚，配置其引脚工作模式为 DAC_OUT1。

在 Pinout & Configuration 面板中展开 Analog 列表，选中 DAC，在弹出的 DAC Mode and Configuration 面板中设置 DAC 通道 1 的参数，如图 14.4 所示。

DAC 的配置参数如下。

（1）Output Buffer 用于选择是否设置输出缓冲区，可选 Enable 或 Disable。

（2）Trigger 用于设置 DAC 的触发方式。触发方式有多种：NONE 表示无触发；TIM x Trigger Out event 表示由 TIMx_TRGO 触发转换，其中的 x 可取 2、4、5、6、7 或 8；Software trigger 表示由软件触发。

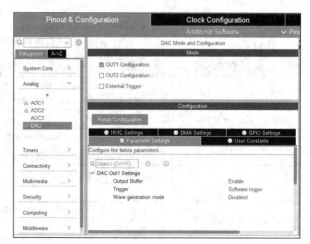

图 14.4　DAC 参数配置界面

（3）Wave generation mode 用于选择波形生成模式。Disable 表示生成单纯波形，Triangle wave generation 表示生成三角波，Noise wave generation 表示生成伪噪声波。

针对案例 14.1，这里选择软件触发方式，并关闭内置的波形发生器，各项配置参数如图 14.4 所示。

3. 配置工程参数和生成工程文件

在 STM32CubeMX 主界面的 Project Manager 面板中配置好相关的工程参数，单击 GENERATE CODE，导出 Keil MDK 工程文件和程序代码。

14.3.2 DAC 相关数据结构和 API 函数

1. DAC 相关数据结构

stm32f407xx.h 文件中定义了与 DAC 控制寄存器对应的结构体 DAC_TypeDef，有关 DAC 的其他定义和声明都存放在 stm32f4xx_hal_dac.h 文件中。其中，结构体 DAC_ChannelConfTypeDef 用于配置 DAC 的触发方式和缓冲区，结构体 DAC_HandleTypeDef 用于配置 DAC 的初始化参数。

```
typedef struct
{
    DAC_TypeDef                 *Instance;       /*指向 DAC 控制寄存器的指针*/
    __IO HAL_DAC_StateTypeDef   State;           /*DAC 工作状态 */
    HAL_LockTypeDef             Lock;            /*锁存 DAC，仅在 HAL 库内部使用*/
    DMA_HandleTypeDef           *DMA_Handle1;    /*通道 1 DMA 相关结构体的指针*/
    DMA_HandleTypeDef           *DMA_Handle2;    /*通道 2 DMA 相关结构体的指针*/
    __IO uint32_t               ErrorCode;       /*DAC 错误代码 */
}DAC_HandleTypeDef;

typedef struct
{
    uint32_t DAC_Trigger;                        /*配置 DAC 通道的触发参数*/
    uint32_t DAC_OutputBuffer;                   /*配置 DAC 通道的缓冲区是否使能*/
}DAC_ChannelConfTypeDef;
```

2. DAC 相关函数

HAL 库中常用的 DAC 相关函数及其功能说明详见表 14.4。

表 14.4　　　　　　　　HAL 库中常用的 DAC 相关函数及其功能说明

函数名称	功能说明
__HAL_DAC_ENABLE	宏定义，使能 DAC 通道，参数为(__HANDLE__ ,__DAC_Channel__)。其中，__HANDLE__为指向 DAC_HandleTypeDef 的指针，Channel 为通道编号，可选 DAC_CHANNEL_1 或 DAC_CHANNEL_2
__HAL_DAC_DISABLE	宏定义，禁止 DAC 通道，参数同 __HAL_DAC_ENABLE
HAL_DAC_Init	HAL_StatusTypeDef HAL_DAC_Init(DAC_HandleTypeDef * hdac)
	初始化 DAC，参数为指向 DAC_HandleTypeDef 的指针
HAL_DAC_DeInit	HAL_StatusTypeDef HAL_DAC_DeInit(DAC_HandleTypeDef * hdac)
	注销 DAC
HAL_DAC_MspInit	void HAL_DAC_MspInit(DAC_HandleTypeDef * hdac)
	在 HAL_DAC_Init 函数中调用，用于初始化 DAC 的底层时钟、引脚等功能
HAL_DAC_MspDeInit	void HAL_DAC_MspDeInit(DAC_HandleTypeDef * hdac)
	注销 DAC 底层初始化
HAL_DAC_Start	HAL_StatusTypeDef HAL_DAC_Start(DAC_HandleTypeDef * hdac, uint32_t Channel)
	启动 DAC 开始数据转换，Channel 为通道编号
HAL_DAC_Stop	HAL_StatusTypeDef HAL_DAC_Stop(DAC_HandleTypeDef * hdac, uint32_t Channel)
	停止 DAC 数据转换
HAL_DAC_Start_DMA	HAL_StatusTypeDef HAL_DAC_Start_DMA(DAC_HandleTypeDef * hdac, uint32_t Channel, uint32_t * pData, uint32_t Length, uint32_t Alignment)
	以 DMA 方式启动 DAC 转换，Channel 为通道编号，pData 为指向待转换数据区的指针，Length 为数据长度，Alignment 为数据对齐方式，可选 DAC_ALIGN_8B_R、DAC_ALIGN_12B_L 或 DAC_ALIGN_12B_R

函数名称	函数功能
HAL_DAC_Stop_DMA	HAL_StatusTypeDef HAL_DAC_Stop_DMA(DAC_HandleTypeDef * hdac, uint32_t Channel)
	停止 DAM 方式的 DAC 转换
HAL_DAC_ConfigChannel	HAL_StatusTypeDef HAL_DAC_ConfigChannel(DAC_HandleTypeDef * hdac, DAC_ChannelConfTypeDef * sConfig, uint32_t Channel)
	配置 DAC 通道参数，sConfig 为指向 DAC_ChannelConfTypeDef 的指针，Channel 为通道编号
HAL_DAC_GetValue	uint32_t HAL_DAC_GetValue(DAC_HandleTypeDef * hdac, uint32_t Channel)
	获取 DAC1 或 DAC2 最近转换的数据，Channel 为通道编号
HAL_DAC_SetValue	HAL_StatusTypeDef HAL_DAC_SetValue (DAC_HandleTypeDef * hdac, uint32_t Channel, uint32_t Alignment, uint32_t Data)
	将待转换数据写入 DAC，Channel 为通道编号，Alignment 为数据对齐方式，Data 为将要写入的数据
HAL_DAC_GetState	HAL_DAC_StateTypeDef HAL_DAC_GetState(DAC_HandleTypeDef * hdac)
	获取 DAC 当前的状态
HAL_DAC_IRQHandler	void HAL_DAC_IRQHandler(DAC_HandleTypeDef * hdac)
	DAC 中断的入口函数

14.3.3　软件触发方式代码解析

STM32CubeMX 生成的 main.c 文件中定义了 DAC_HandleTypeDef 类型的变量 hdac，用于填写 DAC 初始化参数。有关 DAC 的配置工作是由 MX_DAC_Init 函数完成的，该函数将首先调用 HAL_DAC_Init 函数来设置 DAC 通道的状态，然后调用 HAL_DAC_ConfigChannel 函数，将 DAC 配置参数填入 DAC 控制寄存器。

```
DAC_HandleTypeDef hdac;        /*定义全局变量 hdac，用于填写 DAC 初始化参数*/
static void MX_DAC_Init(void)
{
  DAC_ChannelConfTypeDef sConfig = {0};
  hdac.Instance = DAC;
  if (HAL_DAC_Init(&hdac) != HAL_OK)
  {
    Error_Handler();
  }
  /** DAC channel OUT1 config **/
  sConfig.DAC_Trigger = DAC_TRIGGER_SOFTWARE;
  sConfig.DAC_OutputBuffer = DAC_OUTPUTBUFFER_ENABLE;
  if (HAL_DAC_ConfigChannel(&hdac, &sConfig, DAC_CHANNEL_1) != HAL_OK)
  {
    Error_Handler();
  }
}
```

STM32CubeMX 生成的 main 函数如下。

```
int main(void)
{
  HAL_Init();
  SystemClock_Config();
  MX_GPIO_Init();
  MX_DAC_Init();
```

```
    while (1)
    {
    }
}
```

为了让 DAC 产生正弦波，下面修改 main 函数中的 while 循环体。

```
uint16_t data;              /*临时变量，用于存放待转换的正弦波数据*/
while(1)
{
    for(int i=0;i<2*314;i++)
    {
        data=127*sin(i/100.0)+128;
        HAL_DAC_SetValue(&hdac,DAC_CHANNEL_1,DAC_ALIGN_8B_R,data);
        HAL_DAC_Start(&hdac,DAC_CHANNEL_1);
        HAL_Delay(1);
    }
}
```

16 位的无符号数 data 用于存放待转换数据。for 循环中的循环变量在 0 和 2π 之间循环，考虑到循环变量 i 须为整数，故这里将其数值放大了 100 倍（即使循环变量 i 在 0 和 2*314 之间循环，但当其参与 sin() 运算时，还得再缩小 100 倍）。对于 DAC 的数据写入格式，这里选择 8 位对齐格式。当 DAC 的分辨率为 8 位时，写入的数值在 0 和 255 之间，程序会将 data 的基准值放在中间（取 128）。

HAL_DAC_SetValue 函数用于将计算得到的正弦波数值写入 DAC1 的数据保持寄存器。HAL_DAC_Start 函数用于执行软件触发并启动一次 DAC1 转换，在将数据保持寄存器中的内容写入数据输出寄存器之后，软件触发位将自动清零。HAL_Delay(1)用来调节波形的周期。由于 STM32F407xx 内置的 FPU 计算单元并未参与浮点计算，因此需要使用 C 语言库提供的 sin 函数，请在 main 函数的开头包含 math.h 头文件。

将上述代码编译下载到开发板上，用示波器观察 PA4 引脚上的输出信号，得到的波形如图 14.5 所示，此处 V_{REF+} 的电压是 3.3 V。读者可以考虑一下，如果将 DAC 的数据写入格式设置为 12 位右对齐格式，那么应该如何修改程序？

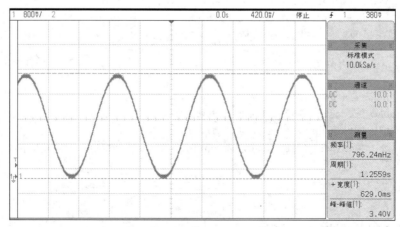

图 14.5　在软件触发方式下得到的正弦波

14.4　定时器触发方式

STM32F407xx 的 DAC 输出也可通过定时器触发，下面通过案例讲解如何使用定时器触发 DAC

转换。

案例 14.2：使用定时器触发 DAC1 输出三角波，三角波的波形参数来自 DAC 内置的三角波发生器。

14.4.1 工程配置

1. 新建项目和配置时钟树

在 STM32CubeMX 中创建一个新项目，先弦选择微控制器芯片为 STM32F407xx，再选择 HSE 和 LSE 作为时钟源，并配置好时钟树参数。

2. 配置 DAC 和 TIM 参数

在 STM32CubeMX 中将 PA4 引脚的工作模式设置为 DAC_OUT1，同时设置 DAC 通道 1 的参数，如图 14.6 所示。使能输出缓冲区，触发信号选择 Timer 6 Trigger Out event，内置的波形发生器选择 Triangle wave generation。此时 DAC1 的数据格式默认使用 12 位右对齐格式，取值范围为 0~4095，因此将 Maximum Triangle Amplitude 设置为 4095。

DAC1 转换由 TIM6 的更新事件触发，每产生一次 TIM6 触发事件，三角波发生器就会执行一次波形计数器更新，并将最新的值送入数据输出寄存器。三角波的周期是由 TIM6 触发事件的更新周期决定的。

在 STM32CubeMX 主界面的 Pinout & Configuration 面板中展开 Timers 列表，选中 TIM6，在弹出的 TIM6 Mode and Configuration 面板中设置 TIM6 参数，如图 14.7 所示。

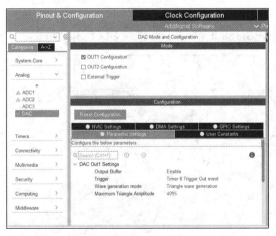
图 14.6 DAC 参数配置界面

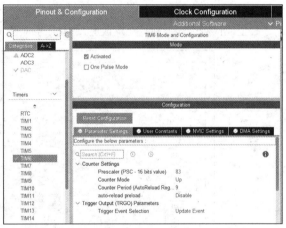
图 14.7 TIM6 配置界面

此处，将 TIM6 的定时周期设置为 100 kHz，并为 Trigger Event Selection 选择 Update Event，这表示 TIM6 每次更新事件时都会触发 DAC1 的三角波发生器做一次数据更新，更新后的数据将被写入 DAC1 的数据输出寄存器中。

3. 配置工程参数和生成工程文件

在 STM32CubeMX 主界面的 Project Manager 面板中配置好相关的工程参数，单击 GENERATE CODE，导出 Keil MDK 工程文件和程序代码。

14.4.2 定时器触发方式代码解析

在 STM32CubeMX 生成的 main.c 中，DAC1 的初始化过程与案例 14.1 基本相同，区别仅在于

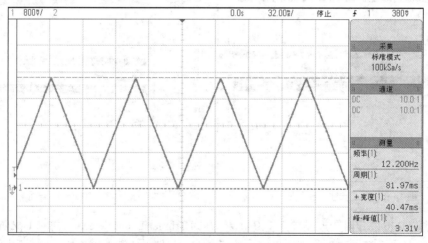

MX_DAC_Init 函数中的 DAC1 配置参数，读者可以自行对比哪些参数发生了改变。此外，main 函数还需要通过调用 MX_TIM6_Init 函数来对 TIM6 进行初始化，代码如下。

```
DAC_HandleTypeDef hdac;            /*定义全局变量 hdac，用来填写 DAC 参数*/
TIM_HandleTypeDef htim6;           /*定义全局变量 htim6，用来填写 TIM6 参数*/
int main(void)
{
  HAL_Init();
  SystemClock_Config();
  MX_GPIO_Init();
  MX_DAC_Init();
  MX_TIM6_Init();
  HAL_TIM_Base_Start_IT(&htim6);              /*手动添加，以中断方式启动 TIM6*/
  __HAL_DAC_ENABLE(&hdac,DAC_CHANNEL_1);      /*手动添加，使能 DAC 通道 1*/
  while (1)
  {
  }
}
```

HAL_TIM_Base_Start_IT 函数是手动添加的，作用是以中断方式启动 TIM6 开始计时。__HAL_DAC_ENABLE 宏也是手动添加的，作用是使能 DAC 通道 1。

TIM6 的更新频率为 100 kHz，三角波的幅度为 4095，由此可以计算出输出波形的频率。

$$100\ 000/(2\times4096)=12.20\ \text{Hz}$$

三角波计数器从 0 增加到 4095，然后从 4095 递减到 0，所以每个周期的波形里面包含 2×4096 个输出值。

将上述代码编译下载到开发板上，用示波器观察 PA4 引脚上的输出信号，得到的波形如图 14.8 所示。

图 14.8　TIM6 触发 DAC 输出三角波

14.5　DMA 方式的 DAC 编程

如果待转换数据已经存放在 SRAM 中，则可以使用 DMA 方式将这些数据通过 DAC 转换为模拟信号并输出，DMA 数据传输可由定时器触发并启动 DAC 转换。

案例 14.3：将一段正弦波的数据预先存放在数组中，通过 DMA 方式将这些数据发送到 DAC1 进行转换，并用示波器观察 DAC1 输出的波形。

14.5.1　工程配置

1. 新建项目和配置时钟树

在 STM32CubeMX 中创建一个新项目，先选择微控制器芯片为 STM32F407xx，再选择 HSE 和 LSE 作为时钟源，并配置好时钟树参数。

2. 配置 DAC 和 TIM 参数

在 STM32CubeMX 中将 PA4 引脚的工作模式设置为 DAC_OUT1，同时设置 DAC 通道 1 的参数，如图 14.9 所示。使能输出缓冲区，触发信号依然选择 Timer 6 Trigger Out event，关闭内置的波形发生器。

切换到 DMA Settings 选项卡，配置 DMA 相关参数，如图 14.10 所示。单击 Add 按钮，添加 DAC1 并设置优先级。为 Mode 选择循环模式，这样就可以不断地重复执行 DMA 传输，以便观察到持续的波形输出。采用 DAC 单通道模式时的有效数据是 16 位，因此 Data Width 均选择为半字（Half Word），程序中数组的类型也需要是 16 位。考虑到 DAC 的转换速度，为 Burst Size 选择 Single。

图 14.9　DAC 参数配置界面

图 14.10　DAC 的 DMA 配置界面

TIM6 的参数配置同案例 14.2，此处不再赘述。

3. 配置工程参数和生成工程文件

在 STM32CubeMX 主界面的 Project Manager 面板中配置好相关的工程参数，单击 GENERATE CODE，导出 Keil MDK 工程文件和程序代码。

14.5.2　DMA 方式的 DAC 转换代码解析

与定时器触发方式相比，在 DMA 触发方式下，STM32CubeMX 生成的代码在 main.c 中增加了 MX_DMA_Init 函数来对 DMA 进行初始化，代码如下。

```
const uint16_t sine_wave_array[] = { 2048, 2145, 2242, 2339, 2435, 2530, 2624, 2717, 2808, 2897,
                    2984, 3069, 3151, 3230, 3307, 3381, 3451, 3518, 3581, 3640,
                    3696, 3748, 3795, 3838, 3877, 3911, 3941, 3966, 3986, 4002,
                    4013, 4019, 4020, 4016, 4008, 3995, 3977, 3954, 3926, 3894,
                    3858, 3817, 3772, 3722, 3669, 3611, 3550, 3485, 3416, 3344,
                    3269, 3191, 3110, 3027, 2941, 2853, 2763, 2671, 2578, 2483,
                    2387, 2291, 2194, 2096, 1999, 1901, 1804, 1708, 1612, 1517,
                    1424, 1332, 1242, 1154, 1068, 985, 904, 826, 751, 679,
```

```
                              610, 545, 484, 426, 373, 323, 278, 237, 201, 169,
                              141, 118, 100, 87, 79, 75, 76, 82, 93, 109,
                              129, 154, 184, 218, 257, 300, 347, 399, 455, 514,
                              577, 644, 714, 788, 865, 944, 1026, 1111, 1198, 1287,
                              1378, 1471, 1565, 1660, 1756, 1853, 1950, 2047 };
DAC_HandleTypeDef hdac;              /*定义全局变量 hdac，用来填写 DAC 参数*/
TIM_HandleTypeDef htim6;             /*定义全局变量 htim6，用来填写 TIM6 参数*/
DMA_HandleTypeDef hdma_dac1;         /*定义全局变量 hdma_dac1，用来填写 DMA 参数*/
int main(void)
{
   HAL_Init();
   SystemClock_Config();
   MX_GPIO_Init();
   MX_DMA_Init();
   MX_DAC_Init();
   MX_TIM6_Init();
   HAL_TIM_Base_Start(&htim6);       /*手动添加，以中断方式启动 TIM6*/
   if(HAL_DAC_Start_DMA(&hdac, DAC_CHANNEL_1, (uint32_t*)sine_wave_array, 128, DAC_ALIGN_
12B_R) != HAL_OK)
   {
       Error_Handler();
   };
   while (1)
   {
   }
}
```

只读数组 sine_wave_array 为 16 位的无符号整数，其中存储了 128 个使用 12 位右对齐格式的数值，对应于一段完整的正弦波。该数组存储的数据越多，波形数据的精度越高。HAL_DAC_Start_DMA 函数以 DMA 方式启动 DAC，每发生一次 TIM6 更新事件，就会触发存储器到外设的 DMA 数据传输：依次从 sine_wave_array 数组中取出一个 16 位的数值并送入 DAC 的数据保持寄存器，然后执行 DAC 转换。TIM6 的更新事件频率为 100 kHz，sine_wave_array 数组的长度为 128，由此可以计算出输出波形的频率。

```
100000/128=781.25 Hz
```

将上述代码编译下载到开发板上，用示波器观察 PA4 引脚上的输出信号，得到的波形如图 14.11 所示。

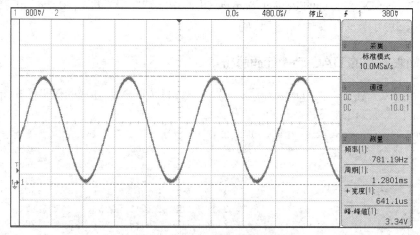

图 14.11　DMA 方式下的输出波形

14.6　思考与练习

1. DAC 的作用是什么？使用 DAC 时需要关注 DAC 的哪些性能指标？

2. STM32F407xx 在内部集成了＿＿＿＿个＿＿＿＿位＿＿＿＿输出型的 DAC。这些 DAC 内置了＿＿＿＿来生成可变振幅的伪噪声，同时内置了＿＿＿＿来实现在直流电或慢变信号上叠加一个小幅的三角波。

3. 简述 STM32F407xx 的 DAC 转换过程。

4. 利用 STM32F407xx 的 DAC 输出直流电压信号时，假设 V_{REF+} 为 3.3 V，DAC 的分辨率为 12 位，数据保持寄存器采用的是 12 位右对齐格式。为了输出 1 V 的电压，写入 DAC 数据保持寄存器的十进制数值应为多少？

5. 编程利用 STM32F407xx 的 DAC1 产生频率为 1 kHz、幅值为 0～2 V 的正弦波。

6. 编程利用 STM32F407xx 的 TIM6 更新事件触发 DMA 数据传输，控制 DAC1 循环输出周期为 1 s、幅值为 0～3 V 的三角波。

15 第 15 章　模数转换器

模数转换器（ADC）的功能是将模拟输入信号转换为数字输出信号，工程应用中的模拟信号（如电压、温度、压力、流量、速度、光强等）需要转变成数字信号才能在处理器中进行计算和分析。STM32F4 微控制器提供了功能强大的 ADC 模块，并且支持多种转换模式。

本章首先介绍 ADC 的相关概念，然后讲解 STM32F4 微控制器中 ADC 的工作原理和参数配置方法，最后通过案例分别阐述 ADC 软件触发方式、定时器触发方式、规则组方式和多重 ADC 方式的编程。通过本章的学习，读者能够理解 STM32F4 微控制器中 ADC 的工作原理和各个配置参数的含义，掌握 ADC 相关数据结构和 API 函数的使用方法，学会灵活运用 ADC 的各种工作模式对模拟输入信号进行采样。

本章学习目标：

（1）掌握 ADC 的相关概念；

（2）了解 STM32F407xx 中 ADC 的工作原理和参数配置方法；

（3）掌握 ADC 软件触发方式和定时器触发方式的编程；

（4）了解规则组方式和多重 ADC 方式的编程。

15.1　ADC 介绍

ADC 是一种将连续的模拟信号（通常为电压信号）转换为离散的数字信号的转换器，其转换方向与 DAC 正好相反。

通常情况下，将模拟信号转换为数字信号需要经历取样、保持、量化和编码 4 个步骤，前两个步骤在取样保持电路中完成，后两个步骤在 ADC 中完成。

（1）取样：取样指的是将随时间连续变化的模拟量转换为时间离散的模拟量的过程。根据奈奎斯特采样定理，取样信号的频率应该是模拟输入信号最高频率分量的两倍以上，工程上一般取 3~5 倍。

（2）保持：保持指的是取样电路维持输入模拟量不变的一段时间。每次取得的模拟输入信号必须通过保持电路保持一段时间，从而为后续的量化编码过程提供稳定的输入。

（3）量化：将取样保持电路的输出电压以某种近似方式转变为相应的离散电平，这一转变过程被称为数值量化，简称量化。量化过程中的最小计量单位称为量化单位，用 Δ 表示，Δ 是数字信号最低位为 1 时对应的模拟量。在量化过程中，由于取样电压不一定能被 Δ 整除，因此量化前后不可避免地存在误差，也就是量化误差。

（4）编码：量化的数值经过编码后，将以二进制代码形式表示出来，这些二进制代码就是 ADC 转换器输出的数字量。

根据 ADC 输出的数字量的含义，ADC 可分成两大类。一类是直接型 ADC，此类 ADC 将输入的电压信号直接转换成数字量，不经过任何中间变量。另一类是间接型 ADC，此类 ADC 将输入的电压转变成某种中间变量（时间、频率、脉冲宽度等），然后再将中间变量转变成数字量。

取样数据的量化方法也有多种，根据量化方法的不同，可将 ADC 分为三种主要类型——逐次逼近式 ADC、双积分式 ADC、压频变换式 ADC，另外还有 Σ-Δ 调制型 ADC、电容阵列逐次比较型 ADC 等。

逐次逼近式 ADC 的基本原理是：将模拟输入信号的电压与推测电压做比较，根据比较结果决定增大还是减小推测电压，以便用推测电压向模拟输入信号的电压值逼近。推测电压可由 DAC 的输出获得，当二者相等时，控制 DAC 输出的数字量就对应模拟输入信号的电压值。这种 ADC 转换速度很快，但通常精度不高。

双积分式 ADC 的基本原理是：首先对模拟输入信号的电压进行固定时间的积分，然后转为对标准电压的反相进行积分，直至积分输出返回初始值。这两个积分时间的长短正比于二者的大小，由此可以得出对应模拟输入信号电压的数字量。这种 ADC 转换速度较慢，但精度较高。

压频变换式 ADC 的基本原理是：首先将模拟输入信号的电压转换成频率与其成正比的脉冲信号，然后在固定的时间间隔内对此脉冲信号进行计数，计数结果正比于模拟输入信号电压的数字量。这种 ADC 具有良好的精度和线性，而且电路简单、价格低廉，但转换速度受限。

ADC 的主要性能指标包括以下几个。

（1）取样时间（acquisition time）：表示取样电路获取模拟输入信号并保持稳定所需的时间。STM32F4 微控制器在内部采用了取样电容，当开始转换时，用输入信号对取样电容充电，取样电容充电的时间称为取样时间。取样时间越长，取样电容电压与模拟输入信号电压越接近，但 ADC 转换速度越慢。

（2）转换时间（conversion time）：表示完成一次模拟输入信号转换所需的时间。ADC 在对模拟输入信号进行取样后，再进行量化和编码。对于 STM32F407xx 来说，转换时间为取样时间与 N 个时钟周期之和，N 为 ADC 选择的转换位数。

（3）采样率（sample rate）：表示 ADC 每秒可以对模拟输入信号进行多少次采样。采样率的高低主要取决于 ADC 的转换时间。例如，假设 ADC 的采样率是 50 Hz，那么 ADC 每 20 ms 采样一次，转换时间必须小于 20 ms 才能得到有效的采样数据，这也就是业内常说的转换速率必须大于或等于采样率。采样率通常用千次采样每秒（kilo samples per second，KSPS）和百万次采样每秒（million samples per second，MSPS）来表示。

（4）分辨率（resolution）：表示模拟输入信号转换为数字量之后的位数。常见的有 8 位、12 位、16 位、24 位等。分辨率是用于表征 ADC 最小刻度的指标，通过提高分辨率，可以更精确地恢复模拟输入信号，降低量化噪声。

（5）转换精度（accuracy）：表示在 ADC 分辨率的基础上叠加的各种误差。转换精度是用于衡量 ADC 采样精准的指标。分辨率高的 ADC 还需要尽量降低系统误差，从而提高转换精度。

15.2　STM32F407xx 的 ADC

STM32F407xx 的 ADC

STM32F407xx 集成了 3 个 12 位的逐次逼近型 ADC，共有多达 19 个复用通道，可测量 16 个外部信号源和 2 个内部信号源以及 V_{BAT} 通道中的信号。对这些通道的 ADC 转换可在单次、连续、扫描或不连续采样模式下进行。ADC 转换结果存储在左对齐或右对齐的

16 位数据寄存器中。在 STM32F407xx 中，ADC 的结构框图如图 15.1 所示。

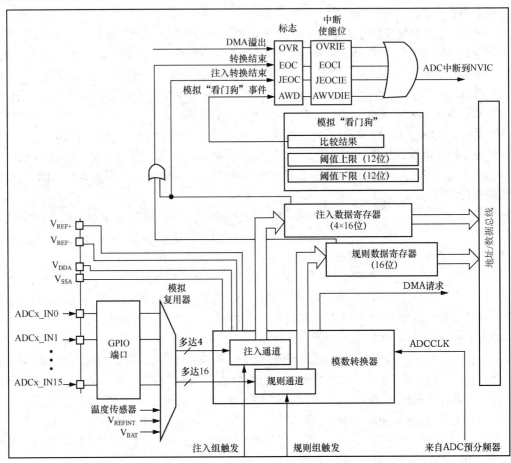

图 15.1　ADC 的结构框图

STM32F407xx 中的 ADC 控制寄存器及其功能说明如表 15.1 所示。

表 15.1　　　　　　　　　　STM32F407xx 中的 ADC 控制寄存器及其功能说明

寄存器名称	功能说明
ADC_SMPRx（x=1 或 2）（ADC sample time register x） ADC 取样时间寄存器	用于配置各个通道的取样时间
ADC_JOFRx（x=1～4）（ADC injected channel data offset register x） ADC 注入通道数据偏移寄存器	注入通道的数据偏移量，转换注入通道时，将从原始转换数据中减去该偏移量
ADC_SQRx（x=1～3）（ADC regular sequence register） ADC 规则序列寄存器	定义规则组的转换顺序
ADC_JSQR（ADC injected sequence register） ADC 注入序列寄存器	定义注入组的转换顺序
ADC_JDRx (x= 1～4)（ADC injected data register x） ADC 注入数据寄存器	保存注入通道 1～4 的数据
ADC_DR（ADC regular data register） ADC 规则数据寄存器	保存规则通道的数据，所有规则通道都将共享该寄存器
ADC_CDR（ADC common regular data register for dual and triple modes） 双重和三重模式下的 ADC 通用规则数据寄存器	保存多重 ADC 模式下的规则组数据，低 16 位和高 16 位在双重和三重 ADC 模式下会有不同的组合

1. ADC 时钟源

STM32F407xx 有两个 ADC 时钟源，分别是用于数字接口的时钟和用于模拟电路的时钟。数字接口的时钟用于寄存器的读/写访问，等效于 PCLK2 时钟。模拟电路的时钟 ADCCLK 为所有 ADC 共用，ADCCLK 来自分频后的 PCLK2 时钟，预分频系数为 1/2、1/4、1/6 或 1/8。每个 ADC 通道的取样时间都是可编程的，取样时间寄存器（ADC_SMPRx）中的取样时间可在 3 至 480 个周期之间进行调节。以 12 位的 ADC 转换为例，ADCCLK 与取样时间的关系如图 15.2 所示，其中 Tconv 表示取样时间。

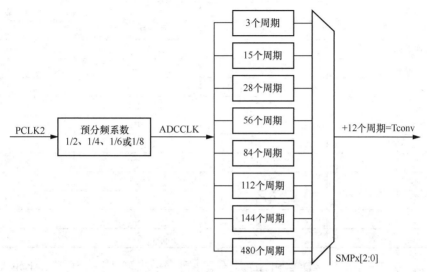

图 15.2　ADCCLK 与取样时间的关系

例如，当 PCLK2 为 60 MHz 时，若 ADC 时钟的分频系数设置为 2（ADCCLK 频率为 30 MHz），取样时间设置为 3 个周期，并且进行 12 位的 ADC 转换，那么 ADC 总的转换时长为 15 个 ADCCLK 周期，换算成时间为 0.5 μs。

```
Tconv = 3 + 12 = 15 个 ADCCLK 周期
```

STM32F407xx 的 PCLK2 最大可设置为 84 MHz，此时 ADCCLK 的预分频系数最大只能取 1/4，得到的 ADCCLK 时钟为 21MHz。如果将取样时间设置为 3 个周期，并进行 12 位的 ADC 转换，那么最短的转换时间为 0.7143 μs，对应的最大采样率为 1.4 MSPS。

2. ADC 通道对应的外部引脚

STM32F407xx 中的 ADC 相关引脚及其功能说明如表 15.2 所示。

表 15.2　　　　　　　　　　　STM32F407xx 中的 ADC 相关引脚及其功能说明

引脚	功能说明
V_{REF+}	正模拟参考电压输入，范围为 1.8 V ≤ V_{REF+} ≤ V_{DDA}
V_{REF-}	负模拟参考电压输入，V_{REF-} = V_{SSA}
V_{DDA}	模拟电源输入
V_{SSA}	模拟电源接地输入
ADCx_IN[0:15]	16 个模拟输入通道，输入电压的范围为 V_{REF-} ≤ V_{IN} ≤ V_{REF+}
V_{REFINT}	内部参考电压，1.18 V ≤ V_{REFINT} ≤ 1.24 V，典型值为 1.21 V
V_{BAT}	备份电源（电池）电压

STM32F407xx 集成了 3 个 ADC，每个 ADC 都有 16 个外部通道，这 16 个外部通道对应的部分

芯片引脚可在 ADC 之间共享，如表 15.3 所示。

表 15.3   ADC 各通道的引脚对应关系

通道号	ADC1	ADC2	ADC3
通道 0	PA0	PA0	PA0
通道 1	PA1	PA1	PA1
通道 2	PA2	PA2	PA2
通道 3	PA3	PA3	PA3
通道 4	PA4	PA4	PF6
通道 5	PA5	PA5	PF7
通道 6	PA6	PA6	PF8
通道 7	PA7	PA7	PF9
通道 8	PB0	PB0	PF10
通道 9	PB1	PB1	PF3
通道 10	PC0	PC0	PC0
通道 11	PC1	PC1	PC1
通道 12	PC2	PC2	PC2
通道 13	PC3	PC3	PC3
通道 14	PC4	PC4	PF4
通道 15	PC5	PC5	PF5

对于共享的引脚，ADC1、ADC2 和 ADC3 不能在同一时刻访问同一个引脚，比如 ADC1 的通道 0 和 ADC2 的通道 0 不能同时进行转换，当 ADC 工作在多重模式时，尤其要注意这一点。如果在应用中既要转换 ADC1 的通道 0，又要转换 ADC2 的通道 0，那么可以错时访问这些引脚，比如 PA0 引脚上的模拟输入信号在一个时刻可被 ADC1 使用，而在另一个时刻可被 ADC2 使用。

3. 内部模拟输入信号

与 ADC2 和 ADC3 相比，ADC1 多了三个通道：ADC1_IN16、ADC1_IN17 和 ADC1_IN18。其中，ADC1_IN16 连接到微控制器的内部温度传感器，ADC1_IN17 连接到内部参考电压 V_{REFINT}，ADC1_IN18 连接到 V_{BAT}。

4. 规则组和注入组

当 ADC 模块需要转换多个通道的模拟输入时，可通过将内部模拟的多路开关切换到不同的输入通道来实现对多个通道的数据采样。多个通道的切换顺序可以任意排序，形成转换序列，称为规则组，每个规则组最多可以包含 16 个通道，转换顺序由规则序列寄存器配置。规则组转换开始的启动信号可由软件触发，也可由触发源触发，规则组的触发源和触发类型如表 15.4 所示。

表 15.4   规则组的触发源和触发类型

触发源	触发类型
TIM1_CH1 事件	
TIM1_CH2 事件	
TIM1_CH3 事件	
TIM2_CH2 事件	片上定时器的内部信号
TIM2_CH3 事件	
TIM2_CH4 事件	

续表

触发源	触发类型
TIM2_TRGO 事件	片上定时器的内部信号
TIM3_CH1 事件	
TIM3_TRGO 事件	
TIM4_CH4 事件	
TIM5_CH1 事件	
TIM5_CH2 事件	
TIM5_CH3 事件	
TIM8_CH1 事件	
TIM8_TRGO 事件	
EXIT_11	外部引脚触发
SWSTART	软件触发

当规则组在正常转换过程中有外部触发事件产生时，如果外部触发事件打断了正常执行的规则组，并转而执行另一个临时加入的转换序列，那么称这个临时加入的转换序列为注入组。一个注入组最多可以包含 4 个转换序列，由注入序列寄存器配置。当注入组的转换完成后，ADC 继续执行被打断的规则组。注入组的转换可由软件触发，也可通过触发源触发，注入组的触发源和触发类型如表 15.5 所示。

表 15.5　　　　　　　　　　　　　　　注入组的触发源和触发类型

触发源	触发类型
TIM1_CH4 事件	片上定时器的内部信号
TIM1_TRGO 事件	
TIM2_CH1 事件	
TIM2_TRGO 事件	
TIM3_CH2 事件	
TIM3_CH4 事件	
TIM4_CH1 事件	
TIM4_CH2 事件	
TIM4_TRGO 事件	
TIM5_CH4 事件	
TIM5_TRGO 事件	
TIM8_CH2 事件	
TIM8_CH3 事件	
TIM8_CH4 事件	
EXIT_15	外部引脚触发
JSWSTART	软件触发

规则组的所有通道转换结果共享同一个规则数据寄存器，注入组的 4 个通道转换结果则被放入 4 个不同的注入数据寄存器中。

使用规则组还是注入组取决于应用的需求。例如，在机械手臂的控制系统中，必须依次读取每个关节的位置以确定手臂前端的坐标，此时需要对多个信号（电压、压力、温度等）进行采样，判断电路或机械系统所处的状态，我们应使用规则组。在电机控制系统中，为了避免晶体管开关影响

ADC 测量并导致错误转换，可使用定时器触发注入组，将 ADC 的采样延迟到晶体管开关切换完成以后。

5. 转换模式

在 STM32F407xx 中，ADC 的转换模式分单次转换模式和连续转换模式。

（1）单次转换模式：对 ADC 通道上的输入信号只进行一次转换。如果只对一个通道进行采样，那么 ADC 只对该通道执行一次转换，转换数据则被放入规则数据寄存器中。

（2）连续转换模式：重复转换 ADC 通道上的输入信号。在连续转换模式下，ADC 结束一次转换后就立即启动一次新的转换。每一次转换完成后，就将规则转换结束标志 EOC 置 1。如果允许中断，则产生转换结束中断。

6. 扫描模式

扫描模式是针对多个通道而言的。在单次转换模式下，会将规则组中的每个通道按顺序转换，直到最后一个通道结束后才停止转换。在连续转换模式下，则按照规则组配置的顺序依次转换，完成后再重新开始下一轮转换。

规则组中的每个通道转换结束后，就将转换结束标志 EOC 置 1。如果允许中断，则产生转换结束中断。如果配置了 DMA，则每次转换完成后都会产生一个 DMA 请求，可通过 DMA 把规则数据寄存器（ADC_DR）中的数据传输到 SRAM 中，这样就能避免当前通道的转换数据被后续通道的转换数据覆盖。需要注意的是，注入组一般不能进行连续转换，除非将注入组配置为在规则组之后自动转换。

7. 不连续采样模式

不连续采样模式又称间断转换模式。转换规则是：每次触发只转换规则组或注入组中的一部分通道，下一次触发时再转换另一部分通道，直到所有的通道组合转换完成后，才产生一次中断。

规则组最多可以设置 8 个转换序列。例如，如果设置规则组每次转换 3 个通道，被转换序列的长度 $L=8$，待转换的通道为 0、1、2、3、6、7、9、10，那么转换规则如下。

第 1 次触发转换的序列为 0、1、2；

第 2 次触发转换的序列为 3、6、7；

第 3 次触发转换的序列为 9、10，将规则转换结束标志置 1，产生转换结束中断；

第 4 次触发转换的序列为 0、1、2；

……

当以不连续模式转换规则组时，序列转换结束后不会自动从头开始，直到下一次触发才会启动新的通道转换。

注入组的不连续采样模式每次最多只能转换 1 个通道。例如，如果设置被转换序列的长度 $L=3$，对应的通道为 1、2、3，那么转换规则如下。

第 1 次触发通道 1 被转换；

第 2 次触发通道 2 被转换；

第 3 次触发通道 3 被转换，将 EOC 和注入转换结束标志 JEOC 置 1，产生转换结束中断；

第 4 次触发通道 1 被转换；

……

需要注意的是，不可同时将规则组和注入组设置为不连续采样模式，只能对其中之一使用不连续采样模式。

8. 数据对齐

STM32F407xx 的 ADC 支持 12 位、10 位、8 位和 6 位的分辨率。模拟电压 V_{IN} 由 ADCx_IN 引脚输入，经过逐次逼近比较后将会被转换为数字量 DATA，它们之间的关系如下（其中 n 为分辨率，可取 6、8、10 或 12）。

$$DATA=2^n \times \frac{V_{IN}}{V_{REF+} - V_{REF-}}$$

DATA 存放在规则数据寄存器或注入数据寄存器中。这两个数据寄存器的有效位均为 16 位，支持两种数据对齐方式：左对齐和右对齐。

以 12 位的 ADC 转换为例，规则组的数据对齐方式如图 15.3 所示。

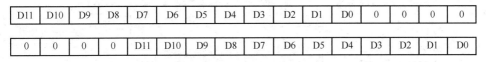

图 15.3 规则组的数据左对齐和右对齐

注入数据寄存器中保存的数据并不是 ADC 转换的原始数据，而是将原始转换数据减去 ADC 注入通道数据偏移寄存器中定义的偏移量的结果，可以是负值。因此，注入数据寄存器增加了扩展的符号位 SEXT。注入组的数据对齐方式如图 15.4 所示。

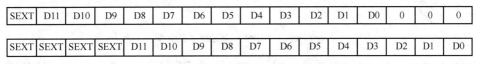

图 15.4 注入组的数据左对齐和右对齐

9. DMA 传输

ADC 的注入通道一般不需要使用 DMA，因为注入组的 4 个通道产生的数据会被放入 4 个不同的注入数据寄存器中。规则组则不同，规则组的所有通道共享同一个规则数据寄存器，所以规则组在转换过程中需要使用 DMA 将转换得到的数据从规则数据寄存器传输到程序指定的目标地址。

对于规则组来说，每一次转换结束时，规则转换结束标志位会被置 1，同时产生 DMA 请求。当 DMA 访问完 ADC 的规则数据寄存器后，该标志位会被自动清除。使用 DMA 时，目标地址会自动增加，以避免当前的转换结果将上次转换的结果覆盖。

15.3 多重 ADC 模式

STM32F407xx 集成的 ADC1、ADC2 和 ADC3 可以相互独立工作，称为独立模式。若 ADC1 和 ADC2 同时工作，则称为双重模式。若 3 个 ADC 同时工作，则称为三重模式（双重模式和三重模式也统称为多重 ADC 模式）。多重 ADC 模式主要用于多个信号需要在同一时刻采样的场合。例如，为了测量单相电源的瞬时功率 $P(t)=U(t) \times I(t)$，需要在同一时刻测量电压和电流，此时应同时使用 ADC1 的一个通道和 ADC2 的一个通道。如果想要测量三相电源的瞬时功率，就应该同时使用 ADC1 的 3 个通道和 ADC2 的 3 个通道。

在多重 ADC 模式下，ADC1 为主设备，ADC2 和 ADC3 为从设备。主设备 ADC1 的转换由外部事件触发启动，从设备的转换启动则由主设备 ADC1 控制，通常与 ADC1 同步。双重 ADC 转换模式的结构如图 15.5 所示。

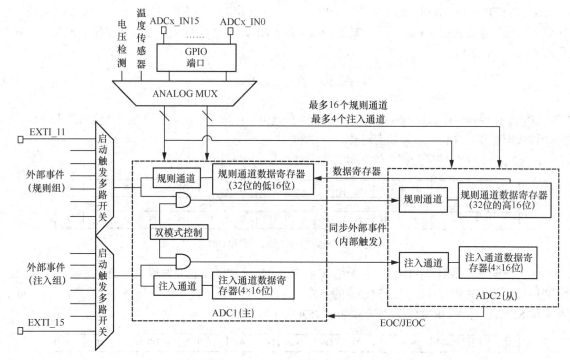

图 15.5　双重 ADC 转换模式的结构

对于多重 ADC 模式，STM32F407xx 提供了一个适用于双重和三重模式的 ADC 通用规则数据寄存器，这是一个 32 位寄存器，用于存放规则转换结果。该寄存器的低 16 位存放主设备 ADC1 的通道转换结果，高 16 位存放从设备 ADC 的通道转换结果。通过读取这个 ADC 通用规则数据寄存器，可以将主设备和从设备的转换结果一起取出来。注入通道的转换结果仍然存放在各自的通道注入数据寄存器中。

在多重 ADC 模式下，主设备 ADC1 每次转换结束后都可以产生 DMA 请求，从设备 ADC2 和 ADC3 也可以同步产生 DMA 请求。

STM32F407xx 提供了多种多重 ADC 转换模式，下面详细介绍它们。

1. 注入同时模式

注入同时模式用于主从 ADC 都执行注入通道转换的场合。转换由 ADC1 的外部触发启动，所有通道转换结束后，将产生注入转换结束标志 JEOC。只要任何一个 ADC 允许中断，就会产生转换结束中断。转换结果保存在各个 ADC 的注入数据寄存器中。

假设 ADC1 的 4 个注入通道为 CH15、CH13、CH1 和 CH2，ADC2 的 4 个注入通道为 CH0、CH1、CH2 和 CH3，那么注入同时模式下的转换过程如图 15.6 所示。

2. 规则同时模式

规则同时模式用于主从 ADC 都执行规则通道转换的场合。在规则同时模式下，主从 ADC 规则组的序列长度应该相同，否则当序列较长的 ADC 还未完成上一次转换时，序列较短的 ADC 就已经开始下一轮转换。转换由 ADC1 的外部触发启动，在所有通道都转换结束后，就产生规则转换结束标志 EOC。如果允许 DMA，那么每次转换结束后，ADC1 都会产生 DMA 请求。

例如，对 ADC1 和 ADC2 的 16 个规则通道在规则同时模式下进行转换，转换过程如图 15.7 所示。需要注意的是，受共享引脚的限制，不能在同一时刻转换两个 ADC 上的同一个通道。转换结果保存在通用规则数据寄存器中，其中低 16 位用于存放 ADC1 转换结果，高 16 位用于存放 ADC2 转换结果。

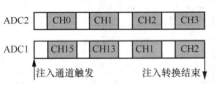

图 15.6　注入同时模式（其中的 □ 表示取样、■ 表示转换）

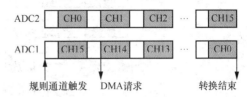

图 15.7　规则同时模式（其中的 □ 表示取样、■ 表示转换）

3. 交替模式

交替模式只能用于规则组（通常只有一个输入通道）。在交替模式下，一个通道上的模拟输入信号将被多个 ADC 交替转换。转换由 ADC1 的外部触发启动，ADC2 则在 ADC1 开始工作后延迟几个 ADC 时钟周期再启动。假设延迟 8 个 ADC 时钟周期，那么 ADC1 和 ADC2 在 CH0 通道上的转换过程如图 15.8 所示。

使用双重交替模式相当于将采样率提高了一倍。如果 ADCCLK 为 21 MHz，使用 3 个取样周期，那么采样率将会达到 2.8 MSPS。

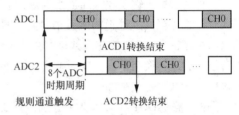

图 15.8　交替模式（其中的 □ 表示取样、■ 表示转换）

4. 交替触发模式

交替触发模式只用于转换注入通道组。转换由 ADC1 的外部触发启动，当第一个触发信号产生时，ADC1 上的第一个注入通道被转换；当第二个触发信号产生时，ADC2 上的第一个注入通道被转换；当第三个触发信号产生时，ADC1 上的第二个注入通道被转换，以此类推。当所有注入通道全部转换完之后，如果又有新的触发信号到来，交替触发将重新开始。例如，在交替触发模式下使用 ADC1 和 ADC2 分别转换 4 个注入通道，转换过程如图 15.9 所示。

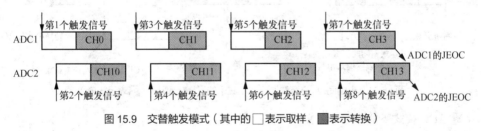

图 15.9　交替触发模式（其中的 □ 表示取样、■ 表示转换）

所有通道转换结束后，将会产生注入转换结束标志 JEOC，转换结果保存在各个 ADC 的注入数据寄存器中。

5. 混合型规则/注入同时模式（注入同时模式 + 规则同时模式）

这种模式用于转换注入通道组和规则通道组。转换由 ADC1 的规则通道触发启动，然后进入规则同时模式。当注入通道的触发信号到来时，规则同时模式被中断，进入注入同时模式。注入转换结果保存在各个 ADC 的注入数据寄存器中，规则转换结果保存在 32 位的通用规则数据寄存器中。所有注入通道转换结束后，将会产生注入转换结束标志 JEOC；所有规则通道转换结束后，将会产生转换结束标志 EOC。

例如，在 ADC1 和 ADC2 上各设置 4 个规则通道和两个注入通道，当 ADC1 和 ADC2 正在同步转换两个规则通道的数据时，产生于注入通道的触发信号将打断规则通道的转换，转换的执行过程如图 15.10 所示。

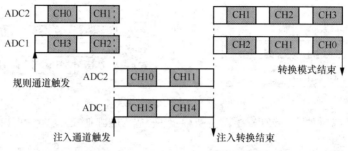

图 15.10　混合型规则/注入同时模式（其中的□表示取样、■表示转换）

6. 规则同时 + 交替触发组合模式

这种模式用于转换注入通道组和规则通道组。转换由 ADC1 的规则通道触发启动，然后进入规则同时模式。当注入通道的触发信号到来时，规则同时模式被中断，进入交替触发模式。注入转换结果保存在各个 ADC 的注入数据寄存器中，规则转换结果保存在 32 位的通用规则数据寄存器中。所有注入通道转换结束后，将产生注入转换结束标志 JEOC；所有规则通道转换结束后，将产生转换结束标志 EOC。

例如，在 ADC1 和 ADC2 上分别设置 3 个规则通道和两个注入通道，当 ADC1 和 ADC2 正在同步转换两个规则通道的数据时，产生于注入通道的触发信号将打断规则通道的转换，转换的执行过程如图 15.11 所示。

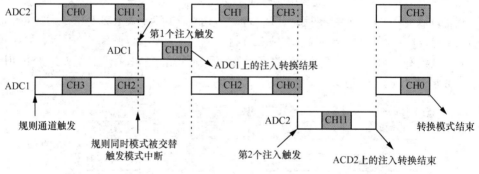

图 15.11　规则同时+交替触发模式（其中的□表示取样、■表示转换）

7. 多重 ADC 模式下的 DAM 请求

在多重 ADC 模式下，有三种不同的 DMA 模式可用来传输转换后的数据。

（1）DMA 模式 1：每发出一个 DMA 请求，就会传输一个 ADC 转换后的半字（16 位）。在双重 ADC 模式下，发出第一个 DMA 请求时传输 ADC1 的数据，发出第二个 DMA 请求时传输 ADC2 的数据。

（2）DMA 模式 2：每发出一个 DMA 请求，就会以字（32 位）的形式传输两个 ADC 转换后的数据。在双重 ADC 模式下，发出第一个 DMA 请求时会传输 ADC2 和 ADC1 的数据（ADC2 数据占用高位半字，ADC1 数据占用低位半字）。

（3）DMA 模式 3：用于分辨率为 6 位或 8 位时的交替模式，每发出一个 DMA 请求，就会以半字的形式传输 ADC2 和 ADC1 的数据（ADC2 数据占用高位字节，ADC1 数据占用低位字节）。

15.4　软件触发数据采样

STM32F407xx 的 ADC 转换可由软件触发，下面通过案例讲解如何实现软件触发 ADC 转换。

案例 15.1： 将 STM32F407xx 的 V_{REF+} 引脚接入 3.3 V 电压，将 PA4 引脚连接到光线传感器的输出，电路如图 15.12 所示。使用软件触发 ADC 采样 PA4 引脚上的模拟输入信号，并将采样结果通过 USART2 发送到 PC。

查阅表 15.3 可知，PA4 引脚由 ADC1 和 ADC2 的通道 4 共享，此处选用 ADC1_IN4。

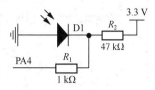

图 15.12　光线传感器电路

15.4.1　工程配置

1. 新建项目和配置时钟树

在 STM32CubeMX 中创建一个新项目，先选择微控制器芯片为 STM32F407xx，再选择 HSE 和 LSE 作为时钟源，并配置好时钟树参数。

2. 配置 ADC 参数

选择 STM32CubeMX 主界面中的 Pinout & Configuration 面板，展开界面左侧的 System Core 列表，选中 GPIO。然后在界面右侧的 Pinout view 子面板中选中 PA4 引脚，配置引脚工作模式为 ADC1_IN4。

在 Pinout & Configuration 面板中展开 Analog 列表，选中 ADC1，在弹出的 ADC1 Mode and Configuration 面板中设置参数，如图 15.13 所示。在 Mode 子面板中勾选 IN4，表示选用 ADC1_IN4 通道；在 Configuration 子面板中可以配置 ADC1 的各项参数。

图 15.13　ADC 参数配置界面

需要设置的 ADC 参数包括基本采样参数、规则组采样参数和注入组采样参数，下面逐一予以说明。

（1）ADC 的基本采样参数。

① ADCs_Common_Settings 区域的 Mode 用于设置 ADC 的工作模式，可选独立模式、双重模式和三重模式等，取值详见表 15.6。注意只有当使用多个 ADC 时，才会出现双重模式和三重模式的选项。

表 15.6　　　　　　　　　　　　　　　　工作模式

模式	选项	描述
独立模式	Independent mode	ADC1、ADC2 和 ADC3 工作在独立模式
双重模式	Dual regular simultaneous + injected simultaneous mode	ADC1 和 ADC2 工作在规则同时模式+注入同时模式
	regular simultaneous + alternate trigger mode	ADC1 和 ADC2 工作在规则同时模式+交替触发模式
	Dual injected simultaneous mode only	ADC1 和 ADC2 工作在注入同时模式
	Dual regular simultaneous mode only	ADC1 和 ADC2 工作在规则同时模式
	Dual interleaved mode only	ADC1 和 ADC2 工作在交替模式
	Dual alternate trigger mode only	ADC1 和 ADC2 工作在交替触发模式
三重模式	Triple combined regular simultaneous + injected simultaneous mode	ADC1、ADC2 和 ADC3 工作在规则同时模式+注入同时模式
	Triple combined regular simultaneous + alternate trigger mode	ADC1、ADC2 和 ADC3 工作在规则同时模式+交替触发模式
	Triple injected simultaneous mode only	ADC1、ADC2 和 ADC3 工作在注入同时模式
	Triple regular simultaneous mode only	ADC1、ADC2 和 ADC3 工作在规则同时模式
	Triple interleaved mode only	ADC1、ADC2 和 ADC3 工作在交替模式
	Triple alternate trigger mode only	ADC1、ADC2 和 ADC3 工作在交替触发模式

② ADC_Settings 区域的 Clock Prescaler 用于选择 ADC 时钟的预分频系数，可选的取值详见表 15.7。

表 15.7　　　　　　　　　　　　　　　　预分频系数

选项	描述
PCLK2 divided by 2	ADC 的时钟 ADCCLK 为 PCLK2 的 2 分频
PCLK2 divided by 4	ADC 的时钟 ADCCLK 为 PCLK2 的 4 分频
PCLK2 divided by 6	ADC 的时钟 ADCCLK 为 PCLK2 的 6 分频
PCLK2 divided by 8	ADC 的时钟 ADCCLK 为 PCLK2 的 8 分频

③ Resolution 表示分辨率，即 ADC 采样的数字量的位数，可选的取值详见表 15.8。

表 15.8　　　　　　　　　　　　　　　　分辨率

选项	描述
12 bit（15 ADC Clock cycles）	量化用时 15 个 ADC 时钟周期，12 位转换精度
10 bit（13 ADC Clock cycles）	量化用时 13 个 ADC 时钟周期，10 位转换精度
8 bit（11 ADC Clock cycles）	量化用时 11 个 ADC 时钟周期，8 位转换精度
6 bit（9 ADC Clock cycles）	量化用时 9 个 ADC 时钟周期，6 位转换精度

从表 15.8 可知，ADC 的分辨率越小，转换时间越快。

④ Data Alignment 用于选择转换后数据的对齐方式。Left alignment 为左对齐方式，Right alignment 为右对齐方式。

⑤ Scan Conversion Mode 用于设置 ADC 是否工作在扫描模式——使用的是多通道采样还是单通道采样。多通道采样时设置为 Enabled，单通道采样时设置为 Disabled。

⑥ Continuous Conversion Mode 用于设置 ADC 是否工作在连续模式，可以设置为 Enabled 或 Disabled。

⑦ Discontinuous Conversion Mode 用于设置 ADC 是否工作在不连续模式（单次模式），可以设

置为 Enabled 或 Disabled。

⑧ DMA Continuous Requests 用于设置是否触发 DMA 请求，可以设置为 Enabled 或 Disabled。

⑨ End of Conversion Selection 用于设置转换结束标志，进而控制产生转换结束中断的时机。EOC flag at the end of single channel conversions 表示每个通道转换结束后，都会产生转换结束标志（EOC）。EOC flag at the end of all conversions 表示直到所有通道转换结束后，才会产生转换结束标志（EOC）。

（2）ADC 的规则组采样参数。

ADC_Regular_ConversionMode 区域的参数用于配置规则组的采样参数。

① Number of Conversion 用于配置规则组中 ADC 转换通道的数量，可选范围为 1～16。此处选择的通道数量必须与图 15.13 中勾选的通道数量一致。

② External Trigger Conversion Source 用于选择 ADC 触发源，可选的取值详见表 15.9。

表 15.9　　　　　　　　　　　　　　　　ADC 触发源

选项	描述
Regular Conversion launched by software	规则通道软件触发
Time 1 Capture Compare 1 event	定时器 1 的捕获比较 1 触发
Time 1 Capture Compare 2 event	定时器 1 的捕获比较 2 触发
Time 1 Capture Compare 3 event	定时器 1 的捕获比较 3 触发
Time 2 Capture Compare 2 event	定时器 2 的捕获比较 2 触发
Time 2 Capture Compare 3 event	定时器 2 的捕获比较 3 触发
Time 2 Capture Compare 4 event	定时器 2 的捕获比较 4 触发
Time 2 Trigger Out event	定时器 2 的 TRGO 触发
Time 3 Capture Compare 1 event	定时器 3 的捕获比较 1 触发
Time 3 Trigger Out event	定时器 3 的 TRGO 触发
Time 4 Capture Compare 4 event	定时器 4 的捕获比较 4 触发
Time 5 Capture Compare 1 event	定时器 5 的捕获比较 1 触发
Time 5 Capture Compare 2 event	定时器 5 的捕获比较 2 触发
Time 5 Capture Compare 3 event	定时器 5 的捕获比较 3 触发
Time 8 Capture Compare 1 event	定时器 8 的捕获比较 1 触发
Time 8 Trigger Out event	定时器 8 的 TRGO 触发

③ External Trigger Conversion Edge 用于选择信号的边沿触发方式，可选的取值详见表 15.10，软件触发时无须选择。

表 15.10　　　　　　　　　　　　　　信号的边沿触发方式

选项	描述
Trigger detection on the rising edge	上升沿触发
Trigger detection on the falling edge	下降沿触发
Trigger detection on both the rising and falling edge	上升沿和下降沿都可以触发

④ Rank 用于配置规则组的转换顺序，可通过依次选择 Rank 1～Rank 16，配置从前至后对应的通道以及通道使用的采样周期 Sampling Time。

（3）ADC 的注入组采样参数

ADC_Injected_ConversionMode 区域的参数用于配置注入组采样参数，各个参数的含义与规则组相同。注入组的 Rank 参数新增了 Injected Offset ADC 选项，用于配置各个注入通道的偏移量。

在图 15.13 中，最下方的 Enable Analog WatchDog Mode 用于设置模拟"看门狗"模式，可以设置为 Enabled 或 Disabled。若设置为 Enabled，则需要对"看门狗"模式、模拟"看门狗"的通道、比较阈值的上限和下限以及是否允许中断等进行设置。当启动模拟"看门狗"模式时，只要 ADC 的采样值超出预定的阈值，就可以产生中断。

在案例 15.1 中，为 ADC1 选用软件触发方式，将工作参数设置为独立模式、12 位的分辨率、右对齐数据方式、单通道单次采样转换、无 DMA 请求以及通道转换结束时产生转换结束标志 EOC。因为只用到一个通道，所以设置规则组的通道数为 1，并选择软件触发方式，具体的配置详见图 15.13。

3. 配置 USART2 参数

为了方便观察 ADC 采样结果，可将 ADC 转换结果通过 USART2 输出到 PC。USART2 的参数配置如图 15.14 所示。

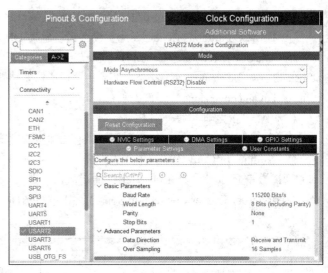

图 15.14　USART2 的配置参数

4. 配置工程参数和生成工程文件

在 STM32CubeMX 主界面的 Project Manager 面板中配置好相关的工程参数，单击 GENERATE CODE，导出 Keil MDK 工程文件和程序代码。

15.4.2　ADC 相关数据结构和 API 函数

1. ADC 相关数据结构

stm32f407xx.h 文件中定义了与 ADC 控制寄存器对应的结构体 ADC_TypeDef。有关 ADC 的其他定义和声明都存放在 stm32f4xx_hal_adc.h 文件中。其中，结构体 ADC_InitTypeDef 用于设置 ADC 转换参数，结构体 ADC_ChannelConfTypeDef 用于设置多通道转换参数，结构体 ADC_HandleTypeDef 用于初始化 ADC，代码如下。

```
typedef struct
{
    uint32_t  ClockPrescaler;                /*ADC 预分频系数*/
    uint32_t  Resolution;                    /*分辨率*/
    uint32_t  DataAlign;                     /*数据对齐方式*/
    uint32_t  ScanConvMode;                  /*配置转换模式*/
    uint32_t  EOCSelection;                  /*配置 EOC 方式*/
    FunctionalState  ContinuousConvMode;     /*配置连续转换模式*/
    uint32_t  NbrOfConversion;               /*连续转换模式下采样的通道数量*/
    FunctionalState  DiscontinuousConvMode;  /*选择不连续转换模式*/
    uint32_t  NbrOfDiscConversion;           /*不连续转换模式下每个批次的数量*/
    uint32_t  ExternalTrigConv;              /*配置外部触发模式*/
    uint32_t  ExternalTrigConvEdge;          /*配置外部触发的边沿*/
    FunctionalState  DMAContinuousRequests;  /*配置 DMA 方式，循环或单次 */
}ADC_InitTypeDef;

typedef struct
{
    uint32_t  Channel;                       /*需要配置的通道编号*/
    uint32_t  Rank;                          /*通道在规则组或注入组中的顺序号*/
```

```
    uint32_t SamplingTime;                              /*通道取样时间 */
    uint32_t Offset;                                    /*通道注入时的偏移量*/
}ADC_ChannelConfTypeDef;

typedef struct
{
    ADC_TypeDef             *Instance;                  /*指向 ADC 控制寄存器的指针*/
    ADC_InitTypeDef          Init;                      /*存储 ADC 初始化参数的结构体*/
    __IO uint32_t            NbrOfCurrentConversionRank; /*需要采样的通道数量*/
    DMA_HandleTypeDef       *DMA_Handle;                /*指向 DMA 数据流的指针*/
    HAL_LockTypeDef          Lock;                      /*ADC 锁定状态*/
    __IO uint32_t            State;                     /*ADC 通信状态*/
    __IO uint32_t            ErrorCode;                 /*ADC 出错码*/
}ADC_HandleTypeDef;
```

2. ADC 相关函数

HAL 库中常用的 ADC 相关函数及其功能描述详见表 15.11。

表 15.11　　　　　　　　　HAL 库中常用的 ADC 相关函数及其功能描述

函数名称	函数定义及功能描述
__HAL_ADC_ENABLE	宏定义，使能 ADC 通道，参数为(__HANDLE__)，即指向 ADC_HandleTypeDef 的指针
__HAL_ADC_DISABLE	宏定义，禁止 ADC 通道，参数同__HAL_ADC_ENABLE
HAL_ADC_Init	HAL_StatusTypeDef HAL_ADC_Init(ADC_HandleTypeDef * hadc)
	初始化 ADC，参数为指向 ADC_HandleTypeDef 的指针
HAL_ADC_DeInit	HAL_StatusTypeDef HAL_ADC_DeInit(ADC_HandleTypeDef * hadc)
	注销 ADC
HAL_ADC_MspInit	void HAL_ADC_MspInit(ADC_HandleTypeDef * hadc)
	在 HAL_ADC_Init 函数中调用，用于初始化 ADC 的底层时钟和引脚
HAL_ADC_MspDeInit	void HAL_ADC_MspDeInit(ADC_HandleTypeDef * hadc)
	注销 ADC 底层初始化
HAL_ADC_Start	HAL_StatusTypeDef HAL_ADC_Start(ADC_HandleTypeDef * hadc)
	启动 ADC 开始采样
HAL_ADC_Stop	HAL_StatusTypeDef HAL_ADC_Stop(ADC_HandleTypeDef * hadc)
	停止 ADC 采样
HAL_ADC_PollForConversion	HAL_StatusTypeDef HAL_ADC_PollForConversion(ADC_HandleTypeDef * hadc, uint32_t Timeout)
	以轮询方式检查 ADC 是否完成采样，Timeout 为超时时间
HAL_ADC_Start_IT	HAL_StatusTypeDef HAL_ADC_Start_IT (ADC_HandleTypeDef * hadc)
	以中断方式启动 ADC 采样
HAL_ADC_Stop_IT	HAL_StatusTypeDef HAL_ADC_Stop_IT (ADC_HandleTypeDef * hadc)
	停止中断方式下的 ADC 采样
HAL_ADC_Start_DMA	HAL_StatusTypeDef HAL_ADC_Start_DMA(ADC_HandleTypeDef * hadc, uint32_t * pData, uint32_t Length)
	以 DMA 方式启动 ADC 采样，pData 为指向接收缓冲区的指针，Length 为数据长度
HAL_ADC_Stop_DMA	HAL_StatusTypeDef HAL_ADC_Stop_DMA (ADC_HandleTypeDef * hadc)
	停止 DAM 方式下的 ADC 采样
HAL_ADC_ConfigChannel	HAL_StatusTypeDef HAL_ADC_ConfigChannel(ADC_HandleTypeDef * hadc, ADC_ChannelConfTypeDef * sConfig)
	配置 ADC 通道参数，sConfig 为指向 ADC_ChannelConfTypeDef 的指针

函数名称	函数定义及功能描述
HAL_ADC_IRQHandler	void HAL_ADC_IRQHandler(ADC_HandleTypeDef * hadc)
	ADC 中断的入口函数
HAL_ADC_ConvCpltCallback	void HAL_ADC_ConvCpltCallback(ADC_HandleTypeDef * hadc)
	非阻塞方式下的 ADC 转换结束中断回调函数
HAL_ADC_ConvHalfCpltCallback	void HAL_ADC_ConvHalfCpltCallback(ADC_HandleTypeDef * hadc)
	非阻塞方式下的 ADC 转换半完成中断回调函数
HAL_ADC_GetState	uint32_t HAL_ADC_GetState(ADC_HandleTypeDef * hadc)
	获取 ADC 当前的状态

15.4.3　软件触发数据采样代码解析

STM32CubeMX 生成的 main.c 中定义了 ADC_HandleTypeDef 类型的变量 hadc1,用于存储 ADC1 的初始化参数。ADC1 的参数配置工作是由 MX_ADC1_Init 函数完成的, 该函数首先调用 HAL_ADC_Init 函数来配置 ADC1 通道信息, 然后调用 HAL_ADC_ConfigChannel 函数来配置各个通道的采样参数。

```
ADC_HandleTypeDef  hadc1;                    /*定义全局变量 hadc1,用于存储 ADC1 的初始化参数*/
static void MX_ADC1_Init(void)
{
  ADC_ChannelConfTypeDef sConfig = {0};

  hadc1.Instance = ADC1;
  hadc1.Init.ClockPrescaler = ADC_CLOCK_SYNC_PCLK_DIV4;
  hadc1.Init.Resolution = ADC_RESOLUTION_12B;
  hadc1.Init.ScanConvMode = DISABLE;
  hadc1.Init.ScanConvMode = DISABLE;
  hadc1.Init.ContinuousConvMode = DISABLE;
  hadc1.Init.DiscontinuousConvMode = DISABLE;
  hadc1.Init.ExternalTrigConvEdge = ADC_EXTERNALTRIGCONVEDGE_NONE;
  hadc1.Init.ExternalTrigConv = ADC_SOFTWARE_START;
  hadc1.Init.DataAlign = ADC_DATAALIGN_RIGHT;
  hadc1.Init.NbrOfConversion = 1;
  hadc1.Init.DMAContinuousRequests = DISABLE;
  hadc1.Init.EOCSelection = ADC_EOC_SINGLE_CONV;
  if (HAL_ADC_Init(&hadc1) != HAL_OK)      /*配置 ADC 全局参数, 包括 GPIO 引脚*/
  {
    Error_Handler();
  }

  sConfig.Channel = ADC_CHANNEL_4;
  sConfig.Rank = 1;
  sConfig.SamplingTime = ADC_SAMPLETIME_3CYCLES;
  if (HAL_ADC_ConfigChannel(&hadc1, &sConfig) != HAL_OK) /*配置 ADC 各个通道的采样参数 */
  {
    Error_Handler();
  }
}
```

在 main 函数中，首先调用 MX_USART2_UART_Init 函数对 USART2 进行初始化，然后调用 MX_ADC1_Init 函数对 ADC1 进行初始化，代码如下。

```
UART_HandleTypeDef  huart2;       /*定义全局变量 huart2，用于填写 USART2 参数*/
int main(void)
{
  HAL_Init();
  SystemClock_Config();
  MX_GPIO_Init();
  MX_USART2_UART_Init();
  MX_ADC1_Init();
  while (1)
  {
  }
}
```

根据案例 15.1 的要求，修改 main 函数中的 while 循环体，代码如下。

```
uint32_t data;                    /*存储采样结果的临时变量*/
while(1)
{
  HAL_ADC_Start(&hadc1);
  data=HAL_ADC_GetValue(&hadc1);
  printf("data=%d, voltage=%.2fV\n", data, data*3.3/4096);
  HAL_Delay(500);
}
```

32 位的无符号数 data 用于存储采样结果，HAL_ADC_Start 函数用来产生软件触发信号，每调用一次该函数，ADC1 就完成一次采样工作。HAL_ADC_GetValue 函数负责读出数据寄存器中的内容并存入 data 中，此时 data 的低 16 位为有效数据，可根据如下公式转换为具体的电压值。

$$电压值 = \frac{data}{2^{12}} \times 3.3 \text{ V}$$

HAL_Delay 函数用于控制每隔 500 ms 执行一次 ADC1_IN4 采样。printf 函数用于将计算结果向串口输出，参照案例 12.2，我们需要在 main.c 中重写 fputc 函数，此处不再赘述。

将上述代码编译下载到开发板上。在 PC 上打开串口调试助手，配置串口调试助手的通信参数（波特率 115 200 bit/s、校验位 NONE、数据位 8 和停止位 1）。启动开发板并运行，得到的结果如图 15.15 所示。在程序运行过程中，通过改变进入光线传感器的光线强度，可以得到不同的采样结果。

图 15.15　软件触发方式下的程序运行结果

15.5 定时器触发数据采样

STM32F407xx 的 ADC 转换也可由定时器触发，下面通过案例讲解如何实现定时器触发 ADC 转换。

案例 15.2：使用定时器触发 ADC1 和 ADC2 独立采样。其中，ADC1_IN16 通道用于采样微控制器内部温度传感器的输出，ADC2_IN13 用于采样外部模拟信号。与 ADC2_IN13 对应的 PC3 引脚将被连接到光线传感器的输出，光线传感器电路详见图 15.12。

15.5.1 软件配置

1. 新建项目和配置时钟树

在 STM32CubeMX 中创建一个新项目，先选择微控制器芯片为 STM32F407xx，再选择 HSE 和 LSE 作为时钟源，并配置好时钟树参数。

2. 配置 ADC 参数

选择 STM32CubeMX 主界面中的 Pinout & Configuration 面板，展开界面左侧的 System Core 列表，选中 GPIO。然后在界面右侧的 Pinout view 子面板中选中 PC3 引脚，配置引脚工作模式为 ADC2_IN13。

在 Pinout & Configuration 面板中展开 Analog 列表，选中 ADC1，在弹出的 ADC1 Mode and Configuration 面板中设置 ADC1 参数。在 ADC1 的 Mode 面板中勾选 Temperature Sensor Channel，表示启用 ADC1_IN16 通道，然后在下方的 Configuration 子面板中配置 ADC1 的各项参数，如图 15.16 所示。

切换到 ADC2，为 ADC2 Mode and Configuration 面板中的 Mode 子面板勾选 IN13，表示启用 ADC2_IN13 通道，ADC2 的其余配置参数与 ADC1 一致。

在 ADC1 和 ADC2 的 Configuration 子面板中，为 Mode 选择独立模式，为触发源选择 External Trigger Conversion Source，然后设置由 TIM2 的 TRGO 事件触发启动转换，并将触发边沿选择为上升沿，具体配置详见图 15.16。

切换到 NVIC Settings 选项卡，为 "ADC1,ADC2 and ADC3 global interrupts" 勾选 Enable，这表示在完成一次转换并将 EOC 置 1 后，将产生转换结束中断，如图 15.17 所示。在转换结束中断的中断服务程序中，可以读取每一次的采样值。

图 15.16 ADC 参数配置界面

图 15.17 开启 ADC 中断

3. 配置 TIM2 参数

选择 STM32CubeMX 主界面中的 Pinout & Configuration 面板，展开 Timers 列表，选中 TIM2。在弹出的 TIM2 Mode and Configuration 面板中设置 TIM2 参数，如图 15.18 所示。

将 TIM2 的 Trigger Event Selection 选择为 Update Event，这表示每次 TIM2 重新装载时，都将产生 TRGO 事件来触发 ADC1 和 ADC2 启动转换，此处 TIM2 的 Update Event 周期被设置为 1 秒。

4. 配置工程参数和生成工程文件

在 STM32CubeMX 主界面的 Project Manager 面板中配置好相关的工程参数，单击 GENERATE CODE，导出 Keil MDK 工程文件和程序代码。

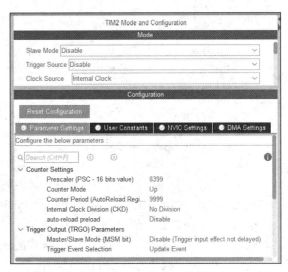

图 15.18　设置 TIM2 参数

15.5.2　定时器触发数据采样代码解析

STM32CubeMX 生成的 main 函数将首先调用 MX_TIM2_Init 函数来对 TIM2 进行初始化，然后分别调用 MX_ADC1_Init 和 MX_ADC2_Init 函数来对 ADC1 及 ADC2 进行初始化，main 函数的代码如下。

```
ADC_HandleTypeDef hadc1;        /*定义全局变量 hadc1，用来填写 ADC1 参数*/
ADC_HandleTypeDef hadc2;        /*定义全局变量 hadc2，用来填写 ADC2 参数*/
TIM_HandleTypeDef htim2;        /*定义全局变量 htim2，用来填写 TIM2 参数*/
UART_HandleTypeDef huart2;      /*定义全局变量 huart2，用来填写 USART2 参数*/

int main(void)
{
    HAL_Init();
    SystemClock_Config();
    MX_GPIO_Init();
    MX_USART2_UART_Init();
    MX_TIM2_Init();
    MX_ADC2_Init();
    MX_ADC1_Init();

    HAL_TIM_Base_Start(&htim2);     /*手动添加，启动 TIM2*/
    HAL_ADC_Start_IT(&hadc1);       /*手动添加，以中断方式启动 ADC1*/
    HAL_ADC_Start_IT(&hadc2);       /*手动添加，以中断方式启动 ADC2*/

    while (1)
    {
    }
}
```

上述代码在 main 函数中添加了 HAL_TIM_Base_Start 函数以启动 TIM2 工作，TIM2 每 1 秒产生一个触发事件；此处还添加了 HAL_ADC_Start_IT 函数以中断方式启动 hdac1 和 hdac2，这两个 ADC 共享了同一个中断处理入口函数 HAL_ADC_IRQHandler。

接下来，在 main 函数中添加 ADC 转换结束中断回调函数，并在该回调函数中分别读取这两个 ADC 的数据寄存器的值，代码如下。

```
void HAL_ADC_ConvCpltCallback(ADC_HandleTypeDef* hadc)
{
    uint32_t adc1_data=HAL_ADC_GetValue(&hadc1);
    uint32_t adc2_data=HAL_ADC_GetValue(&hadc2);
    float temperature;
    float data;
    temperature= (adc1_data/4096.0*3.3 -0.76)/0.0025+25;
    data =adc2_data/4096.0*3.3;
    printf("temperature=%0.2fC data=%0.2fV\n",temperature,data);
}
```

上述中断回调函数用到了 ADC1_IN16 通道的温度换算公式。

温度（单位为℃）= $((V_{SENSE} - V_{25}) / Avg\_Slope) + 25$

其中：V_{SENSE} 为采样值；当温度为 25℃时，STM32F407xx 的 V_{25} 等于 0.76 V；Avg_Slope 为温度与 V_{SENSE} 曲线的平均斜率，STM32F407xx 中的 Avg_Slope 为 2.5 mV/℃。

上述中断回调函数中的 printf 函数用于向串口输出采集到的数据，这里同样需要在 main.c 中重写 fputc 函数，此处不再赘述。

将上述代码编译下载到开发板上。在 PC 上打开串口调试助手，配置串口调试助手的通信参数（波特率 115 200 bit/s、校验位 NONE、数据位 8 和停止位 1）。启动开发板并运行，得到的结果如图 15.19 所示。为了提高采样到的温度值的准确性，温度值应该取一段时间内的平均值，请读者思考如何修改上述程序。

图 15.19　定时器触发方式下的程序运行结果

15.6　规则组数据采样

STM32F407xx 的 ADC 可以对多个通道进行数据采样，下面通过案例讲解如何使用定时器触发单个 ADC 上的规则组采样，实现按顺序依次采样多个通道的数据。

案例 15.3： 配置 ADC1 的规则组包含三个通道。第一个通道为 ADC1_IN4，用于在 PA4 引脚上连接光线传感器的输出，光线传感器电路详见图 15.12。第二个通道为 ADC1_IN16，用于采样微控制器内部温度传感器的输出。第三个通道为 ADC1_IN17，用于连接微控制器内部的参考电压 V_{REFINT}，在 STM32F407xx 中，V_{REFINT} 的典型值为 1.21 V。

分析案例 15.3 可知，由于 ADC1 的多个通道共享同一个规则数据寄存器，因此采样过程中需要开启 DMA，每个通道采样完成后，可通过 DMA 将采样结果传输到 SRAM 中。

15.6.1　工程配置

1. 新建项目和配置时钟树

在 STM32CubeMX 中创建一个新项目，先选择微控制器芯片为 STM32F407xx，再选择 HSE 和

LSE 作为时钟源，并配置好时钟树参数。

2. 配置 ADC 参数

选择 STM32CubeMX 主界面中的 Pinout & Configuration 面板，展开界面左侧的 System Core 列表，选中 GPIO。然后在界面右侧的 Pinout view 子面板中选中 PA4 引脚，配置引脚工作模式为 ADC1_IN4。

在 Pinout & Configuration 面板中展开 Analog 列表，选中 ADC1，在弹出的 ADC1 Mode and Configuration 面板中设置参数。在 Mode 子面板中勾选 IN4、Temperature Sensor Channel 和 Vrefint Channel，启用这三个通道，如图 15.20 所示。

在下方的 Configuration 子面板中配置 ADC1 的规则组参数，如图 15.21 所示。

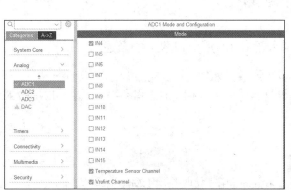

图 15.20　启用 ADC1 的多个通道

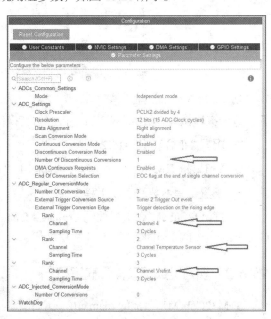

图 15.21　配置 ADC1 的规则组参数

在图 15.21 所示的界面中，为 ADC1 的 Mode 参数选择独立模式，为触发源选择 External Trigger Conversion Source，设置由 TIM2 的 TRGO 事件触发启动转换，并将触发边沿选择为上升沿。

由于启用了多个通道，Scan Conversion Mode 应该设置为 Enabled。此处将 Continuous Conversion Mode 设置为 Disabled，这表示在规则组采样完成后，不会自动开始下一次转换。规则组在不连续模式下，需要将 Discontinuous Conversion Mode 设置为 Enabled，此外还必须设置每次触发时需要采样的通道数量，这里设置为 1，表示一次触发只采样规则组中的一个通道，因此 3 个通道需要 3 次触发才能采样完。为了确保采样的数据不被覆盖，可以将 DMA Continuous Requests 设置为 Enabled，这样每个通道采样完成后都会触发一次 DMA 请求。

在图 15.21 中，ADC_Regular_ConversionMode 区域的参数用于配置规则组的采样参数。Number of Conversion 应该与规则组中的通道数量相同，此处为 3。将触发源设置为 Time 2 Trigger Out event，并设置由 TIM2 的 TRGO 事件触发启动，将触发边沿选择为上升沿。Rank 1、Rank 2 和 Rank 3 用于配置规则组通道的采样顺序和采样时间。在 DMA 请求中，数据的传输顺序由 Rank 1～Rank 3 中选定的通道顺序决定，此处顺序为 ADC1_IN4、Temperature Sensor 和 V_{REFINT}。

将 Configuration 子面板切换到 DMA Settings 选项卡，新增一个 DMA 通道，配置参数如图 15.22

所示。此处 DMA 的 Mode 参数应该选择为循环模式，表示一次 DMA 传输完成后，将自动开始下一次传输。由于每个通道的数据有效位为 16 位，因此 Data Width 选择为 Half Word。

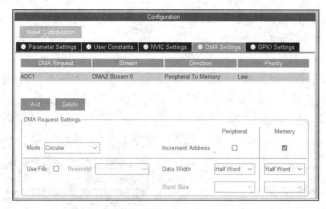

图 15.22　规则组的 DMA 参数配置界面

切换到 NVIC Settings 选项卡，为 "ADC1,ADC2 and ADC3 global interrupts" 勾选 Enable，表示在完成一次转换并将 EOC 置 1 后，将产生转换结束中断。

3. 配置 TIM2 和 USART2

USART2 和 TIM2 的配置参数分别如图 15.14 和图 15.18 所示，此处不再赘述。

4. 配置工程参数和生成工程文件

在 STM32CubeMX 主界面的 Project Manager 面板中配置好相关的工程参数，单击 GENERATE CODE，导出 Keil MDK 工程文件和程序代码。

15.6.2　规则组数据采样代码解析

STM32CubeMX 生成的 main.c 中新增了全局变量 data，用于接收每次 DMA 请求传来的采样结果，它是一个无符号的 16 位整数。除了添加 HAL_TIM_Base_Start 函数以启动 TIM2 工作以外（TIM2 每秒即可产生一个触发事件），main 函数中还添加了 HAL_ADC_Start_DMA 函数，以实现通过 DMA 方式启动 hdac1，但每次只能接收一个通道的数据。main 函数的代码如下：

```
ADC_HandleTypeDef hadc1;              /*定义全局变量hadc1，用来填写ADC1参数*/
DMA_HandleTypeDef  hdma_adc1;         /*定义全局变量hdma_adc1，用来填写DMA参数*/
TIM_HandleTypeDef htim2;              /*定义全局变量htim2，用来填写TIM2参数*/
UART_HandleTypeDef huart2;            /*定义全局变量huart2，用来填写USART2参数*/

uint16_t data;                       /*定义16位的全局变量data，用于接收DMA数据*/
int main(void)
{
    HAL_Init();
    SystemClock_Config();
    MX_GPIO_Init();
    MX_DMA_Init();
    MX_USART2_UART_Init();
    MX_TIM2_Init();
    MX_ADC1_Init();

    HAL_UART_Init(&huart2);           /*手动添加，启动USART2*/
```

```
HAL_TIM_Base_Start(&htim2);                                    /*手动添加，启动 TIM2*/
HAL_ADC_Start_DMA(&hadc1, (uint32_t *)&data,1);     /*手动添加，以 DMA 方式启动 ADC1*/

while (1)
{
}
}
```

与案例 15.2 类似，还需要在 main.c 中添加 ADC 转换结束中断回调函数。

```
void HAL_ADC_ConvCpltCallback(ADC_HandleTypeDef* hadc)
{
static int flag=0;                                             /*flag 用于标记当前数据是哪个通道的*/
if(flag == 0){
        float voltage =data/4096.0*3.3;                 /*ADC1_IN4 通道的数据*/
        printf("data=%0.2fV\n",voltage);
}
else if(flag == 1){
        float temperature= (data/4096.0*3.3 - 0.76)/0.0025+25;   /*Temperature Sensor
                                                                   通道的数据*/
        printf("temperature=%0.2fC\n",temperature);
}
else{
        float Vrefint =data/4096.0*3.3;                 /*V_REFINT 通道的数据*/
        printf("Vrefint=%0.2fV\n",Vrefint);
}
flag =(flag+1)%3;
}
```

上述中断回调函数使用静态变量 flag 来记录当前数据是哪个通道的，由图 15.21 中 Rank 1～Rank 3 的配置可知，flag 取值为 0、1、2 时分别对应于 ADC1_IN4、Temperature Sensor 和 V_{REFINT}。

将上述代码编译下载到开发板上。在 PC 上打开串口调试助手，配置串口调试助手的通信参数（波特率 115 200 bit/s、校验位 NONE、数据位 8 和停止位 1），启动开发板并运行，得到的结果如图 15.23 所示。

从图 15.23 所示的运行结果可知，上述程序会在每次 TIM2 触发时采样一个通道的数据并以 DMA 方式将采样结果传送到 SRAM，3 次触发后，便完成对 3 个通道的采样。那么能不能只触发一次就完成规则组中 3 个通道的采样呢？通过修改图 15.21 中的 Number Of Discontinuous Conversions（不连续采样模式的通道数）参数，即可实现在一次触发中顺序采样 3 个通道的数据，修改后的配置如图 15.24 所示，其余参数不变。在对应的程序中，为了防止规则数据寄存器中的数据被覆盖，DMA 传输应该一次接收 3 个通道的采样结果，请读者思考如何修改上述程序。

图 15.23　规则组数据采样结果

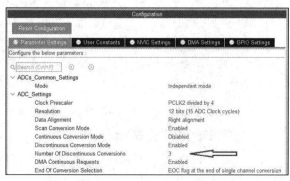

图 15.24　配置不连续采样模式的通道数

271

15.7 多重 ADC 模式数据采样

STM32F407xx 的 ADC 支持多重 ADC 模式数据采样，下面通过案例讲解如何使用多重 ADC 模式数据采样。

案例 15.4: 将 ADC1 和 ADC2 配置为规则同时模式，主设备 ADC1 触发从设备 ADC2 启动转换。ADC1 选用 ADC1_IN16 来采样微控制器内部温度传感器的输出，由 TIM2 的输出信号 TRGO 触发主设备 ADC1 启动转换。ADC2 选用 ADC2_IN4，PA4 引脚接光线传感器的输出，光线传感器电路详见图 15.12。

分析案例 15.4 可知，双重 ADC 规则同时模式的采样结果存放在通用规则数据寄存器中，该寄存器的低 16 位存放主设备 ADC1_IN16 的转换结果，高 16 位存放从设备 ADC2_IN4 的转换结果。主设备 ADC1 每次转换结束后都会产生一个 DMA 请求，可以 DMA 方式将 32 位的采样数据传输到 SRAM。

15.7.1 工程配置

1. 新建项目和配置时钟树

在 STM32CubeMX 中创建一个新项目，先选择微控制器芯片为 STM32F407xx，再选择 HSE 和 LSE 作为时钟源，并配置好时钟树参数。

2. 配置 ADC 参数

选择 STM32CubeMX 主界面中的 Pinout & Configuration 面板，展开界面左侧的 System Core 列表，选中 GPIO。然后在界面右侧的 Pinout view 子面板中选中 PA4 引脚，配置引脚工作模式为 ADC2_IN4。

展开界面左侧的 Analog 列表。在 ADC1 的 Mode 子面板中勾选 Temperature Sensor Channel，启用 ADC1_IN16 通道；在 ADC2 的 Mode 子面板中勾选 IN4，启用 ADC2_IN4 通道。

在 ADC1 的 Configuration 子面板中配置 ADC1 的各项参数，如图 15.25 所示。

在 ADC1 的 Configuration 子面板中为 Mode 参数选择独立模式，为触发源选择 Dual regular simultaneous mode only，将 DMA Access Mode 设置为 DMA 访问模式 2。此时，ADC2 的 Mode 和 DMA Access Mode 参数会自动与 ADC1 同步。将 ADC1 的触发源设置为 TIM2，设置由 TIM2 的 TRGO 事件触发启动转换，并将触发边沿选择为上升沿。ADC1 和 ADC2 的规则组通道数量均为 1。

切换到 ADC1 的 Configuration 子面板中的 DMA Settings 选项卡，新增一个 DMA 通道，参数配置如图 15.26 所示。为 DMA 的 Mode 参数选择循环模式，表示一次 DMA 传输完成后，就自动开始下一次传输。由于通用规则数据寄存器的宽度为 32 位，因此 Data Width 选择为 Word。

切换到 NVIC Settings 选项卡，为 "ADC1,ADC2 and ADC3 global interrupts" 勾选 Enable，表示在完成一次转换并将 EOC 置 1 后，将产生转换结束中断。

3. 配置 TIM2 和 USART2

USART2 和 TIM2 的配置参数分别如图 15.14 和图 15.18 所示，此处不再赘述。

4. 配置工程参数和生成工程文件

在 STM32CubeMX 主界面的 Project Manager 面板中配置好相关的工程参数，单击 GENERATE CODE，导出 Keil MDK 工程文件和程序代码。

图 15.25　规则同时模式下的 ADC1 参数配置界面

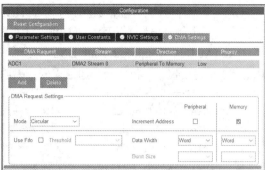

图 15.26　规则同时模式下的 DMA 参数配置界面

15.7.2　ADC 扩展的 API 函数

　　HAL 库为多重 ADC 模式提供了一套扩展的 API 函数，相关函数及其功能说明详见表 15.12。其中，用于注入同时模式的函数是与其他模式分开使用的。

表 15.12　　　　　　　　　　HAL 库为多重 ADC 模式提供的相关函数及其功能说明

函数名称	函数定义及功能说明
HAL_ADCEx_InjectedStart	HAL_StatusTypeDef HAL_ADCEx_InjectedStart(ADC_HandleTypeDef * hadc)
	启动注入同时模式，参数为指向 ADC_HandleTypeDef 的指针
HAL_ADCEx_InjectedStop	HAL_StatusTypeDef HAL_ADCEx_InjectedStop(ADC_HandleTypeDef * hadc)
	停止注入同时模式
HAL_ADCEx_InjectedStart_IT	HAL_StatusTypeDef HAL_ADCEx_InjectedStart_IT(ADC_HandleTypeDef * hadc)
	以中断方式启动注入同时模式
HAL_ADCEx_InjectedStop_IT	HAL_StatusTypeDef HAL_ADCEx_InjectedStop_IT(ADC_HandleTypeDef * hadc)
	停止中断方式的注入同时模式
HAL_ADCEx_InjectedGetValue	uint32_t HAL_ADCEx_InjectedGetValue(ADC_HandleTypeDef * hadc, uint32_t InjectedRank)
	读取注入同时模式下各个 ADC 的注入数据寄存器中的结果
HAL_ADCEx_MultiModeStart_DMA	HAL_StatusTypeDef HAL_ADCEx_MultiModeStart_DMA(ADC_HandleTypeDef * hadc, uint32_t * pData, uint32_t Length)
	以 DMA 方式启动多重 ADC 模式，pData 为指向接收缓冲区的指针，Length 为数据长度
HAL_ADCEx_MultiModeStop_DMA	HAL_StatusTypeDef HAL_ADCEx_MultiModeStop_DMA(ADC_HandleTypeDef * hadc)
	停止 DMA 方式的多重 ADC 采样
HAL_ADCEx_MultiModeGetValue	uint32_t HAL_ADCEx_MultiModeGetValue(ADC_HandleTypeDef * hadc)
	读取多重 ADC 模式下规则数据寄存器中的采样结果
HAL_ADCEx_InjectedConvCpltCallback	void HAL_ADCEx_InjectedConvCpltCallback(ADC_HandleTypeDef * hadc)
	注入同时模式下的采样完成中断回调函数
HAL_ADCEx_InjectedConfigChannel	HAL_StatusTypeDef HAL_ADCEx_InjectedConfigChannel(ADC_HandleTypeDef * hadc, ADC_InjectionConfTypeDef * sConfigInjected)
	配置注入同时模式下的通道参数
HAL_ADCEx_MultiModeConfigChannel	HAL_StatusTypeDef HAL_ADCEx_MultiModeConfigChannel(ADC_HandleTypeDef * hadc, ADC_MultiModeTypeDef * multimode)
	配置多重 ADC 模式下的通道参数

15.7.3　多重 ADC 模式数据采样代码解析

STM32CubeMX 生成的 main.c 中添加了全局变量 data，用于接收每次 DMA 请求传来的采样结果，它是一个无符号的 32 位整数。除了添加 HAL_TIM_Base_Start 函数以启动 TIM2 工作（TIM2 每秒即可产生一个触发事件）以及添加 HAL_ADC_Start 函数以启动 ADC2 工作以外，main 函数中还添加了 HAL_ADCEx_MultiModeStart_DMA 函数，以实现通过 DMA 方式启动多重 ADC 采样，每次 DMA 传输都将接收一个包含两个通道采样结果的 32 位字。main 函数的代码如下。

```
ADC_HandleTypeDef hadc1;         /*定义全局变量 hadc1，用来填写 ADC1 参数*/
ADC_HandleTypeDef hadc2;         /*定义全局变量 hadc2，用来填写 ADC2 参数*/
DMA_HandleTypeDef hdma_adc1;     /*定义全局变量 hdma_adc1，用来填写 DMA 参数*/
TIM_HandleTypeDef htim2;         /*定义全局变量 htim2，用来填写 TIM2 参数*/
UART_HandleTypeDef huart2;       /*定义全局变量 huart2，用来填写 USART2 参数*/

uint32_t data;                   /*定义 32 位的全局变量 data，用于接收 DMA 数据*/
int main(void)
{
  HAL_Init();
  SystemClock_Config();
  MX_GPIO_Init();
  MX_DMA_Init();
  MX_USART2_UART_Init();
  MX_TIM2_Init();
  MX_ADC2_Init();
  MX_ADC1_Init();
  HAL_TIM_Base_Start(&htim2);  /*手动添加，启动 TIM2*/
  HAL_ADC_Start(&hadc2);       /*手动添加，启动 ADC2*/
  HAL_ADCEx_MultiModeStart_DMA(&hadc1,&data,1);  /*手动添加，以 DMA 方式启动多重 ADC 采样*/
  while (1)
  {
  }
}
```

与案例 15.3 类似，这里也需要在 main.c 中添加 ADC 转换结束中断回调函数。

```
void HAL_ADC_ConvCpltCallback(ADC_HandleTypeDef* hadc){
  uint16_t adc1_data, adc2_data;               /*定义变量以存放 ADC1 和 ADC2 通道的数据*/
  adc1_data=data&0xFFFF;                        /*拆分低 16 位数据，ADC1 通道的采样结果*/
  adc2_data=(data&0xFFFF0000)>>16;              /*拆分高 16 位数据，ADC2 通道的采样结果*/
  float temperature;
  float voltage;
  temperature= (adc1_data/4096.0*3.3 -0.76)/0.0025+25;   /*换算成温度值*/
  voltage =  adc2_data/4096.0*3.3;                       /*换算成电压值*/
  printf("temperature=%0.2fC voltage=%0.2fV\n",temperature,voltage);
}
```

上述中断回调函数定义了两个 16 位的无符号数 adc1_data 和 adc2_data，分别用于保存 ADC1_IN16 和 ADC2_IN4 通道的采样结果。每次 DMA 传输接收到的数据都需要拆分，低 16 位送入 adc1_data，高 16 位送入 adc2_data，再分别换算成温度值和电压值并输出。

将上述代码编译下载到开发板上。在 PC 上打开串口调试助手，配置串口调试助手的通信参数

（波特率 115 200 bit/s、校验位 NONE、数据位 8 和停止位 1），启动开发板并运行，得到的结果如图 15.27 所示。

图 15.27　多重 ADC 规则同时模式下的采样结果

15.8　思考与练习

1. ADC 的主要功能是什么？ADC 都有哪些主要的性能指标？

2. STM32F407xx 在内部集成了_____个_____位的 ADC，它们是_____型 ADC，共有_____个复用通道，可测量_____个外部信号源和_____个内部信号源。

3. STM32F407xx 的 ADC 采样结果存储在 16 位的数据寄存器中，结合 ADC 的数据对齐方式，列举数据存放的具体规则。

4. 简述 STM32F4 微控制器中 ADC 的规则组和注入组有什么不同？

5. 简述 STM32F4 微控制器中 ADC 的转换模式都有哪些？

6. 简要说明 STM32F4 微控制器中 ADC 转换结束后的结束信号处理方式。

7. 编程实现 STM32F407xx 采集 ADC1_IN9（PB1 引脚）上的模拟输入信号，数据采样频率为 10 kHz，请将采样结果通过 USART1 发送到 PC。

16 第16章　浮点运算与数字信号处理

Cortex-M4 架构在 Cortex-M3 架构的基础上增加了浮点运算单元，扩展了 DSP 指令集，增强了数学运算能力，使得基于 Cortex-M4 架构的微控制器能够胜任简单的实时数字信号处理任务。

本章首先介绍定点数和浮点数的概念，并讲解 Cortex-M4 架构的浮点运算功能；然后阐述如何在程序中使用 FPU 进行浮点运算；最后介绍 DSP 指令集和 CMSIS-DSP 库，并通过向量运算、快速傅里叶变换、FIR 和 IIR 等案例展示 CMSIS-DSP 库函数的使用方法。通过本章的学习，读者能够理解定点运算和浮点运算的含义，掌握 Cortex-M4 架构中的浮点运算编程，熟悉常用 CMSIS-DSP 库函数的使用方法，并了解在数字信号处理应用中使用上位机和下位机进行程序调试的方法。

本章学习目标：

（1）掌握定点数和浮点数的概念；

（2）了解 Cortex-M4 架构的浮点运算功能；

（3）掌握使用 Cortex-M4 架构中 FPU 进行浮点运算的方法；

（4）了解 Cortex-M4 架构中的 DSP 指令集；

（5）了解 CMSIS-DSP 库的主要功能；

（6）通过案例了解常用 CMSIS-DSP 库函数的使用方法。

16.1　Cortex-M4 架构的浮点运算

对于嵌入式系统应用来说，大多数情况下只需要使用整数运算就能完成任务，但有些任务不可避免地要用到浮点运算。例如在第 15 章中，为了将 ADC 采样的结果转换为具体的电压值，需要用到下面的计算公式。此时，参与运算的 3.3 V 基准电压和运算得到的采样电压值均为浮点数。

$$电压值 = \frac{data}{2^{12}} \times 3.3 \text{ V}$$

两个浮点数在进行运算时，通常需要执行以下几个步骤。

（1）对齐运算的两个数字，使它们拥有相同的指数。

（2）执行运算。

（3）对结果进行舍入。

（4）对结果进行编码。

在没有浮点运算单元（FPU）的处理器上，上述操作可由 C 语言提供的库函数来完成，但具体过程对程序员不可见，浮点运算的执行效率非常低。在具备 FPU 的处理器中，大多数硬件提供的浮点运算指令可在一个周期内执行完，从而大大提高了程序的执行效率。根据 ST 公司提供的文档，STM32F407xx 微控制器在复平面分形运算 Julia 集的测试中，使用 FPU 的运算速度比使用 C 库快了约 12 倍。

16.1.1　定点数和浮点数

在数学中，表示实数时通常使用科学记数法，也就是将实数表示成尾数与 10 的 n 次幂相乘的形式。例如，123.45 的十进制科学记数法形式可以表示为 1.2345×10^2（其中，1.2345 为尾数，10 为基数，2 为指数）。计算机系统则将小数 a 近似表示为尾数 n 与 2 的 $-e$ 次幂相乘的形式。

$$a = n \times 2^{-e}$$

其中，n 和 e 均为整数，因此小数可通过整数对（n，e）来表示。当 e 是一个变量且在程序编译阶段未知时，我们把由整数对（n，e）确定的小数 a 称为浮点数（floating point number）。如果 e 的值在程序编译阶段已知，那么只需要存储整数 n 的值就能确定小数 a 的值，此时称 a 为定点数（fixed point number）。

定点数表示法相当于将小数点固定在数字中间的某个位置。为定点数确定字长（8 位、16 位或 32 位）后，表达的数值范围与精度是相互矛盾的。变量要想表示比较大的数值范围，就必须以牺牲精度为代价；而要想提高精度，表达的数值范围就要相应地缩小，如表 16.1 所示。

表 16.1　　　　　　　　　　　　　　定点数举例

尾数（n）	指数（e）	二进制值	十进制值
01100101	−1	011001010.	202
01100101	0	01100101.	101
01100101	1	0110010.1	50.5
01100101	2	011001.01	25.25
01100101	3	01100.101	12.625
…	…	…	…
01100101	7	0.1100101	0.7890625

有些嵌入式处理器只支持定点数运算，这类处理器通过设定小数点在一个字中的不同位置来表示各种范围与精度的小数，称为定标。定标后的小数运算就变成了整数运算，从而在没有浮点运算单元的处理器上实现高效的小数计算。

浮点数可以灵活地表达更大范围与更高精度的实数，但需要耗费更多的运算时间，因此很多处理器通过增加专用于浮点运算的协处理器来加快浮点运算速度。为了便于在不同型号的计算机之间移植程序，IEEE 提出了用于表示浮点数的 IEEE 754 标准，支持浮点运算的处理器几乎都采用这一标准。IEEE 754 标准借鉴了 Intel 8087 浮点运算协处理器的数据格式，不仅定义了如何编码和处理浮点数，而且限定指数的基数为 2。例如，IEEE 754 标准规定 float 型单精度浮点数占用 32 位的存储空间，其中符号位占 1 位，指数部分占 8 位，尾数部分占 23 位，float 型数据的存储格式如图 16.1 所示。

位 31	30　　　　23	22　　　　　　0
符号位 sign	指数部分 exp	尾数部分 mantissa

图 16.1　float 型数据的存储格式

当一个浮点数指数部分的值 e 满足 0<e<255 时，该浮点数为标准化（规范化）类型，其数值转换公式如下。

$$数值 = (-1)^{sign} \times 2^{(exp-127)} \times (1 + m[22] \times 2^{-1} + m[21] \times 2^{-2} + \cdots + m[0] \times 2^{-23})$$

下面举例说明标准化的 float 型数据的十六进制值与十进制值的对应关系，详见表 16.2。

表 16.2 单精度浮点数举例

十六进制值	符号位	指数部分	尾数部分	十进制值
0x3F00 0000	0	126	000 0000 0000 0000 0000 0000	0.5
0x3F40 0000	0	126	100 0000 0000 0000 0000 0000	0.75
0x3F80 0000	0	127	000 0000 0000 0000 0000 0000	1.0
0x3FA0 0000	0	127	010 0000 0000 0000 0000 0000	1.25
0xBF60 0000	1	126	110 0000 0000 0000 0000 0000	−0.875

当一个浮点数指数部分的值 e 为 0 且尾数部分不全为 0 时，该浮点数为非标准化类型，其数值转换公式如下。

$$数值 = (-1)^{\text{sign}} \times 2^{-126} \times (m[22] \times 2^{-1} + m[21] \times 2^{-2} + \cdots + m[0] \times 2^{-23})$$

另外还存在几种特殊情况，如表 16.3 所示。

表 16.3 几种特殊情况

符号位	指数部分	尾数部分	十进制值
0	0	0	+0
1	0	0	−0（运算时±0 相同）
0	255	0	+∞
1	255	0	−∞
任意	255	非零值	NaN(not-a-number)

IEEE 754 标准还定义了浮点数的算术运算、类型转换和异常处理等内容，感兴趣的读者可以查阅相关资料以便进一步了解它们。

16.1.2 Cortex-M4 的浮点运算单元

Cortex-M4 的浮点运算单元虽然基于 IEEE 754 标准，但却没有实现其全部内容，而是只支持单精度浮点计算。Cortex-M4 的 FPU 支持以下特性。

（1）拥有独立的包含 32 个 32 位寄存器（S0~S31）的浮点寄存器组，用于存储操作数和运算结果。这些寄存器既可以作为 32 位寄存器使用，也可以成对使用，成对使用时可作为 64 位寄存器用于加载和存储操作。

（2）支持数据类型转换指令，包括整数与单精度数转换、定点数与单精度数转换、半精度数与单精度数转换。

（3）支持浮点寄存器组和存储器之间的单精度数与双精度数传输。

（4）支持浮点寄存器组和整数寄存器组之间的单精度数传输。

需要注意的是，Cortex-M4 的 FPU 无法实现以下操作：双精度数据计算、浮点余数计算、将浮点数舍入为整数值浮点数、二进制数和十进制数的相互转换以及实现单精度和双精度数据的直接比较。

为了保持与其他 Arm 架构的一致性，Cortex-M4 的 FPU 在编程模型中被定义为协处理器。在第 4 章介绍的 CONTROL 控制寄存器（详见图 4.9）中原有控制位不变的基础上，将该寄存器的第 2 位由保留位改为有效位，用于表示当前 FPU 是否处于活动状态。FPU 与普通流水线共用了取指阶段，但译码和执行阶段是分开的，如图 16.2

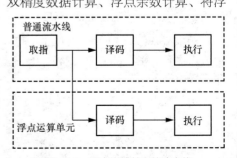

图 16.2 浮点运算单元的流水线

所示。

FPU 相关寄存器及其功能说明详见表 16.4。

表 16.4　　　　　　　　　　　　　　FPU 相关寄存器及其功能说明

寄存器名称	功能说明
FPCCR（floating point context control register） 浮点上下文控制寄存器	用于设置和返回 FPU 的控制数据
FPSCR（floating point status control register） 浮点状态和控制寄存器	存储 FPU 的状态（条件位和异常标志）和配置（舍入模式和可选模式）
FPCAR（floating point context address register） 浮点上下文地址寄存器	存放 S0～S15 以及 FPSCR 压栈时使用的内存地址
FPDSCR（floating point default status control register） 浮点默认状态和控制寄存器	存放 FPCCR 寄存器的默认值

FPU 拥有独立的寄存器组，因此可以高效地执行浮点运算。第 10 章在讲解中断控制器的工作原理时曾提到，基于 Cortex-M3/M4 架构的微控制器在执行中断服务程序时，寄存器 R0～R3、R12、R14（LR）以及 xPSR 中的内容将由硬件自动压入堆栈中。如果在程序中使用了 FPU，那么当产生异常时，除上述寄存器外，硬件还会自动将 S0～S15 以及 FPSCR 压栈，以保证浮点运算能够正确地恢复现场。为了避免因为压栈的寄存器太多导致中断响应时间增加，Cortex-M4 采用了惰性压栈机制。当异常产生时，为 FPU 寄存器预留栈空间，只将寄存器 R0～R3、R12、R14（LR）以及 xPSR 压栈。在中断服务程序执行过程中，如果被中断程序和中断服务程序均使用了 FPU，那么当中断服务程序中的第一条浮点运算指令到达译码阶段时，就将 S0～S15 以及 FPSCR 压栈。惰性压栈机制使得 Cortex-M4 微控制器的异常响应时间与 Cortex-M3 微控制器的相同。

16.1.3　浮点运算编程

对于大多数嵌入式系统应用来说，Cortex-M4 架构微控制器的单精度 FPU 足以满足精度需求。Cortex-M4 架构微控制器为 FPU 提供了 137 条浮点运算指令和 32 条可选附加指令，当开启 FPU 时，编译器会自动选择这些浮点运算指令。表 16.5 列举了几条常用的单精度浮点运算指令，这些指令大部分都是单周期指令，因而能够获得较高的执行效率。

表 16.5　　　　　　　　　　　　　　常用的几条单精度浮点运算指令

指令	说明	执行周期
VABS.F32	绝对值	1
VADD.F32	加	1
VSUB.F32	减	1
VMUL.F32	乘	1
VDIV.F32	除	14
VCVT.F32	整数/定点数转换	1
VSQRT.F32	开平方根	14

Keil MDK 提供了编译选项 Floating Point Hardware，用于选择是否在程序中启用 FPU，如图 16.3 所示。

如果在基于 Cortex-M4 架构微控制器的程序中使用了双精度数，那么仍然需要用 C 语言库函数来处理双精度运算，此时程序编译后的代码量会增加，程序的执行时间也会更长。需要注意的是，程序代码中很有可能意外使用双精度数，如下所示。

```
float  x,y;
x=3.14/2.0;
y=sin(x)+1.0;
```

尽管 x 和 y 都被定义为单精度数，但是数学函数 sin 和常量 3.14 默认都作为双精度数处理。为了确保执行的是单精度计算，需要对上述代码进行如下修改。

```
float  x,y;
x=3.14F/2.0F;
y=sinf(x)+1.0F;
```

下面通过案例展示如何使用FPU加快程序的执行速度。

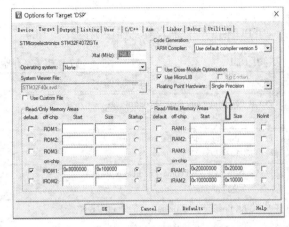

图 16.3　启用浮点运算单元（FPU）

案例 16.1： 编写程序，求解圆周率 π。

根据泰勒展开式，圆周率 π 可通过下面的式子求得。

$$\frac{\pi}{4}=1-\frac{1}{3}+\frac{1}{5}-\frac{1}{7}+\frac{1}{9}-\cdots$$

在 STM32CubeMX 中创建一个新项目，先选择微控制器芯片为 STM32F407xx，再选择 HSE 和 LSE 作为时钟源，并配置好时钟树参数。

参照案例 12.2，设置好 USART2 相关参数。

在 STM32CubeMX 主界面的 Project Manager 面板中配置好相关的工程参数，单击 GENERATE CODE，导出 Keil MDK 工程文件和程序代码。

在 STM32CubeMX 生成的 main.c 中重写 fputc 函数，参见案例 12.2，此处不再赘述。然后在 main.c 中增加计算圆周率的代码，如下所示。

```
#include <stdio.h>
void PITaylor()                          /*通过泰勒展开式求π*/
{
    float pi=0.0, i=1.0, j=1.0;          /*i 为分式的分母；j 为分式前的符号*/
    int   k;                             /*k 为循环变量*/
    for(;i<500000.0F;i+=2,j=-j)          /* 执行 50 万次迭代*/
          pi+=j/i;
    pi=pi*4;
    printf("pi=%f\n",pi);
}

int main(void)
{
  HAL_Init();
  SystemClock_Config();
  MX_GPIO_Init();
  MX_USART2_UART_Init();

  uint32_t starttime, endtime, timecost=0;  /*记录程序的开始时间、结束时间、运行时间*/
  while (1){
        starttime=HAL_GetTick();             /*获取开始时间*/
```

```
        PITaylor();
        endtime=HAL_GetTick();              /*获取结束时间*/
        timecost=endtime-starttime;         /*求出程序的运行时间, 以ms 为单位*/
        printf("timecost=%dms\n",timecost);
    }
}
```

在 PC 上打开串口调试助手,配置串口调试助手的通信参数(波特率 115 200 bit/s、校验位 NONE、数据位 8 和停止位 1)。为了对比 FPU 的加速效果,下面分两次用不同的编译选项来编译程序。

（1）第一次编译时,将图 16.3 中的 FPU 设置选项选择为 Not Used,此时编译器将使用 C 语言库函数来执行浮点运算。将上述代码编译下载到开发板上,启动开发板并运行,得到的结果如图 16.4 所示。

（2）第二次编译时,将图 16.3 中的 FPU 设置选项选择为 Single Precision,此时编译器将使用 FPU 提供的硬件指令来执行浮点运算。将上述代码编译下载到开发板上,启动开发板并运行,得到的结果如图 16.5 所示。

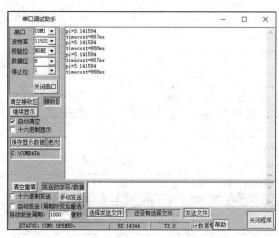

图 16.4　不使用 FPU 时的运行效果

图 16.5　使用 FPU 时的运行效果

上述代码输出的计算结果为 3.141594,这是因为 float 型数据的有效位数为 7 位,其中前 6 位是准确的。对比图 16.4 和图 16.5 中的执行时间可知,使用 FPU 后,圆周率求解程序的运行速度得到了大幅提高。

16.2　DSP 指令集

在传统的嵌入式系统应用中,微控制器和数字信号处理器各自服务于不同的应用领域。随着物联网设备的兴起,越来越多的应用既需要运行控制任务,又需要执行实时数字信号处理任务。当面对这类需求的时候,以往的设计方案常用两个独立的处理器——一个微控制器和一个 DSP——来满足任务需求,而现在使用一个 Cortex-M4 架构的微控制器就能达到目标。这是因为 Cortex-M4 架构针对 DSP 任务扩展了 DSP 指令集,DSP 指令集能够加速 DSP 运算,使得 Cortex-M4 架构微控制器在没有外部数字信号处理器协助的情况下,也能执行实时信号处理任务。

基于 Cortex-M4 架构的微控制器弥补了传统微控制器和 DSP 的局限,并且具有低功耗、易于集成的特点,同时能够显著降低系统的成本,因此基于 Cortex-M4 架构的微控制器也称为数字信号控制器(digital signal controller)。需要注意的是,Cortex-M4 架构微控制器提供的 DSP 处理能力只能满足常规控制任务的需要。对于高强度的实时数字信号处理任务，仍然需要使用高性能嵌入式处理器或专用处理器才能满足要求。

16.2.1 DSP 相关数据类型

CMSIS 提供的头文件 arm_math.h 中定义了 DSP 运算中使用的多种数据类型，常用的数据类型如表 16.6 所示。

表 16.6   **DSP 运算中常用的数据类型**

有符号整数		头文件中的定义
int8_t	8 位有符号整数	typedef signed char int8_t;
int16_t	16 位有符号整数	typedef signed short int int16_t;
int32_t	32 位有符号整数	typedef signed int int32_t;
int64_t	64 位有符号整数	typedef signed __INT64 int64_t;
无符号整数		**头文件中的定义**
uint8_t	8 位无符号整数	typedef unsigned char uint8_t
uint16_t	16 位无符号整数	typedef unsigned short int uint16_t;
uint32_t	32 位无符号整数	typedef unsigned int uint32_t;
uint64_t;	64 位无符号整数	typedef unsigned __INT64 uint64_t;
定点小数		**头文件中的定义**
q7_t	8 位定点小数	typedef int8_t q7_t;
q15_t	16 位定点小数	typedef int16_t q15_t;
q31_t	32 位定点小数	typedef int32_t q31_t;
q63_t;	64 位定点小数	typedef int64_t q63_t;
浮点数		**头文件中的定义**
float32_t	单精度浮点数	typedef float float32_t;
float64_t	双精度浮点数	typedef double float64_t;

表 16.6 中的定点小数类型一般用于数字信号处理，其他的应用场景中很少涉及。CMSIS 中定义的定点小数是最高位为符号位、其余位均为小数位的定点数。例如，q7_t 在存储器中占用的空间为 8 位，其中最高位为符号位，用于表示小数的位则有 7 位，q7_t 中的每一位表示的数值如图 16.6 所示。

位 7	6	5	4	3	2	1	0
符号	1/2	1/4	1/8	1/16	1/32	1/64	1/128

图 16.6   q7_t 中的每一位表示的数值

当采用二进制的补码表示形式时，q7_t 的取值范围为 $[-1, 1-2^{-7}]$，含义如表 16.7 所示。

表 16.7   **q7_t 的取值范围**

二进制值	十进制值	描述
0111 1111	$1-2^{-7}$	最大值
0000 0001	2^{-7}	可表示的最小正数
0000 0000	0	零
1111 1111	-2^{-7}	可表示的最大负数
1000 0000	-1	最小值

同理，q15_t 的取值范围为[−1, 1−2⁻¹⁵]，q31_t 的取值范围在[−1, 1−2⁻³¹]，可简单记忆为 [−1, +1]。当使用 CMSIS 中的定点小数类型进行计算时，通常需要进行尺度缩放，从而把需要计算的数值调整到[−1, +1]区间内。

16.2.2 DSP 指令集

Cortex-M4 架构的微控制器可以执行定点或浮点 DSP 处理任务。Cortex-M4 架构提供的 DSP 指令集针对定点运算做了优化，浮点运算则由 FPU 完成。DSP 指令集主要包括 SIMD 指令和饱和运算指令。

1. SIMD 指令

单指令多数据流（SIMD）指令使用一条指令操作多个数据，这种指令利用 32 位寄存器来存储 2 个 16 位整数或 4 个 8 位整数，并且能在单个指令周期内批量处理多个 16 位或 8 位整数。SIMD 指令包括加载/存储指令和算术指令，表 16.8 列举了几条 SIMD 指令。

表 16.8 SIMD 指令举例

指令	功能描述
QADD16	执行 2 个 16 位整数的并行饱和加法，计算结果被限制在 -2^{15} 和 $2^{15}-1$ 之间
UHADD16	执行 2 个 16 位无符号整数的并行加法，并将结果减半（右移 1 位）
SHADD8	执行 4 个 8 位有符号整数的并行加法，并将结果减半（右移 1 位）
SADD8	执行 4 个 8 位有符号整数的并行加法
SMUAD	执行 2 个 16 位有符号整数的相乘，并将高 16 位结果和低 16 位结果相加，作为 32 位的最终结果

CMSIS 库中封装了这些 SIMD 指令，可通过函数调用来执行它们。例如，执行 SADD8 指令的函数如下。

```
uint32_t __SADD8( uint32_t val1, uint32_t val2)
```

以上函数对 2 个 32 位数中的 4 个 8 位有符号数做了并行相加，这相当于在 1 个指令周期内完成 4 次的 8 位加法运算，执行过程如图 16.7 所示。

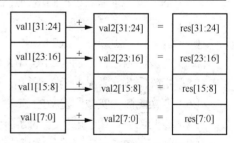

图 16.7 SADD8 指令的执行过程

2. 饱和运算指令

定点运算中需要合理规划数值的范围，如果数值太大，就会产生溢出。在许多情况下（比如将两个定点数相乘），要 100%避免溢出非常困难，应该考虑溢出情况并将其影响最小化。为了应对溢出情况，Cortex-M4 架构的 DSP 指令集提供了饱和运算指令，这些指令会在运算结果超过最大正数和最小负数时进行饱和操作。图 16.8 比较了溢出和饱和操作的结果，从图 16.8 中可以看出，数据溢出后，信号的波形将完全失真，进行饱和操作时信号虽然稍微有变化，但基本保持了波形的原始形状。

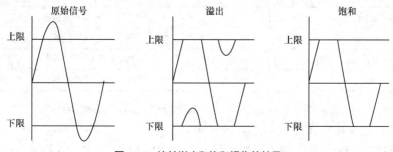

图 16.8 比较溢出和饱和操作的结果

常用的饱和运算指令详见表 16.9，其中，后缀为 8 或 16 的指令同时也是 SIMD 指令。

表 16.9 常用的饱和运算指令

指令	功能
QADD8	执行 4 个 8 位整数的并行饱和加法
QSUB8	执行 4 个 8 位整数的并行饱和减法
QADD16	执行 2 个 16 位整数的并行饱和加法
QSUB16	执行 2 个 16 位整数的并行饱和减法
QADD	执行 32 位整数的饱和加法
QSUB	执行 32 位整数的饱和减法

与 SIMD 指令一样，CMSIS 库也同样封装了饱和运算指令，可通过函数调用来执行它们。

16.3　CMSIS-DSP 库介绍

编写高效的 DSP 程序并非易事，不仅涉及寄存器分配、堆栈使用和编译优化，还需要较高的编程技巧。为了方便用户，CMSIS 提供了一个专用于 DSP 运算的函数库，称为 CMSIS-DSP 库，其中包含了常用的信号处理和数学运算函数，并针对 Cortex-M4 进行了优化。CMSIS-DSP 库是与 CMSIS 一起发布的，里面提供的 DSP 相关函数包括以下几类。

（1）基本数学运算函数：向量的点积、叉积、缩放等。

（2）快速数学运算函数：求平方根、sin 和 cos 函数。

（3）复数运算函数：复数的点乘、求模等。

（4）滤波器函数：常用的 FIR、IIR 滤波器。

（5）矩阵函数：常见的矩阵运算。

（6）变换函数：实数和复数的 FFT 变换和反 FFT 变换。

（7）控制函数：用于电机的控制函数。

（8）统计函数：求向量的最大值、最小值、均方根等。

（9）支持函数：向量的复制、排序，不同类型向量间的相互转换等。

（10）插值函数：线性和双线性插值函数。

CMSIS-DSP 库函数针对 q7_t、q15_t、q31_t 和 float 型数据做了区分，不同的数据类型对应于不同的函数名称。以向量相加函数为例，不同数据类型的向量相加函数详见表 16.10。

表 16.10 向量相加函数

函数名称	功能
arm_add_f32	将两个 float 型向量相加
arm_add_q31	将两个 q31_t 型向量相加
arm_add_q15	将两个 q15_t 型向量相加
arm_add_q7	将两个 q7_t 型向量相加

CMSIS-DSP 库中的函数较多，受篇幅所限，本章仅讲解后续案例中用到的函数。如果需要了解更多内容，读者可以查阅 Keil 官方网站提供的文档。

通过 STM32CubeMX 导出的项目默认不包含 DSP 相关的头文件和库文件，因此在导出

STM32CubeMX 中的项目时，需要选择将所有的库都复制到项目文件中，如图 16.9 所示。

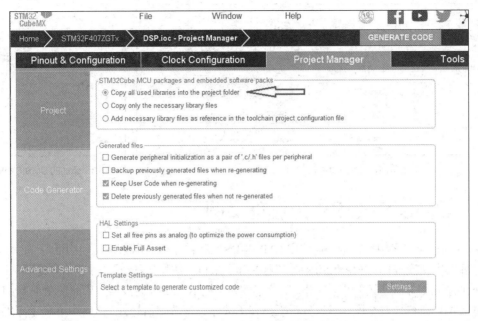

图 16.9　从 STM32CubeMX 中导出所有库文件

为了在 Keil MDK 中使用 CMSIS-DSP 库，需要定义 arm_math.h 头文件中的条件编译宏变量 ARM_MATH_CM4。在 Keil MDK 的工程参数配置界面的 C/C++选项卡中，增加宏定义 ARM_MATH_CM4，如图 16.10 所示。同时，在下方的 Include Paths 中添加 arm_math.h 头文件所在的 \DSP\Drivers\CMSIS\Include 目录，如图 16.11 所示。

另外，还需要在 Keil MDK 工程中加入 CMSIS-DSP 库文件或 CMSIS-DSP 库的源代码。在 Keil MDK 的菜单栏中单击 Project→Manage→Run-Time Environment…，弹出的界面如图 16.12 所示。在图 16.12 中，展开 CMSIS 节点，选中 DSP，在界面右侧的下拉列表中选择 Library 或 Source，单击 OK，将 CMSIS-DSP 库文件添加到工程中。

默认的 CMSIS-DSP 库文件名为 arm_cortexM4lf_math.lib，这是一种适用于 Cortex-M4 架构微控制器、支持小端模式且使用 FPU 的库文件，如图 16.13 所示。

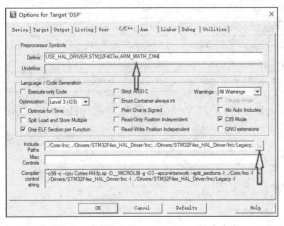

图 16.10　增加 ARM_MATH_CM4 宏定义

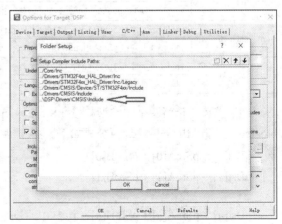

图 16.11　添加 arm_math.h 头文件所在的目录

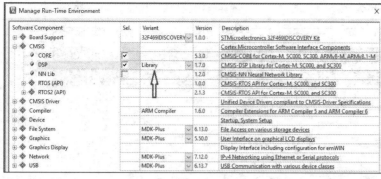

图 16.12　添加 CMSIS-DSP 库文件

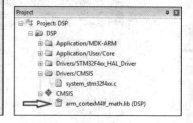

图 16.13　添加的 CMSIS-DSP 库文件

16.4　CMSIS–DSP 库编程举例

本节将通过一些案例来展示如何使用 CMSIS-DSP 库中的各种函数。案例中用到了有关数字信号处理的基础知识，如 FFT、FIR 和 IIR 等，这些知识来自"信号与系统""数字信号处理"等课程，本书假设读者已经掌握上述知识。另外，部分案例为了展示 FFT 和滤波器效果而使用了 MATLAB 编程，MATLAB 拥有强大的数字信号分析工具和函数库，是数字信号处理中常用的工具软件，有关 MATLAB 的使用详情，读者可查阅相关资料。

16.4.1　向量运算

CMSIS-DSP 库提供的向量运算主要包括两个向量的求和、点乘和乘积等。

1.　向量求和

CMSIS-DSP 库中的向量求和运算相关函数详见表 16.11。

表 16.11　　　　　　　　　　　　　　　向量求和运算相关函数

求和函数	函数定义及功能描述
arm_add_f32	void arm_add_f32(const float32_t * pSrcA, const float32_t * pSrcB, float32_t *pDst, uint32_t blocksize)
	将 float32_t 型向量 pSrcA 和 pSrcB 相加
arm_add_q7	void arm_add_q7(const q7_t * pSrcA, const q7_t * pSrcB, q7_t *pDst, uint32_t blocksize)
	将 q7_t 型向量 pSrcA 和 pSrcB 相加，执行饱和运算，结果的取值区间为[0x80～0x7F]
arm_add_q15	void arm_add_q15(const q15_t * pSrcA, const q15_t　* pSrcB, q15_t *pDst, uint32_t blocksize)
	将 q15_t 型向量 pSrcA 和 pSrcB 相加，执行饱和运算，结果的取值区间为[0x8000～0x7FFF]
arm_add_q31	void arm_add_q31(const q31_t * pSrcA, const q31_t * pSrcB, q31_t *pDst, uint32_t blocksize)
	将 q31_t 型向量 pSrcA 和 pSrcB 相加，执行饱和运算，结果的取值区间为 [0x8000 0000～0x7FFF FFFF]

向量求和是指将两个同类型向量 pSrcA 和 pSrcB 对齐相加，结果存放在向量 pDst 中，其中 blockSize 为向量的长度，计算公式如下。

pDst[0] = pSrcA[0] + pSrcB[0]

pDst[1] = pSrcA[1] + pSrcB[1]

…

pDst[n] = pSrcA[n] + pSrcB[n]，其中 $0 \leq n < blockSize$

案例 16.2：调用 CMSIS-DSP 库函数，实现向量相加功能，实现代码如下。

```
void Vector_Add(void)
{
    float32_t   pSrcA=0.1F;
    float32_t   pSrcB=0.2F;
    float32_t   pDst;

    q31_t  pSrcA31=2800;
    q31_t  pSrcB31=500;
    q31_t  pDst31;

    q15_t  pSrcA15=20;
    q15_t  pSrcB15=30;
    q15_t  pDst15;

    q7_t  pSrcA7=30;
    q7_t  pSrcB7=120;
    q7_t  pDst7;

    arm_add_f32(&pSrcA, &pSrcB, &pDst, 1);
    printf("arm_add_f32 = %f\n", pDst);

    arm_add_q31(&pSrcA31, &pSrcB31, &pDst31, 1);
    printf("arm_add_q31 = %d\n", pDst31);

    arm_add_q15(&pSrcA15, &pSrcB15, &pDst15, 1);
    printf("arm_add_q15 = %d\n", pDst15);

    arm_add_q7(&pSrcA7, &pSrcB7, &pDst7, 1);
    printf("arm_add_q7 = %d\n", pDst7);
}
```

上述代码定义了 4 种类型的向量，这些向量的长度均为 1。调用对应的 **arm_add_xx** 函数，将这些向量相加，得到的结果下。

```
arm_add_f32 = 0.300000
arm_add_q31 = 3300
arm_add_q15 = 50
arm_add_q7 = 127
```

在上述结果中，两个 **q7_t** 向量的相加结果超出了 **0x7F**，为此执行了饱和运算，结果为 127。为了更好地查看小数运算结果，可将小数的运算结果 3300、50 和 127 换成 **float32_t** 类型，转换代码如下。

```
float32_t pDst31f;
arm_q31_to_float(&pDst31,&pDst31f,1);
printf("arm_add_q31 = %f\n", pDst31f);

float32_t pDst15f;
arm_q15_to_float(&pDst15,&pDst15f,1);
printf("arm_add_q15 = %f\n", pDst15f);

float32_t pDst7f;
arm_q7_to_float(&pDst7,&pDst7f,1);
printf("arm_add_q7 = %f\n", pDst7f);
```

转换后的十进制结果如下。

```
arm_add_q31 = 0.000002
arm_add_q15 = 0.001526
arm_add_q7 = 0.992188
```

2. 向量点乘

CMSIS-DSP 库中的向量点乘运算相关函数如表 16.12 所示。

表 16.12   CMSIS–DSP 库中的向量点乘运算相关函数

点乘函数	函数定义及功能描述
arm_dot_prod_f32	void arm_dot_prod_f32(const float32_t * pSrcA, const float32_t * pSrcB, uint32_t blocksize, float32_t result)
	将 float32_t 型向量 pSrcA 和 pSrcB 点乘
arm_dot_prod_q7	void arm_dot_prod_q7(const q7_t * pSrcA, const q7_t * pSrcB, uint32_t blocksize, q31_t *result)
	将 q7_t 型向量 pSrcA 和 pSrcB 点乘，结果为 Q18.14 的定点数
arm_dot_prod_q15	void arm_dot_prod_q15(const q15_t * pSrcA, const q15_t * pSrcB, uint32_t blocksize, q63_t *result)
	将 q15_t 型向量 pSrcA 和 pSrcB 点乘，结果为 Q34.30 的定点数
arm_dot_prod_q31	void arm_dot_prod_q31(const q31_t * pSrcA, const q31_t * pSrcB, uint32_t blocksize, q63_t *result)
	将 q31_t 型向量 pSrcA 和 pSrcB 点乘，结果为 Q16.48 的定点数

向量点乘运算是指将两个同类型向量 pSrcA 和 pSrcB 对齐相乘，然后将其中每一项的相乘结果累加存放在变量 result 中，blockSize 为向量的长度，计算公式如下。

result = pSrcA[0]×pSrcB[0] + pSrcA[1]× pSrcB[1] + ⋯ + pSrcA[blockSize−1] × pSrcB[blockSize−1]

下面以 arm_dot_prod _q31 函数为例分析向量点乘运算的实现细节，部分函数源代码如下。

```
q63_t sum = 0;
…
q31_t inA1, inA2, inA3, inA4;
q31_t inB1, inB2, inB3, inB4;
…
blkCnt = blockSize >> 2u;        /*每次取 4 个元素为一组参与运算*/
while(blkCnt > 0u)
{
    inA1 = *pSrcA++;
    inA2 = *pSrcA++;
    inA3 = *pSrcA++;
    inA4 = *pSrcA++;
    inB1 = *pSrcB++;
    inB2 = *pSrcB++;
    inB3 = *pSrcB++;
    inB4 = *pSrcB++;

    sum += ((q63_t) inA1 * inB1) >> 14u;
    sum += ((q63_t) inA2 * inB2) >> 14u;
    sum += ((q63_t) inA3 * inB3) >> 14u;
    sum += ((q63_t) inA4 * inB4) >> 14u;
    blkCnt--;
}
```

在上述代码中，当进行 q31_t 型向量的点乘时，两个向量中每个对齐相乘的中间结果都是 Q1.31 × Q1.31 = Q2.62 格式，将中间结果右移 14 位，变成 Q2.48 格式（因为不需要那么高的精度），然后将这些 Q2.48 格式的中间结果送入 64 位累加器进行累加，结果为 Q16.48 格式。最终结果的高 16 位除去符号位还预留了 15 位，因此，只要向量的长度不超过 2^{16}，就没有溢出风险，也无须执行饱和运算。

当进行 q15_t 型向量的点乘时，两个向量中每个对齐相乘的中间结果都是 Q1.15 × Q1.15 = Q2.30 格式，将这些 Q2.30 格式的中间结果送入 64 位累加器进行累加，结果为 Q34.30 格式。由于没有溢出风险，无须执行饱和运算。

当进行 q7_t 型向量的点乘时，两个向量中每个对齐相乘的中间结果都是 Q1.7 × Q1.7 = Q2.14 格式，将这些 Q2.14 格式的中间结果送入累加器进行累加，结果为 Q18.14 格式。只要向量的长度不超过 2^{18}，就没有溢出风险，也无须执行饱和运算。

案例 16.3：调用 CMSIS-DSP 库函数，实现向量点乘功能，实现代码如下。

```
void Vector_DotProduct(void)
{
  float32_t  pSrcA[5] = {2.0f,1.0f,1.0f,1.0f,1.0f};
  float32_t  pSrcB[5] = {2.0f,1.0f,1.0f,1.0f,1.0f};
  float32_t  resultf;

  q31_t  pSrcA31[5] = {0x7ffffff0,1,1,1,1};
  q31_t  pSrcB31[5] = {1,1,1,1,1};
  q63_t  result31;

  q15_t  pSrcA15[5] = {1,2,1,1,1};
  q15_t  pSrcB15[5] = {1,1,2,1,1};
  q63_t  result15;

  q7_t  pSrcA7[5] = {2,1,1,1,1};
  q7_t  pSrcB7[5] = {1,2,1,1,1};
  q31_t  result7;

  arm_dot_prod_f32(pSrcA, pSrcB, 5, &resultf);
  printf("arm_dot_prod_f32 = %f\n", resultf);

  arm_dot_prod_q31(pSrcA31, pSrcB31, 5, &result31);
  printf("arm_dot_prod_q31 = %lld  0x%llx\n", result31,result31);

  arm_dot_prod_q15(pSrcA15, pSrcB15, 5, &result15);
  printf("arm_dot_prod_q15 = %lld\n", result15);

  arm_dot_prod_q7(pSrcA7, pSrcB7, 5, &result7);
  printf("arm_dot_prod_q7 = %d\n", result7);
}
```

上述代码定义了 4 种类型的向量，这些向量的长度均为 5，调用对应的 arm_ dot_prod_xx 函数，对这些向量执行点乘运算，得到的结果如下。

```
arm_dot_prod_f32 = 8.000000
arm_dot_prod_q31 = 131071
arm_dot_prod_q15 = 7
arm_dot_prod_q7 = 7
```

在上述结果中，当对两个 q31_t 型向量执行点乘运算时，两个向量中每个对齐相乘的中间结果中，只有第 1 项为 0x7fff fff0，其余项均为 1。将中间结果右移 14 位以后，第 1 项为 0x1ffff（十进制表示为 131071），其余项为 0，累加后得到的最终结果为 0x1ffff（Q16.48 格式）。两个 q15_t 向量和两个 q7_t 向量的点乘由于没有做截断，因此结果均为 7，但其中一个为 Q34.30 格式，另一个为 Q18.14 格式。

3. 向量相乘

CMSIS-DSP 库中的向量相乘运算相关函数如表 16.13 所示。

表 16.13 CMSIS–DSP 库中的向量相乘运算相关函数

相乘函数	函数定义及功能描述
arm_mult_f32	void arm_mult_f32(const float32_t * pSrcA, const float32_t * pSrcB, float32_t *pDst, uint32_t blocksize)
	将两个 float32_t 型向量 pSrcA 和 pSrcB 相乘
arm_mult_q7	void arm_mult_q7(const q7_t * pSrcA, const q7_t * pSrcB, q7_t *pDst, uint32_t blocksize)
	将 q7_t 型向量 pSrcA 和 pSrcB 相乘，执行饱和运算，结果的取值区间为[0x80~0x7F]
arm_mult_q15	void arm_mult_q15(const q15_t * pSrcA, const q15_t * pSrcB, q15_t *pDst, uint32_t blocksize)
	将 q15_t 型向量 pSrcA 和 pSrcB 相乘，执行饱和运算，结果的取值区间为[0x8000~0x7FFF]
arm_mult_q31	void arm_mult_q31(const q31_t * pSrcA, const q31_t * pSrcB, q31_t *pDst, uint32_t blocksize)
	将 q31_t 型向量 pSrcA 和 pSrcB 相乘，执行饱和运算，结果的取值区间为 [0x8000 0000~0x7FFF FFFF]

向量相乘运算是指对两个向量 pSrcA 和 pSrcB 做对齐相乘，结果存放在向量 pDst 中，blockSize 为向量的长度，计算公式如下。

pDst[0] = pSrcA[0] × pSrcB[0]

pDst[1] = pSrcA[1] × pSrcB[1]

…

pDst[n] = pSrcA[n] × pSrcB[n]，其中 $0 \leqslant n <$ blockSize

下面以 arm_mult_q31 函数为例分析向量相乘运算的实现细节，部分函数源代码如下。

```
q31_t inA1, inA2, inA3, inA4;            /* temporary input variables */
q31_t inB1, inB2, inB3, inB4;            /* temporary input variables */
q31_t out1, out2, out3, out4;            /* temporary output variables */

blkCnt = blockSize >> 2u;                /*每次取 4 个元素为一组参与运算*/
while(blkCnt > 0u)
{
    inA1 = *pSrcA++;
    inA2 = *pSrcA++;
    inA3 = *pSrcA++;
    inA4 = *pSrcA++;
    inB1 = *pSrcB++;
    inB2 = *pSrcB++;
    inB3 = *pSrcB++;
    inB4 = *pSrcB++;

    out1 = ((q63_t) inA1 * inB1) >> 32;  /*将相乘结果右移 32 位*/
    out2 = ((q63_t) inA2 * inB2) >> 32;
    out3 = ((q63_t) inA3 * inB3) >> 32;
    out4 = ((q63_t) inA4 * inB4) >> 32;

    out1 = __SSAT(out1, 31);             /*执行有符号饱和运算*/
    out2 = __SSAT(out2, 31);
```

```
out3 = __SSAT(out3, 31);
out4 = __SSAT(out4, 31);

*pDst++ = out1 << 1u;                    /*将结果左移1位，确保输出为q31格式*/
*pDst++ = out2 << 1u;
*pDst++ = out3 << 1u;
*pDst++ = out4 << 1u;

blkCnt--;
}
```

在上述代码中，当进行 q31_t 型向量的相乘时，两个向量中每个对齐相乘的中间结果都是 Q1.31 × Q1.31 = Q2.62 格式，右移 32 位后，将变成 Q2.30 格式（因为不需要那么高的精度）。然后执行 31 位的有符号饱和运算，再左移 1 位，变成 q31_t 格式，最终结果的取值区间为 [0x80000000~0x7FFFFFFF]。

当进行 q15_t 型向量的相乘时，两个向量中每个对齐相乘的中间结果都是 Q1.15 × Q1.15 = Q2.30 格式，然后右移 15 位，执行 16 位的有符号饱和运算，最后将结果转换为 q15_t 格式，最终结果的取值区间为 [0x8000~0x7FFF]。

当进行 q7_t 型向量的相乘时，两个向量中每个对齐相乘的中间结果都是 Q1.7 × Q1.7 = Q2.14 格式，然后右移 7 位，执行 8 位的有符号饱和运算，最后将结果转换为 q7_t 格式，最终结果的取值区间为 [0x80~0x7F]。

案例 16.4： 调用 CMSIS-DSP 库函数，实现向量相乘功能，实现代码如下。

```
void Vector_Multiplication(void)
{
    float32_t  pSrcA[5] = {2.0f,1.0f,1.0f,1.0f,1.0f};
    float32_t  pSrcB[5] = {1.0f,2.0f,1.0f,1.0f,1.0f};
    float32_t  pDst[5];

    q31_t pSrcA31[5] = {0x7fffffff,1,1,1,1};
    q31_t pSrcB31[5] = {0x7fffffff,1,1,1,1};
    q31_t pDst31[5];

    q15_t pSrcA15[5] = {0x7fff,1,1,1,1};
    q15_t pSrcB15[5] = {0x7fff,1,1,1,1};
    q15_t pDst15[5];

    q7_t pSrcA7[5] = {0x7f,1,1,1,1};
    q7_t pSrcB7[5] = {0x7f,1,1,1,1};
    q7_t pDst7[5];

    int i;
    arm_mult_f32(pSrcA, pSrcB, pDst, 5);

    for(i=0;i<5;i++)
        printf("pDst[%d]= %f ", i,pDst[i]);
    printf("\n");

    arm_mult_q31(pSrcA31, pSrcB31, pDst31, 5);
    for(i=0;i<5;i++)
        printf("pDst31[%d]= %x ", i,pDst31[i]);
    printf("\n");
```

```
    arm_mult_q15(pSrcA15, pSrcB15, pDst15, 5);
    for(i=0;i<5;i++)
        printf("pDst15[%d]= %x ", i,pDst15[i]);
    printf("\n");

    arm_mult_q7(pSrcA7, pSrcB7, pDst7, 5);
    for(i=0;i<5;i++)
        printf("pDst7[%d]= %x ", i,pDst7[i]);
    printf("\n");
}
```

上述代码分别定义了 4 种类型的向量，这些向量的长度均为 5，调用对应的 arm_mult_xx 函数，将这些向量相乘，得到的结果如下。

```
pDst[0]=2.000000   pDst[1]=2.000000  pDst[2]=1.000000  pDst[3]=1.000000  pDst[4]=1.000000
pDst31[0]= 7ffffffe  pDst31[1]= 0   pDst31[2]= 0      pDst31[3]= 0       pDst31[4]= 0
pDst15[0]= 7ffe    pDst15[1]= 0    pDst15[2]= 0      pDst15[3]= 0       pDst15[4]= 0
pDst7[0]= 7e       pDst7[1]= 0    pDst7[2]= 0       pDst7[3]= 0        pDst7[4]= 0
```

从上述几个案例可以发现，CMSIS-DSP 库提供的函数通常会覆盖 float32_t、q31_t、q15_t 和 q7_t 这几种类型，从而满足数字信号处理任务对不同精度和速度的要求。使用这些函数时，需要考虑饱和运算以及取值范围，建议读者在使用这些函数之前，仔细阅读 Keil 官方提供的文档以确保函数的运算结果在预期范围之内。

16.4.2　快速傅里叶变换

快速傅里叶变换是数字信号处理任务中经常使用的运算，CMSIS-DSP 库提供了一些函数来进行复数傅里叶变换和实数傅里叶变换，表 16.14 列举了部分快速傅里叶变换函数。

快速傅里叶变换

表 16.14　　　　　　　　　　　　部分快速傅里叶变换函数

傅里叶变换	函数定义及功能描述
arm_cfft_f32	void arm_cfft_f32(const arm_cfft_instance_f32 *S, float32_t *p1, uint8_t ifftFlag, uint8_t bitReverseFlag)
	执行 float32_t 型复数的快速傅里叶变换，S 为指向 arm_cfft_instance 参数的指针，p1 为指向数据区域的指针，该数据区域既保存放输入数据，也保存输出结果；ifftFlag 为变换方向，0 为正变换，1 为反变换；bitReverseFlag 表示是否对输出结果做倒位序，0 表示否，1 表示是
arm_cfft_q31	void arm_cfft_q31(const arm_cfft_instance_q31 *S, q31_t * *p1, uint8_t ifftFlag, uint8_t bitReverseFlag)
	执行 q31_t 型复数的快速傅里叶变换，参数含义同上
arm_cfft_q15	void arm_cfft_q15(const arm_cfft_instance_q15 *S, q15_t * *p1, uint8_t ifftFlag, uint8_t bitReverseFlag)
	执行 q15_t 型复数的快速傅里叶变换，参数含义同上
arm_rfft_f32	void arm_rfft_f32(const arm_rfft_instance_f32 *S, float32_t *pSrc, float32_t *pDst)
	执行 float32_t 型实数的快速傅里叶变换，S 为指向参数的指针，pSrc 为指向源数据区域的指针，pDst 为指向存放结果区域的指针
arm_rfft_q31	void arm_rfft_q31(const arm_rfft_instance_q31 *S, q31_t *pSrc, q31_t*pDst)
	执行 q31_t 型实数的快速傅里叶变换，参数含义同上
arm_rfft_q15	void arm_rfft_q15 (const arm_rfft_instance_q15 *S, q15_t *pSrc, q15_t*pDst)
	执行 q15_t 型实数的快速傅里叶变换，参数含义同上

在上述函数中，结构体 arm_cfft_instance_xx 和 arm_rfft_instance_xx 用于描述傅里叶变换时使用的参数，主要包括傅里叶变换的长度、旋转因子表等内容。其中，arm_cfft_instance_f32 结构体的定义如下。

```
typedef struct
{
    uint16_t fftLen;                       /*傅里叶变换的长度*/
```

```
        const float32_t *pTwiddle;              /*指向旋转因子表的指针 */
        const uint16_t *pBitRevTable;           /*指向倒位序表的指针*/
        uint16_t bitRevLength;                   /*倒位序表的长度 */
    } arm_cfft_instance_f32;
```

由于常用傅里叶变换的参数是相对固定的，因此 CMSIS-DSP 库的 arm_const_structs.h 头文件预先定义了常用傅里叶变换的参数，在编程时可以直接引用。

```
    const arm_cfft_instance_f32 arm_cfft_sR_f32_len16;
    const arm_cfft_instance_f32 arm_cfft_sR_f32_len32;
    const arm_cfft_instance_f32 arm_cfft_sR_f32_len64;
    …
    const arm_cfft_instance_f32 arm_cfft_sR_f32_len2048;
    const arm_cfft_instance_f32 arm_cfft_sR_f32_len4096;
    …
    const arm_cfft_instance_q31 arm_cfft_sR_q31_len16;
    const arm_cfft_instance_q31 arm_cfft_sR_q31_len32;
    const arm_cfft_instance_q31 arm_cfft_sR_q31_len64;
    …
```

对于复数傅里叶变换函数，在指针 p1 指向的区域中，复数的实部和虚部将被交替存储，格式如图 16.14 所示。

偏移量	0	1	2	3	4	5	
	p1[0] 实部	p1[0] 虚部	p1[1] 实部	p1[1] 虚部	p1[2] 实部	p1[2] 虚部	…

图 16.14　复数的存储格式

此外，为了观察复数傅里叶变换后各个频谱分量对应的信号强度，需要进行复数的求模运算，相关函数如表 16.15 所示。

表 16.15　　　　　　　　　　　　　　　复数的求模函数

傅里叶变换	函数定义及功能描述
arm_cmplx_mag_f32	void arm_cmplx_mag_f32(const float_f32 *pSrc, float32_t *pDst, uint32_t numSamples)
	对 float32_t 类型的复数进行求模，pSrc 为输入向量的指针，pDst 为输出向量的指针，numSamples 为向量长度
arm_cmplx_mag_q15	void arm_cmplx_mag_q15(const q15_t *pSrc, q15_t *pDst, uint32_t numSamples)
	对 q15_t 类型的复数进行求模，pSrc 为输入向量的指针，pDst 为输出向量的指针，numSamples 为向量长度
arm_cmplx_mag_q31	void arm_cmplx_mag_q31(const q31_t *pSrc, q31_t *pDst, uint32_t numSamples)
	对 q31_t 类型的复数进行求模，pSrc 为输入向量的指针，pDst 为输出向量的指针，numSamples 为向量长度

案例 16.5： 在 Keil MDK 中编写程序，生成一个信号，该信号由振幅为 2 V、频率为 50 Hz 的余弦信号和振幅为 3 V、频率为 200 Hz 的余弦信号叠加而成，这两个信号的初相位相同，请实现该叠加信号的复数快速傅里叶变换。

根据奈奎斯特采样定理，只要采样率 Fs 超过 200 Hz 的两倍即可获取到完整的频率分量，此处选用 1000 Hz。

```
#define N 1024                    /*定义采样点数*/
float32_t Fs=1000.0F;             /*定义采样率为1000，为了方便运算，取类型为浮点数*/
float32_t  Input[2*N];            /*定义存储 2×N 个复数的数组，用于存储输入数据*/
float32_t  Output[N];             /*定义存储 N 个变量的数组，用于存储傅里叶变换后的模值*/
uint8_t  ifftFlag=0;              /*正变换*/
uint8_t  bitReverseFlag=1;        /*对傅里叶变换的结果做倒位序*/

float32_t data;
int i;
for(i = 0; i < N; i++)
{
    data=2* arm_cos_f32(2*PI*50*i/Fs) +3*arm_cos_f32(2*PI*200*i/Fs); /*产生输入数据*/
```

```
            Input[2*i]=data;                    /*复数的实部*/
            Input[2*i+1]=0;                     /*复数的虚部，此处都为 0*/
            printf("%f\n", data);               /*向串口输出原始波形数据*/
    }

    arm_cfft_f32(&arm_cfft_sR_f32_len1024, Input, ifftFlag, bitReverseFlag); /*快速傅里叶变换*/
    arm_cmplx_mag_f32(Input, Output, N);        /*对复数傅里叶变换的结果求模值*/

    for(i=0; i<N; i++)
        printf("%f\n", Output[i]);              /*向串口输出各个频率分量的模值*/
```

在嵌入式数字信号处理系统的开发过程中，为了方便观察结果并对结果做进一步处理，通常会使用开发板与 PC 上的 MATLAB 进行联合调试。上述程序使用 printf 函数将计算结果向串口输出，可参照案例 12.2 配置 USART2 并在 main.c 中重写 fputc 函数，此处不再赘述。

在 MATLAB 中，编程接收上述程序中 printf 函数的输出结果，并分析结果是否符合预期。MATLAB 中的串口接收程序如下。

```
%打开串口，配置波特率、校验位和停止位
s = serialport("COM1",115200,"Parity","none","DataBits",8,"StopBits",1,"FlowControl",
    "none","Timeout",10)
configureTerminator(s,"LF");     %定义回车为结束符
data1=[]                          %定义接收原始数据的缓冲区
data2=[]                          %定义接收 STM32 傅里叶变换结果的缓冲区
N=1024                            %定义采样点数
i=0
while(i<N)
    str=readline(s)              %读取串口数据，这里是波形原始数据
    i=i+1
    data1(i)=str2double(str)     %将数据转换成 double 型并存储到 data1 中
end
i=0
while(i<N)
    str = readline(s)           %读取串口数据，这里是 STM32F4 微控制器执行傅里叶变换后的数据
    i=i+1
    data2(i)=str2double(str)     %将数据转换成 double 型并存储到 data2 中
end
delete(s)                        %注销串口，以避免下一次打开失败
```

在 MATLAB 中接收到开发板上传的原始波形数据和傅里叶变换后的数据后，可通过 MATLAB 自带的 FFT 变换函数对原始波形进行变换，并绘制出频谱图，代码如下。

```
Fs=1000                          %定义采样率
%原始信号使用 MATLAB FFT 变换，用于对比 STM32F4 微控制器执行傅里叶变换后的结果
data1=data1-mean(data1)          %去掉直流分量
y = fft(data1, N);               %调用 MATLAB 中的 FFT 变换函数
y=abs(y)                         %取绝对值
n_y=y/N                          %进行归一化处理（双边频谱）
n_half_y = 2*n_y(1:N/2)          %由于对称性，只取一半区间（单边频谱）
subplot(211)
x=0:N/2-1                        %取一半区间
x=x*Fs/N                         %调整坐标轴
plot(x, n_half_y);               %绘图
axis([0 N/2 0 4.0])              %定义坐标轴范围
title('Matlab FFT')
grid on;
```

为 STM32F4 微控制器执行傅里叶变换后的数据绘制频谱图，代码如下。

```
%STM32F4 微控制器执行傅里叶变换后的结果，用于和 MATLAB 做对比
subplot(212);
data2=abs(data2)                    %取绝对值
n_data2=data2/N                     %进行归一化处理（双边频谱）
n_half_data2 = 2*n_data2(1:N/2)     %由于对称性，只取一半区间（单边频谱）
x=0:N/2-1                           %取一半区间
x=x*Fs/N                            %调整坐标轴
plot(x,n_half_data2)                %绘图
axis([0 N/2 0 4.0])                 %定义坐标轴范围
title('STM32F4 FFT')
grid on;
```

在 MATLAB 中运行上述代码，然后启动开发板，待数据传输完之后，得到的结果如图 16.15 所示。从图 16.15 可以看出，使用 CMSIS-DSP 库中的函数对原始波形进行 FFT 变换的结果与使用 MATLAB 中的 FFT 函数进行变换的结果完全相同。

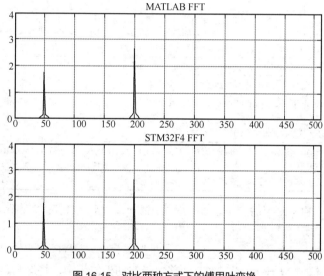

图 16.15　对比两种方式下的傅里叶变换

16.4.3　FIR 滤波器

FIR 滤波器已被广泛应用于数字信号处理，CMSIS-DSP 库提供了一些 FIR 滤波器函数，表 16.16 列举了其中部分函数。

表 16.16　部分 FIR 滤波器函数

FIR 滤波器函数	函数定义及功能描述
arm_fir_f32	void arm_fir_f32(const arm_fir_instance_f32 *S, const float32_t *pSrc, float32_t *pDst, uint32_t blockSize) float32_t 类型数据的 FIR 滤波器函数，S 为指向 arm_fir_instance 参数的指针，pSrc 为指向待滤波数据的指针，pDst 为指向滤波结果的指针，blockSize 为一次处理的样点数量
arm_fir_q7	void arm_fir_q7(const arm_fir_instance_q7 *S, const q7_t *pSrc, q7_t *pDst, uint32_t blockSize) q7_t 类型数据的 FIR 滤波器函数，参数同上
arm_fir_q15	void arm_fir_q15(const arm_fir_instance_q15 *S, const q15_t *pSrc, q15_t *pDst, uint32_t blockSize) q15_t 类型数据的 FIR 滤波器函数，参数同上
arm_fir_q31	void arm_fir_q31(const arm_fir_instance_q31 *S, const q31_t *pSrc, q31_t *pDst, uint32_t blockSize) q31_t 类型数据的 FIR 滤波器函数，参数同上

在上述函数中，结构体 arm_fir_instance_xx 用于描述 FIR 滤波器使用的参数，以 arm_fir_instance_f32 为例，代码如下。

```
typedef struct
{
    uint16_t numTaps;   /*FIR 滤波器系数的个数 */
    float32_t *pState;  /*指向 FIR 滤波器卷积使用的缓冲区的指针，长度为 numTaps+blockSize-1 */
    float32_t *pCoeffs; /*指向滤波器系数数组的指针，长度为 numTaps */
} arm_fir_instance_f32;
```

结构体 arm_fir_instance_xx 中的各项参数可由表 16.17 中的函数生成。

表 16.17   FIR 滤波器参数的生成函数

FIR 滤波器函数	函数定义及功能描述
arm_fir_init_f32	void arm_fir_f32(arm_fir_instance_f32 *S, uint16_t numTaps, const float32_t *pCoeffs, float32_t *pState, uint32_t blocksize)
	生成 float32_t 类型数据的 FIR 滤波器参数，S 为指向 arm_fir_instance 参数的指针，numTaps 为滤波器系数的个数，pCoeffs 为指向滤波器系数序列的指针，pState 为指向数据状态缓冲区的指针，该缓冲区的大小为 numTaps+blockSize-1，blockSize 为一次处理的样点数量
arm_fir_init_q7	void arm_fir_q7(arm_fir_instance_q7 *S, uint16_t numTaps, const q7_t *pCoeffs, q7_t *pState, uint32_t blocksize)
	生成 q7_t 类型数据的 FIR 滤波器参数，参数同上
arm_fir_init_q15	void arm_fir_q15(arm_fir_instance_q15 *S, uint16_t numTaps, const q15_t *pCoeffs, q15_t *pState, uint32_t blocksize)
	生成 q15_t 类型数据的 FIR 滤波器参数，参数同上
arm_fir_init_q31	void arm_fir_q31(arm_fir_instance_q31 *S, uint16_t numTaps, const q31_t *pCoeffs, q31_t *pState, uint32_t blocksize)
	生成 q31_t 类型数据的 FIR 滤波器参数，参数同上

下面以实时信号的 FIR 滤波器为例，展示如何在 Cortex-M4 架构的微控制器上实现 FIR 滤波器。预先要做的准备工作如下。

（1）使用信号发生器产生两路信号，一路信号是振幅为 0.5 V 且频率为 50 Hz 的正弦波，另一路是振幅为 1.0 V 且频率为 200 Hz 正弦波，这两路信号的初相位相同，将这两路信号叠加起来，生成一路输出信号。

（2）由于 STM32F4 开发板的 ADC 采样参考电压 V_{REF} 为 3.3 V，为了防止信号叠加后溢出，需要对信号的基线做偏移，从而将叠加后的信号限制在 0 和 3.3 V 之间，如图 16.16 所示。

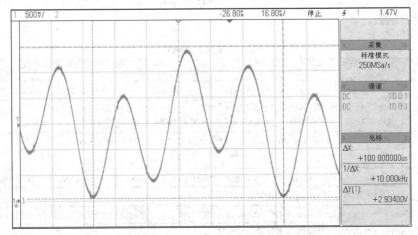

图 16.16   PC3 引脚上的模拟输入信号

（3）将叠加后的信号接入 STM32F4 开发板上的 PC3 引脚。

案例 16.6： 基于 STM32F407xx 设计 FIR 高通滤波器，滤除 PC3 引脚上模拟输入信号中 50 Hz 的正弦波信号，从而只保留 200 Hz 的正弦波信号。

1. 新建项目

在 STM32CubeMX 中创建一个新项目，先选择微控制器芯片为 STM32F407xx，再选择 HSE 和 LSE 作为时钟源，并配置好时钟树参数。

2. 配置 ADC 触发时钟

选择 STM32CubeMX 主界面中的 Pinout & Configuration 面板，展开 Timers 列表，然后选中 TIM2，在弹出的 TIM2 Mode and Configuration 面板中配置 TIM2 参数，如图 16.17 所示。

将 TIM2 的 Trigger Event Selection 设置为 Update Event，这表示每次 TIM2 计数器重新装载时，就将产生 TRGO 事件用于触发 ADC 采样。由于上述正弦波信号的最高频率为 200 Hz，根据奈奎斯特采样定理，ADC 的采样率应高于 400 Hz，此处将 TIM2 的 Update Event 更新速率设置为 1000 Hz。

图 16.17 配置 TIM2 参数

3. 配置 ADC 参数

首先配置 PC3 引脚的工作模式为 ADC2_IN13。然后在 Pinout & Configuration 面板中展开 Analog 列表，选中 ADC2，在弹出的 ADC2 Mode and Configuration 面板中设置 ADC2 参数。在 ADC2 的 Mode 子面板中勾选 IN13，选用 ADC2_IN13 通道。在 Configuration 子面板中，设置 ADC2 工作在独立模式，将触发源设置为 Time 2 Trigger Out event，设置由 TIM2 的 TRGO 事件触发采样，并将触发边沿选择为上升沿，如图 16.18 所示。

ADC2 采样后的数据可通过 DMA 方式传输到 SRAM 中，配置 ADC2 的 DMA 参数，如图 16.19 所示。

图 16.18 配置 ADC2 参数

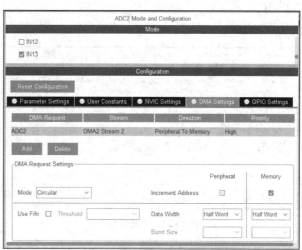

图 16.19 配置 ADC2 的 DMA 参数

4. 配置 USART2 参数

USART2 相关参数的设置可参照案例 12.2，此外还需要在 main.c 中重写 fputc 函数，此处不再赘述。

5. 配置工程参数和生成工程文件

在 STM32CubeMX 主界面的 Project Manager 面板中配置好相关的工程参数，将 DSP 相关的库和头文件都包含在工程中，单击 GENERATE CODE，导出 Keil MDK 工程文件和程序代码。

6. 设计 FIR 滤波器参数

FIR 滤波器系数可通过 MATLAB 的 Filter Designer 工具箱来生成。在 MATLAB 的命令行窗口中输入命令 filterDesigner（旧版命令为 fdatool），在弹出的滤波器设计界面中选择 FIR 滤波器，指定滤波器的类型、窗函数、阶数和截止频率等，如图 16.20 所示。

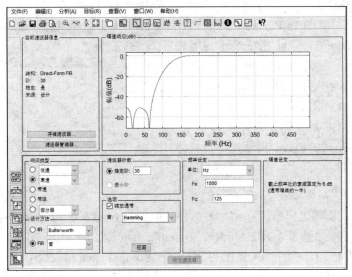

图 16.20　设计 FIR 滤波器

根据案例 16.6 的要求，这里选择 FIR 滤波器为高通滤波器，窗函数使用汉明（Hamming）窗，采样率为 1 kHz，截止频率为 125 Hz，滤波器的阶数为 30。参数配置完成后，导出生成的 C 头文件，如图 16.21 所示。

在弹出的"生成 C 头文件"对话框中，选择导出为单精度浮点数，如图 16.22 所示。

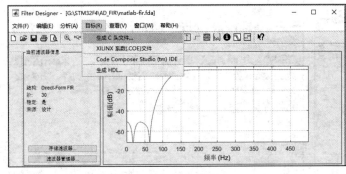

图 16.21　生成 C 头文件

图 16.22　选择导出为单精度浮点数

在导出的 C 头文件中，const int BL 为滤波器系数的个数，对应于 arm_fir_init_xx 函数中的 num

Taps；const real32_T B 为存放滤波器系数的数组，对应于 arm_fir_init_xx 函数中的 pCoeffs。代码如下所示。

```
const int BL = 31;
const real32_T B[31] = {
  0.001201261301, 0.00204889453, 0.00207510544, -8.184678364e-18, -0.004754535854,
  -0.009874507785, -0.009956758469, -1.439188221e-17, 0.01892253943, 0.03621437401,
  0.03468642011, -4.133977055e-17, -0.06848299503, -0.1529323757, -0.222972393,
  0.7505245209, -0.222972393, -0.1529323757, -0.06848299503, -4.133977055e-17,
  0.03468642011, 0.03621437401, 0.01892253943, -1.439188221e-17, -0.009956758469,
  -0.009874507785, -0.004754535854, -8.184678364e-18, 0.00207510544, 0.00204889453,
  0.001201261301
};
```

在将上述滤波器参数移植到 Keil MDK 中时，需要在浮点数的后面加上 f，以避免被当成双精度数处理，修改后的 FIR 滤波器系数的定义如下。

```
#define NUM_TAPS 31                          /*滤波器系数的个数*/
//滤波器系数数组
const float32_t firCoeffs32HP[NUM_TAPS] =
{
 0.001201261301f, 0.00204889453f, 0.00207510544f, -8.184678364e-18f, -0.004754535854f,
 -0.009874507785f, -0.009956758469f, -1.439188221e-17f, 0.01892253943f, 0.03621437401f,
 0.03468642011f, -4.133977055e-17f, -0.06848299503f, -0.1529323757f, -0.222972393f,
 0.7505245209f, -0.222972393f, -0.1529323757f, -0.06848299503f, -4.133977055e-17f,
 0.03468642011f, 0.03621437401f, 0.01892253943f, -1.439188221e-17f, -0.009956758469f,
 -0.009874507785f, -0.004754535854f, -8.184678364e-18f, 0.00207510544f, 0.00204889453f,
 0.001201261301f
};
#define BLOCK_SIZE  32                        //设定每次执行 FIR 滤波的块大小为 32
static float32_t firStateF32[BLOCK_SIZE + NUM_TAPS - 1]; //定义状态缓冲区
```

完成上述步骤后，arm_fir_init_xx 函数中用于设定 FIR 滤波器系数的各项参数就准备好了。

7. 下位机程序

案例 16.6 中的程序分为上位机（PC）和下位机（STM32F4 开发板）两部分。下位机需要完成 ADC 数据采样和 FIR 滤波，并将采样到的原始波形数据和滤波后的数据通过串口发送到上位机。上位机则分析滤波后的数据是否符合预期。下位机的主要代码如下。

```
#define N 1024               /*定义采样点数*/
uint16_t data[N];            /*定义接收 ADC 采样数据的缓冲区*/
float32_t Input[N];          /*用于存储将 data[N]转换为电压值后的结果*/
float32_t FIR_Output[N];     /*存储 FIR 滤波后的数据*/
float32_t Input_C[2*N];      /*用于存储将 FIR_Output[N]转换成复数后的结果，该数组将作为复数傅里叶
                               变换的输入*/
float32_t FFT_Output[N];     /*存储傅里叶变换后的结果*/

int main(void)
{
  HAL_Init();
  SystemClock_Config();
  MX_GPIO_Init();
  MX_DMA_Init();
  MX_USART2_UART_Init();
```

```
    MX_TIM2_Init();
    MX_ADC2_Init();

    HAL_TIM_Base_Start_IT(&htim2);                          /*启动 TIM2 定时器*/
    HAL_ADC_Start_DMA(&hadc2,(uint32_t *)data,N);           /*以 DMA 方式启动 ADC2 采样*/

    while(1)
    {
    }
}
```

在 main 函数中以 DMA 方式启动 ADC2 采样，每完成 N 字节的采样就调用 ADC 转换完成回调函数，此时采样结果已通过 DMA 传输存入 data 中。在 ADC 转换完成回调函数中执行 FIR 滤波，并将执行结果通过串口输出。ADC 转换完成回调函数的代码如下。

```
void HAL_ADC_ConvCpltCallback(ADC_HandleTypeDef* hadc)
{
  int i;
  for(i=0;i<N;i++)
  {
      printf("%d\n",data[i]);                   /*向串口输出 ADC 采样的原始数据*/
  }
  for(i=0;i<N;i++)
{
      Input[i]=(float)data[i]/4096*3.3f;        /*将 ADC 采样结果转换为实际电压值*/
  }

    /*设定 FIR 滤波器系数*/
    uint32_t blockSize = BLOCK_SIZE;
    uint32_t numBlocks = N/BLOCK_SIZE;
    arm_fir_instance_f32 S;
    arm_fir_init_f32(&S, NUM_TAPS, (float32_t *)firCoeffs32HP, firStateF32, blockSize);
    /*执行 FIR 滤波*/
    for(i=0; i < numBlocks; i++)
    {
      arm_fir_f32(&S, Input + (i * blockSize), FIR_Output + (i * blockSize), blockSize);
    }

    for(i=0; i<N; i++)
    {
      printf("%f\n", FIR_Output[i]);            /*向串口输出 FIR 滤波后的数据*/
    }
}
```

时域内的波形不便于分析 FIR 滤波效果，可在上述代码的基础上增加傅里叶变换，从而在频域内分析 FIR 滤波效果。用于傅里叶变换的代码如下。

```
float32_t sum=0;                                /*定义求和变量*/
/*将 FIR 滤波器输出的数据转换为复数*/
for(i=0;i<N;i++)
{
    Input_C[2*i]=FIR_Output[i];
    Input_C[2*i+1]=0;
    sum +=Input_C[2*i];
}
/*除去波形中的直流分量*/
```

```
sum =sum/N;
for(i=0;i<N;i++)
{
    Input_C[2*i] -=sum;
}
/*执行复数傅里叶变换*/
uint8_t  ifftFlag=0;
uint8_t  bitReverseFlag=1;
arm_cfft_f32(&arm_cfft_sR_f32_len1024, Input_C, ifftFlag, bitReverseFlag);
/*求变换后的模值*/
arm_cmplx_mag_f32(Input_C, FFT_Output, N);

for(i=0; i<N; i++)
{
    printf("%f\n", FFT_Output[i]);     /*向串口输出 FFT 变换后的模值*/
}
```

上述代码首先将 FIR 滤波后的数据转换为复数，然后过滤掉直流分量，经 FFT 变换后再取模值，最后将得到的模值向上位机输出。上位机接收到这些数据后，绘制出频谱图，由此可以分析 FIR 滤波效果。

8. 上位机程序

在 MATLAB 中编写上位机程序，从而接收 STM32F4 开发板上传的原始波形数据、FIR 滤波后的数据以及傅里叶变换后的数据，然后将傅里叶变换后的数据绘制成频谱图。为了对比滤波效果，可使用 MATLAB 自带的 FFT 变换函数对原始波形进行变换并绘制出频谱图，代码如下。

```
s = serialport("COM1",115200,"Parity","none","DataBits",8,"StopBits",1,"FlowControl",
    "none","Timeout",10);
configureTerminator(s,"LF");
data1=[]                              %定义接收原始数据的缓冲区
data2=[]                              %定义接收 STM32 微控制器 FIR 滤波结果的缓冲区
data3=[]                              %定义接收 STM32 微控制器傅里叶变换结果的缓冲区
N=1024                                %定义采样点数
…
Fs=1000                               %定义采样率
data1=data1*3.3/4096                  %将 ADC 采样的原始数据转换为实际电压值
data1=data1-mean(data1)               %除去直流分量
y = fft(data1, N)                     %使用 MATLAB 提供的库函数执行 FFT 变换
y=abs(y)
n_y=y/N                               %进行归一化处理（双边频谱）
n_half_y = 2*n_y(1:N/2)               %由于对称性，只取一半区间（单边频谱）
subplot(211)
x=0:N/2-1                             %取一半区间
x=x*Fs/N                              %调整坐标轴
plot(x, n_half_y);
axis([0 N/2 0 1.0])
title('Matlab FFT');
grid on;
```

为 STM32F4 开发板上传的傅里叶变换后的数据绘制频谱图，代码如下。

```
subplot(212);
data3=abs(data3)                      %取绝对值
n_data3=data3/N                       %进行归一化处理（双边频谱）
```

```
n_half_data3 = 2*n_data3(1:N/2)        %由于对称性，只取一半区间（单边频谱）
x=0:N/2-1                              %取一半区间
x=x*Fs/N                               %调整坐标轴
plot(x,n_half_data3);
axis([0 N/2 0 1.0])
title('STM32F4 FFT');
grid on;
```

在 MATLAB 中运行上述代码，然后启动 STM32F4 开发板开始工作，待下位机向上位机传输完数据后，MATLAB 程序运行得到的结果如图 16.23 所示。从图 16.23 可以看出，使用 CMSIS-DSP 库函数执行 FIR 滤波的结果符合预期。对于上述代码，读者也可以试着将 data1 和 data2 数组中的时域波形绘制出来以进行对比。

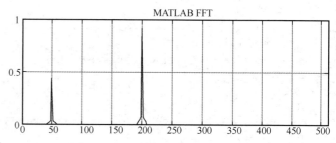

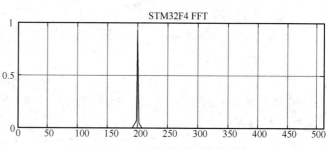

图 16.23　FIR 滤波前后的信号频谱图

16.4.4　IIR 滤波器

IIR 滤波器也是数字信号处理中常用的数字滤波器。CMSIS-DSP 库提供了一些用于直接 I 型和直接 II 型 IIR 滤波器的函数，下面以直接 I 型为例讲解如何实现 IIR 滤波器。表 16.18 列举了部分直接 I 型 IIR 滤波器相关函数。

表 16.18　　　　　　　　　　　　　　**部分直接 I 型 IIR 滤波器相关函数**

IIR 滤波器函数	函数定义及功能描述
arm_biquad_cascade_df1_f32	Void arm_biquad_cascade_df1_f32(const arm_biquad_casd_df1_inst_f32 *S, const float32_t *pSrc, float32_t *pDst, uint32_t blockSize)
	float32_t 类型数据的直接 I 型 IIR 滤波器函数，S 为指向 arm_biquad_casd_df1_inst 参数的指针，pSrc 为指向待滤波数据的指针，pDst 为指向滤波结果的指针，blockSize 为一次处理的样点数量
arm_biquad_cascade_df1_q15	void arm_biquad_cascade_df1_q15(const arm_biquad_casd_df1_inst_q15 *S, const q15_t *pSrc, q15_t *pDst, uint32_t blockSize)
	q15_t 类型数据的直接 I 型 IIR 滤波器函数，参数同上
arm_biquad_cascade_df1_q31	void arm_biquad_cascade_df1_q31(const arm_biquad_casd_df1_inst_q31 *S, const q31_t *pSrc, q31_t *pDst, uint32_t blockSize)
	q31_t 类型数据的直接 I 型 IIR 滤波器函数，参数同上

在上述函数中，结构体 arm_biquad_casd_df1_inst_xx 用于描述直接 I 型 IIR 滤波器使用的参数。以 arm_biquad_casd_df1_inst_f32 为例，代码如下。arm_biquad_casd_df1_inst_xx 结构体中的各项参数可由表 16.19 中的函数生成。

```
typedef struct
{
    uint32_t numStages;        /*二阶滤波器的节数*/
    float32_t *pState;         /*指向状态缓冲区的指针，长度为 4×numStages */
    float32_t *pCoeffs;        /*指向直接 I 型 IIR 滤波器系数的指针，长度为 5×numStages */
} arm_biquad_casd_df1_inst_f32;
```

表 16.19	直接 I 型 IIR 滤波器参数的生成函数
IIR 滤波器函数	**函数定义及功能描述**
arm_biquad_cascade_df1_init_f32	void arm_biquad_cascade_df1_init_f32(arm_biquad_casd_df1_inst_f32 *S, uint8_t numStages, const float32_t *pCoeffs, float32_t *pState) 生成 float32_t 类型数据的直接 I 型 IIR 滤波器参数，S 为指向 arm_biquad_casd_df1_inst_f32 参数的指针，numStages 为二阶滤波器的节数，pCoeffs 为指向滤波器系数序列的指针，pState 为指向数据状态缓冲区的指针，该缓冲区的大小为 4×numStages
arm_biquad_cascade_df1_init_q15	Void arm_biquad_cascade_df1_init_q15(arm_biquad_casd_df1_inst_q15 *S,　uint8_t　numStages, const float32_t *pCoeffs, float32_t *pState) 生成 q15_t 类型数据的直接 I 型 IIR 滤波器参数，参数同上
arm_biquad_cascade_df1_init_q31	Void arm_biquad_cascade_df1_init_q31(arm_biquad_casd_df1_inst_f32 *S,　uint8_t　numStages, const float32_t *pCoeffs, float32_t *pState , int8_t postShift) 生成 q31_t 类型数据的直接 I 型 IIR 滤波器参数，参数同上。postShift 是为了防止系数溢出而设置的比例系数

下面通过案例展示如何构造高通 IIR 滤波器。

案例 16.7：采用与案例 16.6 相同的模拟输入信号，设计 IIR 滤波器以滤除信号中 50 Hz 的正弦信号，但保留 200 Hz 的正弦信号。

在该案例中，STM32CubeMX 的参数配置与案例 16.6 中的完全相同，此处不再赘述。

1. 设计 IIR 滤波器参数

IIR 滤波器系数可由 MATLAB 的 Filter Designer 工具箱生成。在 MATLAB 的命令行窗口中输入命令 filterDesigner（旧版命令为 fdatool），在弹出的滤波器设计界面中选择 IIR 滤波器，并指定滤波器的类型、阶数和截止频率等，如图 16.24 所示。

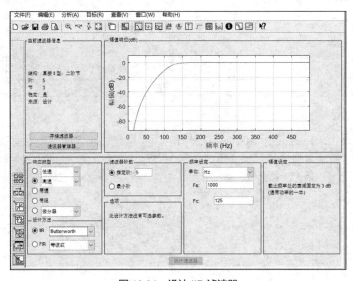

图 16.24　设计 IIR 滤波器

选择 IIR 滤波器的类型为 Butterworth，设置滤波阶数为 5、采样率为 1 kHz、截止频率为 125 Hz。由于 MATLAB 中的 IIR 滤波器默认为直接 II 型，因此需要转换为直接 I 型，在菜单栏中单击"编辑"→"转换结构"，如图 16.25 所示。

在弹出的"转换结构"对话框中选择"Direct-Form I, SOS"，单击"确定"按钮，IIR 滤波器就会由直接 II 型转换为直接 I 型，如图 16.26 所示。

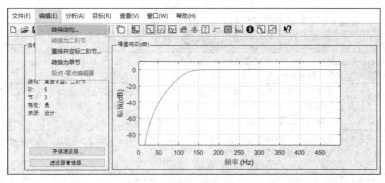

图 16.25　转换 IIR 滤波器为直接 I 型　　　　　　　图 16.26　"转换结构"对话框

转换完成后，在菜单栏中单击"文件"→"导出"，在弹出的导出界面中选择 Coefficient File (ASCII)，格式为"十进制"，如图 16.27 所示。

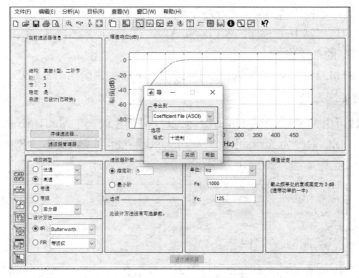

图 16.27　进行导出设置

导出的文件后缀为.fcf，可使用 MATLAB 打开。由于选择的是 5 阶 IIR 滤波器，因此生成的结果由 3 组二阶 IIR 滤波器的系数组成，内容如下。

```
% 滤波器结构  ：直接 I 型，二阶节
% 节数        ：3
% 稳定        ：是
% 线性相位    ：否

%b0      b1       b2       a0       a1              a2
SOS 矩阵：
1       -2       1        1        -1.1606108028   0.6413515380
1       -2       1        1        -0.8995918097   0.2722149379
1       -1       0        1        -0.4142135623   0

定标值：
0.70  049058523
0.54  295168691
0.70  710678118
```

在调用 CMSIS-DSP 库提供的 IIR 函数时，由于 SOS 矩阵中的 a0 值始终为 1，因此可以省略，a1 和 a2 值需要取负。末尾的 3 个定标值是每个二阶滤波器的增益，滤波后的结果需要乘以这 3 个定标值才是实际结果，因此在构造滤波器系数数组时，可以将增益直接乘到系数中。最终构造的滤波器系数数组如下。

```
#define numStages 3
static float32_t IIRStateF32[4*numStages];
const float32_t IIRCoeffs32HP[5*numStages] =
{
 1.0 f*0.70049058523f, -2.0f*0.70049058523f, 1.0f*0.70049058523f, 1.1606108028f, -0.6413515380f,
 1.0f*0.54295168691f, -2.0f*0.54295168691f, 1.0f*0.54295168691f, 0.8995918097f, -0.2722149379f,
 1.0f*0.70710678118f, -1.0f*0.70710678118f, 0.0f, 0.4142135623f, 0.0f
};
```

2. 下位机程序

下位机负责 ADC 数据采样和 IIR 滤波，以及将采样到的原始波形数据和滤波后的数据通过串口发送到上位机。下位机程序中的 main 函数与案例 16.6 中的相同，区别在于数组名稍有变化。

```
#define N 1024            /*定义采样点数*/
uint16_t data[N];          /*定义接收 ADC 采样数据的缓冲区*/
float32_t Input[N];        /*用于存储将 data[N]转换为电压值后的结果*/
float32_t IIR_Output[N];    /*存储 IIR 滤波后的数据*/
float32_t Input_C[2*N];    /*用于存储将 IIR_Output[N]转换成复数后的结果，该数组将作为复数傅里叶
                            变换的输入*/
float32_t FFT_Output[N];    /*存储傅里叶变换后的结果*/
```

在 ADC 转换完成回调函数中执行 IIR 滤波，并将执行结果通过串口输出，代码如下。

```
void HAL_ADC_ConvCpltCallback(ADC_HandleTypeDef* hadc)
{
  int i;
  for(i=0;i<N;i++)
{
      printf("%d\n",data[i]);                    /*向串口输出 ADC 采样的原始数据*/
}
  for(i=0;i<N;i++)
  {
      Input[i]=(float)data[i]/4096*3.3f;        /*将采样信号转换为实际电压值*/
  }
  /*执行 IIR 滤波*/
  arm_biquad_casd_df1_inst_f32 S;
  arm_biquad_cascade_df1_init_f32(&S,numStages,(float32_t *)IIRCoeffs32HP, (float32_t
                          *)IIRStateF32);
  arm_biquad_cascade_df1_f32(&S, Input, IIR_Output, 1024);

  for(i=0; i<N; i++)
  {
      printf("%f\n", IIR_Output[i]);            /*将 IIR 滤波后的数据向串口输出*/
  }
  uint8_t    ifftFlag=0;
  uint8_t    bitReverseFlag=1;
  float32_t sum=0;
  for(i=0;i< N;i++)
  {
      Input_C[2*i]=IIR_Output[i];                /*将 IIR 滤波后的结果转换为复数*/
      sum +=Input_C[2*i];
      Input_C[2*i+1]=0;
  }
```

```
sum =sum/N;
for(i=0;i< N;i++)
{
    Input_C[2*i] -=sum;              /*去除直流分量*/
}
/*执行傅里叶变换*/
arm_cfft_f32(&arm_cfft_sR_f32_len1024, Input_C, ifftFlag, bitReverseFlag);
arm_cmplx_mag_f32(Input_C, FFT_Output, N);

for(i=0; i<N; i++)
{
    printf("%f\n", FFT_Output[i]);     /*向串口输出 FFT 变换后的模值*/
}
}
```

3. 上位机程序

要在 MATLAB 中编写的上位机程序与案例 16.6 中的完全相同，此处不再赘述。

运行上位机和下位机程序后，得到的结果如图 16.28 所示。从图 16.28 可以看出，使用 CMSIS-DSP 库函数执行 IIR 滤波的结果符合预期。

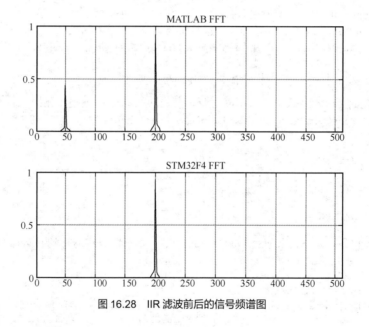

图 16.28　IIR 滤波前后的信号频谱图

16.5　思考与练习

1. 简述 Cortex-M4 架构微控制器中 FPU 的特点。
2. 简述 Cortex-M4 架构微控制器中定点数和浮点数的不同。
3. 简述在 Cortex-M4 架构微控制器中启用 FPU 的方法。
4. Cortex-M4 架构微控制器的 DSP 运算支持哪些数据类型?
5. 编程使用 CMSIS-DSP 库函数实现矩阵的卷积运算。
6. 编程实现如下功能：使用 STM32F407xx 采集 1 路正弦信号，已知信号的频率不超过 1 kHz，然后绘制出信号的频谱图。

17 第 17 章 综合应用案例

本章将综合前面章节中阐述的知识点，讲解基于微控制器的嵌入式系统应用案例。智能小车是基于微控制器的嵌入式系统的典型应用场景之一，本章将讲解智能小车的工作原理及编程，包括电机驱动模块、循迹模块和超声波测距模块的原理及编程。由于智能小车控制系统中的软件需要多任务运行环境的支撑，因此本章还将介绍 Keil RTX5 实时操作系统的多任务编程框架，并阐述基于 Keil RTX5 实时操作系统编写智能小车控制程序的方法。

本章学习目标：

（1）了解智能小车的组成；

（2）掌握智能小车电机驱动模块的工作原理和编程；

（3）掌握智能小车循迹模块的工作原理和编程；

（4）掌握智能小车超声波测距模块的工作原理和编程；

（5）了解 Keil RTX5 的特点和常用 API 函数；

（6）掌握基于 Keil RTX5 的多任务编程。

17.1 智能小车的工作原理及编程

随着自动驾驶、智能物流以及无人港口等基于无人驾驶车载平台的应用逐步走向成熟，对智能小车涉及的环境感知、控制算法、嵌入式计算平台以及机械系统的研究已经成为高校、企业和政府关注的重点。对于高校学生来说，智能小车是培养大学生创新能力的重要平台，每年以智能小车为载体的各种竞赛项目众多，因此本章选择智能小车作为讲解嵌入式系统综合应用的具体场景。

智能小车通常要求在规定的场景下，实现小车的自动循迹驾驶、障碍物规避、车速实时监测以及交通标志识别等功能。智能小车由车身底盘、微型直流电机、微控制器核心板、电机驱动模块和各种传感器扩展板构成，图 17.1 展示了一款四轮智能小车。

智能小车控制系统的硬件部分包含的功能模块如图 17.2 所示。根据场地和调试的要求，智能小车控制系统中可能还包括电磁检测、激光测距、蓝牙通信等硬件模块。为了便于安装和调试，智能小车控制系统中硬件的电路板结构通常由一块微控制器核心板和多块扩展板构成。其中，微控制器核心板在一块电路板上包含了 Cortex-M3/M4 架构微控制器、供电电路、I/O 扩展和存储扩展等外围电路，也有很多智能小车直接使用树莓派作为微控制器核心板。扩展板则是用于驱动小车运行以及感知或检测车速与周边环境状况的各种硬件模块，包括循迹检测模块、红外避障模块和电机驱动模块等。本章讲解的智能小车的微控制器核心板基于 STM32F4 微控制器，车身则采用了包含

4 个微型直流电机的四轮独立驱动结构。

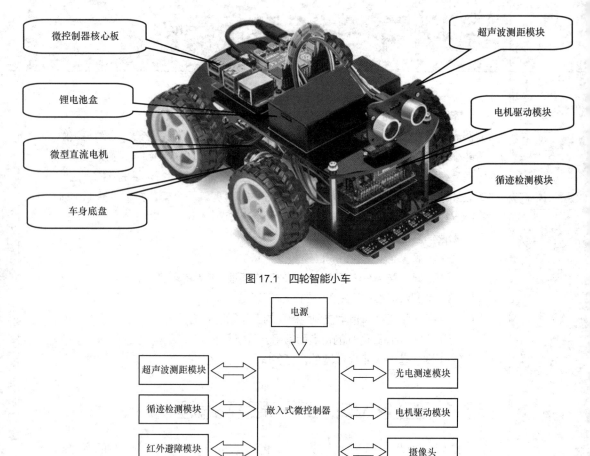

图 17.1　四轮智能小车

图 17.2　智能小车控制系统的硬件构成

17.1.1　电机驱动模块

由于智能小车的车身尺寸有限且采用电池供电，小车车轮的驱动电机一般采用微型直流电机或小型步进电机。微型直流电机是输入为直流电能的旋转电机，它有两个引脚，将这两个引脚接入电池的正负极，电机就可以旋转，交换引脚正负极，就会反向旋转。微型直流电机转速较快，但是扭力比较小，需要配置减速机构才能用在智能小车上。通常，微型直流电机已经内置了减速齿轮组，从而降低了转速并增大了扭力，因此也称为微型直流减速电机。在负载不变的情况下，微型直流电机的转速近似正比于输入电压，电机调速范围较宽，调速平滑性也较好。微型直流电机的缺点是难以通过输入电压和通电时间精确控制转速或转角。

在需要精确控制智能小车移动或转向的场合，通常使用小型步进电机作为驱动部件。步进电机也称为脉冲电动机，是一种将电脉冲信号转换成相应角位移或线位移的电动机。每输入一个脉冲信号，步进电机的转子就转动一个角度或前进一步。步进电机的启动、停止、反转响应都非常精准。在非超载的情况下，步进电机输出的角位移或线位移与输入的脉冲数成正比，电机转速与脉冲频率成正比，不受负载变化的影响。步进电机的缺点是控制不当的话可能会产生谐振，此外在较高的转速下难以控制。

微型直流电机和小型步进电机的对比如图 17.3 所示，本章讲解的智能小车的四轮驱动均采用了微型直流电机。

（a）微型直流电机　　　　　（b）小型步进电机

图 17.3　微型直流电机与小型步进电机

1. 直流电机调速原理

当电机只往一个方向旋转时，直流电机的调速可以用图 17.4 所示的电路模型来实现。在三极管的控制端，通过调节 PWM 输入波的占空比，可以改变电机两端电压的大小，从而实现直流电机的调速功能。在图 17.4 中，三极管的型号需要根据电压和电流的大小来选择。

2. 直流电机正反转控制

通过图 17.5 所示的 H 桥驱动电路，可以控制直流电机的正反转，同时还可实现直流电机的调速。

在图 17.5 中，当 C 端为低电平、B 端为高电平时，三极管 Q2 和 Q3 截止，在 D 端输入低电平，在 A 端输入 PWM 信号，此时电机正转，并且 PWM 信号的占空比越大，电机转速越快。当 A 端为低电平、D 端为高电平时，三极管 Q1 和 Q4 截止，在 B 端输入低电平、在 C 端输入 PWM 信号，此时电机反转，并且 PWM 信号的占空比越大，电机转速越快。

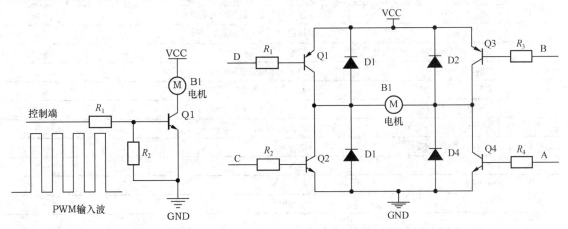

图 17.4　直流电机的调速电路模型　　　　　图 17.5　直流电机的 H 桥驱动电路

3. 直流电机驱动芯片

常用的直流电机驱动芯片有 TB6612FNG、L298N 和 L293D 等，这些芯片在内部包含了能够承受大电流的 H 桥驱动电路以及调速和方向控制电路，开发人员可以根据直流电机所需的电压、电流、通道数量和控制方式等参数来选择合适的电机驱动芯片。

本章讲解的智能小车采用 TB6612FNG 作为电机驱动芯片。TB6612FNG 支持两个输出通道，输出电压的最大值为 15 V，每个通道输出的连续驱动电流最大为 1.2 A；支持 4 种电机控制模式，分别是正转、反转、制动和停止；PWM 控制信号的频率可达 100 kHz；支持待机状态；片内包含了低压检测电路与热停机保护电路，工作温度为-20～85 ℃。TB6612FNG 的电机驱动电路如图 17.6 所示。

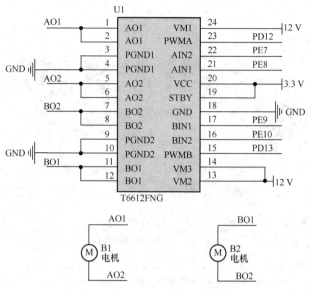

图 17.6　TB6612FNG 的电机驱动电路

　　智能小车通过两组 TB6612FNG 电机驱动电路来驱动 4 个直流电机，每组 TB6612FNG 电机驱动电路驱动两个同侧直流电机：一组驱动左前和左后电机，另一组驱动右前和右后电机。TB6612FNG 各个引脚的信号定义如表 17.1 所示。

表 17.1　　　　　　　　　　　　　　　TB6612FNG 各个引脚信号的定义

编号	信号	说明
1	AO1 和 AO2	连接第 1 个电机的输出引脚
2	BO1 和 BO2	连接第 2 个电机的输出引脚
3	AIN1 和 AIN2	第 1 个电机的控制信号
4	BIN1 和 BIN2	第 2 个电机的控制信号
5	PWMA	第 1 个电机的 PWM 输入信号
6	PWMB	第 2 个电机的 PWM 输入信号
7	VM1~VM3	电机电源
8	PGDN1 和 PGDN2	电源地
9	STBY	待机控制
10	VCC	信号电源
11	GND	信号地

　　在表 17.1 中，PWMA 和 PWMB 信号分别用于控制两个电机的转速。AIN1、AN2 和 BIN1、BIN2 控制信号的功能如表 17.2 所示。当 STBY 为低电平时，TB6612FNG 进入待机状态。

表 17.2　　　　　　　　　　　　　　　TB6612FNG 控制信号的功能

输入信号		电机运行模式
AN1（BIN1）	AN2（BIN2）	Mode
1	1	制动
1	0	正转
0	1	反转
0	0	停止

表 17.1 中的各个控制信号需要连接到 STM32F4 微控制器的 PWM 输出或 GPIO 引脚上。本章讲解的智能小车的各个电机控制信号的引脚分配如表 17.3 所示。

表 17.3　　　　　　　　　　　　　　　　电机控制信号的分配

电机位置	PWM 信号	AIN1（BIN1）	AIN2（BIN2）
左前电机	PD12（TIM4_CH1）	PE7	PE8
左后电机	PD13（TIM4_CH2）	PE9	PE10
右前电机	PD14（TIM4_CH3）	PE11	PE12
右后电机	PD15（TIM4_CH4）	PE13	PE14

4. 直流电机驱动代码

在 STM32CubeMX 中配置 PE7～PE14 引脚的工作模式为 GPIO_Output，然后配置 TIM4 的 4 个通道均为 PWM 输出模式，如图 17.7 所示。

在图 17.8 所示的参数配置界面中，TIM4 的 4 个输出通道的工作模式均为 PWM 输出模式 1，PWM 波形频率均为 10 kHz，占空比均为 50%。由于这 4 个输出通道的配置参数相同，因此智能小车的 4 个驱动轮在初始状态下具有相同的转速。

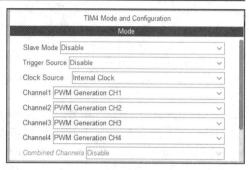

图 17.7　配置 TIM4 的 4 个通道为 PWM 输出模式

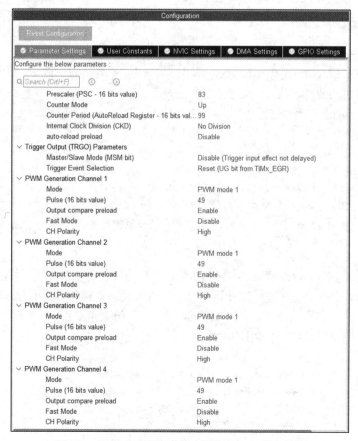

图 17.8　配置 TIM4 的 4 个输出通道的 PWM 输出参数

311

在 STM32CubeMX 导出的代码中，增加直流电机控制代码以控制智能小车的运行姿态。

（1）初始状态。

在 main 函数中添加 start_motor 函数，从而启动智能小车的 4 个直流电机以初始速度旋转，并驱动小车往前直行。

```
void start_motor(void){
    /*设定左前电机正转*/
    HAL_GPIO_WritePin(GPIOE, GPIO_PIN_7, GPIO_PIN_SET);
    HAL_GPIO_WritePin(GPIOE, GPIO_PIN_8, GPIO_PIN_RESET);
    /*设定左后电机正转*/
    HAL_GPIO_WritePin(GPIOE, GPIO_PIN_9, GPIO_PIN_SET);
    HAL_GPIO_WritePin(GPIOE, GPIO_PIN_10, GPIO_PIN_RESET);
    /*设定右前电机正转*/
    HAL_GPIO_WritePin(GPIOE, GPIO_PIN_11, GPIO_PIN_SET);
    HAL_GPIO_WritePin(GPIOE, GPIO_PIN_12, GPIO_PIN_RESET);
    /*设定右后电机正转*/
    HAL_GPIO_WritePin(GPIOE, GPIO_PIN_13, GPIO_PIN_SET);
    HAL_GPIO_WritePin(GPIOE, GPIO_PIN_14, GPIO_PIN_RESET);

    HAL_TIM_PWM_Start(&htim4,TIM_CHANNEL_1);        /*启动左前电机*/
    HAL_TIM_PWM_Start(&htim4,TIM_CHANNEL_2);        /*启动左后电机*/
    HAL_TIM_PWM_Start(&htim4,TIM_CHANNEL_3);        /*启动右前电机*/
    HAL_TIM_PWM_Start(&htim4,TIM_CHANNEL_4);        /*启动右后电机*/
}
```

（2）改变小车行进速度。

在 main 函数中添加 change_speed 函数，change_speed 函数能通过修改 PWM 波形的占空比来改变小车 4 个直流电机的转速，从而改变小车的行进速度。其中，__HAL_TIM_SET_COMPARE 函数用于改变 PWM 波形的占空比——图 17.8 中各个 PWM 波形的 Pulse 值，参数 speed 的取值最大不能超过 Counter Period。

```
void change_speed(int speed){
    __HAL_TIM_SET_COMPARE(&htim4,TIM_CHANNEL_1, speed);
    __HAL_TIM_SET_COMPARE(&htim4,TIM_CHANNEL_2, speed);
    __HAL_TIM_SET_COMPARE(&htim4,TIM_CHANNEL_3, speed);
    __HAL_TIM_SET_COMPARE(&htim4,TIM_CHANNEL_4, speed);
}
```

（3）小车的左转和右转。

四轮驱动的智能小车没有提供独立的转向机构，小车的转向是靠左右两侧车轮的速度差实现的。当需要向左转向时，可提高右侧车轮的转速；反之，当需要向右转向时，可提高左侧车轮的转速。两侧车轮转速的差异由参数 delta 设定，delta 参数代表了单位时间内转向角度的大小，这在本质上相当于改变左侧或右侧电机的 PWM 输出信号的占空比。

```
void turn_left(int speed, int delta){        /*左转向*/
    __HAL_TIM_SET_COMPARE(&htim4,TIM_CHANNEL_1,speed);
    __HAL_TIM_SET_COMPARE(&htim4,TIM_CHANNEL_2,speed);
    __HAL_TIM_SET_COMPARE(&htim4,TIM_CHANNEL_3,speed+ delta);
    __HAL_TIM_SET_COMPARE(&htim4,TIM_CHANNEL_4,speed+ delta);
}
void turn_right(int speed, int delta){        /*右转向*/
```

```
    __HAL_TIM_SET_COMPARE(&htim4,TIM_CHANNEL_1,speed+ delta);
    __HAL_TIM_SET_COMPARE(&htim4,TIM_CHANNEL_2,speed+ delta);
    __HAL_TIM_SET_COMPARE(&htim4,TIM_CHANNEL_3,speed);
    __HAL_TIM_SET_COMPARE(&htim4,TIM_CHANNEL_4,speed);
}
```

参考上述代码，结合表 17.2 和表 17.3，通过修改各个控制信号的电平，可以控制智能小车的刹车和后退。当小车左侧和右侧的车轮往不同方向旋转时，可以控制小车原地掉头。请读者思考一下如何实现上述功能。

17.1.2　循迹检测模块

1. 循迹检测模块的工作原理

智能小车需要在规定的路线上行走，常用的导航方式有红外循迹、电磁循迹和摄像头循迹，其中红外循迹是最常用的导航方式。红外循迹采用的轨道是在白色地面上贴上的黑色标志线，如图 17.9 所示，其导航原理利用了红外光在不同颜色物体的表面上具有不同反射强度的特点，在小车行进过程中，不断向地面发射红外光，当红外光遇到白色地面时，将会发生漫反射，反射光被红外接收管接收；如果遇到黑色标志线，红外光将被吸收，红外接收管无法接收到反射光。通过多组红外发射和接收模块的配合，程序就能够判断出小车跟黑色标志线之间的位置关系，从而调整小车的行进路线。

电磁循迹是指在地面上铺设磁条，并通过电磁感应电路检测磁场的变化，从而确定小车的姿态和位置。摄像头循迹则通过对摄像头采集到的图像进行分析来确定小车的姿态和位置。

本章讲解的智能小车在车头的中间位置并排安装了 3 组红外循迹检测模块，安装时需要将小车放置在轨道上以调整 3 组红外循迹检测模块的位置，使位于中间的红外循迹检测模块的红外对管正对黑色标志线，并使左右两侧红外循迹检测模块的红外对管刚好对准黑色标志线之外的白色地面。红外循迹检测模块的电路如图 17.10 所示。

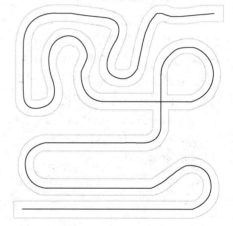

图 17.9　红外循迹采用的轨道

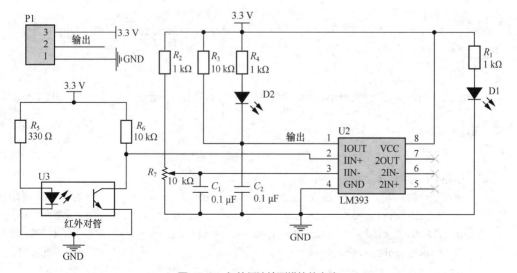

图 17.10　红外循迹检测模块的电路

在图 17.10 中，U3 中的红外发射管始终向地面发射红外光。LM393 是双路电压比较器，红外接收管输出的电压信号将进入 LM393 的同相输入端 1IN+，将其与 LM393 反相输入端 1IN-上的基准电压做比较。当 1IN+端电压小于 1IN-端电压时，LM393 的输出端输出低电平，反之输出高电平。通过调节 R_7 的电阻值，可以改变电压比较的阈值，从而实现调节检测灵敏度的效果。

图 17.10 所示的电路也可用于避障检测，避障检测模块与红外循迹检测模块的区别在于：避障检测模块的红外对管不是对准地面，而是朝向小车行进的方向。

红外循迹检测模块的输出信号需要连接到 STM32F4 微控制器的 GPIO 引脚上，由于对引脚功能没有特殊要求，寻找空闲的 GPIO 引脚即可。在此选用 PE3、PE4 和 PE5 引脚，如表 17.4 所示。

表 17.4   **红外循迹检测模块的引脚分配**

模块编号	安装位置	GPIO 引脚
红外循迹检测模块 1	左侧	PE3
红外循迹检测模块 2	中间	PE4
红外循迹检测模块 3	右侧	PE5

2. 循迹检测模块的代码

在智能小车的行进过程中，需要不断检测小车的姿态和位置。理想情况下，位于中间的红外循迹检测模块由于红外光被黑线吸收，从 PE4 引脚上读出的值应为 1；左右两侧的红外循迹检测模块能够接收到地面上的红外反射光，从 PE3 和 PE5 引脚上读出的值应为 0。当从 PE4 引脚上读出的值为 0 时，或者当从 PE3 和 PE5 引脚上读出的值为 1 时，需要对小车的行进方向进行纠正。可在 main 函数的 while 循环中增加如下代码。

```
int left_flag, middle_flag, right_flag; /*设置三个位置标记*/
int deltaA=10, deltaB=20;               /*设定转向幅度*/
int speed=19;                           /*PWM 输出信号的占空比为 20%*/
start_motor();                          /*启动电机，小车以默认速度前进*/
while(1){
    if(HAL_GPIO_ReadPin(GPIOE,GPIO_PIN_3) == GPIO_PIN_RESET)    /*检测左侧位置*/
        left_flag=0;            /*有红外反射光*/
    else
        left_flag=1;            /*无红外反射光*/
    if(HAL_GPIO_ReadPin(GPIOE,GPIO_PIN_4) == GPIO_PIN_RESET)    /*检测中间位置*/
        middle _flag=0;
    else
        middle _flag=1;
    if(HAL_GPIO_ReadPin(GPIOE,GPIO_PIN_5) == GPIO_PIN_RESET)    /*检测右侧位置*/
        right_flag =0;
    else
        right_flag =1;

    /*根据位置，调整小车姿态*/
    if(left_flag ==1 && middle _flag ==1 && right_flag ==0)      /*车头偏向标志线右侧*/
        turn_left(speed, deltaA);                                /*向左小幅度纠正*/
    else if((left_flag ==0 && middle _flag ==1 && right_flag ==1))  /*车头偏向标志线左侧*/
        turn_right(speed, deltaA);                               /*向右小幅度纠正*/
    else if((left_flag ==0 && middle _flag ==1 && right_flag ==0))/*车头在标志线的中间*/
```

```
        change_speed (speed+ deltaA);       /*可以提速前进*/
    else if(left_flag ==1 && middle _flag ==0 && right_flag ==0) /*车头向右偏移较多*/
        turn_left(speed, deltaB);           /*向左大幅度纠正*/
    else if(left_flag ==0 && middle _flag ==0 && right_flag ==1)  /*车头向左偏移较多*/
        turn_right(speed, deltaB);          /*向右大幅度纠正*/
    else if(left_flag ==0 && middle _flag ==0 && right_flag ==0) /*车头脱离轨道*/
        stop_motor();                       /*停车*/

    HAL_Delay(200);                         /*循迹检测的间隔时间*/
}
```

上述代码设置了 left_flag、middle_flag 和 right_flag 三个变量来标识 3 组红外循迹检测模块的输出信号，通过分析这三个变量，可以了解小车车身状态，然后对运行轨迹进行纠正。其中，当调用 turn_left 和 turn_right 函数向左或向右进行纠偏时，delta 参数的取值需要根据小车速度和车身偏移量而定。在上述代码中，小幅度转向取值为 10，大幅度转向取值为 20，这两个取值仅供参考。

假设在智能小车车头左右两侧各安装一个红外避障检测模块，这两个模块的输出信号分别接在 PB0 和 PB1 引脚上，请读者思考如何编写红外避障检测程序。

17.1.3　超声波测距模块

1. 超声波测距模块的工作原理

超声波是指频率在 20 kHz 以上的声波。超声波的测距原理是：利用超声波发生器向某一方向发射超声波，在发射的同时开始计时，超声波在空气中传播时，碰到障碍物就会反射回来，一旦超声波接收器收到反射波，就立即停止计时，根据超声波在空气中的传播速度（340 m/s）和计时器记录的超声波往返传播时间 t（秒），就可以计算出发射点与障碍物之间的距离 $S=340t/2$，如图 17.11 所示。

超声波在空气中的传播速度会受到空气湿度、压强和温度的影响，而且超声波发射器和接收器之间的距离 H 也会带来一定的计算误差，从而影响测距结果。由于本章讲解的智能小车的行进速度相对较慢，上述误差带来的影响不大，因此我们暂且忽略。

本章讲解的智能小车使用的超声波测距模块的外观如图 17.12 所示，其 4 个引脚信号定义如表 17.5 所示。

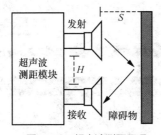

图 17.11　超声波测距原理

图 17.12　超声波测距模块的外观

表 17.5　　　　　　　　　　　　　超声波测距模块引脚定义

引脚编号	信号	说明
1	VCC	接入 5 V 电源
2	Trig	触发信号输入端，向此引脚输入一个 10 μs 以上的高电平，可触发模块测距
3	Echo	回响信号输出端，当测距结束时，此引脚会输出一个高电平，电平宽度为超声波往返时间
4	GND	接地

超声波测距模块的工作时序如图 17.13 所示。根据图 17.13，在模块的 Trig 引脚上输入一个脉宽大于 10 μs 的触发信号，触发模块开始工作，然后超声波测距模块循环发出 8 个 40 kHz 的脉冲，在 Echo 引脚上得到的回响信号脉冲宽度将代表超声波往返所需的时间，由此可以换算出超声波测距模块与障碍物之间的距离。

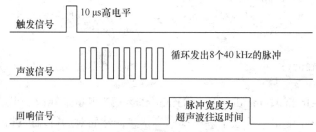

图 17.13 超声波测距模块的工作时序

在智能小车行进过程中，超声波测距模块需要持续工作。为此，可以将 STM32F4 微控制器的 PWM 输出信号作为超声波测距模块的 Trig 信号，Echo 引脚上的回响信号则可以利用定时器的输入捕获模式来进行脉宽的测量。超声波测距模块的引脚分配如表 17.6 所示。

表 17.6　　　　　　　　　　　超声波测距模块的引脚分配

信号名称	GPIO 引脚
Trig	PB4（TIM3_CH1）
Echo	PB3（TIM2_CH2）

2. 超声波测距模块的代码

在 STM32CubeMX 中配置 TIM3_CH1 为 PWM 输出模式，如图 17.14 所示，其中 PWM 输出频率被设置为 5 Hz，脉冲宽度为 1 ms。将 TIM2_CH2 配置为输入捕获模式，捕获极性为信号的上升沿，如图 17.15 所示。TIM2 的计数时钟信号 CK_CNT 的频率为 10 kHz，Counter Period 为 9999，TIM2 的更新周期为 1 s。为了测量 TIM2_CH2 通道上的脉宽，需要使用中断，为此使能 TIM2 全局中断，如图 17.16 所示。

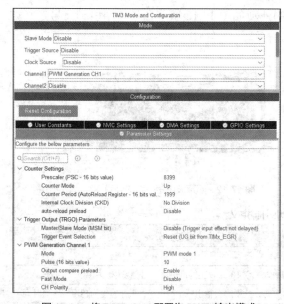

图 17.14 将 TIM3_CH1 配置为 PWM 输出模式

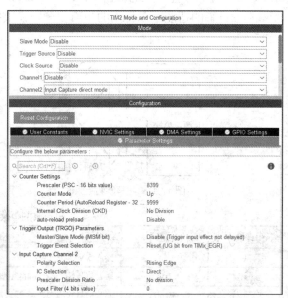

图 17.15 将 TIM2_CH2 配置为输入捕获模式

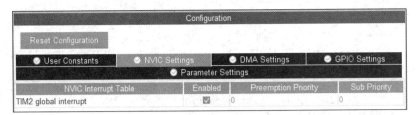

图 17.16　使能 TIM2 全局中断

在 STM32CubeMX 导出的 main 函数中添加代码以启动 TIM2 和 TIM3，如下所示。

```
HAL_TIM_PWM_Start(&htim3,TIM_CHANNEL_1);        /*启动 TIM3_CH1 的 PWM 输出模式*/
HAL_TIM_IC_Start_IT(&htim2,TIM_CHANNEL_2);      /*以中断方式启动 TIM2_CH2 的输入捕获模式*/
```

启动 TIM2 和 TIM3 后，使用示波器的通道 1 测量超声波测距模块的 Trig 信号，并使用示波器的通道 2 测量 Echo 信号，得到的波形如图 17.17 所示。

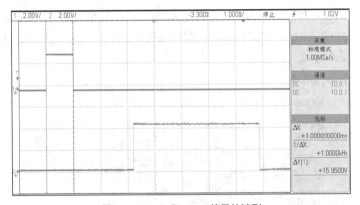

图 17.17　Trig 和 Echo 信号的波形

在测量 TIM2_CH2 通道上的 Echo 信号的脉宽时，可以采用如下方法：设置 TIM2_CH2 为上升沿捕获。当脉冲信号的上升沿到来时，在捕获中断的回调函数中记录 TIM2 定时器捕获/比较寄存器的值 t1，并将 TIM2_CH2 设置为下降沿捕获；当脉冲信号的下降沿到来时，在捕获中断的回调函数中记录 TIM2 定时器捕获/比较寄存器的值 t2。t2 与 t1 的差值就是图 17.17 中示波器通道 2 上高电平的脉宽。脉宽的测量代码如下。

```
uint8_t CaptureEdge=0;                              /*上升沿和下降沿捕获标志*/
uint16_t totalCount, risingCount, fallingCount;    /*用于保存定时器的计数值*/
uint16_t  distance = 0;                            /*计算出的距离*/
/*捕获中断的回调函数*/
void HAL_TIM_IC_CaptureCallback (TIM_HandleTypeDef * htim){
   if(htim->Instance == htim2.Instance){
       if(CaptureEdge == 0){                         /*捕获上升沿*/
          /*记录捕获/比较寄存器的值 t1*/
          risingCount = HAL_TIM_ReadCapturedValue(&htim2, TIM_CHANNEL_2);
          /*将 TIM2_CH2 设置为下降沿捕获*/
          __HAL_TIM_SET_CAPTUREPOLARITY(&htim2,TIM_CHANNEL_2,
              TIM_INPUTCHANNELPOLARITY_FALLING);
          CaptureEdge=1;
       }else if(CaptureEdge ==1 ){                   /*捕获下降沿*/
       /*记录捕获/比较寄存器的值 t2*/
```

```
fallingCount = HAL_TIM_ReadCapturedValue(&htim2, TIM_CHANNEL_2);
/*将TIM2_CH2设置为上升沿捕获*/
__HAL_TIM_SET_CAPTUREPOLARITY(&htim2,TIM_CHANNEL_2,TIM_INPUTCHANNELPOLARITY_ RISING);
/*计算时间差*/
totalCount = fallingCount < risingCount ? fallingCount + 9999 - risingCount + 1 :
    fallingCount - risingCount;
/*计算距离，将计量单位转换为厘米*/
distance = totalCount *34000/(2*(9999+1));
/*向串口输出测试数据*/
printf("RisingCount=%d FallingCount=%d distance = %dcm \n",risingCount,
    fallingCount, distance);
CaptureEdge=0;
                }
            }
        }
```

在上述代码中，HAL_TIM_ReadCapturedValue 函数用于读取捕获/比较寄存器的值，__HAL_TIM_SET_CAPTUREPOLARITY 宏定义用于设置捕获极性。运行上述代码，通过串口得到的超声波测距结果如图 17.18 所示。

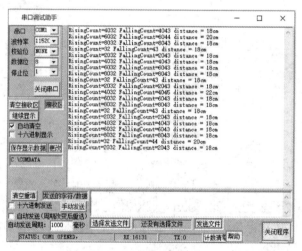

图 17.18　超声波测距结果

17.2　多任务环境下的智能小车控制程序

智能小车控制系统中的软件需要并发执行多任务以实现对小车的控制。在小车行进过程中，循迹检测、避障检测、测速以及超声波测距等任务需要同时运行以不断检测车速、轨道以及周边环境的状况，小车控制程序需要根据上述各个模块返回的参数做出决策，并实时调整 4 个驱动电机的旋转方向和速度。

在功能相对简单的嵌入式系统中，可以将多个同时运行的任务放到无限循环中来完成：在无限循环中依次调用各个常规任务的执行函数，异常和紧急任务则放在中断服务程序中处理。这种无限循环加上中断的程序运行系统称为前后台系统：后台程序负责资源分配和执行常规任务，前台程序通过中断来处理紧急事件。前后台系统的优点是程序结构简单、容易实现，缺点主要表现在以下几个方面。

（1）前后台系统的实时性较差。这是因为前后台系统认为所有的任务都具有相同的优先级，任务的执行需要排队，因而实时性要求高的那些任务无法立刻得到处理。

（2）当前台中断程序发生嵌套时，可能产生不可预测的执行时间和堆栈需求。

（3）任务之间的数据共享是通过全局变量进行的，难以确保数据的安全性和一致性。

（4）难以为不同的任务设置不同的执行周期。

（5）由于后台程序使用了无限循环，因此一旦循环体中某个正在处理的任务崩溃（如进入死循环），就会导致任务队列中的其他任务得不到处理，从而造成整个系统崩溃。

（6）在前后台系统中，程序的执行存在不确定性，程序执行过程难以分析和理解。

在需要实时多任务处理的场合，使用 RTOS 能够提高系统稳定性并降低编程难度。有关 RTOS 的相关概念，读者可以参考第 1 章和第 2 章。与前后台系统相比，RTOS 具备以下几个方面的优势。

（1）能较好地支持实时任务，能够并发执行多任务并且中断响应时间较短。

（2）提供实时调度机制，能在调度策略和算法上保证优先执行高优先级任务。

（3）程序的执行具有确定性，能在规定的时间内处理紧急任务和中断。

（4）提供任务间的通信和同步机制，能够在多个任务之间实现数据、内存和硬件资源的共享。

（5）具有较高的可靠性，RTOS 一般采取多级容错措施来保证系统和数据的安全。

（6）易于扩展新的功能，可移植性较好。

基于 RTOS 的上述优势，本章在智能小车控制系统中引入 Keil RTX5 实时操作系统来完成循迹、避障和超声波测距任务的并发执行。受篇幅所限，本章后续部分仅介绍与智能小车控制系统编程有关的内容，实时操作系统的工作原理和移植暂不涉及，感兴趣的读者请查阅相关资料。

17.2.1 Keil RTX5

1. Keil RTX5 介绍

Keil RTX5 是由 Arm 公司推出的一款开源的确定性实时操作系统，Keil RTX5 已经整合在 CMSIS 软件包中，随 Keil MDK 一起发布。

Keil RTX5 实现了 CMSIS-RTOS v2 标准中定义的 API 函数。CMSIS-RTOS 是 Arm 公司为基于 Cortex-M 架构微控制器的嵌入式系统提供的通用 RTOS 接口，CMSIS-RTOS 为需要 RTOS 功能的软件组件提供了标准化的 API，使得上层软件、中间件、库以及其他组件在不同的 RTOS 上都可以正常工作。CMSIS-RTOS 有两个版本，CMSIS-RTOS v2 在 CMSIS-RTOS v1 的基础上增加了一些新的功能，比如动态对象创建、对 Armv8-M 的支持以及对 C++运行环境的全面支持。

Keil RTX5 的主要特点如下。

（1）免费且开源。Keil RTX5 遵循 Apache 2.0 开源协议，并在 GitHub 上提供了源代码。

（2）安全可靠。Keil RTX5 通过了 PSA 安全认证，并整合了平台安全架构 API。

（3）提供灵活的调度策略。Keil RTX5 提供了三种内核调度方式：抢占式、时间片和合作式。

（4）提供完全确定性的行为，可在预定时间内处理事件和中断。

（5）专为基于 Cortex-M 架构微控制器的嵌入式系统而设计，运行速度快且占用的资源极少。

（6）易于学习和使用，在 Keil MDK 中可以快速且方便地配置和调试 Keil RTX5。

（7）提供大量的开发资源，包括示例、用户手册以及快速入门指南。

2. Keil RTX5 提供的 API 函数

CMSIS-RTOS v2 标准中定义了大量 API 函数，包括 CMSIS-RTOS C API v2 和 OS Tick API。表 17.7 列出了智能小车控制系统编程中常用的一些函数。

表 17.7   CMSIS–RTOS v2 标准中的常用函数

功能模块	函数名称	功能描述
内核信息和控制	osKernelInitialize	初始化 RTOS 内核
	osKernelResume	恢复 RTOS 内核调度程序
	osKernelStart	启动 RTOS 内核调度程序
	osKernelSuspend	挂起 RTOS 内核调度程序
线程管理	osThreadExit	终止当前正在运行的线程
	osThreadGetId	获取当前正在运行的线程的 ID
	osThreadNew	创建一个线程并将其添加到活动线程中
	osThreadResume	恢复线程的执行
	osThreadSetPriority	设置线程的优先级
	osThreadSuspend	挂起线程
通用等待功能	osDelay	等待超时（时间延迟）
	osDelayUntil	等待指定的时间
定时器管理	osTimerDelete	删除定时器
	osTimerNew	创建并初始化定时器
	osTimerStart	启动或重新启动定时器
	osTimerStop	停止定时器
信号量管理	osSemaphoreAcquire	获取信号量令牌，如果没有信号量令牌，就会产生超时
	osSemaphoreDelete	删除信号量对象
	osSemaphoreNew	创建并初始化信号量对象
	osSemaphoreRelease	释放信号量令牌，直到信号量令牌恢复为初始最大值
消息队列管理	osMessageQueueDelete	删除消息队列对象
	osMessageQueueGet	从消息队列中获取消息，如果消息队列为空，就会产生超时
	osMessageQueueNew	创建并初始化消息队列对象
	osMessageQueuePut	将消息放入消息队列，如果消息队列已满，就会产生超时

17.2.2 基于 Keil RTX5 的多任务编程

1. Keil MDK 工程配置

在 Keil MDK 中打开 STM32CubeMX 导出的工程文件，在 Keil MDK 的菜单栏中单击 Project→Manage→Run-Time Environment…，打开软件组件和设备驱动的配置界面，如图 17.19 所示。

在图 17.19 所示的界面中，在左侧展开 CMSIS→RTOS2(API)→Keil RTX5 节点，在界面右侧的 Variant 选项中可以选择添加方式——Library 或 Source。然后展开 Device→Startup 节点并勾选右侧的复选框。选择完成后，单击 OK 按钮，Keil RTX5 实时操作系统及其依赖的引导文件就会被添加到工程中。

由于 Keil MDK 添加的引导文件与 STM32CubeMX 导出的引导文件有重复，因此在编译时需要将 STM32CubeMX 导出的 startup_stm32f407xx.s 和 system_stm32f4xx.c 从目标文件中删除。另外，stm32f4xx_it.c 文件中定义的部分中断服务程序与 Keil RTX5 定义的函数有重复，因而也需要从目标文件中删除，如图 17.20 所示。在图 17.20 所示的面板中，依次右击上述三个文件，在弹出的菜单中选择 Options for File'…'，并在弹出的对话框中确保不要勾选 Include In Target Build，如图 17.21 所示。

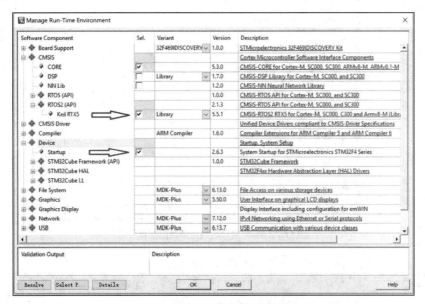

图 17.19　选择软件组件和设备驱动

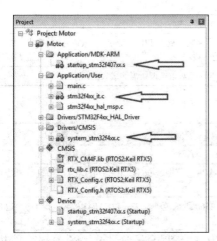

图 17.20　无须编译的三个文件

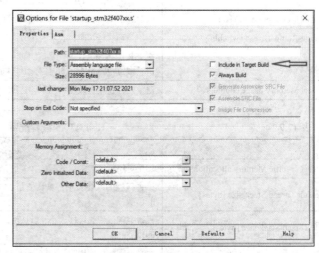

图 17.21　从目标文件中删除指定文件

完成上述配置后，在图 17.20 所示的面板中双击打开 RTX_Config.h 文件，该文件用于配置 Keil RTX5 的运行参数。在 RTX_Config.h 源代码编辑窗口的下方选择 Configuration Wizard，弹出的界面如图 17.22 所示，该界面用于配置 Keil RTX5 的运行参数。图 17.22 所示的界面中提供了系统配置、线程配置、定时器配置以及事件标志配置等多个配置项，将每个配置项展开以后，可以配置各个子项的具体参数。受篇幅所限，本章仅讲解系统配置和线程配置中各个参数的含义，如表 17.8 和表 17.9 所示。至于其他配置参数，感兴趣的读者请参考 Arm 官方提供的 CMSIS-RTOS v2 说明文档。

图 17.22　Keil RTX5 运行参数的配置界面

表 17.8　　　　　　　　　　　　　　　　Keil RTX5 系统配置

配置项	功能描述
Global Dynamic Memory size [bytes]	定义全局内存池的组合全局动态内存大小，默认值是 4096。取值范围是 0～1 073 741 824 字节且必须是 8 的倍数
Kernel Tick Frequency (Hz)	以 Hz 为单位的延迟和超时基准时间，默认值为 1000 Hz，表示周期为 1 ms
Round-Robin Thread switching	启用循环线程切换，表示使用时间片调度方式
ISR FIFO Queue	在 ISR 中调用 RTOS 函数时，调用请求被将存储到 FIFO 队列中，默认值为 16 个请求入口。取值范围是 4～256 且必须是 4 的倍数
Object Memory usage counters	对象内存使用计数器，用于评估每个 RTOS 对象类型所需的最大内存池

表 17.9　　　　　　　　　　　　　　　　Keil RTX5 线程配置

配置项	功能描述
Object specific Memory allocation	启用对象特定的内存分配
Default Thread Stack size [bytes]	设置线程的堆栈大小，默认值是 256。取值范围是 96～1 073 741 824 字节且必须是 8 的倍数
Idle Thread Stack size [bytes]	设置空闲线程的堆栈大小，默认值是 256。取值范围是 72～1 073 741 824 字节且必须是 8 的倍数
Idle Thread TrustZone Module Identifier	定义空闲线程使用的 TrustZone 模块 ID。如果空闲线程需要调用安全函数，那么需要将该配置项设置为非零值，默认值是 0
Stack overrun checking	在切换线程时启用堆栈溢出检查
Stack usage watermark	使用水印模式初始化线程堆栈以分析堆栈使用情况，这会显著增加线程创建代码的执行时间
Processor mode for Thread execution	控制处理器模式，默认值是特权模式。取值 0 为非特权模式，取值 1 为特权模式

　　对于智能小车来说，需要关注表 17.8 中的 Global Dynamic Memory size［bytes］和表 17.9 中的 Default Thread Stack size［bytes］配置项的取值，并且在编程时还应考虑全局动态内存和线程堆栈的设置是否满足要求。由于本章讲解的智能小车控制系统相对简单，RTX_Config.h 文件中的配置参数使用默认值即可。

2. 基于 Keil RTX5 的多任务编程

下面以智能小车行进过程中的循迹检测、避障检测和超声波测距三个任务为例，讲解如何利用 Keil RTX5 提供的 API 设计多任务控制系统。

在 STM32CubeMX 导出的 main.c 文件中添加循迹检测、避障检测和超声波测距三个任务的执行函数，这三个函数将在小车行进过程中并发执行，协同完成对小车的控制。有关电机控制、循迹检测、避障检测和超声波测距的实现原理，17.1 节已做详细阐述，后续代码中仅以伪代码形式加以描述。循迹检测任务的代码如下。

```
void thread1(void *argument){          /*循迹检测任务*/
    osStatus_t osstatus;               /*返回状态*/
    uint32_t   delayTime;              /*延迟时间，以 ms 为单位*/
    delayTime = 100U;                  /*100ms*/
    for (;;) {
       读入 PE3、PE4 和 PE5 引脚的状态
       前进或执行纠偏动作
       osstatus = osDelay(delayTime);  /*暂停线程执行*/
    }
}
```

在上述代码中，for 循环中的 osDelay 函数用于暂停线程执行，这时其余活动线程将会获得 CPU 的控制权。需要注意的是，Keil RTX5 线程中的延时应该使用 osDelay 函数，而不能使用 HAL_Delay 函数。避障检测任务的代码与循迹检测任务类似，代码如下。

```
void thread2(void *argument){          /*避障检测任务*/
    osStatus_t osstatus;               /*返回状态*/
    uint32_t   delayTime;              /*延迟时间，以 ms 为单位*/
    delayTime = 200U;                  /*200ms*/
    for (;;) {
       读入 PB0 和 PB1 引脚的状态
       后退，然后向左或向右调整以避开障碍物
       osstatus = osDelay(delayTime);  /*暂停线程执行*/
    }
}
```

对于超声波测距任务，由于测距的计算已经在 TIM2_CH2 输入捕获中断的回调函数中完成，因此超声波测距任务只需要根据测距结果控制小车动作即可，代码如下。

```
void thread3(void *argument){          /*超声波测距任务*/
    osStatus_t osstatus;               /*返回状态*/
    uint32_t   delayTime;              /*延迟时间，以 ms 为单位*/
    delayTime = 100U;                  /*100ms*/
    for (;;) {
       if(distance <10){               /*距离小于 10cm 时，执行原地掉头的动作*/
          osThreadSuspend(thread1_id);
          osThreadSuspend(thread2_id);
          /*原地掉头*/
          osThreadResume(thread2_id);
          osThreadResume(thread1_id);
       }
       osstatus = osDelay(delayTime);  /*暂停线程执行*/
    }
}
```

在上述代码中，当超声波测距的结果小于 10 cm 时，执行原地掉头的动作。在小车原地掉头过程中，由于无须做循迹检测和避障检测，因此可首先调用 osThreadSuspend 函数，将 thread1 和 thread2 线程挂起，等到掉头完成后，再调用 osThreadResume 函数，恢复这两个线程的执行。

在 main 函数中，需要创建上述三个线程并设置这三个线程的优先级，代码如下。

```
osThreadId_t  thread1_id;                        /*存储循迹检测任务的线程 id*/
osThreadId_t  thread2_id;                        /*存储避障检测任务的线程 id*/
osThreadId_t  thread3_id;                        /*存储超声波测距任务的线程 id*/
osStatus_t osstatus1,osstatus2,osstatus3;        /*存储函数返回状态*/
int main(void)
{
  HAL_Init();
  SystemClock_Config();
  MX_GPIO_Init();
  MX_TIM4_Init();
  MX_TIM3_Init();
  MX_TIM2_Init();
  MX_USART1_UART_Init();

  /*启动 TIM3_CH1 的 PWM 输出模式*/
  HAL_TIM_PWM_Start(&htim3,TIM_CHANNEL_1);
  /*以中断方式启动 TIM2_CH2 的输入捕获模式*/
  HAL_TIM_IC_Start_IT(&htim2,TIM_CHANNEL_2);

  osKernelInitialize();                          /*初始化 CMSIS-RTOS*/
  thread1_id=osThreadNew(thread1, NULL, NULL);   /*创建循迹检测任务线程*/
  thread2_id=osThreadNew(thread2, NULL, NULL);   /*创建避障检测任务线程*/
  thread3_id=osThreadNew(thread3, NULL, NULL);   /*创建超声波测距任务线程*/

  osstatus1 = osThreadSetPriority(thread1_id, osPriorityNormal);       /*设置循迹检测
                                                                          任务的优先级*/
  osstatus2 = osThreadSetPriority(thread2_id, osPriorityAboveNormal);  /*设置避障检测
                                                                          任务的优先级*/
  osstatus3 = osThreadSetPriority(thread3_id, osPriorityHigh);         /*设置超声波测距
                                                                          任务的优先级*/

  if ( osstatus1== osOK )      /*判断各个任务的优先级设置是否成功*/
   …
  start_motor();               /*启动小车运行*/
  osKernelStart();             /*启动 RTOS 内核调度程序，上述 3 个任务线程开始执行*/
  /* Infinite loop */
  while(1)
  {

  }
}
```

在上述代码中，osThreadNew 函数用于创建线程，该函数的第 1 个参数是线程名，第 2 个参数是指向传递给线程的参数的指针，第 3 个参数是指向存储线程属性的变量的指针，该函数执行完之后，将返回线程的 id。osThreadSetPriority 函数用于设置线程优先级，在图 17.22 所示的界面中，当禁用

时间片调度并为每个任务分配不同的优先级时，Keil RTX5 将会使用抢占式调度策略。osKernelStart 函数用于启动 RTOS 内核调度程序并开始执行各个任务线程，该函数调用成功后，不会再返回 main 函数，因此 osKernelStart 函数后面的 while 循环不会被执行。

在上述三个线程的配合下，智能小车便能够在预定的路线上行驶，并且能够规避障碍物以及实现原地掉头。

17.3　思考与练习

1. 简述微型直流电机驱动的工作原理。
2. 简述红外循迹检测模块的工作原理。
3. 采取哪些措施能够减少超声波测距误差？
4. RTOS 相对于前后台系统有哪些优势？
5. Keil RTX5 的主要特点有哪些？
6. 利用 Keil RTX5 提供的 API，编程实现多个任务的并发执行。

参 考 文 献

［1］ 范书瑞，李琦，赵燕飞. Cortex-M3 嵌入式处理器原理与应用[M]. 北京：电子工业出版社，2011.

［2］ 沈建良，贾玉坤，周芬芬，等. ARM 微控制器入门与提高[M]. 北京：北京航空航天大学出版社，2013.

［3］ 黄智伟，王兵，朱卫华. STM32F32 位 ARM 微控制器应用设计与实践[M]. 北京：北京航空航天大学出版社，2012.

［4］ 刘艺，许大琴，万福. 嵌入式系统设计大学教程[M]. 北京：人民邮电出版社，2008.

［5］ 张思民. 嵌入式系统设计与应用[M]. 2 版. 北京：清华大学出版社，2014.

［6］ 杜春雷. ARM 体系结构与编程[M]. 北京：清华大学出版社，2006.

［7］ 刘军. 例说 STM32[M]. 北京：北京航空航天大学出版社，2011.

［8］ 刘火良. STM32 库开发实战指南[M]. 北京：机械工业出版社，2013.

［9］ 杨光祥，梁华，朱军. STM32 处理器原理与工程实践[M]. 武汉：武汉理工大学出版社，2013.

［10］ 廖义奎. ARM Cortex-M4 嵌入式实战开发精讲——基于 STM32F4[M]. 北京：北京航空航天大学出版社，2013.

［11］ 喻金钱，喻斌. STM32F 系列 ARM Cortex-M3 核微控制器开发与应用[M]. 北京：清华大学出版社，2011.

［12］ 严海蓉. 嵌入式微处理器原理与应用——基于 ARM Cortex-M3 微控制器[M]. 北京：清华大学出版社，2014.

［13］ 刘火良，杨森. STM32 库开发实战指南[M]. 北京：机械工业出版社，2013.

［14］ 王永虹，徐炜，郝立平. STM32 系列 ARM Cortex-M3 微控制器原理与实践[M]. 北京：北京航空航天大学出版社，2008.

［15］ 张洋，刘军，严汉字，等. 精通 STM32F4 库函数版[M]. 北京：北京航空航天大学出版社，2015.

［16］ 何兴高. ARM 嵌入式处理器及应用[M]. 北京：人民邮电出版社，2021.